普通高等教育材料类专业系列教材

Xiandai Biaomian Jishu
现代表面技术

徐义库 主　编
王红波　赵秦阳 副主编

人民交通出版社
北京

内 容 提 要

本书为普通高等教育材料类专业系列教材。全书共包括 10 章，主要包括绪论、表面技术理论基础、电镀与化学镀、金属表面的化学处理、表面涂覆技术、气相沉积技术、金属材料的表面改性技术、表面加工技术、表面技术的综合运用与设计、表面分析测试技术。

本书主要可作为高等院校材料类专业的专业课教材。

图书在版编目(CIP)数据

现代表面技术 / 徐义库主编. — 北京：人民交通出版社股份有限公司, 2025.4. — ISBN 978-7-114-18696-7

Ⅰ. TB3

中国国家版本馆 CIP 数据核字第 20251UT907 号

书　　名：	现代表面技术
著 作 者：	徐义库
责任编辑：	郭晓旭　李　良
责任校对：	赵媛媛　魏佳宁
责任印制：	张　凯
出版发行：	人民交通出版社
地　　址：	(100011)北京市朝阳区安定门外外馆斜街 3 号
网　　址：	http://www.ccpcl.com.cn
销售电话：	(010)85285911
总 经 销：	人民交通出版社发行部
经　　销：	各地新华书店
印　　刷：	北京建宏印刷有限公司
开　　本：	787×1092　1/16
印　　张：	20.5
字　　数：	466 千
版　　次：	2025 年 4 月　第 1 版
印　　次：	2025 年 4 月　第 1 次印刷
书　　号：	ISBN 978-7-114-18696-7
定　　价：	59.00 元

(有印刷、装订质量问题的图书，由本社负责调换)

在当今时代,表面技术已崛起成为一门至关重要的交叉学科,在现代制造产业、高新技术产业以及国防现代化建设等诸多关键领域占据着重要地位。科技的进步使得现代工程对材料表面性能的期望达到了前所未有的高度,传统材料表面处理方法逐渐力不从心。于是,现代表面技术在这样的背景下应运而生,它巧妙地融合了物理学、化学、材料学、力学等多学科的前沿理论知识,形成了一系列先进且多样化的表面处理工艺与技术手段。

这一技术能够在最大程度上维持材料基体原有性能基本不变的前提下,使材料表面的各项性能实现质的飞跃。其在耐磨性方面的提升效果显著,使材料在应对摩擦和磨损工况时展现出更强的耐久性;耐腐蚀性的增强可有效抵御各类复杂化学介质的侵蚀,延长材料的使用寿命;抗氧化性的优化能有效延缓材料在氧化环境中的老化进程,保持材料性能的稳定性;导电性和导热性的改善满足了电子、能源等领域对材料特殊性能的严格要求;装饰性的提升则为产品赋予了更具吸引力的外观,增强了产品的市场竞争力。

表面工程技术所带来的这些性能提升,不仅成功地拓展了材料的应用边界,使材料能够涉足更多复杂工况和高端领域,还为产品质量的提升、使用寿命的延长、生产成本的降低以及市场竞争力的增强提供了坚实保障。

本书将全方位、系统性地深入阐述现代表面工程技术的基本概念、核心基础理论、主流技术方法,以及在各个领域中的典型应用实例。旨在助力读者深入洞察现代表面技术的内涵与发展走向,熟练掌握各种表面技术的原理、特点及工艺要点,从而为在实际工作中合理运用表面技术提供科学、精准的指导与可靠依据,全力推动表面工程技术的创新发展与广泛应用。

本书由长安大学徐义库担任主编,王红波、赵秦阳担任副主编。

由于编者水平有限,加之经验不足,书中难免有错误和疏漏之处,恳请广大读者批评指正,以便丰富、完善和补充本教材。

编　者
2025 年 1 月

第1章	绪论	1
1.1	表面技术的含义	2
1.2	表面技术的内容	3
1.3	表面技术的分类	10
1.4	表面技术的应用	11
1.5	表面技术的发展	17

第2章	表面技术理论基础	22
2.1	固体材料和表面界面	23
2.2	固-气表面的结构	27
2.3	表面吸附	33
2.4	表面热力学	39
2.5	表面动力学	42

第3章	电镀与化学镀	50
3.1	电镀的基本原理	51
3.2	电镀预处理	61
3.3	单金属电镀和合金电镀(复合电镀)	65
3.4	电刷镀	75
3.5	化学镀	77
3.6	复合电镀	85

第4章 金属表面的化学处理 ······ 91
4.1 化学转化膜 ······ 91
4.2 氧化处理 ······ 93
4.3 铝及铝合金的阳极氧化 ······ 100
4.4 微弧氧化 ······ 107
4.5 磷化处理 ······ 114
4.6 铬酸盐处理 ······ 119

第5章 表面涂覆技术 ······ 123
5.1 涂装技术 ······ 124
5.2 热喷涂技术 ······ 128
5.3 冷喷涂技术 ······ 142
5.4 热浸镀 ······ 144
5.5 其他表面涂覆技术 ······ 145

第6章 气相沉积技术 ······ 149
6.1 气相沉积与薄膜 ······ 150
6.2 真空及真空技术概述 ······ 155
6.3 物理气相沉积技术 ······ 162
6.4 化学气相沉积技术 ······ 195

第7章 金属材料的表面改性技术 ······ 212
7.1 金属表面形变强化技术 ······ 212
7.2 金属表面热处理技术 ······ 218
7.3 金属表面化学热处理技术 ······ 226
7.4 等离子体表面化学热处理技术 ······ 242
7.5 金属表面的高能束表面处理技术 ······ 247

第8章 表面加工技术 ······ 266
8.1 表面加工技术简介 ······ 267
8.2 微电子工业和微机电系统的微细加工 ······ 294

第9章 表面技术的综合运用与设计 ·········· 300
9.1 表面技术设计的基本原则 ·········· 301
9.2 表面技术设计的基本方法 ·········· 302
9.3 复合表面处理技术 ·········· 305

第10章 表面分析测试技术 ·········· 309
10.1 表面形貌、成分和结构分析 ·········· 309
10.2 常用表面分析仪器和测试技术 ·········· 310
10.3 膜/基结合力测试方法 ·········· 314
10.4 耐蚀性测试方法 ·········· 315
10.5 耐磨性测试方法 ·········· 317

参考文献 ·········· 318

第1章 绪　　论

表面处理的萌发经历了悠久的历史进程。早在原始人类时期,人类为了生存,就已经开始利用研磨技术使石器具有锋利刃口,便于捕猎进食;在旧石器时代,人们就利用矿石染料对小件物品进行彩绘涂装;到了新石器时代,陶器的发明更是将原始彩涂技术的发展推到顶峰。史前时代的原始研磨技术和原始彩涂技术则是我国表面处理技术的最早起源。

进入文字时代后,随着生产力的发展,表面处理技术也日益进步,新工艺、新方法层出不穷。春秋晚期的"吴王夫差剑"与"越王勾践剑",历经2000多年基本完好,寒光闪闪,刀刃锋利,划纸即破。为分析研究其表面处理工艺,北京钢铁学院和上海复旦大学一起对越王勾践剑进行了无损探伤、质子激发X射线荧光分析,发现表面黑色层含有较多的硫,剑鞘、剑柄呈黑色,也含有硫。专家推测:剑上的黑色膜层可能是用硫或硫化物涂在表面,生成了黑色硫化铜。这表明青铜器的表面处理技术可以有效防止或延缓腐蚀的发生。

19世纪工业革命以来,随着现代科学技术和工业的迅速发展,在实际工程中对各种特殊性能的材料及材料表面,除要求更高的防腐蚀和装饰性能外,还提出了各种各样的功能性要求,以适应复杂的工作环境。因此,材料科学技术的发展也促进了表面科学技术的发展。

【教学目标与要求】

(1)理解表面技术的含义;
(2)掌握表面技术的内容、分类、应用及其发展前景;
(3)掌握不同表面技术的基础和应用理论。

导入案例

表面处理技术的发展

表面处理技术的历史可以追溯到古代文明时期,但现代表面处理技术主要集中在几个阶段的发展。最初,在工业革命之前,人们主要依靠机械加工来改善材料表面的光洁度和粗糙度,例如使用磨削、打磨等方法对金属表面进行加工。随着化学工业的发展,20世纪初,人们开始使用涂覆技术对材料表面进行改良,以提高其耐腐蚀性能、耐磨性能等,这包括热浸镀、喷涂、电镀等方法。到了20世纪中叶,材料科学的发展使得人们开始通过改性处理来提高材料表面性能,如离子注入、激光处理、等离子喷涂等新技术。21世纪时期,纳米技术、材料工程等领域的快速发展,使得纳米技术被应用于材料表面处理,开发出许多新型的表面工程技术,如纳米涂层、表面纳米结构制备等。表面处理技术的发展不仅体现了科技的进步,也展示了人类对于材料性能改进的不懈追求。这些技术的应用提高了产品的质量和使用寿命,同时也改善了人们的生活体验。通过学习表面处理技术的历史和应用,我们可以了解到材料科学在现代工业和日常生活中的重要性,激发对科学探索和技术创新的兴趣。

1.1　表面技术的含义

　　表面技术是指通过对材料基体表面加涂层或改变材料表面形貌、化学组成、相组成、微观结构、缺陷状态等，达到提高材料抵御环境作用能力或赋予材料表面某种功能特性的一种工艺技术。

　　从科学系统的角度来看，表面技术学科主要研究的是材料表面和界面的结构特征、物理性能、化学性能与力学性能，以及表面改性或重构的机制与相应的工艺手段；从工程的角度来看，基于零件的工作条件与性能要求，表面技术学科可以分析材料表面的失效形式与机制，并设计出新的材料表面及应用相关的表面技术并加以实施，从而使材料获得具有良好使用性能的新表面。

　　表面技术根据人们的需要，运用各种物理、化学、生物方法，使材料、零部件、构件以及元器件等表面，具有所要求的成分、结构和性能。表面技术在知识经济发展过程中，有着与新能源、新材料、计算机、信息技术、先进制造、生命科学等领域同样重要的作用。

　　广泛使用表面技术的目的主要是：

　　(1)提高材料抵御环境作用能力。通过使用表面技术，可以提高材料在各种介质(如空气、淡水、海水、土壤、酸、碱、盐等)中的耐蚀性，还可以提高材料表面的硬度，从而提高材料的耐磨性以及耐疲劳性。

　　(2)赋予材料表面某种功能特性，包括光、电、磁、热、声、吸附、分离等各种物理和化学性能。例如，等离子表面处理技术，是通过对物体表面进行等离子活化处理，可以达到对物体表面的蚀刻、活化、清洗等目的，通过常压等离子体进行表面改性功能，从而提高表面附着力。

　　(3)实施特定的表面加工工艺来制造构件、零部件和元器件等。

　　(4)修补金属表面的缺陷和磨损。普遍采用热喷涂技术修复磨损件，刷镀是修补金属表面磨损比较廉价的手段。特点是设备简单，操作灵活，适于野外和现场修复，特别是对于大型、精密设备的现场不解体修复，更具有独特的优点。目前刷镀技术已广泛用于修复加工超差件，以及工件表面磨损、凹坑和斑蚀等缺陷部位。

　　表面技术主要通过以下两条途径来达到提高材料抵御环境作用能力和赋予材料表面某种功能特性等目的。

　　(1)在材料表面施加各种覆盖层。主要采用各种涂层技术，包括电镀、电刷镀、化学镀、涂装、黏结、堆焊、熔结、热喷涂、塑料粉末涂覆、热浸镀、搪瓷涂覆、陶瓷涂覆、溶胶-凝胶涂层技术、真空蒸镀、离子镀、化学气相沉积、分子束外延制膜、离子束合成薄膜技术等。此外，还有其他形式的覆盖层，例如各种金属经氧化和磷化处理后的膜层、包箔、贴片的整体覆盖层、缓蚀剂的暂时覆盖层等。

　　(2)采用表面改性技术。表面改性技术是采用化学或物理的方法改变材料或工件表面的化学成分或组织结构，以提高机器零件或材料性能的一类热处理技术。该技术可以赋予零件耐高温、防腐蚀、耐磨损、抗疲劳、防辐射、导电、导磁等各种新的特性，提高了在高速、高温、高压、重载、腐蚀介质环境下工作的零件可靠性，延长了使用寿命，具有很大的经济意义和推广价值。

1.2 表面技术的内容

实际上,表面技术内容可以综合概括为以下几个部分:
(1)表面技术的基础和应用理论。
(2)表面处理技术。包括表面覆盖技术、表面改性技术和复合表面处理技术三部分。
(3)表面加工技术。
(4)表面分析和测试技术。
(5)表面技术设计。
下面对各部分所包含的内容进行简略介绍。

1.2.1 表面技术的基础和应用理论

现代表面技术的基础理论是表面科学。表面科学则是一门涉及化学、材料、物理、生物等多学科的交叉领域,在当前的科学研究和工程应用中扮演着日益重要的角色,是应用化学、化学工程、材料科学以及其他相关专业的一门专业基础课程。

表面科学包括表面分析技术、表面物理、表面化学三个分支。

表面分析技术是利用电子、光子、离子、原子、强电场、热能等与固体表面的相互作用,测量从表面散射或发射的电子、光子、离子、原子、分子的能谱、光谱、质谱、空间分布或衍射图像,得到表面成分、表面结构、表面电子态及表面物理化学过程等信息的各种技术。表面分析技术的基本方面有表面的原子排列结构、原子类型和电子能态结构等,是揭示表面现象的微观实质和各种动力学过程的必要手段。

表面物理和表面化学分别是研究任何两相之间的界面上发生的物理变化和化学变化过程的科学。从理论体系来看,它们包括微观理论与宏观理论:微观理论,即原子、分子水平上研究表面的组成,原子结构及输运现象、电子结构与运动及其对表面宏观性质的影响;宏观理论上,从能量的角度研究各种表面现象。

实际上,表面技术的这三个分支是不能截然分开的,而是相互依存和补充的。表面科学不仅有重要的基础研究意义,而且与许多科学技术密切相关,它是横跨材料学、摩擦学、物理学、化学、界面力学和表面力学、材料失效与防护、金属热处理学、焊接学、腐蚀与防护学、光电子学等多学科的一门边缘型、综合型、复合型学科。表面技术具有广泛的功能性与潜在的创新性,因此在应用上有非常重要的意义。

表面技术的应用理论,包括目前已经比较成熟的腐蚀与防护理论、表面摩擦与磨损理论,以及正在不断充实的表面失效理论和表面(界面)结合与复合理论等。其中,表面(界面)结合与复合理论是表面技术应用理论的重要支柱之一,它是发展新型表面工程技术、研究涂层性能、开拓其应用的理论基础。这些应用理论对表面技术的发展和应用有着直接的、重要的影响。

1.2.2 表面覆盖技术

表面覆盖技术是指在材料基质表面涂覆一种膜层,以改善材料表面性能的一种技术。

主要有如下。

(1) 电镀：是利用电解作用使金属或其他材料制件的表面附着一层金属膜的工艺。其原理是利用电解作用，把具有导电性能的工件表面与电解质溶液接触，并作为阴极，通过外电流的作用，在工件表面沉积与基体牢固结合的镀覆层。该镀覆层主要是各种金属和合金。单金属镀层有锌、镉、铜、镍、铬、锡、银、金、钴、铁等数十种，合金镀层有锌-镍-铁、锌-镍-铁等百余种。电镀能增强金属的抗腐蚀性、增加硬度、防止磨耗、提高导电性、提高光滑性、提高耐热性和提升表面美观性。

(2) 电刷镀：是电镀的一种特殊方法，又称为接触镀、选择镀、涂镀、无槽电镀等。电刷镀是借助电化学方法，以浸满镀液的镀笔为阳极，使金属离子在负极（工件）表面上放电结晶，形成金属覆盖层的一种工艺过程。其设备主要由电源、刷镀工具（镀笔）和辅助设备（泵、旋转设备等）组成。电刷镀工艺是在阳极表面裹上棉花或涤纶棉絮等吸水材料，使其吸饱镀液，然后在作为阴极的零件上往复运动，使镀层牢固沉积在工件表面上。电刷镀层的形成从本质上讲和槽镀相同，都是溶液中的金属离子在负极（工件）上放电结晶的过程。但相比于槽镀，它不需将整个工件浸入电镀溶液中，所以能完成许多槽镀不能完成或不容易完成的电镀工作。

(3) 化学镀：又称为"不通电"镀，是在无外加电流的情况下借助合适的还原剂，使镀液中金属离子还原成金属，并沉积到零件表面的一种镀覆方法。工件可以是金属，也可以是非金属。镀覆层主要是金属和合金，最常用的是镍和铜。化学镀常用镀液有化学镀银、镀镍、镀铜、镀钴、镀镍磷液、镀镍磷硼液等。与电镀相比，化学镀技术具有镀层均匀、针孔小、不需直流电源设备，且能在非导体上沉积和具有某些特殊性能等特点。由于化学镀技术废液排放少，对环境污染小以及成本较低，在许多领域已逐步取代电镀，成为一种环保型的表面处理工艺。

(4) 涂装：是用一定的方法将涂料涂覆于工件表面而形成涂膜的一种过程。涂料（或称为漆）为有机混合物，一般由成膜物质、颜料、溶剂和助剂组成，可以涂装在各种金属、陶瓷、塑料、木材、水泥、玻璃等制品上。涂膜具有保护、装饰或特殊性能（如防火、防水、防污、保温、隐身、导电、杀虫、杀菌、绝缘等），应用十分广泛。

(5) 黏结：是利用黏结剂将各种材料或制件连接成为一个牢固整体的方法，称为黏结或黏合。黏结剂一般是由多种成分构成的混合物，有无机黏结剂（如硫酸盐、硅酸盐）和有机黏结剂，有机黏结剂又分为天然黏结剂（如动物黏结剂、植物黏结剂）与合成黏结剂（如橡胶型黏结剂）两类。目前高分子合成胶黏剂已得到广泛的应用。

(6) 堆焊：是用电焊或气焊法把金属熔化，堆在工具或机器零件上的焊接法。它的目的不是为了工件连接，而是借用焊接的手段在工件上堆敷一层或几层所期望性能的材料，以获得所需的耐磨、耐热、耐腐蚀等特殊性能的熔敷层。堆焊可以修复外形不合格的金属零件及产品，提高使用寿命，降低生产成本，或者用它制造双金属零部件。堆焊是一种快速有效的改变材料表面特性的工艺方法，广泛应用于制造维修、模具制造、船舶电力、航空航天、机械工业等领域。

(7) 熔结：是指在惰性气体或真空环境中，加热预涂敷在基体金属表面上的自熔性合金粉末，而形成冶金结合的表面层的表面防护方法。它与堆焊相似，都是在材料或工件表面熔覆金属涂层,但用的涂覆金属是一些以铁、镍、钴为基,含有强脱氧元素硼和硅而具有自熔性和熔点低于基体的自熔性合金,所用工艺是真空熔覆、激光熔覆和喷熔涂覆等。

(8)热喷涂:是指将金属、合金、金属陶瓷材料加热到熔融或部分熔融,用高速气流将其雾化成极细的颗粒,并以很高的速度喷射到工件表面,形成牢固的涂覆层。热喷涂的方法有多种,按热源可分为火焰喷涂、电弧喷涂、等离子喷涂(超音速喷涂)和爆炸喷涂等。经热喷涂的工件具有耐磨损、耐腐蚀、抗氧化、耐热等性能。

(9)塑料粉末涂覆:将各种添加了防老化剂、流平剂、增韧剂、固化剂、颜料、填料等的粉末塑料,通过一定的方法,牢固地涂覆在工件表面,使其既可保持金属原有的特点,又可使其具有塑料的某些特性。塑料粉末依靠熔融或静电引力等方式附着在被涂工件表面,然后依靠热熔融、流平、湿润和反应固化成膜。塑料粉末涂覆的方法很多,有火焰喷涂、流化喷涂、粉末静电喷涂、热熔敷、悬浮液涂覆等。

(10)电火花涂覆:利用电极材料与金属零部件表面的火花放电作用,把作为火花放电极的导电材料(如 WC、TiC)熔渗于金属表面,形成表面合金化涂覆层的工艺方法,是一种直接利用高密度电能对金属表面进行涂覆处理的技术。电火花涂覆能够有效地提高零部件表面的耐磨性、耐腐蚀性和耐热性等,而不影响基体内部的组织和性能,特别适于工模具和大型机械零部件的局部处理,广泛应用于机械、化工、轧钢等行业。

(11)热浸镀:它是将工件浸在熔融的液态金属中,使工件表面发生一系列物理和化学反应,取出后表面形成一层金属镀层。工件金属的熔点必须高于镀层金属的熔点。常用的镀层金属有锡、锌、铝、铅等。热浸镀工艺包括表面预处理、热浸镀和后处理三部分。按表面预处理方法的不同,它可分为助镀剂法和保护气体还原法。热浸镀的主要目的是提高工件的防护能力,延长使用寿命。热浸镀作为一种表面改性的技术,是一种很好的防腐技术。

(12)搪瓷涂覆:搪瓷涂层是一种主要施于钢板、铸铁或铝制品表面的玻璃涂层,可起良好的防护和装饰作用,使金属在受热时不至于在表面形成氧化层并且能抵抗各种液体的侵蚀。搪瓷涂料通常是精制玻璃料分散在水中的悬浮液,也可以是干粉状。涂覆方法有浸涂、淋涂、电沉积、喷涂、静电喷涂等。该涂层为无机物成分,并融结于基体,故与一般有机涂层不同。

(13)陶瓷涂覆:陶瓷涂覆是利用高熔点、超硬质化合物的氧化物、碳化物、硅化物、硼化物、氮化物、金属陶瓷等陶瓷薄膜来硬化表面的涂覆技术,主要在室温和高温起耐蚀、耐磨等作用。陶瓷涂覆主要涂覆方法有刷涂、浸涂、喷涂、电泳涂和各种热喷涂等。部分陶瓷涂层有光、电、生物等特殊功能。

(14)溶胶-凝胶技术:它是一种先形成溶胶再转变成凝胶的技术。溶胶是固态胶体质点分散在液体介质中的体系,而凝胶则是由溶胶颗粒形成相互连接的、刚性的三维网状结构,分散介质填充在它的空隙中的体系。该过程主要有前驱体的水解、缩合、胶凝、老化、干燥和烧结等步骤。溶胶-凝胶法的优点是可制备高纯度、高均匀性的材料,降低反应温度,设备简单等,已成为高性能玻璃、陶瓷、涂层的重要制备方法之一。溶胶-凝胶技术用于涂层领域有着广阔的前景,可以制成具有各种功能的无机涂料,如耐热涂料、耐磨涂料、导电涂料、绝缘涂料、太阳能选择性吸收涂料、耐高温远红外反射涂料、耐热固体润滑涂料等;同时,还可获得有机-无机复合涂料,具有无机与有机两者优点的综合性能。

(15)真空蒸镀:简称蒸镀,是指在真空条件下,采用一定的加热蒸发方式蒸发镀膜材料(或称膜料)并使之汽化,粒子飞至基片表面凝聚成膜的工艺方法。工件材料可以是金属、半导体、绝缘体乃至塑料、纸张、织物等;镀膜材料很广泛,包括金属、合金、化合物、半导体和一些有机聚合物等。加热方式有电阻加热、高频感应加热、电子束加热、激光加热、电弧加热等。

(16)溅射镀:它是将工件放入真空室,并用正离子轰击作为阴极的靶(镀膜材料),使靶材中的原子、分子逸出,飞至工件表面凝聚成膜。溅射粒子的动能约10eV,为热蒸发粒子的100倍。按入射离子来源不同,可分为直流溅射、射频溅射和离子束溅射。入射离子的能量还可用电磁场调节,常用值为10eV量级。它适用于高熔点金属、合金、半导体和各类化合物的镀覆,主要用于制备电子元件上所需的各种镀层,溅射镀膜的致密性和结合强度较好,基片温度较低,但成本较高。

(17)离子镀:是指在真空条件下,利用气体放电使气体或被蒸发物质部分电离,并在气体离子或被蒸发物质离子的轰击下,将蒸发物质或其反应物沉积在基片上的方法。该技术是一种等离子体增强的物理气相沉积,镀膜致密,结合牢固,可在工件温度低于550℃时得到良好的镀层,绕镀性也较好。常用的方法有阴极电弧离子镀、热电子增强电子束离子镀、空心阴极放电离子镀。

(18)化学气相沉积:主要是利用含有薄膜元素的一种或几种气相化合物或单质、在衬底表面上进行化学反应生成薄膜的方法。所采用的化学反应有多种类型,如热分解、氢还原、金属还原、化学气相输运、等离子体激发反应、光激发反应等。工件加热方式有电阻加热、高频感应加热、红外线加热等。主要设备有气体发生、净化、混合、输运装置,以及工件加热装置、反应室、排气装置。化学气相沉积所包含的主要方法有热化学气相沉积、低压化学气相沉积、等离子体化学气相沉积、金属有机化合物气相沉积、激光诱导化学气相沉积等。

(19)分子束外延:它是真空蒸镀的一种特殊方法,是在超高真空条件下,精确控制蒸发源给出的中性分子束流强度,按照原子层生长的方式在基片上外延成膜。该技术的优点是:使用的衬底温度低,膜层生长速率慢,束流强度易于精确控制,膜层组分和掺杂浓度可随蒸发源的变化而迅速调整。分子束外延主要设备有超高真空系统、蒸发源、监控系统和分析测试系统。

(20)离子束合成薄膜技术:离子束合成薄膜有多种新技术,目前主要有两种。

①离子束辅助沉积:是把离子束注入与气相沉积镀膜技术(如热蒸发、电子束蒸发、离子溅射)相结合的复合表面离子处理技术,也是离子束表面处理优化的新技术。这种复合沉积技术是在离子注入材料表面改性过程中,使膜与基体在界面上由注入离子引发的级联碰撞造成混合,产生过渡层而牢固结合。离子束辅助沉积也有较多优点,如不需要在真空工作室中进行气体放电以产生等离子体,可以在低于1×10^{-2}Pa 的气压环境中镀膜,气体污染减少;并且可在低温条件下给工件表面镀覆上与基体完全不同而且厚度不受轰击离子能量限制的薄膜,比较适用于电子功能膜、冷加工精密模具、低温回火结构钢的表面处理。

②离子簇束:离子簇束的产生有多种方法,常用的方法是将固体加热成过饱和蒸气,再经喷管喷出形成超声速气体喷流,在热膨胀过程中由冷却至凝聚,生成包含500~2000个原

子的团粒。

(21)化学转化膜:它是金属(包括镀层金属)表层原子与介质中的阴离子相互反应,在金属表面生成附着力良好的隔离层。这层化合物隔离层则称为化学转化膜。转化膜的形成既可以是金属与介质之间的纯化学反应,也可以是电化学反应。它是由金属基底直接参与成膜反应而生成的,因而膜与基底的结合力比电镀层要好得多。目前工业上常用的工艺有铝和铝合金的阳极氧化铝和铝合金的化学氧化、钢铁氧化处理、钢铁磷化处理、铜的化学氧化和电化学氧化、锌的铬酸盐钝化等。化学转化膜常用处理方法有浸渍法、阳极化法、喷淋法、刷涂法等。

(22)热烫印:它是指把各种金属箔在加热加压的条件下覆盖于工件表面的一种技术。

(23)暂时性覆盖处理:它是把缓蚀剂配制的缓蚀材料,在需要防锈的工件上,暂时性覆盖于工件表面,达到暂时防腐的目的。

1.2.3 表面改性技术

表面改性是指用机械、物理和化学的方法,改变材料表面的形貌、化学成分、相组成、微观结构、缺陷状态或应力状态。表面改性技术主要有如下方面。

(1)喷丸强化:是将高速弹丸流喷射到零件表面,使零件表层发生塑性变形,而形成一定厚度的强化层,强化层内形成较高的残余应力,由于零件表面压应力的存在,当零件承受载荷时可以抵消一部分应力,从而提高零件的疲劳强度。喷丸强化不同于一般的喷丸工艺,它要求喷丸过程中严格控制工艺参数,使工件在受喷后具有预期的表面形貌、表层组织结构和残余应力,从而大幅度地提高疲劳强度和抗应力腐蚀能力。喷丸强化是一个冷处理过程,它被广泛用于提高长期服役于高应力工况下金属零件,如飞机发动机舱的压缩机叶片、机身结构件、汽车传动系统零件等。

(2)表面热处理:它是指通过对工件表面的加热、冷却而改变表层力学性能的金属热处理工艺。表面热处理主要方法有感应淬火、火焰淬火、接触电阻加热淬火、电解液淬火、脉冲淬火、激光淬火和电子束淬火等,常用的热源有氧乙炔或氧丙烷等火焰、感应电流、激光和电子束等。

(3)化学热处理:是通过改变工件表层化学成分、组织和性能的金属热处理工艺。化学热处理与表面热处理不同之处是后者改变了工件表层的化学成分。化学热处理是将工件放在含碳、氮或其他合金元素的介质(气体、液体、固体)中加热,保温较长时间,从而使工件表层渗入碳、氮、硼和铬等元素。渗入元素后,有时还要进行其他热处理工艺(如淬火及回火)。化学热处理的主要方法有渗碳、渗氮、渗金属。

(4)等离子扩渗处理:又称为离子轰击热处理,是指在通常大气压力下的特定气氛中,利用工件(阴极)和阳极之间产生的辉光放电进行热处理的工艺。等离子扩渗处理常见的方法有离子渗氮、离子渗碳、离子碳氮共渗等,尤以离子渗氮最普遍,目的是提高表面硬度、耐磨性和疲劳强度。等离子扩渗的优点是渗剂简单、无公害、渗层较深、脆性较小、工件变形小、对钢铁材料适用面广、工作周期短。

(5)激光表面处理:通过对工件表面进行设计和激光改进处理,从而改善其表面性能的方法。它是利用激光束快速、局部加热工件,实现局部急热或急冷,可在大气、真空等环境中进行处理。通过改变激光参数,可解决不同的表面处理工艺问题。工件变形极小,是一种非接触式的处理方法。激光表面处理设备一般由激光器、功率计、导光聚焦系统、工作台、数控系统、软件编程系统等构成。激光表面处理根据表面处理目的的不同,分为表面改性处理(包括激光上釉、激光重熔、激光合金化、激光涂敷)和去除处理(如激光清洗);主要工艺方法有激光溶覆、激光合金化、激光非晶化、激光冲击硬化等。

(6)电子束表面处理:通常由电子枪阴极灯丝加热后发射带负电的高能电子流,通过一个环状的阳极,经加速射向工件表面使其产生相变硬化、溶覆和合金化等作用,淬火后可获细晶组织等。电子束表面处理的优点是功率密度高、控制灵活、重复性好,能够精确控制表面温度和穿透深度,并且可以在真空条件下进行,可特别好地保护金属,可以获得较高的结合力和性能,从而保证质量。

(7)高密度太阳能表面处理:可以利用太阳能对工件进行表面处理。例如对钢铁零部件的太阳能表面淬火,是利用聚焦的高密度太阳能对工件表面进行局部加热,约在 0.5s 至几秒内使之达到相变温度以上,进行奥氏体化,然后急冷,使表面硬化。高密度太阳能表面处理主要设备是太阳炉,由抛物面聚焦镜、镜座、机电跟踪系统、工作台、对光器、温控系统和辐射测量仪等构成。

(8)离子注入表面改性:是将某种元素的原子进行电离,并使其在电场中加速,在获得较高的速度后射入固体材料表面(又称靶表面),以改变材料表面成分及相结构,从而达到改变材料表面的物理、化学及机械性能的目的。例如离子注入可以改善材料表面的电磁学及光学性能,提高超导的转变温度等;改变化学性能(如抗腐蚀、抗氧化性能);改变机械性能(如表面的摩擦系数、表面硬度和抗磨损能力、材料的疲劳性能等)。其优点是注入的元素不受材料固溶度限制,可适用于各种材料,易控制工艺和质量,注入层与基体之间没有不连续界面。它的缺点是注入层不深,对复杂形状的工件注入有困难。

1.2.4 复合表面处理技术

科学技术的迅猛发展对材料性能(耐磨损性、耐高温、耐腐蚀等)的要求越来越高,使得一些材料表面处理技术和工艺无法满足稳定性和可靠性等性能的要求。同时,人们也希望通过局部改变材料表面结构,实现昂贵材料所特有特性的目的。鉴于各种需求,复合表面处理技术便应运而生,在一定程度上实现了材料的特性,发掘了材料的应用潜力。

复合表面处理技术是将多种处理表面的理论和工艺方法用在同一工件处理上的技术。综合运用多种技术的复合表面处理技术可以发挥不同技术或不同材料的各自优势,互相配合、取长补短,以获得最佳的表面性能,且能突显各种技术组合的特殊效果。目前已开发出一些复合表面处理技术,如等离子喷涂与激光辐射复合、热喷涂与喷丸复合、化学热处理与电镀复合、激光淬火与化学热处理复合、化学热处理与气相沉积复合等。复合表面处理技术还有另一层含义,就是指用于制备高性能复合涂层(膜层)的现代表面技术,其既能保留原组成材料的主要特性,又通过复合效应获得原组分所不具备的优越性能。

多年来,各种表面处理技术的优化组合取得了突出的效果,有了许多成功的范例,并且发现了一些重要的规律。通过深入研究,复合表面处理技术将发挥越来越大的作用,对促进我国工业发展有着重要意义。

1.2.5 表面加工技术

表面加工技术是指通过物理化学方法使金属表面的形貌发生改变,但不改变金属表面的金相组织和化学成分的一种技术。表面加工技术也是表面技术的一个重要组成部分。表面加工技术主要有电铸、包覆、抛光、蚀刻等,它们在工业上得到了广泛的应用。

目前高新技术不断涌现,层出不穷,大量先进的产品器件对加工技术的要求也越来越高,在精细化上已从微米级、亚微米级发展到纳米级,对表面加工技术的要求越来越苛刻、越精细,其中半导体器件的发展就是最典型的实例。

集成电路的制作,从晶片、掩模制备开始,经历多次氧化、光刻、腐蚀、外延掺杂(离子注入或扩散)等复杂工序,以后还包括划片、引线焊接、封装、检测等一系列工序,最后得到成品。在这些繁杂的工序中,表面的微细加工起了核心作用。微细加工技术是指能够制造微小尺寸零件的加工技术的总称。广义地讲,微细加工技术包含了各种传统精密加工方法和与其原理截然不同的新方法,如微细切削、磨料加工、微细特种加工、半导体工艺等;狭义地讲,微细加工技术是在半导体集成电路制造技术的基础上发展起来的,微细加工技术主要是指半导体集成电路的微细制造技术,如气相沉积、热氧化、光刻、离子束溅射、真空蒸镀等。微细加工技术主要包括如下。

(1)光子束、电子束和离子束的微细加工。

(2)化学气相沉积、等离子化学气相沉积、真空蒸发镀膜、溅射镀膜、离子镀、分子束外延、热氧化的薄膜制造。

(3)湿法刻蚀、溅射刻蚀、等离子刻蚀等图形刻蚀。

(4)离子注入扩散等掺杂技术。

还有其他一些微细加工技术。它们能够大幅降低超精加工的成本,极大地缩短生产周期,提高表面的质量,并且采用这种加工工艺加工出来的表面具有无与伦比的一致性和再现性。它们不仅是大规模和超大规模集成电路的发展基础,也是半导体微波技术、声表面波技术、光集成等许多先进技术的发展基础。

1.2.6 表面分析和测试技术

目前常见的表面分析和测试技术主要有低能电子衍射技术、反射高能电子衍射、俄歇电子谱、光电子能谱、扫描隧道显微镜等。

各种技术的表面灵敏度并不相同,单一技术只得到表面某一方面的信息。为了对固体表面进行较为全面的分析,常采用同时配置几种表面分析技术的多功能装置。目前,各种表面分析技术的定量化尚待逐步完善。

各种表面分析仪器和测试技术,不仅为揭示材料本性和发展新的表面技术提供了坚实的基础,而且为生产上合理使用或选择合适的表面技术,分析和防止表面故障,改进工艺设备,提供了有力的手段。

1.2.7 表面技术设计

随着研究的逐步深入和经验的不断积累,人们对材料表面技术的研究已经不满足于一般的试验、选择、使用和开发,而是要根据实际要求获得更经济、更实用的技术方法。表面技术设计则是针对工程对象的工作条件以及设备中零部件寿命的要求,综合分析可能发生的失效形式,正确地选择一种表面技术或多种表面技术的复合,合理使用涂层材料及工艺流程,预测涂层使用寿命,评估表面技术经济性,必要时可以进行模拟试验,并编写表面技术设计书和工艺卡片。这类设计系统内容包括如下。

(1)材料表面镀涂层或处理层的成分、结构、厚度、结合强度以及各种要求的性能。

(2)基体材料的成分、结构和状态等。

(3)实施表面处理或加工的流程、设备、工艺、检验等。

(4)综合的管理和经济等分析设计。

目前这套设计系统尚不完善,但随着科学技术的发展,表面技术设计一定能逐步得到完善,使众多的表面技术发挥更大的作用。

在表面技术设计时,首先要保证设计的设备和工艺能使工件和产品达到所要求的性能指标。除性能要素外,表面技术设计还必须符合其他四个要素:经济、资源、能源和环境。表面技术设计,尤其是重大项目设计,必须做严格的环保评估,不仅要重视生产的排污评价工作,还要对项目中使用的材料从开采、加工、使用到废弃等过程做出全面的评估。

1.3 表面技术的分类

表面技术可以从不同的角度进行分类,按照工艺特点可以分为电镀、化学镀、热渗镀、热喷涂、堆焊、化学转化膜、涂装、表面彩色、气相沉积、"三束"改性、表面热处理、形变强化及衬里等13类。

表面技术按照作用原理可以分为四大部分:表面涂覆、表面改性、表面复合处理、表面加工。

表面技术按表面层材料的种类可分为金属(合金)表面层、陶瓷表面层、聚合物表面层和复合材料表面层四大类。许多表面技术都可以在多种基体上制备多种材料表面层,如热喷涂、自催化沉积、激光表面处理、离子注入等。但有些表面技术只能在特定材料的基体上制备特定材料的表面层,如热浸镀。

从材料科学角度按照沉积物的尺寸,表面技术可以分为四种基本类型:原子沉积型、颗粒沉积型、整体覆盖型、表面改性型。

(1)原子沉积型:沉积物以原子、离子、分子和粒子集团等原子尺度的粒子形态在材料表面上凝聚,然后成核长大,最终形成薄膜。粒子凝聚成核及长大的模式,决定着涂层的显微结构和晶型。常见的表面技术有:电镀、化学镀、真空蒸镀、溅射、离子镀、物理气相沉积、化学气相沉积、等离子聚合、分子束外延等。

(2)颗粒沉积型:沉积物以宏观尺度的液滴或细小的固体颗粒在外力作用下,在材料表面凝聚、沉积或烧结形成覆盖层。液滴与颗粒的凝固或烧结情况决定了涂层的显微结构。常见的表面技术有:热喷涂、搪瓷涂覆等。

(3)整体覆盖型:它是将涂覆材料于同一时间施加于材料表面形成覆盖层,常见的表面技术有:包箔、贴片、热浸镀、涂刷、堆焊等。

(4)表面改性型:用离子处理、热处理、机械处理与化学处理等方法对材料表面进行处理,使材料表面的组成及结构发生改变,从而改变材料的性能。常见的表面技术有:化学转化镀、喷丸强化、激光表面处理、电子束表面处理、离子注入等。

同时也可以按表面功能特性、表面层形成的物理化学过程等对表面技术进行分类。

1.4 表面技术的应用

1.4.1 意义

表面技术是一个既古老又新颖的学科,人类使用表面技术已有悠久的历史,但是表面技术的迅速发展是从19世纪工业革命时开始的,并在20世纪80年代成为世界上十大关键技术之一。我国自20世纪80年代提出表面技术概念以来,表面技术对人们生活和工业生产产生了巨大的影响并显示出强大的生命力。目前表面技术的应用极其广泛,已经遍及各行各业。表面技术主要应用在耐蚀、耐磨、修复、强化、装饰等方面,但在光、电、磁、声、热、化学、生物等方面也有一定的使用。表面技术所涉及的基体材料不仅有金属材料,也包括无机非金属材料、有机高分子材料及复合材料。目前,我国部分表面技术的设备、材料和工艺达到了国际先进水平。据不完全统计,自我国第六个五年计划以来,通过表面工程在设备维修领域和制造领域的推广应用,取得了几百亿元的经济效益。

表面技术应用的重要性表现在许多方面。

(1)表面技术是节能、节材和挽回经济损失的有效手段。材料的疲劳断裂、磨损、腐蚀、氧化等一般都是从材料的表面开始的,由这些因素所带来的损失和破坏是十分惊人的。仅从腐蚀这个方面来看,据统计,全世界每年损耗金属达1亿t以上,工业发达国家因腐蚀破坏造成的经济损失占国民经济总产值的2%~4%,超过水灾、火灾、地震和飓风等所造成的总和。我国按4%计算,每年损失达1000亿元,所损失的钢材约800万t。采用有效的表面防护手段,至少可减少腐蚀损失15%~35%,减少磨损损失33%左右。因此,采用各种表面技术,加强材料表面保护具有十分重要的意义。

(2)表面技术是保证产品质量的基础工艺,可以满足不同工况服役与装饰外观的要求,显著提高产品的稳定性、可靠性与市场竞争能力。随着经济和科学技术的迅速发展,人们对各种产品抵御环境作用能力和长期运行的可靠性、稳定性提出了越来越高的要求。如"材料硬而不脆""耐磨而易切削""体积小而功能多"等。在许多情况下,构件、零部件和元器件的性能和质量主要取决于材料表面的性能和质量,因此,材料科学和技术的发展也促进了表面技术的发展,从而生产的重复性、成品率和产品的可靠性、稳定性都得到显著提高。

(3)表面技术是微电子技术发展的基础技术。由于表面技术有了很大的改进,材料表面成分和结构可得到严格的控制,同时又能进行高精度的微细加工,表面技术的发展也促进了微电子技术的发展。以化学气相沉积、物理气相沉积、光刻技术和离子注入为代表的表面薄膜沉积技术和表面微细加工技术是制作大规模集成电路、光导纤维和集成光路、太阳能薄膜蓄电池等元器件的基础。

(4)表面工程技术在制备新型材料方面具有特殊的优势。通过表面原位合成技术,能在低成本基础上在工件表面制备出性能优良的新型合金材料涂层,很好满足了工业、航空航天工业对高性能零部件表面的需求。目前表面技术已在制备高临界温度超导膜、金刚石膜、纳米多层膜、纳米粉末、纳米晶体材料、多孔硅、碳60等新型材料中起到关键作用,同时可以根据需要赋予材料及其制品具有绝缘、导电、阻燃、红外吸收及反辐射、吸声防噪、防沾污性等多种特殊功能。表面技术的应用使材料表面具有原来没有的性能,大幅度拓宽了材料的应用领域,充分发挥材料的潜力。

1.4.2 结构材料方面的应用

结构材料主要用于制造船舶、机车、桥梁等结构部件,以及机械制造中的工具、模具及其他零部件等;在性能上以力学性能为主,同时在许多场合又要求兼有良好的耐蚀性和装饰性。表面技术在力学、耐蚀、装饰方面主要起着防护、耐磨、强化、修复、装饰等重要作用。

表面防护具有广泛的含义,而这里所说的"防护"主要指防止材料表面发生化学腐蚀或电化学腐蚀的能力。腐蚀始于表面,因此表面防护是保护材料免遭腐蚀的行之有效的措施,工程上主要从经济和使用可靠性角度来考虑这个问题。一方面可以选择物理、力学和加工性能良好而价格较低的材料(如碳钢和低合金钢),但在许多情况下必须采用一些措施来防止或控制腐蚀,如改进工程构件的设计、在构件金属中加入合金元素、尽可能减少或消除材料上的电化学不均匀因素、控制环境、采用阴极保护法等;另一方面通过改变材料表面的成分和结构或者施加覆盖层来提高材料或制件的防护能力,覆盖层保护是一种较为广泛的防护手段,一般根据覆盖层材料性质的不同,将它分为三大类:金属覆盖层(如电镀、化学镀)、非金属覆盖层(如油漆涂装、搪瓷)与化学转化膜。

耐磨是指材料在一定摩擦条件下抵抗磨损的能力。磨损是工业领域和日常生活中常见的现象,造成这一现象的原因主要是物理化学和机械方面的因素,主要有磨粒磨损、黏着磨损(胶合)、疲劳磨损(点蚀)、腐蚀磨损等。材料耐磨性作为工程研究,其目的是研究产品制造和产品生产过程中的磨损问题,以及研究如何防止或减少磨损的工艺措施和方法。材料耐磨性与材料特性以及载荷、速度、温度等磨损条件有关。耐磨性通常以磨损量表示。采用各种表面技术是提高材料或制件耐磨性的有效途径之一。由于不同类型的磨损与材料表面性能的关系不同,所以要合理选择表面技术以及具体工艺。

强化主要是指通过各种表面强化处理来提高材料表面抵御除腐蚀和磨损之外的环境作用的能力。承受载荷的零件表面常处于最大应力状态,并在不同的介质环境中工作,因此零件的失效和破坏也大多发生在表面或从表面开始,如在零件表层引入一定的残余压应力、增加表面硬度、改善表层组织结构等,就能显著提高零件的疲劳强度和耐磨性。表面强化方法一般可分为表面热处理、表面化学处理和表面机械处理。常见的表面强化方法有化学热处理、喷丸、滚压、激光表面处理等。

在工程上,生产与维修都是生产力的重要组成部分。维修是保证设备正常运行和充分发挥效能的基本要素之一,许多零部件由于表面强度、硬度、耐磨性等不足在长时间工作后逐渐磨损、剥落、锈蚀,使外形变小以致尺寸超差或强度降低,最后不能使用。部分表面技术如堆焊、电刷镀、热喷涂、电镀、黏结等,具有修复功能,不仅可以修复尺寸精度,而且可以提高表面性能,延长零部件使用寿命。

表面装饰赋予金属或非金属表面光泽的色彩、图纹以及优美外观。表面装饰主要包括光亮(镜面、全光亮、哑光、光亮缎状、无光亮缎状等)、色泽、花纹(各种平面花纹、刻花和浮雕等)、仿照(仿贵金属、仿大理石、仿花岗石等)多方面特性。使用表面技术对各种材料表面进行装饰,不仅美丽精致,而且可以起到防护的作用,应用十分广泛。

1.4.3 功能材料方面的应用

并非结构材料以外的材料都可称为功能材料,实际上,功能材料主要指那些具有优良的物理、化学和生物等功能,并可以在声、光、电、磁中相互转化的功能,而被用于非结构目的的高技术材料。功能材料常用来制造各种装备中具有独特功能的核心部件,起着十分重要的作用。

功能材料的分类方法较多,较常见的有按照材料的化学键分为功能性金属材料、功能性无机非金属材料、功能性有机材料和功能性复合材料;按照材料物理性质分为磁性材料、电性材料、光学材料、声学材料、力学材料、化学功能材料等。

功能材料与结构材料相比较,除了两者性能上的差异和用途不同之外,另一个重要特点是功能材料通常与元器件"一体化",即常以元器件形式对功能材料的性能进行评价。

材料表面组织结构与材料的性能密切相关,通过各种表面技术可制备或改进一系列功能材料及其元器件,优化性能。表面技术在功能材料和元器件上的部分应用情况如下。

(1) 光学特性:利用电镀、化学镀、转化膜、涂装、气相沉积等方法,能够获得具有反射性、防反射性、增透性、光选择透过性、分光性、光选择吸收性、偏光性、光致发光、光记忆等特性的薄膜材料。这些材料通常用于汽车反光镜、防眩零件、显示器中的起偏器、透过可见光的透明隔热膜、太阳能选择吸收膜、光致发光膜和光致变色薄膜等。

(2) 电学特性:利用涂装、化学镀、气相沉积等技术,可以制备具有电学特性(如导电性、超导性、绝缘体、半导体、低接触电阻特性等)的功能薄膜及其元器件。例如,广泛用于液晶显示器、太阳能蓄电池、等离子显示、触摸屏的表面导电玻璃,具有各种电阻特性的碳膜材料,银、铜触点开关的低接触电阻膜,以及波导管和约瑟夫逊器件等元器件。

(3) 磁学特性:通过气相沉积技术和涂装等表面技术制备出具有磁记录、存储记忆、电磁屏蔽等功能的元器件。该性能的主要应用有磁泡存储器、录音磁带、防辐射幕布等。

(4) 声学特性:现代化战争中,高隐蔽性对于飞机、火炮等武器装备是极其重要的,它可以直接决定战争的胜利与否。随着军事科学技术的迅速发展,现代的红外侦察、瞄准技术达到了相当高的水平。利用涂装、气相沉积等表面技术,可以制备掺杂 Mn-Zn 铁氧体复合聚苯胺宽频段的吸波涂层、红外低发射率隐身材料、降温伪装涂料、声反射和声吸收涂层以及声表面波器件等。

(5) 热学特性:是指在计算机、建筑、军事工业等领域所需要的各种具有特殊热学性能的材料和元器件。通过电镀、气相沉积技术、涂装等表面技术,可以制备出具有导热性、热反射性、耐热性、热膨胀性、保温性、吸热性等特性的材料。热学特性主要应用于计算机显卡散热片上的导热膜,高层建筑用的热反射镀膜幕墙玻璃,在航天、轻工、建筑中的蓄热式热交换器、蓄热型热泵,太阳能动力装置中具有耐热性和蓄热性的集热板,以及耐热涂层、吸热涂层和保温涂层等。

(6)化学特性:在生物医学材料方面,表面技术也发挥着越来越重要的作用。利用等离子喷涂、气相沉积、离子注入等表面技术所制备的生物医学材料,可以在保持基体材料特性的基础上,提高基体表面的生物学性质、耐磨性、耐蚀性和绝缘性等,因此也得到了广泛的应用。例如:用表面工程技术制备的类金刚石膜和无定形CN膜在植入人体内的髋关节、心脏瓣膜、心管支架等临床试验中取得良好效果;在人造关节上采用超高相对分子质量聚乙烯离子束表面改性技术,可使耐磨性提高1~2个数量级;将磁性涂层涂覆在人体的一定穴位上,有治疗疼痛、高血压等功能。

(7)功能转换:合理利用表面工程技术,可以实现光能、电能、热能等的相互转化。例如,可以进行光电转换的薄膜太阳能蓄电池、含有有机化合物涂层的电致发光器件、能进行电热转换的薄膜加热器、具有选择性吸收涂层的太阳能光热转换器等。

1.4.4 新型材料方面的应用

新型材料又称为先进材料,通常是指具有优异性能的材料,是高新技术的重要组成部分,也是新技术发展必要的物质基础。由于表面技术的种类甚多,方法繁杂,各种表面技术结合起来,可以发挥更大的作用,以及材料经过表面处理或加工后可以获得远离平衡态的结构形式,因此表面技术在研制和生产新型材料方面是十分重要的。目前应用表面技术可制备金刚石膜、超导膜、纳米材料、亚稳态材料、复合材料及梯度功能材料等许多新型材料,为今后新技术的发展以及新材料的研究奠定了物质基础。表面技术在研制和生产新型材料的一些重要应用如下:

(1)金刚石薄膜材料:金刚石薄膜材料为金刚石结构,通常以甲烷、乙炔等碳氢化合物为原料,用热灯丝裂解、微波等离子体气相淀积、电子束离子束轰击镀膜等技术,在硅、碳化硅、碳化钨、氧化铝、石英、玻璃、钼、钨、钽等各种基板上反应生长而成。其不仅具有金刚石的硬度,还有良好的导热性、良好的从紫外到红外的光学透明性和高度的化学稳定性。金刚石薄膜材料在微电子、半导体、光学、光电子、航天航空工业、大规模集成电路等领域有广泛的应用前景,也在硬质切削刀具、X射线窗口材料、贵重软质物质保护涂层等方面应用。

(2)类金刚石薄膜:类金刚石薄膜是一种与金刚石薄膜性能相似的新型薄膜材料,它具有较高的硬度、良好的热传导率、极低的摩擦系数、优异的电绝缘性能、高的化学稳定性及红外透光性能。类金刚石薄膜是一种非晶薄膜,可分为无氢类金刚石碳膜和氢化类金刚石碳膜两类。目前可以使用物理气相沉积、化学气相沉积以及液相法制备类金刚石薄膜。化学气相沉积法,简称CVD,如离子束辅助CVD、直流等离子体辅助CVD、射频等离子体辅助CVD、微波放电CVD等;物理气相沉积法,简称PVD,如阴极电弧沉积、溅射碳靶、质量选择离子束沉积、脉冲激光熔融等。

(3)立方氮化硼薄膜:是指具有立方晶体结构的氮化硼薄膜。立方氮化硼薄膜是仅次于金刚石的超硬材料,化学稳定性极好,具有高电阻率,高热导率,掺入某些杂质可以成为半导体。目前可以利用物理气相沉积与化学气相沉积法制备立方氮化硼薄膜。由于立方氮化硼薄膜优良的特性,其被广泛应用于机械加工、高温电子器件、光学保护膜、半导体、散热板、光电开关、工具及耐热耐酸、耐蚀涂层等方面。

(4)超导薄膜:利用蒸发、喷涂等方法淀积的厚度小于$1\mu m$的超导材料。超导薄膜除几何尺寸与块状超导体不同外,其结构和超导性质也有较大差别。对于块状超导体,磁场穿透层很薄,可以忽略不计,具有完全的抗磁性。当超导薄膜厚度很小时(小于10nm),它的超导临界转变温度将下降。由于超导薄膜没有电阻,用它制成的天线、谐振器、滤波器、延迟线等微波通信器件具有常规材料(金、银等)不可比拟的高灵敏度。超导薄膜还在军事和医疗上有广泛应用,制成的医疗器械可以用来探测肺、脑和心脏的活动功能。

(5) LB膜:当分子具有疏水和亲水的官能团时,它们以可预测的方式在气液界面聚集,并形成单分子膜,被转移到固体基材上的这层膜被称为LB膜。LB膜在分子聚合、光合作用、磁学、微电子、光电器件、激光、声表面波、红外检测、光学等领域中有广泛的应用。

(6) 超微颗粒:是指超越常规机械粉碎的手段所获得的微颗粒,尺寸大致为1~10nm。由于超细颗粒的表面效应、小尺寸效应和量子效应,使超微颗粒在光学、热学、电学、磁学、力学、化学等方面有着许多奇异的特性。例如,能显著提高许多颗粒型材料的活性和催化率,增大磁性颗粒的磁记录密度,提高化学蓄电池、燃料蓄电池和光化学蓄电池的效率,增大对不同波段电磁波的吸收能力等;也可作为添加剂,制成导电的合成纤维、橡胶、塑料,或者成为药剂的载体,提高药效等。

(7) 纳米固体材料:指由尺寸小于15nm的超微颗粒在高压力下压制成型,或再经一定热处理工序后所生成的致密型固体材料,一般可以使用气相沉积等表面技术制备。它主要应用于纳米陶瓷、纳米金属等。

(8) 超微颗粒膜材料:是将超微颗粒嵌于薄膜中构成的复合薄膜。超微颗粒膜材料可制成高灵敏度、高响应速度、高精度、低能耗和小型化的颗粒膜传感器,在电子、能源、检测、传感器等许多方面有良好的应用前景。

(9) 非晶硅薄膜:非晶硅又称为无定形硅,它与其他非晶半导体一样,通常以薄膜形式呈现出来。可以采用辉光放电分解法、溅射法、真空蒸发法、光化学气相沉积法、热丝法等表面技术制备非晶硅薄膜。非晶硅薄膜制作工艺简便,成本低廉。这种薄膜还可制成摄像管的靶、位敏检测器件和复印鼓等,引起了人们的兴趣。随着对非晶硅薄膜的深入研究,已获得一系列新的薄膜材料,如非晶硅基合金薄膜材料、超晶格材料、微晶硅薄膜、多晶硅薄膜、纳米硅薄膜等。

(10) 微米硅:又称为纳米晶。其晶粒尺寸在10nm左右,它的光吸收系数介于晶体硅与非晶硅之间。一般可以采用等离子体化学气相沉积、磁控溅射等制备。可取代掺氢的SiC作非晶硅太阳能蓄电池的窗口材料,以提高其转换效率,也可考虑制作异质结双极型晶体管、薄膜晶体管等。

(11) 多孔硅:多孔硅是一种新型的一维纳米光子晶体材料,具有纳米硅原子簇为骨架的"量子海绵"状微结构,可以通过电化学阳极腐蚀或化学腐蚀单晶硅而形成。多孔硅具有良好电致发光特性,在光或电的激发下可产生电子和空穴,这些载流子可复合发光,在电场的作用下进行定向移动,产生电信号,也可以储能。多孔硅可制成频带宽、量子效率高的光检测器。多孔硅在光学和电学方面的特性为全硅基光电子集成和开发开创了新道路。

(12) 碳60(C_{60}):是一种非金属单质,由60个碳原子构成的分子,形似足球,又名足球烯,单纯由碳原子结合形成的稳定分子。C_{60}分子的物理性质相对稳定,化学性质相对活泼,它和它的衍生物具有潜在的应用前景。C_{60}的应用十分广泛,可以作催化剂、吸氢材料、光学限幅器、生物活性材料等。

(13) 纤维补强陶瓷基复合材料：是以各种金属纤维、玻璃纤维、陶瓷纤维为增强体，以水泥、玻璃陶瓷等为基体，通过一定的复合工艺结合在一起所构成的复合材料。这类材料具有高强度、高韧性和优异的热学、化学稳定性，目前主要应用于纤维增强水泥基复合材料。

(14) 梯度功能材料：是两种或多种材料复合且成分和结构呈连续梯度变化的一种新型复合材料，是为满足现代航天航空工业等高技术领域极限环境下能反复地正常工作的需要而发展起来的一种新型功能材料。它的设计要求功能、性能随机件内部位置的变化而变化，通过优化构件的整体性能而得以满足。许多表面技术如等离子喷涂、离子镀、离子束合成薄膜技术、化学气相沉积、电镀、电刷镀等，都是制备梯度功能材料的重要方法。这种材料用于航空、航天领域，可以有效解决热应力缓和问题，提高耐热性与力学强度。此外，梯度功能材料在核工业、生物、传感器、发动机等许多领域有广泛的应用。

(15) 巨磁电阻薄膜材料：指电阻随外加磁场强度的改变而发生显著变化的材料，目前可以采用电沉积、溶胶-凝胶、磁控溅射等方法制备巨磁电阻薄膜材料。巨磁电阻薄膜材料在应用上易使器件小型化、廉价化，可用于高密度磁记录读磁头、磁传感器、随机存储器、磁光信息存储以及汽车、机床、电器开关、自动化控制系统等。

(16) 石墨烯：石墨烯是一种以 sp^2 杂化连接的碳原子紧密堆积成单层二维蜂窝状晶格结构的新材料。石墨烯常见的粉体生产方法有机械剥离法、氧化还原法、SiC 外延生长法。石墨烯是已知强度最高的材料之一，电子迁移率受温度变化的影响较小，并且具有非常好的热传导性能。由于石墨烯具有优异的光学、电学、力学特性，因此在材料学、微纳加工、能源、生物医学和药物传递等方面具有重要的应用前景，被认为是一种未来革命性的材料。

1.4.5 其他方面

表面技术在人类适应、保护和优化环境等方面也有着一系列应用，并且重要性日益突出。生活中，人类的衣食住用行、学习、娱乐、旅游、医疗、饰品、工艺品无不越来越得益于表面工程的成就。表面技术在保护、优化环境方面也起着越来越重要的作用，无论是环境监测和评估，还是环境控制和改善，在一定程度上用到表面技术所能提供的一切最新成就。

(1) 净化大气：用涂覆和气相沉积等表面技术制成的触媒载体等净化大气的材料，可除去人类在生产和生活中由于使用各种燃料、原料而产生大量的 CO_2、NO_2、SO_2 等有害气体。

(2) 净化水质：膜材料是重要的净化水质的材料，可用来处理污水、化学提纯、水质软化、海水淡化等，这方面的表面技术正在迅速发展。

(3) 抗菌灭菌：有些材料具有净化环境的功能。其中，二氧化钛光催化剂很引人注目，它可以将一些污染的物质分解掉，使之无害，同时又因有粉状、粒状和薄膜等形状而易于利用。研究发现，过渡金属 Ag、Pt、Cu、Zn 等元素能增强 TiO_2 的光催化作用，而且具有抗菌、灭菌作用（特别是 Ag 和 Cu）。例如，北京安霸泰克生物科技公司推广的无菌表面处理技术被称为是抗菌材料领域里的革命，这种无菌表面处理技术是借助金属氧化物与水接触生成带正电的氢离子，形成 pH 值在 2.5~5.5 的酸性表面实现的。它综合了现有抗菌技术的优点，是一个优势特点突出、市场前景广阔的创新技术。

(4) 吸附杂质：使用表面技术制成的吸附剂，可以除去空气、水、溶液中的有害成分，且具有除臭、吸湿等作用。例如,在氨基甲酸乙酰泡沫上涂覆铁粉,在烧结后成为除臭剂,可以用于冰箱、厨房、厕所、汽车内,有效去除表面杂质。

(5) 去除藻类污垢:运用表面化学原理,制成特定的组合电极(如 Cl-Cu 组合电极),用来除去发电厂沉淀池、热交换器、管道等内部的藻类污垢。

(6) 活化功能:远红外光具有活化空气和水的功能,而活化的空气和水有利于人的健康。例如,在水净化器中加上能活化水的远红外陶瓷涂层装置,已取得很好的效果,正投入实际应用。

(7) 生物医学:对于许多医疗器械,如导管、医疗支架、人工晶状体、隐形眼镜和金属植入物,功能性涂层经常用于改善生物相容性和减少有害副作用。使用医用功能性涂层可以在保持基体材料特性的基础上,增进基体表面的生物学性质,阻隔基材离子向周围组织扩散,提高基体表面的耐磨性、绝缘性等,有力促进了生物医学材料的发展。目前制备医用涂层的表面技术有等离子喷涂、气相沉积、离子注入、电泳等。例如在金属材料上涂覆生物陶瓷,用作人造骨、人造牙、植入装置导线的绝缘层等。

(8) 治疗疾病:用表面技术和其他技术制成的磁性涂层涂覆在人体的一定穴位,有治疗疼痛、高血压等功能。涂覆在驻极体膜上,具有促进人体骨裂愈合等功能。部分观点认为频谱仪、远红外仪等设备能发出一定的波与生物体细胞发生共振,促进血液循环,活化细胞,治疗某些疾病,促进身体健康。

(9) 绿色能源:我国是温室气体的排放大国之一,而常规电力生产使用煤、石油、天然气发电,已经成为我国 CO_2 等温室气体的主要排放源,而且燃煤还大量排放二氧化硫等有害气体。为了保护生态环境,必然要大力推广绿色能源,如太阳能蓄电池、磁流体发电、热电半导体、海浪发电、风能发电等。许多绿色能源装置如太阳能蓄电池、太阳能集热管、半导体制冷器等的制造均需要表面技术的支持,表面技术是绿色能源发展利用的重要基础之一。

(10) 优化环境:表面技术可以在人类控制自然、优化环境上起很大的作用。例如,人们积极研究能调光、调温的"智慧窗",即通过涂覆或镀膜等方法,使窗可按人的意愿来调节光的透过率和光照温度;在民用领域有氰电镀已经基本上被无氰电镀所代替,一些有利于环保的镀液相继被研制出来;镀锌工件的六价铬钝化也被三价铬钝化所取代等。

1.5 表面技术的发展

1.5.1 发展方向

表面技术作为国际性的关键技术之一,是新材料、光电子、微电子、3C(通信技术、计算机技术和控制技术的合称)等许多先进产业的基础技术。大量表面技术属于高技术范畴,在今后知识经济社会发展过程中将占有重要的地位。人们使用表面技术已有几千年的历史,但表面技术的迅速发展是从 19 世纪工业革命开始的,最近 30 多年则发展得更为迅速。

每项表面技术的形成往往有着许多的试验和失败。例如,早期的电镀技术非常原始,通常是通过物理或化学方法将金属沉积在物体表面。到了 19 世纪中叶,英国科学家迈克尔·法拉第发现了电解原理,为电镀技术的发展奠定了基础。随着电子工业和汽车工业的兴起,电镀技术得到了进一步的发展和完善。电镀工艺变得更加精细,能够满足更严格的工业标准。而热喷涂技术是在 20 世纪 30 年代至 40 年代,随着第二次世界大战爆发得到了迅速发展,主要用于飞机发动机部件的维修和保护。80 年代,随着计算机和自动化技术的发展,热喷涂过程开始实现自动化控制,提高了喷涂的一致性和重复性。进入 21 世纪,热喷涂技术则向高效、节能、环保的方向发展,开发了超音速火焰喷涂、冷喷涂等新技术。各类表面技术的发展也是分别进行、互不相关的。近几十年来经济和科技的迅速发展,使这种状况有了很大的变化,人们开始将各类表面技术互相联系起来,探讨它们的共性,并阐明各种表面现象和表面特性的本质,尤其是 20 世纪 60 年代末形成的表面科学为表面技术的开发和应用提供了更坚实的基础,表面科学与表面技术互相依存,彼此促进。在这个基础上通过各种学科和技术的相互交叉和渗透,表面技术的改进、复合和创新会更加迅速,应用会更为广泛,必将为人类社会的进步做出更大的贡献。

"十四五"规划提出大力促进产业发展,表面工程行业则是"十四五"规划实施的制造业重要产业领域,表面工程的发展与社会经济各行各业的发展休戚相关,其应用范围覆盖了制造业涉及的汽车、机械、电子材料、涂料、建筑、船舶、航空航天等众多行业领域。展望今后数十年,结合我国的实际情况,表面技术的发展方向大致可以归纳为以下方面。

1) 服务于国家重大工程

国家重大工程关系国家的命脉,先进制造业则是国家重点工程中的重要组成部分。重点发展先进制造业中关键零部件的强化与防护新技术,显著提高使用性能和工艺形成系统成套技术,是先进制造业更好更快发展的技术支撑;并且可以解决高效运输技术与装备(如重载列车、特种重型车辆、大型船舶、大型飞机等新兴运载工具)关键零部件在服役过程中存在的使用寿命短和可靠性差等问题。国家在建设大型矿山、港口、水利、公路、大桥等项目中,都需要表面工程技术的支撑。例如在三峡大坝的建设工程中,所有机械设备、金属结构、水工闸门以及隧洞、桥梁、公路、码头、储运设备都离不开表面工程,从表面技术和涂覆材料的选择、喷涂工艺的制订到表面电化学保护等,都在三峡大坝重大装备研制项目中占有重要地位。

2) 贯彻可持续发展战略

20 世纪,全球经济高速发展,与此同时,对自然资源的任意开发和对环境的无偿利用造成全球的生态破坏、资源浪费等问题,表面处理技术对节约能源、保护环境、支持社会可持续发展发挥着重要的作用。表面处理技术适合我国国情,利于环境保护,符合国家可持续发展战略,可以为人类的可持续发展做出重大贡献,但是在表面处理技术的实施过程中,如果处理不当,又会带来许多污染环境和消耗资源等严重问题。因此要切实贯彻可持续发展战略,这是表面技术的重要发展方向,在具体实施上有很多方面。

(1) 建立表面技术项目环境负荷数据库,为开发生态环境技术提供重要基础。

(2) 深入研究表面技术的产品全寿命周期设计,以此为指导,用优质、高效、节能、节水、节材、环保的具体方法来实施表面技术,并且努力开展再循环和再制造等活动。

(3) 尽量使用环保低耗的生产技术来替代污染高耗生产技术,例如在涂料涂装方面尽量采用水性涂料、粉末涂料、紫外光固化涂料等环保涂料;对于几何形状不复杂的装饰-防护电镀工件尽可能用"真空镀-有机涂"复合镀工件来取代。

(4)加强"三废"处理和减少污染的研究,如对于几何形状较复杂的电镀铬工件,在电镀生产过程中尽可能用三价铬等低污染物取代六价铬高污染物,同时做好"三废处理"工作,减少对环境的污染。

3)技术的改进、复合和创新

传统的表面技术,随着科学的进步发展而不断创新,即表面处理技术是不断改进、不断进步的。表面处理技术已经在机械产品、信息产品、家电产品和建筑装饰中获得富有成效的应用,但是其深度、广度仍很不够,今后表面处理技术将继续迅速发展,具体内容主要有如下。

(1)改进各种耐蚀涂层、耐磨涂层和特殊功能涂层,根据实际需求开发新型涂层。

(2)进一步引入激光束、电子束、离子束等高能束技术,进行材料及其制品的表面改性与镀覆。

(3)加快建立和完善新型表面技术如原子层沉积、纳米多层膜等创新平台,推进重要薄膜沉积设备和自主设计、制造和批量生产。

(4)加大复合表面技术的研究力度,充分发挥各种工艺和材料的最佳组合效应,探索复合理论和规律,扩大表面技术的应用。

(5)将纳米材料、纳米技术引入表面技术的各个领域,使材料表面具有独特的结构和优异的性能,建立和完善纳米表面技术的理论,开拓表面技术新的应用领域。

(6)大力发展表面加工技术,提高表面技术的应用能力和使用层次,尤其关注微纳米加工技术的研究开发,为发展集成电路、集成光学、微光机电系统、微流体、微传感、纳米技术以及精密机械加工等科学技术奠定良好的制造基础。

(7)重视研究量子点可控、原子组装、分子设计、仿生表面智能表面等涂层、薄膜或表面改性技术,同时要高度重视表面技术中一些重大课题的研究,如太阳能蓄电池的薄膜技术、表面隐形技术、轻量化材料的表面强化及防护技术、空间运动体的表面防护技术、特殊功能涂层的修复技术等。

4)自动化智能化方向

近几年来,随着科技的飞速发展,"中国制造"逐步向"中国智造"转型,智能制造技术是世界制造业未来发展的重要方向之一,智能化是制造自动化的发展方向,表面技术作为中国制造业的重要组成部分,也必然会向自动化方向发展。目前在表面处理中,自动化程度最高的是汽车行业和微电子行业。例如,在汽车车身涂装线中,涂装工艺采用三涂层体系,即电泳底漆涂层、中间涂层、面漆涂层,涂层总厚度为 110~130pm,涂装厂房为三层,一层为辅助设备层,二层为工艺层,三层为空调机组层,厂房是全封闭式,通过空调系统调节工艺层内的温度和湿度,并始终保持室内对环境的微正压,保持室内清洁度,各工序间自动控制,流水作业,确保涂装高质量。随着机器人和自动控制技术的发展,表面技术(如热喷涂)也必将会朝着自动化和智能化蓬勃发展。

1.5.2 发展前景

表面技术以其高度的实用性和显著的优质、高效、低耗的特点在制造业、维修业中有一席之地,在航空航天、电子、汽车、能源、石油化工、矿山等工业部门得到了越来越广泛的应用。可以说几乎有表面的地方就离不开表面处理技术,表面技术的发展前景更是生机勃勃,主要表现在以下的领域内。

(1)现代制造领域:制造业是一个国家经济发展的支柱,是国民经济收入的重要来源,现代先进制造技术是我国工业化发展进程中的"航空母舰"。发展和应用先进制造技术对于一个国家未来的经济发展具有举足轻重的作用。现代制造业的发展,更体现出表面工程技术的重要性,它已从过去单一的辅助性表面处理工序,发展成为与机械设计、加工、材料选择具有同等重要地位的表面设计工序。随着表面技术的迅速发展及纳米材料的深入研究,在现代工业制造领域中应用表面技术已逐渐显示其无可比拟的优越性。

(2)现代汽车工业:1886年在德国斯图加特制造出了世界上第一辆汽车。当时使用油漆作防锈和美化装饰,近代汽车工业充分利用了各种表面技术(如物理气相沉积技术、电镀技术、喷涂技术、涂装技术、油漆技术等),使汽车成为现代技术与艺术相结合。例如,在车身涂装上,设计选用电泳底漆、中间涂层、面漆三涂层体系,不仅使车身具有防腐蚀功能,更具有亮丽、闪光色彩。汽车上一些钢构件采用单一的钝化处理,应用在散热器主片、吊耳总成、制动软轴支架等几十种零部件。

(3)航空航天领域:近年来,航空表面技术取得了飞速的发展,涌现出许多表面工程新技术和新工艺,如激光强化技术、离子注入技术、飞机蒙皮有机涂层技术、薄膜减阻技术等已经投入应用或正在研究之中。这些表面技术将在航空领域中显示出更广阔的应用前景。例如,在防护上常用涂镀技术、热浸镀技术、物理和化学气相沉积技术来提高飞机、运载火箭、卫星、宇宙飞船、导弹在各种飞行恶劣环境下对材料性能产生的影响进行防护。如第四代飞机在停飞和飞行过程中,可能遇到-50℃的空气摩擦升温至200℃,因而在飞机蒙皮的表面涂上高聚物涂料免受环境介质侵蚀,减少阻力。

(4)舰船海洋领域:表面技术在船舰海洋领域也有广泛的应用。例如:长期暴露在海洋环境中的大型钢铁构件,如钢结构桥、海上钻井平台、舰船的钢结构等会受到不同程度的腐蚀和侵蚀,通常将锌、铝或锌-铝防护层与封孔防锈层和防老化面漆层相结合,形成多层防护体系,目前已获得较好的防护效果。

(5)现代电子电气工业:现代电子信息设备向着小型化、轻量化、多功能、抗干扰、高可靠性方向持续发展,而且面临着更加恶劣的使用环境和先进制造技术配套性因素的促进,这些都对电子信息设备的表面功能和防护技术提出了新形势和新要求。表面技术在现代电子电气工业中的应用:金属有机化合物气相沉积法,可以有效地解决电子元件生产中微细加工的问题,在微电子工业的互联布线及元器件生产中发挥着重要的作用。

(6)生物医学领域:随着表面工程技术的不断发展,各种新型表面处理技术和手段层出不穷,其中很大一部分已经应用到生物材料表面工程中,通过合适的表面处理,可在不降低生物材料本体性能的情况下,有效提升生物医用材料的表面性能(如耐磨性、耐腐蚀性、生物相容性、血液相容性、生物活性和抗菌性等),从而改善植入体的植入效果和使用寿命。例如,使用等离子表面改性技术结合人工关节和人工椎间盘体内服役的特点,制备具有"体内磨损自修复功能"的薄膜,来达到显著增加薄膜耐腐蚀、耐磨损性能的目的,从而延长活动金属植入假体在患者体内的服役寿命。

(7)新能源产业:包括太阳能、风能、氢能、生物能、地热能、海洋潮汐能等新能源产业,都对表面技术提出了许多需求。近年来,核电站重大事故频发,唤起了人们对太阳能等工业迅速发展的渴望,其中薄膜太阳能蓄电池是一个研究重点。

(8)新型材料工业:表面处理技术主要任务是使零件和构件表面延缓腐蚀、减少磨损和延长疲劳寿命。随着工业的发展,在治理这三种失效之外对许多特殊的表面功能提出了要求。例如,舰船上甲板需要有防滑涂层,军队官兵需要防激光致盲的镀膜眼镜,现代装备需要有隐身涂层,太阳能取暖和发电设备中需要高效的吸热涂层和光电转换涂层等。随着科技的发展进步,表面技术也有着更大的发展空间和应用前景。

表面技术为人民生活的各个方面提供了便利,并在国民经济和国防建设中发挥了重要作用。随着我国社会的不断发展,表面工程行业将面临巨大的机遇与挑战,当前表面工程的研究与应用已形成一个前所未有的热潮。表面技术学科必将在不断发展的同时,更好地建设我国现代化,并且更好地服务于人民。不断发展具有我国特色和自主知识产权的表面技术,是我国科学技术工作者的历史使命。

第2章　表面技术理论基础

固体表面是指固气界面或固液界面。表面实际上由凝聚态物质靠近气体或真空的一个或几个原子层(0.5~10nm)组成,是凝聚态对气体或真空的一种过渡。固体表面结构的含义是丰富而多层次的,要全面描述固体表面的结构和状态,阐明和利用各种表面的特性,需从微观到宏观逐层次对固体表面进行分析研究,可能涉及的表面结构主要有表面形貌和显微组织结构、表面成分、表面的结合键、表面的吸附、表面原子排列结构、表面原子动态和受激态、表面的电子结构(即表面电子能级分布和空间分布)等。采用机械、物理、化学、生物等各种表面改性技术,改变固体表面的形貌、化学成分、相组成、微观结构、缺陷状态或应力状态等,就能改变固体表面的特性。表面技术改变固体表面特性的另一个重要途径是施加各种覆盖层。其主要采用各种涂层技术,来提高固体抵御环境作用能力和赋予固体表面某种功能特性。此时,覆盖层的各种宏观、微观结构,在很大程度上决定了固体表面的特性。然而,我们在研究表面技术的实际问题时通常根据实际情况,着重从某个或多个层次的表面结构进行分析研究。本章扼要介绍了固体表面和表面特征力学的一些重要情况。

【教学目标与要求】

(1) 深入理解表面技术的基本概念、发展历程及其在材料科学与工程领域的重要性;
(2) 掌握表面结构、表面能、表面吸附等表面物理化学基础理论;
(3) 了解并掌握典型固体表面结构特点,理解表面热力学的基础知识。

导入案例

汽车制造中的表面技术应用

在汽车制造中,制动盘、发动机零件等关键部件需要承受高强度的摩擦和磨损。为了提高这些部件的耐磨性和使用寿命,通常会采用表面技术在其表面制备抗磨损涂层。抗磨损涂层的制备过程中,涉及了表面物理和化学的多个原理。例如,涂层材料的选择需要考虑其与基体材料的表面能、润湿性等物理性质,以确保涂层能够牢固地附着在基体表面。同时,涂层的制备过程中还会发生一系列的化学反应,如涂料的固化反应、涂层与基体材料的界面反应等,这些化学反应会直接影响涂层的性能和耐久性。目前,表面技术在汽车领域的应用非常广泛,几乎覆盖了汽车的每一个部件。从车身的防腐防锈处理、涂装美化,到发动机零部件的耐磨、耐高温处理,再到汽车电子部件的绝缘、导电处理,都离不开表面技术。这些技术的应用不仅提高了汽车的性能和寿命,还满足了消费者对汽车外观和品质的需求。

2.1 固体材料和表面界面

2.1.1 固体材料

固体是一种重要的物质结构形态,大致分为晶体、非晶体和准晶体三类。晶体中原子、离子或分子在三维空间呈有规则的周期性重复排列,即存在长程的几何有序;非晶体包括传统的玻璃、非晶态金属、非晶态半导体和某些高分子聚合物,非晶体内部原子、离子或分子在三维空间排列无长程序,但是由于结合键的作用,大约在 1~2nm 范围内原子分布仍有一定的配位关系,原子间距和成键键角等都有一定特征,然而没有晶体那样严格,即存在所谓的短程有序;准晶体是一种介于晶体和非晶体之间的固体,在准晶体的原子排列中,其结构是长程有序的,这一点和晶体相似,但是准晶体不具备平移对称性,这一点又和晶体不同。

在固体中,原子、离子或分子之间存在一定的结合键,这种结合键与原子结构有关。最简单的固体可能是凝固态的惰性气体。这些惰性气体元素的外壳电子层已经完全填满,因此有非常稳定的排布。通常惰性气体原子之间的结合键非常微弱,只有处于很低的温度时才会液化和凝固。这种结合键称为范德华键。范德华键属物理键,是一种次价键,没有方向性和饱和性。除惰性气体外,在许多分子之间也可通过这种键结合为固体。例如甲烷(CH_4),在分子内部有很强的键合,但分子间可依靠范德华键结合成固体,此时的结合键又称为分子键。还有一种特殊的分子间作用力键——氢键。氢键是一种极性分子键,存在于 HF、H_2O、NF_3 等分子间,严格地讲氢键也属于次价键。可把氢原子与其他原子结合起来而构成某些氢的化合物。

大多数元素的原子最外电子层没有填满电子,在参加化学反应或结合时都有互相争夺电子成为惰性气体那样稳定结构的倾向。由于不同元素有不同的电子排布,故可能导致不同的键合方式。例如,氯化钠固体是通过离子键结合的,硅是共价键结合,而铜是金属键。这三种键都较强,同属化学键或主价键。

固体也可按结合键方式来分类,分别是由离子键构成的离子固体、由共价键构成的共价网络固体、由金属键构成的金属固体和由分子键或氢键构成的分子固体,不同结合方式有不同的聚体机理。实际上,许多固体并非由一种键把原子或分子结合起来,而是包含两种或更多的结合键,但是通常其中某种键是主要的,起主导作用。

固体材料是工程技术中最普遍使用的材料,它的分类方法很多,如按照材料特性,可将它分为金属材料、有机高分子材料、无机非金属材料和复合材料四类。金属材料是指具有光泽、延展性、容易导电、传热等性质的材料,包括各种纯金属及其合金。塑料、合成橡胶、合成纤维等称为有机高分子材料,有机高分子材料也称为聚合物材料,是以高分子化合物为基体,再配有其他添加剂(助剂)所构成的材料。还有许多材料,如陶瓷、玻璃、水泥和耐火材料等,既不是金属材料,又不是有机高分子材料,人们统称它们为无机非金属材料。此外,人们还发展了一系列将两种或两种以上的材料通过特殊方法结合起来而构成的复合材料,如玻璃钢。

固体材料按所起的作用可分为结构材料和功能材料两大类。结构材料是以力学性能为基础,以制造受力构件所用材料,主要用来制造工程建筑中的构件,机械装备中的零件以及工具、模具等。当然,结构材料对物理或化学性能也有一定要求,如光泽、热导率、抗辐照、抗腐蚀、抗氧化等。功能材料是利用物质的各种物理和化学特性及其对外界敏感的反应,实现各种信息处理和能量转换的材料(有时也包括具有特殊力学性能的材料),这类材料常用来制造各种装备中具有独特功能的核心部件。

2.1.2 表面界面

物质存在的某种状态或结构,通常称为某一相。严格地说,相是指系统中具有同一聚集状态、同一晶体结构和性质并以界面相互隔开的均匀组成部分。所谓均匀的,是指这部分的成分和性质从给定范围或宏观来说是相同的,或是以一种连续的方式变化。在一定温度或压力下,含有多个相的系统为复相系。两种不同相之间的界面区称为界面,其类型和性质取决于两体相的性质。

物质的聚集态有固、液、气三态,由于气体之间接触时通过气体分子间的相互运动而很快混合在一起,成为由混合气体组成的一个气相,即不存在气-气界面,因此界面有固-固、固-液、固-气、液-液、液-气五种类型。但是,习惯上界面是指两相接触的约几个分子厚度的过渡区,若其中一相为气体,这种界面通常称为表面。严格讲,表面应是液体和固体与其饱和蒸汽之间的界面,但习惯上把液体或固体与空气的界面称为液体或固体的表面。按此,界面有固-液、液-液、固-固三种类型,表面有固-气、液-气两种类型。

自然界存在着无数与界面和表面有关的现象,人们由此进行深入研究,开发出大量的新技术、新产品。

1) 固-液界面

液体对固体表面有润湿作用以及与润湿密切相关的黏结、润滑、去污、乳化、分散、印刷等作用。润湿是固体表面上的气体被液体取代的过程。在一定的温度和压力下,润湿的程度可用润湿过程吉布斯自由能的改变量来衡量。吉布斯自由能减少得越多,则越易润湿。人们有时要求液体在固体表面上有高度的润湿性,而有的却要求有不润湿性,这就要求人们在各种条件下采用表面湿润及反湿润技术。

催化是另一种重要的界面现象。固体催化剂使液体在表面发生的化学反应显著加快,这种催化作用是一种化学循环,反应物分子通过和催化剂的短暂化学结合而被活化,转化成产物分子最终脱离催化剂,紧接着新来的反应物分子又重复前者,形成周而复始的催化作用,直到催化剂活性丧失。

电极浸入电解液中通直流电后发生电解反应,即正极氧化,负极还原,由此可用来进行各种电化学的制备和生产。除电解外,还有电镀、电化学反应、腐蚀与防腐等许多涉及固-液界面的电现象和过程。

2) 液-液界面

表面张力或表面能是液体的一种特性,通常说的表面张力均是对液-气界面而言的。如果是液-液界面,即两种不互溶的液体接触界面,则为界面张力。所谓界面张力是指在液-液界面上或切面上垂直作用于单位长度上的使界面积收缩的力,单位为 N/m。

液-液界面是由两种不互溶或部分互溶液体相互接触而形成的界面,如原油破乳、沥青乳化、农药乳液、食品、化妆品、电影胶片的制备等均涉及液-液界面的问题。液-液界面的形成有三种方式：黏附、铺展和分散。黏附是指两种不同液体（如 A 和 B）相接触后，液体 A 和液体 B 的表面消失，同时形成 A 与 B 的液-液界面（AB）的过程；铺展是指一种液体（B）在另一种液体（A）上的展开，使 A 的气-液界面由 A 与 B 的液-液界面所取代，同时形成液体 B 的气-液界面的过程；分散是指一种大块的液体（A）以液滴的形式存在于另一种液体（B）之中的过程。在这个过程中，大块液体被分割成许多微小的液滴，这些液滴与周围的液体形成液-液界面。

3) 固-固界面

固-固界面分为两类：一类是同种固体材料其两个晶粒之间的界面，该界面称为晶界；另一类则是两个结构或组成均不相同的固相之间的界面，或结构（组成）相同，但组成（结构）不同的两个固相之间的界面，这两种界面都称为相界。

晶界的存在状态及其在一定条件下发生的行为，如晶界能、晶界中原子排列或错排、晶界迁移、晶界滑动、晶界偏析、晶界脆性、晶间腐蚀等，对材料变形、相变过程、化学变化以及各种性能都有着极为重要的影响。一般晶界是完全没有共格关系的非共格界面。晶粒内部可出现取向差较小的亚晶粒，而亚晶粒之间的亚晶界可看作由位错行列拼成的半共格界面。完全共格的晶界很少，主要是共格孪生晶界。相对来说，相界的共格、半共格、非共格的特征较为明显，这些特征对材料行为和性能的影响较为显著。

工程上广泛使用各种类型的固体材料，在加工制造过程中会形成各种各样的固-固界面，如由切割、研磨、抛光、喷砂、形变、磨损等形成的机械作用界面，由黏结、氧化、腐蚀以及其他化学作用而形成的化学作用界面，由液相析出或气相沉积而形成的液、气相沉积界面，由热压、热锻、烧结、喷涂等粉末工艺而形成的粉末冶金界面，由焊接等方法而形成的焊熔界面，由涂料涂覆和固化而形成的涂装界面等。深入研究这些界面或形成过程，在工程上具有重要的意义。

4) 液-气表面

液体分子不像气体分子那样可以自由移动，又不像固体分子（原子）那样在固定位置做振动，而是在分子间引力和分子热运动共同作用下形成"近程有序、远程无序"的结构。液-气表面上的液体分子与液体内部所受的力不相同。表面张力是液-气表面所具有使液体表面积缩小的力。它产生的原因是液体跟气体接触的表面存在一个薄层，叫作表面层，表面层里的分子比液体内部稀疏，分子间的距离比液体内部大一些，分子间的相互作用表现为张力。

在液-气表面处，少部分能量较高的液体分子可以克服体相内部对它的引力而逸出液相，形成蒸发过程。在密闭容器中，由液体进入气相中的分子不能跑出容器，在气相分子的混乱运动中，一些分子与液面碰撞有可能被液体分子的引力抓住重新进入液相，形成冷凝过程。

当气体与液体不互溶时，气体可以分散在液膜内部而形成泡沫现象。

5) 固-气表面

通常所说的表面是指固-气表面，这是我们研究的主要对象。其大致可以分为理想表面、清洁表面和实际表面三种类型。人们日常生活中和工程上涉及固-气表面的现象和过程

随处可见,例如:

(1)气体吸附于固-气表面,形成吸附层。气体分子在固体面上发生滞留的现象称为气体在固体表面的吸附;而气体或蒸气还可能透过固体表面融入其体相,称为吸收。吸附与吸收的区别在于前者发生在表面上,后者发生在体相内。但是,有时两者难以界定。麦克贝因建议将吸附、吸收、无法界定吸附与吸收的作用、毛细凝结统称为吸着。

(2)发生在固-气表面的催化反应。催化剂可以是气体、液体或固体,并且催化反应可以发生在各种表面和界面上。对于固-气表面,催化反应的主要步骤是:①反应物从气相主体扩散到固体催化剂颗粒外表面;②反应物经催化剂颗粒内微孔扩散到固体催化剂颗粒内表面;③反应物被催化剂表面活性中心吸附;④在表面活性中心上进行反应;⑤反应产物从表面活性中心脱附;⑥反应产物经催化剂颗粒内微孔扩散到催化剂颗粒外表面;⑦反应产物由催化剂颗粒外表面扩散返回气流主体。步骤①和步骤⑦合称为外扩散过程,步骤②和步骤⑥合称为内扩散过程,均属传质过程。步骤③~步骤⑤合称为表面反应;步骤②~步骤⑥可视作催化剂内部过程。若其中某一步骤的阻力远较其他步骤为大,则该步骤为控制步骤。微观研究表明,催化剂表面不同位置有不同的激活能,台阶、扭折或杂质、缺陷所在处构成活性中心。这说明表面状态对催化作用有显著影响。催化剂可以加速那些具有重要经济价值但速率特慢的反应,合成氨是一个典型实例。铁催化剂等用于合成氨工业,不仅显著提高反应速率,实现从空气中固定氮而廉价地制得氨,并且建立能耗低、自动化程度高和综合利用率高、完整的工艺流程体系。

需要指出的是,有时表面与界面交织在一起而难以区分,并且材料在加工、制造过程中,表面与界面状况经常是变化的。例如:许多固-固界面在形成过程中,不少反应物质先以液态或气态存在,即先出现固-气表面和固-液界面,然后在一定条件下(通常为冷凝)才转变为固-固界面。因此,表面技术经常要涉及多种界面与表面的问题,除了固-气表面之外,固-固等界面也是表面技术的重要研究对象。

2.1.3 不饱和键

固体表面或固体断裂时出现新的表面,存在着不饱和键,所谓不饱和键就是未与其他原子单独成键,可能是有两个或者三个电子同时与同一个原子成键。不饱和键又称为断键、悬挂键。以金属为例,常见金属的晶体结构主要有面心立方(fcc)、密排六方(hcp)和体心立方(hcc)三种。前两种金属结构是密排型的,配位数为12;体心立方结构的配位数为8,是非密排的。上述的配位数是对晶体内部的原子而言,如果是位于晶体表面的原子,情况则有了变化。图2-1为面心立方金属以(110)面(以晶胞顶点为原点建立空间直角坐标系,x、y、z轴正向与晶胞边重合,边长设为1,(110)面为$x=1$,$y=1$,$z=0$三点确定的平面)作为表面的原子排列示意图,可以看出,上面的每一个原子(图中灰色圆球),除了有平面的4个最接近的相邻原子(图中实线圆)外,在这个表面的正下方还有4个最接近的相邻原子(图中虚线圆),但是在表面上方的能量就会升高,这种高出来的能量就是表面能。同样,面心立方晶体中以(111)面作

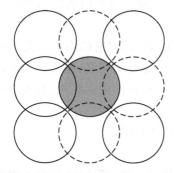

图2-1 面心立方金属以(110)面作为表面的原子排列示意图

表面时,表面(111)面上的每个原子的最近邻原子数为9,断键数为3。如果表面能主要由断键数决定,那么面心立方的(111)面的表面能比(100)面的低。单晶体中表面能是各面异性的。对于面心立方,密排面(111)的表面能最低,体心立方晶体中(110)面的表面能最低。

2.2 固-气表面的结构

2.2.1 理想表面

固体材料的结构大体分为晶态与非晶态两类。作为基础,我们以晶态物质的二维结晶学来看理想表面的结构。理想表面是指理论上结构完整的二维点阵平面,忽略了晶体内部周期性势场在晶体表面中断的影响,忽略了表面原子的热运动、热扩散和热缺陷等,忽略了外界对表面的物理化学作用等。在这些假设条件下把晶体的解离面认为是理想表面,这种理想表面作为半无限的晶体,体内的原子的位置及其结构的周期性,与原来无限的晶体完全一样。

2.2.2 清洁表面

清洁表面是在特殊环境中经过特殊处理后获得的,指不存在任何吸附、催化反应、杂质扩散等物理化学效应的表面,其化学组成与体内相同,但周期结构可以不同于体内。例如:经过离子轰击、高温脱附、超高真空中解离、蒸发薄膜、场效应蒸发、化学反应、分子束外延等特殊处理后,保持在 $1\times10^{-9} \sim 1\times10^{-6}$ Pa 超高真空下,外来玷污少到不能用一般表面分析方法探测的表面。这类表面指的是物体最外面的几层原子,厚度通常为 0.5~2nm。

晶体表面是原子排列面,有一侧是无固体原子的键合,形成了附加的表面能。从热力学来看,表面附近的原子排列总是趋于能量最低的稳定状态。达到这个稳定态的方式有两种:一是自行调整,原子排列情况与材料内部明显不同;二是依靠表面的成分偏析和表面对外来原子或分子的吸附以及这两者的相互作用而趋向稳定态,因而使表面组分与材料内部不同。表 2-1 列出了几种清洁表面的结构和特点,由此来看,晶体表面的成分和结构都不同于晶体内部,一般要经过 4~6 个原子层之后才与晶体内部基本相似,所以晶体表面实际上只有几个原子层范围。另一方面,晶体表面的最外一层也不是一个原子级的平整表面,因为这样的熵值较小,尽管原子排列做了调整,但是自由能仍较高,所以清洁表面必然存在各种类型的表面缺陷,如存在有平台、台阶、扭折、表面吸附、表面空位、位错等。

几种清洁表面的结构和特点　　　　表 2-1

序号	名称	结构示意图	特点
1	弛豫		表面最外层原子与第二层原子之间的距离不同于体内原子间距(缩小或增大;也可以是有些原子间距增大,有些减小)

续上表

序号	名称	结构示意图	特点
2	重构		在平行基底的表面上,原子的平移对称性与体内显著不同,原子位置做了较大幅度的调整
3	偏析		表面原子是从体内分凝出来的外来原子
4	化学吸附		外来原子(超高真空条件下主要是气体)吸附于表面,并以化学键形式结合
5	化合物		外来原子进入表面,并与表面原子键合形成化合物
6	台阶		表面不是原子级的平坦,表面原子可以形成台阶结构

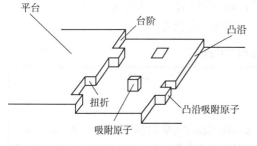

图 2-2 单晶表面的 TLK 模型

图 2-2 所示为单晶表面的 TLK 模型。这个模型由 Kossel 和 Stranski 提出。TLK 中的 T 表示低晶面指数的平台,L 表示单分子或单原子高度的台阶,K 表示单分子或单原子尺度的扭折。如图 2-2 所示,除了平台、台阶和扭折外,还有表面吸附的原子以及平台空位。

单晶表面的 TLK 模型已被低能电子衍射等表面分析结果所证实。由于表面原子的活动能力较体内大,形成点缺陷的能量小,因而表面上的热平衡点缺陷浓度远大于体内。而各种材料表面上的点缺陷类型和浓度都依照一定条件而定,最为普遍的是吸附。

另一种晶体缺陷是位错(线)。它为晶体中已滑移部分与未滑移部分的分界线,其存在对材料的物理性能,尤其是力学性能具有极大的影响。由于位错是连续的,或者起止于晶体表面(或晶界),或形成封闭回路(位错环),或者在结点处和其他位错相连,因此位错往往在表面露头。实际上位错并不是几何学上定义的线而近乎是一定宽度的"管道"。位错附近的原子平均能量高于其他区域的能量,容易被杂质原子所取代。如果是螺位错的露头,则在表面形成一个台阶。无论是具有各种缺陷的平台,还是台阶和扭折,都会对表面的一些性能产生显著的影响。例如:TLK 表面的台阶和扭折对晶体生长、气体吸附和反应速度等影响较大。

严格地说,清洁表面是不存在任何污染的化学纯表面。所以制备清洁表面是很困难的,通常需要在 1×10^{-8} Pa 的超高真空条件下解理晶体,并且进行必要的操作,以保证表面在一定的时间范围内处于"清洁"状态。而在几个原子层范围内的清洁表面,其偏离三维周期性结构的主要特征应该是表面弛豫、表面重构及表面台阶结构。

研究清洁表面需要复杂的仪器设备,并且,清洁表面与实际应用的表面往往相差很大,得到的研究结果一般不能直接应用到实际中。但是,它对表面可得到确定的特殊性描述。以此为基础,深入研究表面成分和结构在不同真空度条件下的变化规律,对揭示表面的本质和了解影响材料表面性能的各种因素是重要的。

2.2.3 实际表面

宏观方面来讲,实际表面是暴露在未加控制的大气环境中的固体表面,或者经过切割、研磨、抛光、清洗等加工处理而保持在常温和常压下,也可能在高温和低真空下的表面;从微观角度来看,实际表面是不规则而粗糙的,存在着无数台阶、裂缝和凹凸不平的峰谷。这种表面可能是单晶或多晶,也可能是粉体或非晶体。这是在日常工作和生产中经常遇到的表面,又称为真实表面。早在 1936 年西迈尔兹曾把金属材料的实际表面区分为两个范围(图 2-3):一是内表面层,包括基体材料层和加工硬化层等;二是外表面层,包括氧化层、吸附气体层和污染层。对于给定条件下的表面,其实际组成及各层的厚度,与表面的制备过程、环境介质以及材料性质有关。因此,实际表面结构及性质是很复杂的。

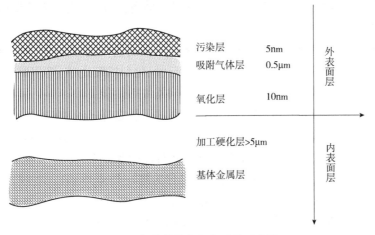

图 2-3 金属材料实际表面的示意图

在现代表面分析技术中,通常把一个或几个原子厚度的表面称为表面,而厚一些的表面称为表层。大量实用表面技术所涉及的表面厚度达数十纳米,有的为微米级。因此,在研究实际表面时,要考虑的范围包括表面和表层两部分。

虽然受到氧化、吸附和玷污的影响而得不到所研究实际表面确定的特性描述,但是可取得一定的具体结论,直接应用于实际。这在控制材料和器件、零部件的质量以及研制新材料等方面起着很大的作用。

实际表面与清洁表面相比较,有下列一些重要特征。

1) 表面粗糙度

经过切削、研磨、抛光的固体表面似乎很平整,然而用电子显微镜进行观察,可以看到表面有明显的起伏,同时还可能有裂缝、空洞等。

表面粗糙度是指加工表面具有的较小间距和微小峰谷的不平度。其两波峰或两波谷之间的距离(波距)很小(在 1mm 以下),它属于微观几何形状误差。表面粗糙度越小,则表面越光滑。它与波纹度、宏观几何形状误差不同的是:相邻波峰和波谷的间距小于 1mm,并且大体呈周期性起伏,主要是由所采用的加工方法和其他因素所形成的,例如加工过程中刀具与零件表面间的摩擦、切屑分离时表面层金属的塑性变形以及工艺系统中的高频振动等。由于加工方法和工件材料的不同,被加工表面留下痕迹的深浅、疏密、形状和纹理都有差别。

表面粗糙度对材料的许多性能有显著的影响。控制这种微观几何形状误差,对于实现零件配合的可靠和稳定,减少摩擦与磨损,提高接触刚度和疲劳强度,降低振动与噪声等有重要作用。因此,表面粗糙度通常要严格控制和评定。其评定参数大约有 30 种。

表面粗糙度的测量方法有比较法、激光光斑法、光切法、触针法、激光全息干涉法、光点扫描法等,分别适用于对不同评定参数和不同表面粗糙度范围的测量。

2) 拜尔贝层和残余应力

固体材料经切削加工后,在几个微米或者十几个微米的表层中可能发生组织结构的剧烈变化,使得在表面约 10nm 的深度内,形成一种非晶态薄层——拜尔贝层。其成分为金属和它的氧化层,而性质与体内明显不同。例如:金属在研磨时,由于表面的不平整,接触处实际上是"点",其温度可以远高于表面的平均温度,但是由于作用时间短,而金属导热性又好,所以摩擦后该区域迅速冷却下来,原子来不及回到平衡位置,造成一定程度的晶格畸变,深度可达几十微米。

拜尔贝层具有较高的耐磨性和耐蚀性,这在机械制造时可以利用,但是在其他许多场合,拜尔贝层是有害的。例如:在硅片上进行外延、氧化和扩散之前,要用腐蚀法除掉拜尔贝层,因为它会感生出位错、层错等缺陷而严重影响器件的性能。

金属在切割、研磨和抛光后,除了表面产生拜尔贝层之外,还存在着各种残余应力,同样对材料的许多性能产生影响。残余应力是指消除外力或不均匀的温度场等作用后仍留在物体内的自相平衡的内应力。机械加工和强化工艺都能引起残余应力。

残余应力(内应力)按其平衡范围的不同可分为第一类应力、第二类应力和第三类应力三类。第一类内应力,又称为宏观残余应力,是由工件不同部分的宏观变形不均匀性引起的,故其应力平衡范围包括整个工件。第二类内应力,又称为微观残余应力,它是由晶粒或亚晶粒之间的变形不均匀性产生的。其作用范围与晶粒尺寸相当,即在晶粒或亚晶粒之间保持平衡。这种内应力有时可达到很大的数值,甚至可能造成显微裂纹并导致工件破坏。第三类内应力,又称为点阵畸变。其作用范围是几十至几百纳米,它是由于工件在塑性变形中形成的大量点阵缺陷(如空位、间隙原子、位错等)引起的。

残余应力对材料的许多性能和各种反应过程可能会产生很大的影响,也有利有弊。例如:材料在受载时,内应力与外应力一起发生作用。如果内应力方向和外应力方向相反,就会抵消一部分外应力,从而起到有利的作用;如果方向相同则相互叠加,则起不利作用。许多表面技术就是利用这个原理,即在材料表层产生残余压应力,来显著提高零件的疲劳强度,降低零件的疲劳缺口敏感度。

3) 表面的吸附

表面吸附作用是指在固体表面有吸附水中溶解及胶体物质的能力。比表面积很大的活性炭等具有很高的吸附能力,可用作吸附剂。吸收的特点是物质不仅保持在表面,而且通过表面分散到整个相。吸附则不同,物质仅在吸附表面上浓缩集成一层吸附层(或称为吸附膜),并不深入到吸附剂内部。

由于吸附是一种固体表面现象,只有那些具有较大内表面的固体才具有较强的吸附能力。吸附过程是非均相过程,一相为流体混合物,另一相为固体吸附剂。气体分子从气相吸附到固体表面,其分子的自由能会降低,与未被吸附前相比,其分子的熵也是降低的。据热力学定律 $\Delta G = \Delta H - T\Delta S$,其中 ΔG、ΔS 均为负值,则 ΔH 也肯定是负值。因此,吸附过程必然是一个放热过程,所放出的热,称为该物质在此固体表面上的吸附热。

4) 表面反应与污染

如果吸附原子与表面之间的电负性差异很大且有很强亲和力时,则有可能形成表面化合物。在这类表面反应中,固体表面上的空位、扭折、台阶、杂质原子、位错露头、晶界露头和相界露头等各种缺陷提供了能量条件,并且起着"源头"的作用。

金属表面的氧化是表面反应的典型实例。金属表面暴露在一般的空气中就会吸附氧气或水蒸气,在一定的条件下,可发生化学反应而形成氧化物或氢氧化物。在高温下,金属材料与氧反应生成氧化物造成的一种金属腐蚀,它起到的作用是双重的,一方面可以生成完整的、致密的、与金属基体附着良好的氧化膜,起到保护金属的作用;另一方面又有可能导致金属材料性能损害和组织破坏。它形成的氧化物大致有三种类型:①不稳定的氧化物,如金、铂等的氧化物;②挥发性的氧化物,如氧化钠等,它以恒定的、相当高的速率形成;③在金属表面上形成一层或多层的一种或多种氧化物,这是经常遇到的情况。

实际上,在工业环境中除了氧和水蒸气外,还可能存在 CO_2、SO_2、NO_2 等各种污染气体,它们吸附于材料表面生成各种化合物。污染气体的化学吸附和物理吸附层中的其他物质,如有机物、盐等,与材料表面接触后,也留下痕迹。图2-4所示为金属材料在工业环境中被污染的实际表面示意图。

固体表面的污染物在现代工业,特别是高新技术方面,已引起人们的高度关注。例如:集成电路的制造包括高纯度材料制造和超微细加工等技术,其中,表面净化和表面处理在制作高质量和高可靠性的集成电路中是必须做到的。因为在规模集成电路中,导电带的宽度为微米或亚微米级尺寸,一个尘埃大约也是这个尺寸,如果刚好落在导电带位置,在沉积导电带时就会阻挡金属膜的沉积,从而影响互联,使集成电路失效。不仅是空气,还有清洗水和溶液中,如果残存各种污染物质,而且被材料表面所吸附,那么将严重影响集成电路和其他许多半导电器件的性能、成品率和可靠性。除了空气净化、水纯化等的环境管理和半导体表面的净化处理之外,表面保护处理也是十分重要的,因为不管表面净化得如何细致,总会混入某些微量污染物质,所以为了确保半导体器件实际使用的稳定性,必须采用钝化膜等保护措施。

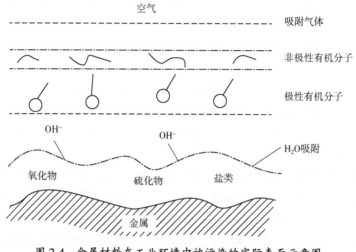

图 2-4　金属材料在工业环境中被污染的实际表面示意图

5) 特殊条件下的实际表面

实际表面还包括许多特殊的情况,如高温下实际表面、薄膜表面、粉体表面、超微粒子表面等,深入研究这些特殊条件下的实际表面,具有重要的实际意义,下面举例说明。

(1) 薄膜表面。薄膜通常是按照一定的需要,利用特殊的制备技术,在基体表面形成厚度为亚微米至微米级的膜层。薄膜的表面和界面所占比例很大,表面弛豫、重构、吸附等会对薄膜结构和性能产生较大影响。气相沉积是薄膜制备的主要方法之一,它涉及气相到固相的急冷过程,形成的薄膜往往是非稳定态结构,外界条件的变化和时间的延长也会对薄膜的结构和性能造成影响。气相沉积薄膜一般具有非化学计量组成。薄膜中往往含有较多的缺陷,如空位、层错、位错、空洞、纤维组织,并且有杂质的混入。薄膜中一般都存在应力,例如真空蒸镀膜层往往存在拉应力,溅射膜层往往存在压应力。用各种工艺方法,控制一定的工艺参数,可以得到不同结构的薄膜,如单晶薄膜、多晶薄膜、非晶态薄膜、纳米级的超薄膜及晶体取向外延薄膜等,以应用于各个领域。薄膜表面处理的方法有电晕处理法、化学处理法、机械打毛法、涂层法等,其中最常采用的是电晕处理法。

(2) 粉体表面。粉体表面是由大量颗粒及颗粒间的空隙所构成的集合体的表面,粉体的构成应该满足以下 3 个条件:①微观的基本单元是小固体颗粒;②宏观上是大量的颗粒的集合体;③颗粒之间有相互作用。近年来,关于粉体表面改性研究的方法报道比较多。所谓粉体表面改性方法是指改变非金属矿物粉体表面或界面的物理化学性质的方法,主要有表面物理涂覆、化学包覆、无机沉淀包覆或薄膜、机械力化学、化学插层等。目前工业上粉体表面改性常用的方法主要有表面化学包覆改性法、沉淀反应改性法、机械化学改性法和复合法。

(3) 微纳米固体粒子的表面。纳米粒子的结构、表面结构和纳米粒子的特殊性质引起了科学界的极大关注。特别是当粒子直径为 10nm 左右时，其表面原子数与总原子数之比达 50%，因而随着粒子尺寸的减小，表面的重要性越来越大。

具有弯曲表面的材料，其表面应力正比于其表面曲率。由于纳米粒子表面曲率非常大，所以表面应力也非常大，使纳米粒子处于受高压压缩（如表面应力为负值则为膨胀）状态。例如，对半径为 10nm 的水滴而言，其压力有 14MPa。对于固体纳米粒子而言，如果形状为球形，且假定表面应力各向同性，其值为 σ，那么粒子内部的压力应为 $\Delta p = 2\sigma/r$，这里 r 为纳米粒子半径。由于该式与边长为 L 的立方体推出的结果非常类似，而并非与曲率相关，因而该式也应适于具有任意形状的小面化晶体颗粒。当然不同的小面有不同的表面能，情况要复杂得多。如果由此而发生点阵参数的变化，那么这种变化也将是各向异性的。

粒子尺寸减小的另一重要效应是晶体熔点的降低。由于表面原子有较多的断键，因而当粒子变小时，其表面单位面积的自由能将会增加，结构稳定性将会降低，使其可以在较低的温度下熔化。实验观测表明，当纳米金粒子尺寸小于 10nm 时，其熔点甚至可以降低数百摄氏度。

此外，非常小的纳米粒子的结构具有不稳定性。在高分辨电镜中观测发现，Au、TiO_2 等纳米粒子的结构会非常快速地改变：从高度晶态化到近乎非晶态，从单晶到孪晶直至五重孪晶态，从高度完整到含极高密度的位错。通常结构变化极快，但相对稳定态则往往保留稍长时间。这种状态被称为准熔化态，这是由于高的表面体积比所造成的，它大大降低了熔点，使纳米粒子在电镜中高强度电子束的激发下发生结构涨落。

在热喷涂、粉体喷塑、表面重熔等表面技术中经常会和微纳米粉末打交道。由于纳米粉末物质的饱和蒸气压大和化学势高，造成微粒的分解压较大，熔点较低，溶解度较大。对纳米固体粒子的结构研究表明，纳米固体粒子可以由单晶或多晶组成，其形状与制备工艺有关。纳米固体粒子的表面原子数与总原子数之比，随固体粒子尺寸的减小而大幅度增加，粒子的表面能和表面张力也随之增加，从而引起纳米固体粒子性质的巨大变化。纳米固体粒子的表面原子存在许多"断键"，因而具有很高的化学活性，纳米固体粒子暴露在大气中表层易被氧化。例如：金属的纳米固体粒子在空气中会燃烧，无机的纳米固体粒子在空气中会吸附气体，甚至与气体发生化学反应。

2.3 表面吸附

2.3.1 表面吸附理论

吸附是指在固相-气相、固相-液相、固相-固相、液相-气相、液相-液相等体系中，某个相的物质密度或溶于该相中的溶质浓度在界面上发生改变（与本体相不同）的现象。几乎所有的吸附现象都是界面浓度高于本体相（正吸附），但也有些电解质水溶液，液相表面的电解质浓度低于本体相（负吸附）。被吸附的物质称为吸附质，具有吸附作用的物质称为吸附剂。吸附质一般是比吸附剂小很多的粒子，如分子和离子，但也有和吸附剂差不多大小的物质如高分子。伴随吸附发生而释放的一定能量称为吸附能。吸附通常是放热的，但也有少数例外，如氢在 Cu、Ag、Au、Co 上的吸附是吸热的。吸附热数据为固体表面性质等研究提供了有益的依据。吸收热可定义为：在一定条件下发生吸附作用时，吸附剂吸附 1mol 吸附质所释放出的热量，单位为 J/mol。在吸附过程中，一些能量较高的吸附分子，可能克服吸附势的束缚而脱离固体表面，称为脱附。当吸附与脱附达到动态平衡时，固体表面保存着一定数量的相对稳定的吸附分子，这种吸附称为平衡吸附。吸收则是固体的表面和内部都容纳气体，使整个固体的能量发生变化。吸附与吸收往往同时发生，难以区分。化学反应是固体与气体的分子或离子间以化学键相互作用，形成新的物质，整个固体能量发生显著的变化。

吸附有物理吸附和化学吸附两种。如果固体表面分子与吸附分子间的作用力是分子间引力，或称为范德华力，则为物理吸附，吸附热 ΔH_a 数量级为 100~1000J/mol。如果固体表面分子间形成强得多的化学键，则为化学吸附，化学吸附也称为活性吸附。吸附热 ΔH_a 数量级为大于 10000J/mol。物理吸附与化学吸附的比较见表 2-2。

物理吸附与化学吸附的比较　　　　表 2-2

吸附性质	物理吸附	化学吸附
作用力	范德华力	化学键
选择性	无	有
吸附热	较小，近于液化热	较大，近于化学反应热
吸附层数	单分子层或多分子层	单分子层
吸附稳定性	不稳定而易解吸	较稳定而不易解吸
吸附效率	较快，一般不受温度影响	较慢，升高温度速率加大
活化能	较小或为零	较大
吸附温度	低于吸附质的临界温度	高于吸附质的沸点

由于范德华力存在于任何分子之间，因此物理吸附没有选择性，即任何固体均可吸附任何气体，只取决于气体的物理性质及固体吸附剂的性质，通常越容易液化的气体越容易被吸附。吸附可以发生在固体表面分子与气体分子之间，也可以发生在已被吸附的气体分子与未被吸附的气体分子之间，物理吸附层有单分子层和多分子层。物理吸附的速度一般较快，通常不受温度影响，有时即使在低温条件下，吸附速度也是相当快的，即物理吸附过程不需要活化能或只需要很小的活化能。物理吸附通常是可逆过程，被吸附的物质很容易再脱离，如用活性炭吸附气体，只要升高温度，就可以使被吸附的气体逐出活性炭表面。

在化学吸附中，固体表面分子与气体分子之间形成化学键。化学吸附有很强的选择性，仅能吸附参与化学反应的某些气体。吸附热比物理吸附过程大，接近于化学反应热。这类吸附只能在吸附剂与吸附质之间进行，吸附层总是单分子层或单原子层吸附，并且较为稳定，不易解吸。化学吸附速度受温度影响很大，随温度的升高而显著变快。化学吸附一般是不可逆的，吸附比较稳定，被吸附气体不易脱附。

物理吸附与化学吸附有区别，但并非是不相容的，而且随着条件的变化可以相伴发生，但在一个系统中，可能某一种吸附是主要的。

由于气体分子的热运动，被吸附在固体表面上也会解吸离去，当吸附速率与解吸速率相等时为吸附平衡，吸附量达到恒定值。该值大小与吸附体系的本质、气体的压力、温度等因素有关。对于一定的吸附体系，当气体压力大或温度低时，吸附量就大。

研究实际表面结构时,可将清洁表面作为基底,然后观察吸附表面结构相对于清洁表面的变化。吸附物质可以是环境中外来原子、分子或化合物,也可以是来自体内扩散出来的物质。吸附物质在表面或简单吸附,或外延形成新的表面层,或进入表面层的一定深度。

吸附层是吸附在固体表面的分子层,一般为单分子层,厚度比较薄,为纳米量级,吸附层一般不能流动,但可以解吸;在有些情况下也可以是多原子或多分子层,与具体的吸附环境有关。例如:氧化硅在压力为饱和蒸气压的 0.2~0.3 倍时,表面吸附是单层的,只在趋于饱和蒸气压时才是多层的;又如玻璃表面的水蒸气吸附层,在相对湿度小于50%时为单分子吸附层,随湿度增加吸附层迅速变厚,当达到97%时,吸附的水蒸气有 90 多个分子层厚。

吸附层原子或分子在晶体表面是有序排列还是无序排列,与吸附的类型、吸附热、温度等因素有关。例如:在低温下惰性气体的吸附为物理吸附,并且通常是无序结构。而化学吸附往往是有序结构,主要有两种:在表面原子排列的中心处的吸附和在两个原子或分子之间的桥吸附。具体的表面吸附结构与吸附物质、基底材料、基底表面结构、温度及覆盖度等因素有关。

当吸附达平衡时,吸附在固体表面上气体的量不会改变,此量称为吸附量(r)。吸附量通常有两种表示方法,一种是单位质量的吸附剂所吸收气体的体积 V 来表示,即 $r=V/m$,单位为 m^3/g;也可以用单位质量的吸附剂所吸附气体的物质的量来表示,即 $r=n/m$,单位为 mol/g。

对于指定的吸附剂和吸附质,吸附量的大小由吸附温度和吸附平衡时气体压强(或溶质浓度)决定。r 与吸附剂、吸附质的本质有关,同时与温度 T、吸附气体的压力 P 有关。在试验上可以做出吸附等压线、吸附等量线和吸附等温线三种吸附曲线,其中吸附等温线(即一定温度时吸附量与压力之间的曲线)最容易获得,也最为重要。描述吸附等温线的方程称为吸附等温式。其种类很多,有的是经验归纳,有些是理论推导。下面简略介绍两种常用的吸附等温式。

(1)朗缪尔单分子层吸附等温式:1916年朗缪尔从动力学观点出发,提出了固体对气体的单分子吸附理论。常见的此类吸附物质有:室温下,氨、氯乙烷等在炭上的吸附;低温下氮在细孔硅胶上的吸附。该理论认为,当气体分子碰到固体表面时有弹性碰撞和非弹性碰撞:若是弹性碰撞,则气体分子跃回气相,并且与固体表面无能量交换;若为非弹性碰撞,则气体分子就"逗留"在固体表面上,经过一段时间又可能跃回气相。气体分子在固体表面上的这种"逗留"就是吸附。在推导吸附方程时,朗缪尔做了四个假设:①吸附是单分子层的;②吸附表面是均匀的(各处吸附能力相同);③相邻被吸附分子间无作用力;④吸附平衡是动态平衡。朗缪尔吸附只适用于单分子层、吸附热与 θ(覆盖度)无关的吸附,对单分子层的物理吸附与化学吸附均适用。所谓动态平衡是指吸附速率等于解吸速率。这个过程可表示为:

$$气体分子(空间) \underset{解吸}{\overset{吸附}{\rightleftharpoons}} 气体分子(被吸附在固体表面上)$$

设固体表面上共有 S 个吸附位置,当有 S_1 个位置被吸附质分子占据时,固体表面覆盖度 $\theta=S_1/S$,θ 表示被吸附分子覆盖表面积占固体总面积的分数,因此$(1-\theta)$表示未被吸附分子覆盖表面积占固体总面积的分数。按照分子运动论,气体在表面上的吸附速率为 $k_1 p(1-\theta)$,其中 p 为气体压力,k_1 为吸附速率常数。另一方面,气体分子从表面上解吸(脱附)的速率为

$k_2\theta$,其中 k_2 为解吸(脱附)速率常数。达到动态平衡时,则有:

$$k_1 p(1-\theta) = k_2 \theta$$

解得:

$$\theta = \frac{k_1 p}{k_2 + k_1 p} \tag{2-1}$$

令 $b = \dfrac{k_1}{k_2}$,b 称为吸附平衡常数,则有:

$$\theta = \frac{bp}{1+bp} \tag{2-2}$$

此式称为朗缪尔吸附等温式。可以看出三种不同情况:①当压力很低或吸附很弱时,$bp \ll 1$,则 $\theta \approx bp$,即 θ 与 p 的关系为线性关系;②当压力足够高或吸附作用很强时,$bp \gg 1$,则 θ 与 p 无关,表面吸附已达分子层饱和;③当压力适中时,θ 与 p 的关系为曲线关系。

(2) BET 多分子层吸附等温式:该理论是由布鲁瑙尔·埃米特和泰勒在 1938 年将朗缪尔单分子层吸附理论加以发展而建立起来的,且是迄今为止规模最大、影响最深、应用最广(特别是在固体比表面的测定上)的一个吸附理论,虽然它在定量的方面并不很成功,但却能半定量或至少定性地描述物理吸附的五类等温线,使我们对物理吸附图像有了一个初步的认识。

该吸附理论认为,固体对气体的物理吸附是范德瓦尔斯力造成的。因为分子间也有范德瓦尔斯力,所以分子撞在已被吸附的分子上时也有被吸附的可能,也就是说固体表面吸附了第一层分子以后,还可吸附第二层分子、第三层分子……形成多分子层吸附的观点。第一层分子是与固体表面直接联系,而第二层以后的分子则是由相同分子间的范德瓦尔斯力。虽然两者吸附的本质不同、吸附热也不同,但是各层之间的吸附和解吸仍然可建立动态平衡。经复杂的推导之后可得:

$$V = \frac{V_m c p}{(p_0 - p)[1+(c-1)(p/p_0)]} \tag{2-3}$$

式中:V——各层吸附量的总和,校正为标准状况下的体积;

V_m——吸附剂表面被覆盖一层的被吸附气体在标准情况下的体积;

p——被吸附气体在吸附平衡时气相中的分压;

p_0——试验温度下吸附质气体与液体平衡时的饱和蒸气压;

c——与吸附热有关的常数。

式(2-3)称为 BET 方程;由于式中 V_m 和 c 都是常数,所以又称为 BET 二常数方程。BET 方程是为适应合成氨工业发展中急需测定固体催化剂的比表面而建立起来的吸附等温式,至今它仍是测量固体比表面最经典的公式。

材料的表面吸附方式受到周围环境的显著影响,有时也会受到来自材料内部的影响,所以在研究实际表面成分和结构时必须综合考虑来自内、外两方面因素。例如:当玻璃处在黏滞状态时,使表面能减小的组分就会富集到玻璃表面,以使玻璃的表面能尽可能低;相反,赋予表面能高的组分,会迁离玻璃表面向内部移动,所以这些组分在表面比较少。常用的玻璃成分中,Na^+、B^{3+} 是容易挥发的。Na^+ 在玻璃成形温度范围内自表面向周围介质挥发的速度大于从玻璃内部向表面迁移的速度,故用拉制法或吹制法成形玻璃表面是少碱的。只有在退火温度下,Na^+ 从内部迁移到表面的速度大于 Na^+ 从表面挥发的速度。但是实际生产中,退火时迁移到表面的高 Na^+ 层与炉气中 SO_2 结合生成 Na_2SO_4 白霜,而这层白霜很容易洗去,结果表面层还是少碱。金属等材料也有类似的情况。例如 Pd-Ag 合金,在真空中表面层富银,但吸附 CO 后,由于 CO 与表面 Pd 原子间强烈的作用,Pd 原子趋向表面,使表面富 Pd;又如 18-8 不锈钢氧化后表面氧化铬层消失而转化为氧化铁。

除了固体对气体吸附以及一定条件下固体内部的吸附之外,还有固体对液体、固体对另一固体的吸附等。吸附对固体表面的结构及性能可能产生显著的影响,并且涉及的范围很广。因此研究吸附问题是十分重要的。

2.3.2 表面吸附力

固体表面为晶体的固-气表面,晶体内存在的力场在表面处发生突变,但不会中断,会向气体一侧延伸。当其他分子或原子进入这个力场范围时,就会和晶体原子群之间产生相互作用力,这个力就是表面吸附力。由表面吸附力把其他物质吸引至表面即为吸附现象。表面吸附力有物理吸附力与化学吸附力两种类型。

1) 物理吸附力

物理吸附力存在于所有的吸附剂与吸附质之间。物理吸附中固体表面分子与吸附分子间的作用力是范德华力,而范德华力又分为色散力、诱导力和取向力,其中以色散力为主。物理吸附力相当于液体内部分子间的内聚力,视吸附剂和吸附质的条件不同,其产生力的因素也不同。

(1) 色散力。任何一个分子,都存在着瞬间偶极,这种瞬间偶极也会诱导邻近分子产生瞬间偶极,于是两个分子可以靠瞬间偶极相互吸引在一起。这种瞬间偶极产生的作用力称为色散力。色散力是菲列兹·伦敦于 1930 年根据近代量子力学方法证明的,由于从量子力学导出的理论公式与光色散公式相似,因此把这种作用称为色散力,又叫作伦敦力。

实际上,色散力存在于一切分子之间,色散力与分子的变形性有关,变形性越强越易被极化,色散力也越强。稀有气体分子间并不生成化学键,但当它们相互接近时,可以液化并放出能量,就是色散力存在的证明。

(2) 诱导力。极性分子与非极性分子相互接近时,在极性分子永久偶极的影响下,非极性分子重合的正、负电荷中心发生相对位移而产生诱导偶极,在极性分子的永久偶极与非极性分子的诱导偶极之间产生静电作用力,这种作用力称为诱导力。例如石墨,其表面将有一种诱导作用,但诱导力的贡献比色散力的贡献低很多。

(3) 取向力。极性分子本身存在的正、负两极称为固有偶极。当两个极性分子充分靠近时,固有偶极就会发生同极相斥、异极相吸的取向(或有序)排列。这种极性分子与极性分子之间的固有偶极之间的静电引力称为取向力,又叫作定向力。其性质、大小与电偶极矩的相对取向有关。假如被吸附分子是非极性的,则取向力的贡献对物理吸附的贡献很小,但是,如果被吸附分子是极性的,取向力的贡献要大得多,甚至超过色散力。

2) 化学吸附力

化学吸附是固体表面与被吸附物间的化学键力起作用的结果。这类型的吸附需要一定的活化能,故又称为"活化吸附"。这种化学键亲和力的大小可以差别很大,但它大大超过物理吸附的范德华力。这种化学键不同于一般化学反应中单个原子之间的化学反应与键合,称为吸附键。吸附键的主要特点是吸附质粒子仅与一个或少数几个吸附剂表面原子相键合。纯粹局部键合可以是共价键,这种局部成键强调键合的方向性。吸附键的强度依赖于表面的结构,在一定程度上与底物整体电子性质也有关系。对过渡金属化合物来讲,已证实化学吸附气体化学键的性质,部分依赖于底物单个原子的电子构型,部分依赖于底物表面的结构。

关于化学吸附力提出了许多模型,诸如定域键模型、表面分子(局域键)模型、表面簇模型,这些模型都有一定的适用性,也有一定的局限性。

定域键模型是吸附质与吸附剂原子间形成的化学吸附键,认为与一般化学反应中的双原子分子成键情况相同,即认为是只存在于两个原子之间的共价键。该模型对气体分子在金属表面上的解离吸附较为适用,但由于没有考虑到吸附剂的性质和特点,把化学吸附的键合过于简化,因而不具有普遍性。

表面分子(局域键)模型用形成表面分子的概念来描述被吸附物的吸附情况,该模型假定吸附质与一个或几个表面原子相互作用形成吸附键。因此,它属于局部化学相互作用,表面分子模型不仅能够解释在金属固体上的吸附现象,还能够说明在离子半导体或绝缘体表面上的酸碱反应。表面簇模型是被吸附物与固体键合的量子模型。前两种模型很少考虑参加成键的原子实际是固体的一部分这一事实。固体中许多能级用宽带来描述比用表面分子图像中所假定的局部原子能级来描述似乎更合理。此模型是将被吸附物和少数基质原子视为一个簇状物,然后进行定量分子轨道近似计算。该模型对吸附行为提供了一个本质性的见解,目前仍在研究中。

3)表面吸附力的影响因素

(1)吸附键性质会随温度的变化而变化。物理吸附只是发生在接近或低于被吸附物所在压力下的沸点温度,而化学吸附所发生的温度则远高于沸点。不仅如此,随着温度的增加,被吸附分子中的键还会陆续断裂以不同形式吸附在表面上。现以乙烯在 W 上的吸附为例进行说明。当温度达 200K 时,乙烯以完整分子形式吸附在 W(110)表面;当温度升高到 300K 时,它断掉了两个 C-H 键,即以乙炔 C_2H_2 形式吸附在表面;如果再加热到 500K,剩下的两个 C-H 键也断裂,紫外光电子谱(UPS)实验证明在 W 表面上出现 C_2 单元;温度进一步增高到 1100K,C_2 分解,只有碳原子留在表面上。

(2)吸附键断裂与压力变化的关系。由于被吸附物压力的变化,即使固体表面加热到相同的温度,脱附物并不相同。以 CO 在 Ni(111)面的吸附为例,若 CO 的压力小于 1333.3Pa 或接近真空,加热固体温度到 500K 以上,被吸附的分子脱附为气相,仍为 CO 分子,即脱附之前未解离;可是,如果在较高压力下加热到 500K,CO 分子则解离,其原因是压力不同覆盖度也不一样,较高压力下覆盖度大,那些较长时间停留在表面上的 CO 分子可以解离。

(3)表面不均匀性对表面键合力的影响。如果表面有阶梯和折皱等不均匀性存在,对表面化学键有明显的影响,表现最为强烈的是 Zn 和 Pt。当这些金属表面上有不均匀性存在时,一些分子就分解,而在光滑低密勒指数表面上,分子则保持不变。乙烯在 200K 温度的 Ni(111)面上为分子吸附,而在带有阶梯的 Ni 表面上,温度即使低到 150K 也可完全脱掉氢

形成 C_2。有些研究还指出,表面阶梯的出现会大大增加吸附概率。

(4) 其他吸附物对吸附质键合的影响。当气体被吸附在固体表面上时,如果此表面上已存在其他被吸附物或其他被吸附物被同时吸附时,则对被吸附气体化学键合有时会产生强烈的影响。这种影响可能是这些吸附物质的相互作用而引起的。例如:在镍表面上铜的存在使氧的吸附速度减慢,硫可以阻止 CO 的化学吸附。

2.4 表面热力学

2.4.1 表面热力学函数

一含有 N 个原子的均匀的晶体,其四周被表面包围,晶体中单个原子的能量以 E^0 表示,则体系的总能量为:

$$E = NE^0 + AE^\delta \tag{2-4}$$

式中:A——表面积;

AE^δ——体系总能量相对于 NE^0 的过量或超量;

E^δ——单位表面积上的超量。

如果表面与均匀的晶体内部具有相同的热力学状态,则:

$$E = NE^0,即 E^\delta = 0 \tag{2-5}$$

同样对其他各种热力学函数均可定义表面超量,如用熵定义表面超量为 $S = NS^0 + AS^\delta$;吉布斯自由能定义表面超量则为 $G = NG^0 + AG^\delta$。也就是说,所有的表面热力学性质,都定义为对于体相热力学性质的过量或超量。

2.4.2 表面张力与表面能

在两相(特别是气-液)界面上,处处存在着一种张力,它垂直于表面的边界,指向液体方向并与表面相切。把作用于单位边界线上的这种力称为表面张力,用 σ 表示,单位是 N/m。在气-液表面上,气体方面比液体方面的吸引力小得多,因此气-液表面的分子仅受到液体内部垂直于表面的引力。这种分子间的引力主要是范德华力,它与分子间距离的 7 次方成反比,表面分子受邻近分子的吸引力只限于第一、二层分子,超过这个距离,分子受到的力基本是对称的。表面张力本质上是由分子间相互作用力产生,这种范德瓦尔斯力由色散力、诱导力、偶极力、氢键等分量组成,其中色散力由分子间的非极性相互作用而引起,诱导力、偶极力、氢键等都与分子间的极性相互作用有关,因此表面张力 σ 可分解为色散分量 σ^d 和极性分量 σ^p,即:

$$\sigma = \sigma^d + \sigma^p \tag{2-6}$$

从热力学来定义,分子在液体内部运动无须做功,而液体内部的分子若要迁移到表面,必须克服一定引力的作用,即欲使表面增大就必须做功。表面过程既是等温等压过程,也是等容过程,故形成单位面积系统的吉布斯自由能 G_S 的变化与和亥姆霍兹自由能 F_S 的变化是相同的,比表面能可以定义为:

$$r = \left(\frac{\partial G_S}{\partial A}\right)_{T_S P} = \left(\frac{\partial F_S}{\partial A}\right)_{T_S V} \tag{2-7}$$

式中：A——表面积；

G_S、F_S——总表面能。

对于液体来说，表面自由能与表面张力是一致的，是从热力学和力学两个角度对同一表面现象的描述，即：

$$\gamma = \sigma \tag{2-8}$$

固体与液体不同，即使是非晶态固体，也受到结合键的制约，固体中原子、分子或离子彼此间的相互运动比液体要困难得多。严格地说，有关固体表面的问题，往往不采用表面张力这个概念。固体的表面能在概念上不等同于表面张力。根据热力学关系，固体的表面能包括自由能和束缚能。设 E_S 为表面总能量（代表表面分子相互作用的总能量），T 为热力学温度，S_S 为表面熵，TS_S 为表面束缚能，则

$$E_S = G_S - TS_S \tag{2-9}$$

表面熵是指在等温等压下，一定量的液体增加单位表面积时熵的增量。式（2-10）表明，可利用实验测量，来得到难以从实验上测定的表面熵值。

$$S = \left(\frac{\partial S}{\partial A}\right) = -\left(\frac{\partial \gamma}{\partial T}\right) \tag{2-10}$$

已知一般液体的表面张力温度系数为负值，因此，表面熵在一般情况下应为正值。这可看作将分子从液体内部迁移到表面，由于分子间力减少，分子排列从有序到无序必引起熵增。换言之，表面熵为正值可理解为是表面层疏松化的结果。而表面熵是由组态熵（若为晶体表面，则表示表面晶胞组态简并度对熵的贡献）、声子熵（又称振动熵，表征晶格振动对熵的贡献）和电子熵（表示电子热运动对熵的贡献）三部分组成，实际上组态熵、声子熵和电子熵在总能量中所做贡献很小，可以忽略不计，因此表面能取决于表面自由能，产生表面自由能的原因是构成界面的两相性质不同及分子内存在着相互作用力。固体的比表面自由能 r 常简称为表面能。影响表面能的因素很多，主要有晶体类型、晶体取向、表面温度、表面形状、表面曲率、表面状况等。从热力学的角度来看，表面温度和晶体取向是很重要的因素。固体表面能的精确测定十分困难，通常对于不同性质的固体，分别采用劈裂功法、溶解热法、零蠕变法、熔融延伸法和接触角法等。表面能对晶体外形和表面形貌、吸附和表面偏析等具有重要作用。根据固体表面能的测定结果，可了解固体表面润湿、润滑、黏附、摩擦等过程的基本原因。

2.4.3 润湿现象

润湿是指在固体表面上一种液体取代另一种与之不相混溶流体的过程。从宏观上来说，润湿是一种流体从固体表面置换另一种流体的过程。从微观的角度来看，润湿固体的流体，在置换原来在固体表面的液体后，本身与固体表面是在分子水平上的接触，它们之间无被置换相的分子。1930 年，Osterhof 和 Bartell 把润湿现象分成沾湿、浸湿和铺展三种类型。润湿方式或过程不同，润湿的难易程度和润湿的条件亦不同。

1）沾湿

沾湿是改变固-气界面和液-气界面为固-液界面的过程，若设固-液接触面为单位面积，在恒温恒压下，此过程引起体系自由能的变化量为：

$$\Delta G = \gamma_{SL} - \gamma_{SV} - \gamma_{LV} \tag{2-11}$$

式中：γ_{SL}——单位面积固-液界面自由能；

γ_{SV}——单位面积固-气界面自由能；

γ_{LV}——单位面积液-气界面自由能。

沾湿的实质是液体在固体表面上的黏附，因此在讨论沾湿时，常用黏附功这一概念。它的定义与液-液界面黏附功的定义完全相同，可用下式表示：

$$W_S = \gamma_{SV} + \gamma_{LV} - \gamma_{SL} = -\Delta G \tag{2-12}$$

式中：W_S——黏附功。

可以看出，γ_{SL} 越小，则 W_S 越大，液体越易沾湿固体。若 $W_S \geq 0$，则 $(\Delta G)_{TF} \leq 0$，沾湿过程可自发进行。固-液界面张力总是小于它们各自的表面张力之和，这说明固-液接触时，其黏附功总是大于零。因此，不管对什么液体和固体，沾湿过程总是可以自发进行的。

2）浸湿

将固体浸入液体中，如果固体表面气体均为液体所置换，则称此过程为浸湿。在浸湿过程中，体系消失了固-气界面，产生了固-液界面。

若设一个固体小方块的总面积为单位面积，则在恒温恒压下，此过程所引起的体系自由能的变化为：

$$\Delta G = \gamma_{SL} - \gamma_{SV} \tag{2-13}$$

如果用浸湿功来表示这一过程自由能的变化，则：

$$W_i = -\Delta G = \gamma_{SV} - \gamma_{SL} \tag{2-14}$$

W_i 是浸湿功，若 $W_i \geq 0$，则 $\Delta G \leq 0$，过程可自发进行。浸湿过程与沾湿过程不同，不是所有液体和固体均可自发发生浸湿，而只有固体的表面自由能比固-液的界面自由能大时，浸湿过程才能自发进行。

3）铺展

置一液滴于一固体表面，在恒温恒压下，若此液滴在固体表面上自动展开形成液膜，则此过程为铺展润湿。在此过程中，失去固-气界面，形成了固-液界面和液-气界面。

设液体在固体表面上展开了单位面积，则体系自由能的变化为：

$$\Delta G = \gamma_{SL} + \gamma_{LV} - \gamma_{SV} \tag{2-15}$$

对于铺展润湿，常用铺展系数来表示体系自由能的变化，有：

$$S_{L/S} = -\Delta G = \gamma_{SV} - \gamma_{SL} - \gamma_{LV} \tag{2-16}$$

$S_{L/S}$ 称为铺展系数，简写为 S，若 $S \geq 0$，则 $\Delta G \leq 0$，液体可在固体表面自动展开。

上面讨论了三种润湿过程的热力学条件，应该强调的是，这些条件均是指在无外力作用下液体自动润湿固体表面的条件。有了这些热力学条件，即可从理论上判断一个润湿过程是否能够自发进行。但实际上却远非那么容易，上面所讨论的判断条件，均需固体的表面自由能和固-液界面自由能，而这些参数目前尚无合适的测定方法，因而定量地运用上面的判断条件是有困难的。尽管如此，这些判断条件仍为我们解决润湿问题提供了正确的思想。例如：水在石蜡表面不展开，如果要使水在石蜡表面上展开，根据公式，只有增加 γ_{SV}，降低 γ_{LV} 和 γ_{SL}，使 $S \geq 0$。γ_{SV} 不易增加，而 γ_{LV} 和 γ_{SV} 则容易降低，常用的办法就是在水中加入表面活性剂，因表面活性剂在水表面和水-石蜡界面上吸附即可使 γ_{LV} 和 γ_{SV} 下降。

2.4.4 多组分体系的表面热力学

1) 表面超量和 Gibbs 模型

考虑一个包含两个均匀体相(如固相和气相、固相与液相)和一个表面相的体系。如图 2-5a)所示,通常表面相有一定的区域或厚度,在该区域内物质的量不同于两个体相。为简化起见,Gibbs 提出了一个模型,如图 2-5b)所示。定义一个分隔表面,假定一直到该分隔表面二体相均保持为均匀,该表面相厚度为 0。

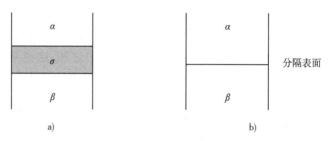

图 2-5 两相体系和吉布斯模型

考虑某一组分 i 的量: $n_i = n_i^\alpha + n_i^\beta + n_i^\sigma$。其中 n_i^σ 为组分 i 在表面上的摩尔分数,如只考虑固体: $n_i = n_i^\beta + n_i^\sigma$,$n_i^\sigma = n_i - n_i^\beta$,则:

$$\Gamma_i = \frac{n_i^\sigma}{A} \tag{2-17}$$

式中: A——表面积;

Γ_i——组分 i 的表面超量或组分 i 在表面的吸附。

2) Gibbs 吸附方程

考虑表面(界面)发生一个微小的变化,表面自由能变化可表述为: $\mathrm{d}G^\sigma = -S^\sigma \mathrm{d}T + V^\sigma \mathrm{d}P + \gamma \mathrm{d}A + \sum \mu_i^\sigma \mathrm{d}n_i$,若在等温等压条件下,即当 $\mathrm{d}G^\sigma = \gamma \mathrm{d}A + \sum \mu_i^\sigma \mathrm{d}n_i$ 时,多组分表面自由能又可表达为: $G^\sigma = \sum n_i^\sigma \mu_i + \gamma A$,两边微分得: $\mathrm{d}G^\sigma = \sum n_i^\sigma \mathrm{d}\mu_i + \sum \mu_i \mathrm{d}n_i^\sigma + \gamma \mathrm{d}A + A\mathrm{d}r$,平衡时 $\mu_i = \mu_i^\sigma$,比较得:

$$A\mathrm{d}r + \sum n_i^\sigma \mathrm{d}\mu_i = 0 \qquad \mathrm{d}\gamma = -\sum \Gamma_i \mathrm{d}u_i \tag{2-18}$$

$$\Gamma_i = -\left(\frac{\partial \gamma}{\partial \mu}\right)_{T,j} \tag{2-19}$$

式(2-19)即为 Gibbs 方程,表明等温下表面的张力的变化与组分 i 的表面超量及化学势相关。

2.5 表面动力学

2.5.1 表面振动

表面振动是指固体表面层原子和分子的振动。由于表面原子只在平行表面方向上的排列有周期性,在垂直表面方向原子的分布失去严格周期性。表面原子的近邻配位原子同体内的不一样,因而表面原子具有的对称性和它受力的分布同体内原子差异显著,致使表面振动形成特殊的模式。晶体中原子的热运动有晶格振动、扩散和溶解等。晶格振动就是晶体原子在格点附近的热振动,这种微振动破坏了晶格的空间周期规律性,因而对固体的比热容、热膨胀、电阻、红外吸收等性质,以及一些固态相变有着重要的影响。

晶体中相邻原子的相互制约使原子的振动以格波的形式在晶体中传播。在由大量原子组成的晶体中存在着各种原子组成的格波。一个格波就表示晶体所有原子都参与的一种振动模式。格波可区分为声学波和光学波两种模式,有声学波声子和光学波声子之分。晶体的比热、热导、电导等都与晶格振动(或者声子)有关。格波不一定是简谐的,但可以用傅立叶方法将其他的周期性波形分解成许多简谐波的叠加。当振动微弱时格波就是简谐波,彼此之间作用可以忽略,从而可以认为它们的存在是相互独立的,称为独立的模式。总之,能用独立的简谐振子的振动来表达的独立模式。晶格振动中简谐振动的能量量子称为声子,它具有 E_i 的能量。这就是说,一个谐振子的能量只能是能量单元 hv_i 的整倍数,具体可写为

$$E_i = \left(n_i + \frac{1}{2}\right)hv_i \tag{2-20}$$

式中:E_i——第 i 个谐振子的能量;

v_i——第 i 个谐振子的能量的频率;

h——普朗克常数;

n_i——任意的正整数。

有了声子的概念,振动着的晶体点阵可看作该固体边界以内的自由声子气体,而格波与物质的相互作用理解为声子与物质的碰撞。例如:格波在晶体中传播受到散射的过程可理解为声子同晶体中原子和分子的碰撞。这样,对处理许多问题带来了很大的方便。

表面振动局域在表面层,具有一定的点阵振动模式,称为表面振动模,简称表面模。其每一种振动模式对应一种表面声子,又称为声表面波。表面结构呈现点阵畸变,其势场与体内正常的周期性势场不同,振动频谱也不同。另一方面,晶体表面具有无限的二维周期性点阵结构,表面模在晶面平行方向的传播具有平面波性质;而在垂直于晶体表面的方向,声表面波向体内方向迅速衰减,成为迅衰波。对于长波长(大于 $1×10^{-6}$cm)的声表面波可近似运用连续介质模型来讨论,而对于短波长(小于 $1×10^{-6}$cm)的声表面波,由于晶格的色散很显著,就必须用晶格动力学理论来讨论。

声表面波的特点是在波矢趋于零时频率也趋于零。也就是说在长波长情况下,晶体可看作连续媒质,这些声频表面波就是局限于表面的弹性波,也就是瑞利表面波。其速度为 $(1\sim6)×10^5$cm/s,在表面它有较大的振幅,向体内随离表面距离增大而振幅按指数规律衰减,可以深入到一个波长的距离。对于压电晶体,压电效应相当于增大弹性常数,使弹性波速度增大。此外,压电晶体表面还存在一种新的表面横波,离子位移平行于表面是这种新表面横波的特征。这个横波由于电磁作用的长程性质,也会深入到体内较大的距离。如果声频表面波的波长比10cm还短,晶体就不再可以看作连续媒质,此时必须采用点阵动力学的方法,计及晶体的原子结构。对于瑞利波的研究,能够得到关于表面吸附层中几个、几十个、几百个原子层的重要信息。在技术应用方面,它对于超声波技术,特别是表面超声波技术及有关的表面声波器件有重要意义。已展开多种器件的研制,如与滤波、振荡、放大、非线性、声光等有关的多种器件。

实际晶体比较复杂,不能简单用各向同性模型处理,但在一些特殊方向上传播的表面波基本上具有上述模式。在各向异性介质中,可以存在广义瑞利波。这种声表面波的振幅以振荡形式随距离而衰减。

2.5.2 表面缺陷

表面缺陷是金属表面局部物理或化学性质不均匀的区域,包括非金属夹杂物及其他第二相颗粒、位错或晶界露头、吸附杂质原子、表面空位或台阶等。表面缺陷是原子活性较高的部位,常常成为金属腐蚀的始发处。

以 TLK 结构中的表面点缺陷形成能为例,空位形成能 ΔEv_f 包括从表面上移动一个原子离开台面点阵所需能量 ΔE_T,该原子落入另一格点(拐结或台阶边缘)时,需要消耗的能量 ΔE_K,以及同时台面失去一个原子后,台面空位周围点阵弛豫畸变耗能 ΔEv_R。即形成能 ΔEv_f 为:

$$\Delta Ev_f = \Delta E_T - \Delta E_K - \Delta Ev_R \tag{2-21}$$

表面增原子的形成能 ΔEa_f 包括原子脱离格点(多自拐结处)所需能量 ΔE_K,原子占据台阶格点位置所耗能量 ΔE_T,和由于台面或台阶吸附一个增原子而引起点阵畸变所消耗的表面弛豫能 ΔEa_R。即表面增原子的形成能 ΔEa_f 为:

$$\Delta Ea_f = \Delta E_K - \Delta E_T - \Delta Ea_R \tag{2-22}$$

表面缺陷迁移能是表面原子或表面空位由一个平衡位置越过势垒,跃迁到邻近格点位置时所需要的能量,其数值等于原子相互作用势垒的高度。对于晶体表面缺陷的迁移,由于表面点阵结构不同,原子迁移方向受到不同的影响。如面心立方结构的(110)表面,可以在(110)表面晶向形成迁移"沟道",原子沿此沟道迁移时,其迁移能较低。而跃迁沟道的其他方向,其迁移能却大得多,所以原子较容易沿沟道迁移。

2.5.3 表面扩散

表面扩散是指原子、离子、分子以及原子团在固体表面沿表面方向的运动。当固体表面存在化学势梯度场,扩散物质的浓度变化或样品表面的形貌变化时,就会发生表面扩散。我们知道,表面区约为单位面间距(一般为 2×10^{-8} cm),所以表面扩散主要发生在距表面 2~3 层原子面的范围。表面扩散不仅依赖于外界环境(温度、气压、湿度、气氛等),还受到晶面取向、表面化学成分电子结构及表面势等因素的影响。表面扩散与表面吸附、偏析等一样,是一种基本的表面过程。表面扩散速度的快慢对原子的吸附过程以及表面化学反应过程(如氧化、腐蚀等)有重要影响。

固体中原子或分子从一个位置迁移到另一个位置,不仅要克服一定的位垒(扩散激活能),还需要到达的位置是空着的,这就要求点阵中有空位或其他缺陷。原子或分子在固体中扩散,最主要是通过缺陷来完成的,即缺陷构成扩散的主要机制。同样,缺陷在表面扩散中也起着重要的作用。但是表面缺陷与固体内部的缺陷情况有着一定的差异,因而表面扩散与体扩散也有差异。与块状材料相比,处于材料表面上的原子迁移或扩散更为容易。

固体表面上的扩散包括两个方向的扩散:一是平行表面的运动,二是垂直表面向内部的扩散运动。通过平行表面的扩散可以得到均质的、理想的表面强化层;通过向内部的扩散,可以得到一定厚度的合金强化层,有时希望通过这种扩散方式得到高结合力的涂层。表面扩散对非均相催化剂表面反应、粉末冶金和陶瓷粉粒的烧结过程、材料表面氧化还原反应动力学等都有很大的影响。目前薄膜技术有了很大的发展，许多薄膜线宽和厚度尺寸已接近原子扩散长度，于是原子的迁移或扩散必将引起膜层中化学组成以及横向和纵向具体结构的改变，还可能形成新的相结构或层状化合物。

另一方面，各种材料内部的少量合金元素、掺杂物、添加剂及一些微量物质，往往在一定条件下通过原子的迁移或扩散富集于材料表面，产生表面偏析，从而改变表面的化学组成和结构。同时，异质界面上原子迁移或扩散也日益受到重视。

材料表面和异质界面上原子迁移和扩散是进行材料表面研究和表面改性，以及器件制备和失效分析时经常遇到的一个共同现象，它对现代技术的发展产生了重大的影响。并且，随着材料和器件尺度的减小，表面积和体积之比值的增加，表面原子迁移或扩散的影响将越来越明显，其影响的程度也越来越重要。

下面讨论完全发生在固体外表面上的扩散行为，即固体表面吸附态。表面空穴将被当作一个吸附的扩散缺陷，表面扩散层仅等于一个晶面间距。

1) 随机行走扩散理论与宏观扩散系数

随机行走又名随机游走，它是布朗运动的理想数学状态。事实上，任何无规则行走者所带的守恒量都各自对应着一个扩散运输定律。尽管任何单次步骤不会遵从扩散定律，但只要等待足够长的时间和步骤，便可精确预测无规则行走。布朗运动就是无规则行走这一现象的宏观观察。通过程序实现模拟大量粒子的随机行走行为，可以让我们直观地了解扩散现象的特点，并认识到扩散现象拥有局部运动的随机性与宏观量的确定性。

如图 2-2 所示，晶体表面存在单原子高的阶梯并带有曲折，平台还有两个重要的点缺陷——吸附原子和平台空位，这两种缺陷也可以发生在阶梯旁。显然这些不同位置原子的近邻原子数目是不相等的，原子间的结合能也是不同的。当表面达到热力学平衡时，表面缺陷的浓度会固定不变。浓度的大小仅是温度的函数。从定性上说，平台—阶梯—曲折表面的最简单的缺陷就是吸附原子和平台空位，它们与表面的结合能比所有其他缺陷的大，至少在相当大的温度范围内是如此。在这种条件下，表面扩散主要是靠它们的移动来实现。

表面扩散的理论尚不完善。表面扩散可看作是多步过程，即原子离开其平衡位置沿表面运动，直至找到其新的平衡位置。假定仅有吸附原子的扩散，该原子为了跳到相邻的位置需要一定的热能。因为吸附原子在起始和跳跃终结时均只能占据平衡位置，那么在两个位置之间区域，原子一定处于较高的能态，即越过一个马鞍形峰点。

现以面心立方金属在(100)面平台的吸附原子为例，来说明表面扩散与体相内部扩散的不同。由图 2-6 可见，吸附原子扩散的最低能量路径是 1，此路径跨过一个马鞍形峰点，跳跃间距是原子间距的数量级。不过，如果该吸附原子积累了更高的能量，也可能越过一个原子的顶部，沿路径 3 移动，路径 3 比原子间距大得多，因此跳跃路径 3 需要的能量大于路径 1 需要的能量，但要小于原子在表面平台上的结合能 ΔH_s。我们定义，吸附原子的

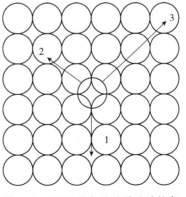

图 2-6 (110)面上吸附原子的扩散

能量 ΔH 在路径 1 与路径 3 之间引起的扩散称为定域扩散；吸附原子的能量 ΔH 在路径 3 与原子在表面上的结合能 ΔH_s 之间的扩散称为非定域扩散。由此可见，非定域扩散是扩散的缺陷部分跳到固体外的自由空间，而在体相中就没有这种自由的场所，这也是表面扩散的特点。

按照随机行走理论，假定原子运动方向是任意的，原子每次跳跃的距离是等长的，并等于最近的距离 d。设 D 为扩散系数，则有：

$$D = z \frac{d^2 v_0}{2b} \exp\left(\frac{\Delta H_m + \Delta H_f}{kT}\right) \tag{2-23}$$

式中：T——热力学温度；
   k——玻耳兹曼常数；
  ΔH_m——扩散势垒的高度或迁移能；
  ΔH_f——吸附原子的生成能；
   v_0——原子冲击势垒的频率；
   b——坐标的方向数；
   z——配位数。

D 与温度 T 呈指数关系，试验证实大部分固体都是如此，D 是一个重要的扩散参量，可求得扩散时间，而且 $\ln D$ 对 $1/T$ 作图可测定表观扩散激活能。

在实际的表面上，不是一个原子而是许多原子同时进行扩散，原子的浓度为 $1\times10^{10} \sim 1\times10^{13} \, \text{cm}^{-2}$，因此扩散距离是表面原子扩散长度统计数字的平均值，必须用宏观参量定义扩散过程。假定不同能态吸附原子之间存在着玻耳兹曼分布为特征的平衡，则扩散系数为：

$$D = D_0 \exp\left(-\frac{Q}{RT}\right) \tag{2-24}$$

式中：Q——整个扩散过程中的激活能；
   D_0——扩散常数，可在 $1\times10^{-3} \sim 1\times10^3 \, \text{cm/s}$ 一个很宽的范围内变动。

2) 表面扩散定律

要导出表面沿某个方向（一维）的扩散速率，先建立图 2-7 的表面原子排列模型。图中 A、B、C 为相邻的三排原子，取其宽度 L、d 为排间距。显然在扩散时，对于 B 排原子来说，从 A 排和 C 排都会有原子跳进来，现设 A 排的原子浓度为 c_A，C 排的原子浓度为 c_c，且 $c_A \neq c_c$，或 $c_A > c_c$，则会显示出如图的原子扩散流。再设 N_B 为 B 排在 Ld 面积中所占的原子数，f 为扩散原子的跳跃频率，则自 A 排向 C 排会有一净原子流，通过 B 排发生迁移，即：

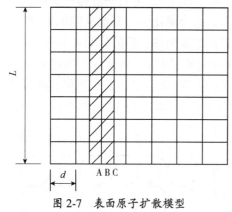

图 2-7 表面原子扩散模型

$$\frac{dN_B}{dt} = \frac{1}{2} f L d (c_A - c_c) \tag{2-25}$$

式(2-25)中，常数 1/2 表示每排原子具有相等的前后跳越机会。

浓度差可以梯度表示，即：

$$c_A - c_c = -\frac{\partial c}{\partial x} d \tag{2-26}$$

假定不是稳态扩散,且进入 B 区的原子多于流出 B 区的原子。吸附原子在 dt 时间内自左进入 B 区的原子数为:

$$dN_B^1 = -\left(D\frac{\partial c}{\partial x}\right)_x Ldt \tag{2-27}$$

而向右离开 B 区的原子数为:

$$dN_B^2 = -\left(D\frac{\partial c}{\partial x}\right)_{x+dx} Ldt \tag{2-28}$$

在 dt 时间内,吸附原子在 B 区中的净增量为:

$$dN_B = dN_B^1 - dN_B^2 = \left[\left(D\frac{\partial c}{\partial x}\right)_{x+dx} - \left(D\frac{\partial c}{\partial x}\right)_x\right]Ldt = \frac{\partial}{\partial x}\left(D\frac{\partial c}{\partial x}\right)dLdt \tag{2-29}$$

在 B 区中净增加的浓度 c 为:

$$dc = \frac{dN_B}{Ld} = \frac{\partial}{\partial x}\left(D\frac{\partial c}{\partial x}\right)dt \tag{2-30}$$

$$\frac{dc}{dt} = \frac{\partial}{\partial x}\left(D\frac{\partial c}{\partial x}\right) \tag{2-31}$$

上式即为 Fick 第二扩散定律的一维形式,具体应用时可通过边界条件和初始条件求出扩散原子的浓度分布函数 $c=f(x,t)$。

3) 表面的自扩散和多相扩散

纯组元的晶体结构是均匀的,不存在浓度梯度,扩散的净通量应为零。表面涂有放射性同位素在扩散退火实验中显示,放射性同位素向体内自扩散,这种不依赖于浓度梯度的扩散被称为自扩散。此外,扩散系数分为本征扩散系数和传质扩散系数,前者是指不包括缺陷生成能的扩散系数,后者是包括缺陷生成能的扩散系数。

在自扩散中,无论本征扩散系数或传质扩散系数,它们对于了解表面缺陷的情况都很重要。如果求得此两扩散系数与温度的关系,就可以确定扩散缺陷的生成能和迁移能。

从表面传质扩散系数的测量中得到了一些经验关系式。例如:对于一些 fcc 和 bcc 金属将 ln$D$ 对 T_m/T(T_m 为熔点的热力学温度)作图可得一直线。通过数学处理可得到一些关系式。对于 fcc 金属如 Cu、Au、Ni 等,则有:

$$D = 740\exp\left(-\frac{\varepsilon_1 T_m}{RT}\right) \quad (0.77 \leqslant T/T_m < 1) \tag{2-32}$$

$$D = 0.014\exp\left(-\frac{\varepsilon_2 T_m}{RT}\right) \quad (T/T_m < 0.77) \tag{2-33}$$

式中,$\varepsilon_1 = 25.8 J/(mol \cdot K)$;$\varepsilon_2 = 54.3 J/(mol \cdot K)$。

对于 bcc 金属如 W(100)、Nb、Mo、Cr 等,则有:

$$D = 3.2 \times 10^4 \exp\left(-\frac{\varepsilon_1^1 T_m}{RT}\right) \quad (0.75 \leqslant T/T_m < 1) \tag{2-34}$$

$$D = 1.0\exp\left(-\frac{\varepsilon_2^2 T_m}{RT}\right) \quad (T/T_m < 0.75) \tag{2-35}$$

式中:$\varepsilon_1^1 = 146.3 J/(mol \cdot K)$;$\varepsilon_2^2 = 76.33 J/(mol \cdot K)$。

测量本征扩散系数的实验较少。Ehrlich 和 Hudden 曾用实验证实吸附原子的均方位移

$\langle x^2 \rangle$ 是扩散时间的线性函数。

$$\langle x^2 \rangle = \frac{Dt}{a} \quad (\text{一维扩散时}, a=1/2; \text{表面扩散时}, a=1/4)$$

在表面上其他种类的吸附原子的扩散称为多相扩散。多相表面扩散大多借助场电子发射显微镜和放射性示踪原子技术,一般可观察到三种扩散:一是物理吸附气体的扩散,扩散温度很低,激活能很低;二是覆盖度为0.3~1个单层时,扩散发生在中温到高温,是化学吸附物类的扩散,测量到的激活能高;三是小覆盖的情况,激活能比第二种的情况还要高,仍属于化学吸附物类的扩散,扩散温度更高。CO 和 O_2 在 W 和 Pt 上就能观察到这三种扩散过程。许多表面扩散的研究都指出扩散存在各向异性效应以及与覆盖度的依赖关系,多相表面扩散的激活能与基体表面自扩散激活能相比低很多,这在 W 上表现特别明显。

以上讨论的扩散都是在单组分的基底表面上。如果是多组分,扩散过程可能更复杂。

4) 表面向体内的扩散

固体表面层原子除了蒸发或升华等向外运动外,也会向内扩散,其速度与温度、压力等因素有很大关系。表面向体内的扩散是严格按照 Fick 扩散定律进行的。

(1) Fick 第二扩散定律的 Gauss 解。

Fick 第二扩散定律一维的表达式为:

$$\frac{\partial c(x,t)}{\partial t} = D \frac{\partial^2 c(x,t)}{\partial x^2} \tag{2-36}$$

由此可知边界条件

$$c = c_s \quad (x=0, t)$$

初始条件

$$c = 0 \quad (x=\infty, t)$$
$$c = 0 \quad (x, t=0)$$

可以推导出 Gauss 解的标准表达式为:

$$c = c_s \left[1 - \psi\left(\frac{x}{2\sqrt{Dt}}\right) \right] \tag{2-37}$$

$\psi\left(\dfrac{x}{2\sqrt{Dt}}\right)$ 可根据 Gauss 误差函数求出,见表2-3。因此,若已知表面浓度 c_s 和时间 t,可根据式(2-37)求出任一 x 处的渗层浓度。

Gauss 误差函数表　　　　表2-3

$\dfrac{x}{2\sqrt{Dt}}$	0.0	0.1	0.2	0.3	0.4	0.5	0.6	0.7
ψ	0.0000	0.1125	0.2227	0.3286	0.4284	0.5204	0.6039	0.6778
$\dfrac{x}{2\sqrt{Dt}}$	0.8	0.9	1.0	1.1	1.2	1.3	1.4	1.5
ψ	0.7421	0.7969	0.8427	0.8802	0.9103	0.9340	0.9523	0.9661
$\dfrac{x}{2\sqrt{Dt}}$	1.6	1.7	1.8	1.9	2.0	2.2	2.4	2.7
ψ	0.9763	0.9838	0.9891	0.9928	0.9953	0.9981	0.9993	0.9999

(2)扩散元素沿深度的分布。

工程上经常希望知道扩散深度与时间的关系,根据 Fick 第二扩散定律的 Gauss 解,对于不同的时间 t 可以得出浓度沿深度的分布曲线。设 c_0 为元素扩散到某深度 x 处的元素浓度,则可通过 Gauss 解求得:

$$c_0 = c_s \left[1 - \psi \left(\frac{x}{2\sqrt{Dt}} \right) \right] \tag{2-38}$$

显然,扩散深度 x 和扩散时间 t 之间呈抛物线关系。

5)表面浓度低于体相浓度的扩散

钢材在空气中加热表面脱碳时,表面浓度 c 低于材料的原始浓度,这时扩散将由内向外进行,Fick 第二扩散定律的 Gauss 解将呈下列形式:

$$c(x,t) = c_s + (c_0 + c_s) \psi \left(\frac{x}{2\sqrt{Dt}} \right) \tag{2-39}$$

式中:c_0——体相扩散物质浓度。

显然随时间的推移,会引起体相表面附近程度更大的浓度下降,在极端的情况下,或 $t \to \infty$ 时整个体相的 c_0 变为 c_s。

第3章　电镀与化学镀

电镀的发展已有两百多年的历史，逐步形成一个完整的体系，广泛应用于各个工业领域。它是利用电化学的方法将金属离子还原为金属，并沉积在金属或非金属制品表面上，形成符合要求的平滑致密的金属覆盖层。其实质是给各种制品穿上一层金属"外衣"，这层金属"外衣"就叫作电镀层，它的性能在很大程度上取代了原来基体的性质。它不仅能使产品外观变得美丽和新颖，提高表面的防护性能，还可对一些有特殊要求的产品赋予特殊的性能。现在，电镀成为印制板制造业中不可缺少的工艺，在现代电子工业和信息产业中发挥重要的作用。

电刷镀是电镀的一种特殊方式。其电源设备趋于轻巧、镀液品种日趋齐全，已成为独立、可靠且实用的新型电镀技术。电刷镀主要用于机械设备的维修，也用来改善零部件的表面性能。

化学镀主要是利用合适的还原剂，使溶液中的金属离子有选择地在经催化剂活化的基材表面上还原析出而形成金属镀层的一种化学处理方法。化学镀既可以作为单独的加工工艺用来改善材料的表面性能，也可以用来获得非金属材料电镀前的导电层。化学镀与电镀相比各有一定的优缺点。它在电子、石油化工、航空航天、汽车制造、机械等领域有着广泛的应用。

新时期绿色化学要求电镀走向低毒、低污染、低损耗，建设资源节约型、环境友好型电镀工业是新时期电镀行业的发展方向，也是走可持续发展的必然选择。

本章分别简略介绍电镀和化学镀的基本原理、设备工艺和应用概况。在介绍电镀时，还特别强调了预处理的重要性，它对所有表面技术来说都是重要的。

【教学目标与要求】

(1) 理解电镀与化学镀的含义；
(2) 掌握电镀与化学镀技术的各自原理、分类、过程，了解其相关应用；
(3) 能针对不同的实际应用场景选择恰当的电镀与化学镀方法。

导入案例

东京奥运会金牌掉皮事件

在 2021 年东京奥运会期间，中国女子蹦床冠军朱雪莹在社交媒体上发布了一条关于她的金牌"掉皮"的消息，引起了广泛关注。朱雪莹说，她发现金牌上有一块区域颜色不同，本以为是污渍，但擦拭后发现是镀层剥落。这一事件引发了对奖牌制作工艺的讨论。东京奥运会的金牌并非由纯金制成，而是在银质基底上电镀了一层金。这种电镀技术是利用电流将金属离子沉积在基底上，形成一层金属镀层。电镀是一种广泛应用的表面处理技术,它可以增强金属的抗腐蚀性、增加硬度、提高导电性等。然而,电镀层的质量受到多种因素的影响,包括电镀液的成分、温度、电流密度、搅拌强度等。东京奥组委对此事进行了回应,他们表示剥落的部分并非镀金,而是涂在奖牌表面的一层保护涂膜,这种涂膜的材质决定其不会永久附着在奖牌表面,其目的是为了防止奖牌上出现细小的划痕、凹痕和污渍。东京奥组委强调,即使表面的涂膜剥去,也不会影响奖牌本身的质量。这一事件也让我们对电镀与化学镀技术有了更深入的了解。电镀是一种电化学过程,而化学镀则是一种无电沉积过程,它依赖于合适的还原剂在含有金属离子的溶液中将金属离子还原成金属沉积在基底上。化学镀的优势在于它可以在非导电材料上进行,且镀层与基体的结合强度好,成本相对较低。

3.1 电镀的基本原理

3.1.1 电极反应机理

1) 电极电位

当金属电极浸入含有该金属离子的溶液中时,存在如下的平衡,即金属失电子而溶解于溶液的反应和金属离子得电子而析出金属的逆反应同时存在:

$$M^{n+} + ne^- \rightleftharpoons M$$

当无外加电压时,正、逆反应很快达到动态平衡,表面上,反应似乎处于停顿状态。这时,电极金属和溶液中的金属离子之间建立所谓平衡电位。但由于反应平衡建立以前,当金属电极与溶液接触时,由于其具有自发腐蚀的倾向,金属就会变成离子进溶液,留下相应的电子在金属表面上,结果使得金属表面带负电,而与金属表面相接触的溶液带正电。即在金属与溶液的两相界面间自发形成双电层,如图 3-1 所示。由于双电层的建立,使金属与溶液之间产生了电位差,这种电位差就叫作电极电位。

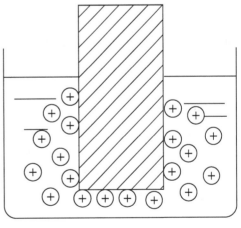

图 3-1 双电层结构

平衡电位与金属的本性和溶液的温度、浓度有关。为了精确比较物质本性对平衡电位的影响,人们规定当溶液温度为 25℃、金属离子的浓度为 1mol/L 时,测得的电位称为标准电极电位。表 3-1 列出了标准电极电位的数值。标准电极电位的高低反映了金属的氧化还原能力。根据平衡电极电位可以判断电极反应的方向。电极构成原蓄电池时,在相同温度和相同活度下,电极的平衡电位的负值绝对值越大,电极上越容易发生氧化反应,而电极的平衡电位的正值越大,电极上越容易发生还原反应。

标准电极电位 $\varphi^{\ominus}$ 表 3-1

电极	$\varphi^{\ominus}(V)$	电极	$\varphi^{\ominus}(V)$
Li^+/Li	-3.045	In^+/In	-0.25
K^+/K	-2.925	Ni^{2+}/Ni	-0.25
Ba^{2+}/Ba	-2.90	Sn^{2+}/Sn	-0.136
Ca^{2+}/Ca	-2.87	Pb^{2+}/Pb	-0.126
Na^+/Na	-2.71	Fe^{3+}/Fe	-0.036
Mg^{2+}/Mg	-2.37	$2H^+/H_2$	0.00
Ti^{2+}/Ti	-1.63	Sn^{4+}/Sn	0.005
Al^{3+}/Al	-1.66	Cu^{2+}/Cu	0.337
Mn^{2+}/Mn	-1.18	Cu^+/Cu	0.52
Zn^{2+}/Zn	-0.763	Ag^+/Ag	0.799
Cr^{3+}/Cr	-0.74	Pb^{4+}/Pb	0.80
Fe^{2+}/Fe	-0.44	Pt^{2+}/Pt	1.2
Cd^{2+}/Cd	-0.403	$2H^+/O_2$	1.23
In^{3+}/In	-0.34	Au^{3+}/Au	1.50
Co^{2+}/Co	-0.277	Au^+/Au	1.7

2) 极化

所谓极化是指有电流通过电极时,电极电位偏离平衡电极电位的现象,所以又把电流-电位曲线称为极化曲线。电极上电流密度越大,电极电位偏离平衡电位的绝对值越大。阳极极化时,电极电位随电流密度增大而不断变正(正值绝对值变大);阴极极化时,电极电位随电流密度增大而不断变负(负值绝对值变大)。通常把某一电流密度下电极电位与平衡电位的差值称为过电位 $\Delta\varphi$,即 $\Delta\varphi=\varphi-\varphi_{平}$。过电位由电化学极化过电位、浓差极化过电位和溶液的欧姆电压降构成,用来定量地描述电极极化的状况。产生极化作用的原因主要是电化学极化和浓差极化。

(1) 电化学极化。由于阴极上电化学反应速度小于外电源供给电极电子的速度,从而使电极电位向负的方向移动而引起的极化作用,称为电化学极化(阴极极化)。图 3-2 所示为阴极极化曲线,它显示出阴极过电位与电流密度的关系。可以看出,电化学极化的特征是:在相当低的阴极电流密度下,阴极电位就出现急剧变负的偏移,也就是出现较大的极化值,过电位较大。

(2) 浓差极化。由于邻近电极表面液层的浓度与溶液主体的浓度发生差异而产生的极化称浓差极化,这是由于溶液中离子扩散速度小于电子运动速度造成的。图 3-3 所示为浓差极化曲线。浓差极化的特征是:当 $i \ll i_1$(极限电流密度)时,即阴极的电流密度远小于极限电流密度时,随着电流密度的提高,阴极电位与平衡电极电位相比较,其值变化不大,即浓差过电位的值不大。当 $i \to i_1$ 时,即阴极的电流密度接近极限电流密度时,阴极表面液层中放电的反应离子浓度接近于零,阴极电位迅速向负变化,即阴极极化的过电位增加很大,从而达到完全浓差极化。

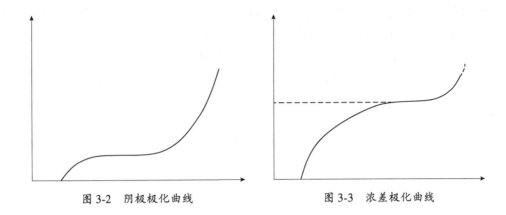

图 3-2 阴极极化曲线　　　　图 3-3 浓差极化曲线

3.1.2 电镀反应原理

1) 电化学反应

当在阴阳两极间施加一定电位时,则在阴极发生如下反应:从镀液内部扩散到电极和镀液界面的金属离子 M^{n+} 从阴极上获得 n 个电子,被还原成金属 M,即:

$$M^{n+} + ne^- \longrightarrow M$$

另一方面,在阳极则发生与阴极完全相反的反应,即阳极界面上发生金属 M 的溶解,释放 n 个电子生成金属离子 M^{n+},即:

$$M - ne^- \longrightarrow M^{n+}$$

上述电极反应是电镀反应中最基本的反应。这类由电子直接参加的化学反应,称为电化学反应。

2) 法拉第定律

电流通过镀液时,电解质溶液发生电解反应,阴极上不断有金属析出,阳极金属不断溶解。因此,金属的析出(或溶解)量必定与通过的电荷量有关。根据大量试验结果,法拉第建立了析出(或溶解)物质与电荷量之间关系的定律。

(1) 法拉第第一定律。电极上析出(或溶解)的物质的质量与进行电解反应时所通过的电荷量成正比,即:

$$m = kQ \tag{3-1}$$

式中:m——电极上析出(或溶解)物质的质量;
　　　Q——通过的电荷量;
　　　k——比例常数。

因为 $Q = It$,所以法拉第第一定律又可表达为:

$$m = kIt \tag{3-2}$$

式中:I——电流;
　　　t——通电时间。

只要知道比例常数 k,根据实测的电流 I 和时间 t,就可以用上式来计算电极上析出(或溶解)物的质量。

(2) 法拉第第二定律。在不同的电解液中,通过相同的电荷量时,在电极上析出(或溶解)物的物质的量相等,并且析出(或溶解)1mol 的任何物质所需的电荷量都是 9.65×10^4 C。这一常数(即 9.65×10^4 C/mol)称为法拉第常数,用 F 表示。

假定某物质的摩尔质量为 M,根据以上定律可知,阴极上通过 1C 电荷量所能析出的物质的质量为 $k=M/F$。k 称为该物质的电化当量。常用元素的电化当量可从有关手册中查找。

3) 电流效率

电镀时,阴极上实际析出的物质的质量并不等于根据法拉第定律得到的计算结果,实际值总小于计算值。这是由于电极上的反应不止一个,例如镀镍时,在阴极上除发生下面的主反应:

$$Ni^{2+} + 2e^- \longrightarrow Ni$$

还发生下面的副反应:

$$2H^+ + 2e^- \longrightarrow H_2$$

副反应消耗了部分电荷量,使电流效率降低。电流效率就是实际析出物质的质量与理论计算析出物质的质量之比,即:

$$\eta = \frac{m'}{m} \times 100\% = \frac{m'}{kIt} \times 100\% \tag{3-3}$$

式中:η——电流效率;

m'——阴极上实际析出物质的质量;

m——理论上应析出物质的质量。

一般来说,阴极电流效率总是小于 100% 的,而阳极电流效率则有时小于 100%,有时大于 100%。电流效率是电镀生产中的一项重要经济技术指标。提高电流效率可以加快沉积速度,节约能源,提高劳动生产率。电流效率有时还会影响镀层的质量。

4) 电镀液的分散能力

电镀溶液的分散能力是指电镀液所具有的使金属镀层厚度均匀分布的能力,也称为均镀能力。电镀液的分散能力越好,在不同阴极部位所沉积出的金属层厚度就越均匀。根据法拉第电解定律可知,阴极各部分所沉积的金属量(金属的厚度)取决于通过该部位电流的大小,故镀层厚度均匀与否,实质上就是电流在阴极镀件表面上的分布是否均匀。因此,要研究厚度的均匀性问题就必须抓住电流在阴极上的分布这一关键。

当电流通过电极时,若不考虑电极极化,则通过阴极电流的大小只与阴阳两极间的距离有关,近阴极上的电流密度大于远阴极上的电流密度,远、近阴极与阳极间距离的差值越大,则电流分布的不均匀程度也越大,通常把这种情况下的电流分布称为初次电流分布。当电极发生极化后,则电流在阴极上重新分布,这时的电流分布称为二次电流分布。距阳极不同距离的两阴极上的电流密度大小可用下式表示:

$$i_1/i_2 = 1 + \frac{\Delta l}{(1/\rho)(\Delta\varphi/\Delta i) + l_1} \tag{3-4}$$

式中:i_1、i_2——近、远阴极电流密度;

$\Delta\varphi$——近、远阴极电极电位差;

Δi——近、远阴极电流密度差;

Δl——近、远阴极距阳极的距离差;

l_1——近阴极离阳极的距离;

ρ——电镀液的电阻率。

由式(3-4)可以看出,阴极电流分布与电镀液的电阻率 ρ、极化率 $\Delta\varphi/\Delta i$,以及阴阳两极间的距离 l、阴极形状 Δl 有关。

$\dfrac{\Delta l}{(1/\rho)(\Delta\varphi/\Delta i)+l_1}$ 越小,则 $i_1/i_2\to 1$,电流分布越均匀。显然,Δl 越小,i_1 越大,ρ 越小,$\Delta\varphi/\Delta i$ 越大越好。也就是说,阴极形状越简单,阴阳两极间距离越远,镀液导电性越好,阴极极化率越高,越有利于二次电流的均匀分布。

在实际生产中,要求零件各个部位的镀层厚度尽可能均会一致。为了达到这一要求,应当从影响电镀溶液分散能力的电化学因素和几何因素着手,可以采取以下措施:在电镀液中加入一定量的强电解质;采用络合物电解液;加入适量的添加剂;合理安排电极的位置及距离;使用异型电极。

3.1.3 金属的电沉积过程

电镀过程是电解液中的金属离子在外电场的作用下,经电极反应还原成金属原子,并在阴极上沉积成一定厚度镀层的过程。图 3-4 所示为电沉积过程。完成电沉积过程必须经过三个步骤:①液相传质,即镀液中的水化金属离子或络离子从溶液内部向阴极界面迁移,到达阴极的双电层溶液一侧;②表面转化和电化学反应,即水化金属离子或络离子通过双电层,并去掉它周围的水化分子或配位体层,从阴极上得到电子生成金属原子(吸附原子);③电结晶,即金属原子沿金属表面扩散到达结晶生长点,以金属原子态排列在晶格内,形成镀层。

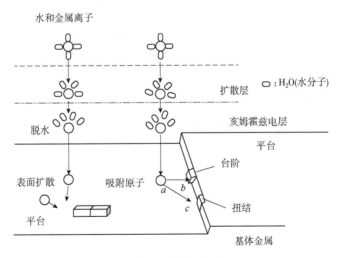

图 3-4 电沉积过程

1) 液相传质步骤

在溶液中,反应粒子的传送(液相传质)是通过电迁移、对流和扩散三种方式来完成的。

(1) 电迁移:这是溶液中带电粒子在电场作用下向电极迁移的一种传质过程。在通常的镀液中,都含有大量的不参加电极反应的导电物质,它们的存在使得靠电迁移输送反应粒子只占很小部分,甚至可以略去不计。

(2) 对流:溶体各部分间由于密度差、温度差等会引起对流,电镀中搅拌溶液或使零件运动等也有助于液相传质。但对流主要发生在液体的内部,在电极表面总会存在有相对静止的滞流层,即对流流动时的附面层——Prandtl 层。可见对流作用一般也不是反映粒子向电极表面传质的有效方式。

(3) 扩散:传质是溶液里存在浓度差时出现的一种现象,是物质由浓度高的区域向浓度低的区域的迁移过程。电镀时,靠近阴极表面的放电金属离子不断地进行电化学反应,使得电子析出,从而使金属离子不断地被消耗,于是阴极表面附近放电金属离子的浓度越来越低。这样,在阴极表面附近出现了放电金属离子浓度高低逐渐变化的溶液层,称为扩散层。扩散层两端存在的放电离子的浓度差推动金属离子不断地通过扩散层扩散到阴极表面。因此,扩散总是存在的,它是液相传质的主要方式。

假如传质作为电沉积过程的控制环节,则电极以浓差极化为主。由于在发生浓差极化时,阴极电流密度要较大,并且达到极限电流密度时,阴极电位才急剧向负偏移,这时很容易产生镀层缺陷。因此,电镀生产不希望传质步骤作为电沉积过程的控制环节。

2) 表面转化和电化学反应步骤

水化金属离子或络离子通过双电层到达阴极表面后,不能直接放电生成金属原子,而必须经过在电极表面上的转化过程。水化程度较大的简单金属离子转化为水化程度较小的简单离子,配位数较高的络合离子转化为配位数较低的络合金属离子,然后,才能进行得电子的电化学反应。例如,在碱性氰化物镀锌时,电化学反应为:

$$Zn(OH)_4^{2-} \longrightarrow Zn(OH)_2 + 2OH^- \text{(配位数减少)}$$

$$Zn(OH)_2 + 2e^- \longrightarrow Zn + 2OH^- \text{(脱去配位体)}$$

金属离子在电极上通过与电子的电化学反应生成吸附原子。如果电化学反应速度无穷大,那么电极表面上的剩余电荷没有任何增减,金属与溶液界面间电位差无任何变化,电极反应在平衡电位下进行。实际上,电化学反应速度不可能无穷大,金属离子来不及把外电源输送过来的电子立即完全消耗掉。于是,电极表面上积累了更多电子,相应地改变了双电层结构,电极电位向负的方向移动,偏离了平衡电位,引起电化学极化。假如电化学步骤作为电沉积过程的控制环节,则电极以电化学极化为主。电化学极化对获得良好的细晶镀层非常有利,它是人们寻求最佳工艺参数的理论依据。

3) 电结晶步骤

电结晶是指金属原子达到金属表面之后,按一定规律排列形成新晶体的过程。金属离子放电后形成的吸附原子在金属表面移动,寻找一个能量较低的位置,在脱去水化膜的同时,进入晶格。在图 3-4 中的 a、b、c 三个位置,晶粒的自由表面不同,金属原子在自由表面多的位置上受到晶格中其他原子所吸引较小,其能量较高。因此,a、b、c 三个位置的能量依次下降。显然,金属原子将首先进入能量低的位置,因此晶面的生长只能在 c 或 b、c 这样的"生长点"或"生长线"上。外电流密度的大小决定了电结晶按不同的生长方式进行。

在外电流密度较小、过电位较低的情况下,金属离子在阴极上还原的数量不多,吸附原子的能量较小,且晶体表面上"生长点"和"生长线"也不多。吸附原子在电极表面上的扩散相当困难,表面扩散控制着整个电结晶速度。电结晶过程主要是在基体原有的晶体上继续生长,很少形成新的晶核。在这种生长方式下,晶粒长得比较粗大。如果晶面的生长完全按照图3-4所示的方式进行,则当每一层面长满以后,"生长点"和"生长线"就消失了,晶体的继续增长就要形成新晶核。实际上,绝大多数实际晶体的生长都不是如此。在实际晶体中,由于包含螺旋位错以及其他缺陷,晶面围绕着螺旋位错线生长,"生长线"就永远不会消失。

随着外电流密度增加,过电位增大,吸附原子的浓度逐渐变大,晶体表面上的"生长点"和"生长线"也大大增加。由于吸附原子扩散的距离缩短,表面扩散变得容易,所以来不及规则地排列在晶格上。吸附原子在晶体表面上的随便"堆砌",使得局部地区不可能长得过快,所获得的晶粒自然细小。这时放电步骤控制了电结晶过程。

在外电流密度相当大,过电位绝对值很大的情况下,电极表面上形成大量吸附原子,它们有可能聚集在一起,形成新的晶核。极化越大,晶粒越容易形成,所得晶粒越细小。为了获得细致光滑的镀层,电镀时总是设法使得阴极极化大一些。但是单靠提高电流密度增大电镀过程的阴极极化也是不行的。因为电流密度过大时,电化学极化增大得不多,而浓差极化却增加得很厉害,结果反而得不到良好的镀层。

电镀时,液相传质、电化学反应、电结晶三个步骤是同时进行的,但进行的速度不同,速度最慢的一个被称为整个沉积过程的控制性环节。假如传质作为电沉积过程的控制环节,则电极以浓差极化为主,很容易产生镀层缺陷,所以电馈生产中不希望将传质步骤作为电沉积过程的控制环节。

3.1.4 电镀的范畴和分类

1) 电镀的范畴

电镀是将外电流通入具有一定组成的电解质溶液中,在电极与溶液之间的界面上发生电化学反应(氧化还原反应),进而在金属或非金属制品的表面上形成符合要求、致密均匀的金属层的过程。

电镀是金属电沉积的一类。金属电沉积是在外电流作用下,液相中的金属离子在阴极还原并沉积为金属的过程。除电镀外,金属电沉积还有电冶金、电精炼和电铸等。电镀要求沉积层与基体结合牢固,并且致密和均匀;而电冶金、电精炼和电铸要考虑金属沉积层与基体是否容易分离,以及分离的方法。

电镀经过长期的发展,可以从不同角度进行分类,构成一个较为完整的体系。另一方面,电镀的概念已扩展为利用两相界面上发生的电化学反应在经准备的基体表面获得金属或非金属覆盖层的过程。因此,化学镀、置换镀、表面转化、电泳涂装等都可归入电镀的范畴。然而,一般所说的电镀是指金属电沉积中的一类。

2) 电镀的分类

综合基体性质和工艺特点,电镀大致上可分为以下几类。

(1) 普通电镀。包括镀铜、镀镍、镀铬、镀镉、镀锡、镀铅、镀铁等。

(2) 合金电镀。合金电镀是在电流作用下,使两种或两种以上金属共沉积的过程。合金镀层具有单金属镀层所不能达到的一些优良性能,因此得到广泛的应用。目前已经有30多种合金镀层,如装饰性的锡钴合金、锡镍合金、锡镍铜合金、铜锡合金、铜锌合金、铜锡锌合金、镍铁合金等,耐蚀性的锌镍合金、锌钴合金、锌铁合金、锡锌合金,焊接性的锡铅合金,磁性的锡钴合金、铁镍合金、镍铁合金等。只要两种金属离子析出的电势接近即可同时析出并沉积在工件表面,得到合金镀层。

(3) 贵金属及其合金电镀。包括镀金和金合金、镀银、镀钯和钯镍合金、镀铂、镀铑、镀钌、镀铟等。

(4) 特殊基材上电镀。如塑料电镀、玻璃和陶瓷电镀、印制电路板电镀、铝及铝合金电镀、钛和钛合金电镀、不锈钢电镀、锌合金压铸件电镀、铁基粉末冶金件电镀等。

(5) 复合电镀。又称为分散电镀、镶嵌电镀,是将一种或多种不溶性颗粒(氧化物、氮化物、硼化物等)经过搅拌使之均匀地悬浮于镀液中,在电场的作用下使颗粒与金属基体共沉积而形成复合材料镀层的一种沉积技术。例如:用于耐磨减摩的 Ni-金刚石、Ni-SiC、Fe-Al_2O_3、Ni-氟化石墨、Cu-氟化石墨等复合镀层;用于电接触的 Ag、Au 基体与 WC、SiC、BN、MoS_2、La_2O_3 复合镀层;用于防护装饰性的 Cu/Ni/Cr 多层镀层与 SiO_2、高岭土、Al_2O_3 复合镀层等。

(6) 脉冲电流为主的电镀。它是利用脉冲电流进行的一种电镀。最简单的是在镀件上外加间断直流电,可以控制脉冲速度,以满足特定的要求。目前脉冲电镀层主要有金及其合金、镍、银、铬、锡-铅合金和钯。脉冲镀层几乎无针孔,光滑、晶粒细致,厚度均匀,不加添加剂也不会出现树枝状镀层,电镀速度和电流效率很高。

(7) 特种电镀。除了上述各类电镀外,还有某些特种电镀,并且今后可能有新的电镀出现。例如,激光增强电镀在电解过程中,用激光束照射阴极,可显著改善激光照射区电沉积特性,迅速提高沉积速度而不发生遮蔽效应,以及改善电镀层的显微结构。

3) 电镀层的分类

电镀层按其用途可分为三类:防护性镀层、防护装饰性镀层和功能性镀层(包括耐磨、减摩、导电性、钎焊性、磁性、光学、热处理用、修复性的镀层,以及其他功能性镀层)。

电镀层按电化学性质可分为两类:在使用环境下电极电位比基体金属负的阳极性镀层和在使用环境下电极电位比基体金属正的阴极性镀层。

电镀层也可按其成分、结构、组合形式等进行分类。

3.1.5 电镀的基本过程和构成

1) 电镀的基本过程

电镀的基本过程是将零件浸在金属盐的溶液中作为阴极,金属板作为阳极,接通电源后,在零件表面就会沉积出金属镀层。电镀是一种电沉积,类似于一个原蓄电池,但与原蓄电池过程相反。如图 3-5 所示,被镀工件和阳极浸在电解液中,电源采用直流电源或准直流电源。被镀工件接电源负极,阳极接电源正极。阳极有两种类型:可溶性阳极(牺牲阳极),是由被镀金属制成的;惰性阳极(永久性阳极),仅起通电作用,不能提供新鲜金属来补充因阴极沉积而从溶液中所消耗的金属离子。铂金和碳通常用作惰性阳极。

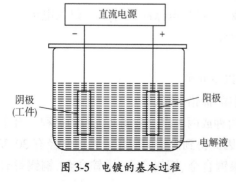

图 3-5 电镀的基本过程

大多数电镀采用可溶性阳极。例如镀镍,电源给镍阳极提供的直流电发生氧化反应: $Ni \longrightarrow Ni^{2+} + 2e^-$,即生成的金属离子来补充阴极反应中金属离子的消耗。在阴极,溶解在电解质溶液中的金属离子于阴极-溶液界面处被还原,从而镀覆在阴极(工件)表面。阳极的溶解速率等于阴极被镀覆的速率,并与电路中通过的电流对应。

有些电镀采用惰性阳极。在电镀过程中,惰性阳极表面会发生某些物质的氧化反应,而金属离子的消耗由添加主盐来补充。

2)电镀设备的基本构成

(1)镀槽:盛装电镀液(电解液)的器具。电镀液由主盐、附加盐、络合剂、添加剂组成。镀槽内要安装阳极和阴极,并满足电镀过程中加热、冷却等需要。

(2)阳极:采用可溶性阳极或惰性阳极,发生金属的氧化反应。

(3)阴极:为被镀工件,表面处主要发生金属离子或其络离子的还原反应。

(4)电源:采用直流电源或准直流电源。

3.1.6 电镀液的组成及作用

电镀是在电镀液中进行的。不同的镀层金属所使用的电镀溶液的组成是多种多样的,即便是同一种金属镀层所采用的电镀溶液也可能是差别很大。不管是什么样的电镀液配方都大致由以下几部分组成:主盐、络合剂、附加盐(俗称为导电盐)、缓冲剂、稳定剂、阳极活化剂以及添加剂等,它们各有不同的作用,分别介绍如下。

1)主盐

主盐是指镀液中能在阴极上沉积出所要求镀层金属的盐,用于提供金属离子。根据主盐性质的不同,可以将电镀液分为简单盐电镀溶液和络合物电镀溶液两大类。简单盐电镀溶液中主要金属离子以简单离子的形式存在(如 Cu^{2+}、Ni^{2+}、Zn^{2+} 等),其溶液都是酸性的。在络合物电镀溶液中,因含有络合剂,主要金属离子以络离子形式存在,如 $[Cu(CN)_3]^{2-}$、$[Zn(CN)_4]^{2-}$、$[Ag(CN)_2]^-$ 等,其溶液多数是碱性的,也有酸性的。

镀液中主盐浓度必须在一个适当的范围,主盐浓度增加或减少,在其他条件不变时,都会对电沉积过程及最后的镀层组织有影响。例如:主盐浓度升高,电流效率提高,金属沉积速度加快,镀层晶粒较粗,溶液分散能力下降。

2)络合剂

在有些情况下,若镀液中主盐的金属离子为简单离子时,则镀层晶粒粗大,因此,要采用络合离子的镀液。获得络合离子的方法是加入络合剂,即能络合主盐中的金属离子形成络合物的物质。络合物是一种由简单化合物相互作用而形成的分子化合物。络合物在溶液中可分离为简单离子和复杂络合离子。络离子中,中心离子占据中心位置,配位体配位于中心离子的周围。由于中心离子与配位体结合牢固,络合离子在溶液中离解程度不大,仅部分离解,它比简单盐离子稳定,在电解液中有较大的阴极极化作用。

在含络合剂的镀液中,影响电镀效果的主要是主盐与络合剂的相对含量,即络合剂的游离量,而不是络合剂的绝对含量。络合剂的游离量升高,阴极极化作用升高,有利于镀层结晶细化、镀层分散能力和覆盖能力的改善,不利的是降低阴极电流效率,从而降低沉积速度。与对阴极过程影响相反,络合剂的游离量升高,使阳极极化降低,从而提高阳极开始钝化电流密度,有利于阳极的正常溶解。此外,络合剂的游离量还会影响镀层的沉积速度。

3) 附加盐

附加盐是电镀液中除主盐外的某些碱金属或碱土金属盐类,能提高溶液的电导率,而对放电金属离子不起络合作用的物质。这类物质包括酸、碱和盐,由于它们的主要作用是用来提高溶液的导电性,习惯上通称为导电盐。如酸性镀铜溶液中的 H_2SO_4,氯化物镀锌溶液中的 KCl、NaCl 及氧化物镀铜溶液中的 NaOH 和 Na_2CO_3 等。有些附加盐还能改善镀液的深镀能力和分散能力,产生细致的镀层。

4) 缓冲剂

缓冲剂是指用来稳定溶液 pH 值的物质,特别是阴极表面附近的 pH 值。这类物质一般是由弱酸和弱酸盐或弱碱和弱碱盐组成的,如镀镍溶液中的 H_3BO_3 和焦磷酸盐镀液中的 Na_2HPO_4 等,能使溶液在遇到碱或酸时,溶液的 pH 值变化幅度缩小。

任何缓冲剂都只在一定的 pH 值范围内才有较好的缓冲作用,超过 pH 值范围,它的缓冲作用较差或没有缓冲作用,而且还必须有足够的量才能起到稳定溶液 pH 值的作用。缓冲剂可以减缓阴极表面因析氢而造成的局部 pH 值的升高,并能将其控制在最佳值范围内,所以对提高阴极极化有一定作用,也有利于提高镀液的分散能力和镀层质量。

5) 稳定剂

稳定剂主要用来防止镀液中主盐水解或金属离子的氧化,保持溶液的清澈稳定。如酸性镀锡和镀铜溶液中的硫酸、酸性镀锡溶液中的抗氧化剂等。

6) 阳极活化剂

阳极活化剂是在电镀过程中能够消除或降低阳极极化的物质。阳极活化剂的作用是提高阳极开始钝化的电流密度,从而保证阳极处于活化状态而能正常地溶解。如镀镍溶液中的氯化物,氰化镀铜溶液中的酒石酸盐等。阳极活化剂含量不足时阳极溶解不正常,主盐的含量下降较快,影响镀液的稳定,严重时电镀不能正常进行。

7) 添加剂

添加剂是指那些在镀液中含量很低,不会明显改变镀层导电性,但对镀液和镀层性能却有着显著影响的物质。近年来添加剂的发展速度很快,在电镀生产中占的地位越来越重要,种类越来越多,而且越来越多地使用复合添加剂来代替单一添加剂。按照在电镀溶液中所起的作用,添加剂大致可分为光亮剂、整平剂、润湿剂、应力消除剂、镀层细化剂、抑雾剂和无机添加剂等。

3.1.7 影响电镀质量的因素

影响电镀质量的因素很多,包括镀液的各种成分以及各种电镀工艺参数。下面就其中一些主要因素进行讨论。

1) pH 值的影响

镀液中的 pH 值可以影响氢的放电电位、碱性夹杂物的沉淀,还可以影响络合物或水化物的组成以及添加剂的吸附程度。但是,对各种因素的影响程度一般不可预见。最佳的 pH 值往往要通过试验确定。在含有络合剂离子的镀液中,pH 值可能影响存在的各种络合物的平衡,因而必须根据浓度来考虑。电镀过程中,若 pH 值增大,则阴极效率比阳极效率高,pH

值减小则反之。通过加入适当的缓冲剂可以将 pH 值稳定在一定范围。

2）添加剂的影响

镀液中的光亮剂、整平剂、润湿剂等添加剂能明显改善镀层组织。这些添加剂有无机添加剂和有机添加剂之分。无机添加剂起作用的原因是它们在电解液中形成高分散度的氢氧化物或硫化物胶体，吸附在阴极表面阻碍金属析出，提高阴极极化作用；有机添加剂起作用的原因是这类添加剂多为表面活性物质，它们会吸附在阴极表面形成一层吸附膜，阻碍金属析出，因而提高阴极极化作用。另外，某些有机添加剂在电解液中形成胶体，会与金属离子络合形成胶体-金属离子型络合物，阻碍金属离子放电而提高阴极极化作用。

3）电流密度的影响

任何电镀液都必须有一个能产生正常镀层的电流密度范围。在其他条件不变的情况下，提高阴极电流密度，可以使镀液的阴极极化作用增强，镀层结晶变得细致紧密。如果阴极电流密度过大，超过允许的上限时，镀层质量开始恶化，甚至出现海绵体、枝晶状、烧焦及发黑等。电流密度过低时，阴极极化小，镀层结晶较粗，而且沉积速度慢，甚至没有镀层。电流密度的上限和下限是由电镀液的本性、浓度、温度和搅拌等因素决定的。一般情况下，主盐浓度增大，镀液温度升高，以及有搅拌的条件下，可以允许采用较大的电流密度。

4）电流波形的影响

电流波形是通过阴极电位和电流密度的变化来影响阴极沉积过程的，进而影响镀层的组织结构，甚至成分，使镀层性能和外观发生变化。实践证明，三相全波整流和稳压直流相当，对镀层组织几乎没有什么影响，而其他波形则影响较大。例如：单相半波会使镀铬层产生无光泽的黑灰色，单相全波会使焦磷酸盐镀铜及铜锡合金镀层光亮。

5）温度的影响

镀液温度的升高，一方面加快了离子的扩散速度，导致浓差极化降低。此外，升温使离子的活性增强，电化学极化降低，阴极反应速度加快，从而使阴极极化降低，镀层结晶变粗。另一方面，镀液温度的升高使离子的运动速度加快，从而可以弥补由于电流密度过大或主盐浓度偏低所造成的不良影响。温度升高能增加盐类的溶解度，从而提高导电和分散能力，还可以减少镀层的脆性，提高沉积速度。

6）搅拌的影响

搅拌能够加速溶液的对流，使扩散层减薄，使阴极附近已被消耗的金属离子得以及时补充，从而降低了浓度极化。在其他条件不变的情况下，搅拌可降低阴极极化，使镀层结晶变粗。但是，搅拌可以提高允许电流密度的上限，可以在较高的电流密度和较高的电流效率下，获得致密的镀层。此外，搅拌还可增强整平剂的效果。搅拌的方式有机械搅拌、压缩空气搅拌等。其中，压缩空气搅拌只适用于那些不受空气中的氧和二氧化碳作用的酸性电解液。

3.2 电镀预处理

3.2.1 预处理的目的和重要性

1）预处理的目的

纯净的清洁面是很难制备的，通常我们所接触到的表面是实际表面。金属的原始表面通常覆盖着一层氧化层。由于具体条件不同,在氧化层上面可能有水和气体的吸附层,外表层存在较厚的油脂和其他有机化合物的分子玷污层。工业环境中除了氧和水蒸气外,可能存在 CO_2、SO_2、NO_2 等各种污染气体,它们吸附于金属表面生成各种化合物,污染气体的化学吸附和物理吸附层中常存在有机物、盐等,与金属表面接触后也留下痕迹。实际表面还可能有毛刺、毛边、结瘤、锈层、灰渣、固体颗粒、手汗等复杂情况。因此,大部分表面工程技术在工艺实施之前,都要求对表面进行预处理,使工件的表面几何形状和洁净程度达到电镀的要求,进而使镀层获得良好的附着力、耐蚀性和外观质量。例如:对于非金属基体材料,除常规的预处理外,还要采用化学镀、喷镀、真空蒸镀、涂覆导电漆或胶等方法,使非金属基材表面金属化或具有导电性。对于铝合金、镁合金、锌合金等活泼金属基体,为提高镀层与基体的附着力,还要对基体进行预镀、预浸等预处理,如闪镀铜、预镀中性镍等。

2) 预处理的重要性

在电镀生产中,选择预处理方法,正确安排预处理程序,是获得优质镀层的重要前提。许多电镀件的质量事故不是由于电镀工艺本身,而是由于预处理不当造成的。实际使用的基体材料种类繁多,加工过程及存放环境也不尽相同,工件表面状况存在较大的差异,并且对镀层的要求往往不同,因此电镀前要按照实际情况和具体要求做好预处理工作。

3.2.2 预处理方法

表面预处理是指用机械、物理或化学等方法消除表面原始覆盖层,改善基体的表面原始状态,为后续加工提供良好的基础表面。表面预处理又称为表面清理、表面前处理、表面预加工等,通常包括以下内容。

1) 整平

预处理的第一步,是要使表面粗糙度达到一定的要求。可选用的方法有磨光、机械抛光、滚光、刷光和喷砂等。

2) 脱脂

预处理的第二步是脱脂。产品或零件表面上不可避免地要黏附油脂,必须去除这些表面油脂,才能保证表面工程技术的顺利实施。可选用的脱脂方法有化学脱脂、电化学脱脂、有机溶剂脱脂、超声波脱脂、表面活性剂脱脂等。这些方法可单独使用,也可联合使用。若在超声波场内进行有机溶剂除油或化学除油,速度会更快,效果更好。

3) 除锈和氧化皮(膜)

通常利用化学和电化学方法,通过一定的浸蚀液来除去镀件表面的锈蚀物、氧化皮(膜)。浸蚀前务必脱脂,否则浸蚀液不能与金属氧化物充分接触,达不到预期效果。浸蚀液要根据镀件材质和氧化物的性质来选择。例如:一般钢铁镀件表面氧化物的成分是 FeO、Fe_2O_3 和 Fe_3O_4,通常选用硫酸、盐酸或它们的混合液来浸蚀。对于许多含有铬、镍、硅、铝等元素的合金钢,因镀件表面存在稳定或难溶的氧化物,还要添加硝酸等强酸,例如一个配方(质量分数)是:盐酸13%,硫酸4%,硝酸9%,余为水,温度为80~90℃。具体配方较多,必须先行试验才能使用。

4) 弱浸蚀(活化处理)

零件经整平、除油和浸蚀以后,在运送或储存过程中,表面会生成一层薄氧化膜,它将影响覆盖层与基体金属的强度。在电镀等技术实施前，还要进行最后一道工序"弱浸蚀"。其目的是使零件表面活化，并产生轻微腐蚀作用，露出金属的结晶组织，以保证镀层与基体结合强度好。弱浸蚀又称为活化处理。弱浸蚀溶液通常都较稀，不会破坏零件表面的光洁度。弱浸蚀液浓度低，处理时间也短，从数秒到 1min，并且通常在室温下进行。弱浸蚀也有化学和电化学两种方法。例如：钢铁材料的化学法弱浸蚀，一般采用质量分数为 3%～5% 的稀盐酸或稀硫酸溶液，在室温下浸蚀 0.5～1min，然后立即清洗进槽电镀。只有弱浸液是电镀液的组成之一或不污染镀液的情况下才可不经清洗而直接进入镀槽。

5) 特殊的表面调整

弱浸蚀是一种活化处理，为常用的表面调整方法，以使下一步电镀工序顺利进行。实际上，表面调整除弱浸蚀外，还有浸渍沉积、置换镀、预镀等方法，有的在基体表面沉积晶核来提高镀层的结晶质量，而有的在基体表面预镀其他金属以改变基体表面的电化学状态。

例如铝及铝合金是一类属于难电镀的金属，其困难在于：铝与氧亲合力强，铝极易氧化；铝是两性金属，在酸、碱中均不稳定；铝的电位很负（标准电位 -1.56V），在镀液中容易与具有较正电位的金属离子发生置换，影响镀层附着力；铝的膨胀系数较大，易引起镀层起泡脱落；铸造铝合金镀件的砂眼、气孔也会影响镀层的附着力。因此，铝及铝合金经整平、脱脂、浸蚀之后，还必须进行特殊的预处理，它是铝及铝合金电镀工艺中最为关键的工序。铝及铝合金的特殊预处理有多种方法，常用的方法有如下。

(1) 化学浸锌处理 操作时将镀件浸入强碱性的锌酸盐溶液中，在清除铝件表面上氧化膜的同时，置换出一层薄而致密、附着力良好的锌层。

(2) 化学浸锌合金处理 改善配方和工艺条件，获得一定的锌合金层，结晶细致，附着力好，然后就可直接电镀铜、镍、铬、银等金属。这个方法也克服了化学浸锌法的锌层在潮湿环境中容易发生横向腐蚀而导致表层剥落的缺点。

(3) 磷酸阳极氧化处理：用这种方法制备的磷酸氧化膜具有较为均匀的微小凹凸结构、较大的孔隙率和良好的导电性，从而保证电镀层均匀细致，附着力好。

3.2.3 金属的抛光

1) 抛光的目的

如上所述，电镀的预处理主要包括整平、脱脂、除锈和活化处理等工艺。其中整平，又有磨光、机械抛光、滚光、刷光和喷砂等。抛光的目的是进一步提高制品的光亮度，使制品取得装饰性外观，提高制品的耐蚀性，并进一步去除制品外表的细微不平。在抛光过程中，金属常常与四周介质发生一定的化学反应，影响抛光速度。例如，在氢气介质中抛光速度降低，而在硫化氢气体中抛光速度加快。

2) 抛光的种类

常用的金属抛光方法有机械抛光、化学抛光、电化学抛光（电解抛光）和化学机械抛光。

(1) 机械抛光。

机械抛光是利用抛光轮、精细磨料（如抛光膏等）对制品表面进行轻微切削和研磨，获得平整光亮表面的过程。抛光时磨料先把凸出的氧化膜抛去，基体金属露出后又很快形成新的氧化膜，再被抛去，如此不断抛光，最终获得光亮的表面。机械抛光的目的是消除金属部件表面的微观不平,并使它具有镜面般的外观,也能提高部件的耐蚀性。表面工程技术中,机械抛光是电镀技术、化学镀技术和气相沉积技术必须进行的表面预处理工艺。

机械抛光的劳动强度大,耗能、耗物多,抛磨下的大量粉尘严重污染环境,甚至引起剧烈的爆炸。因此,大力改进设备和工艺,加强防护措施,势在必行。

(2) 化学抛光。

化学抛光是将零件放在合适的化学介质中,例如特定的酸性或碱性溶液中,利用化学介质对金属表面的尖峰区域的溶解速度比凹谷区域的溶解速度快得多的特点,实现材料表面的抛光,称为化学抛光。

化学抛光主要适合处理形状复杂和比较大的零件,生产效率高。但化学抛光所使用的溶液使用寿命短,溶液浓度调节和再生较为困难,抛光质量比电化学抛光差,而且化学抛光时通常会析出一些有害气体污染环境。

(3) 电化学抛光。

电化学抛光是将金属制品在一定组成的溶液中进行特殊的阳极处理,获得平整光亮表面的过程,又称为电解抛光、电抛光。具体来说,这是一种利用阳极的溶解的作用,使阳极凸起部分发生选择性溶解以形成平滑表面的方法。为此,必须使金属表面生成液体膜或固体膜,并通过此膜按稳速扩散的速度产生金属溶解,这要求电化学液必须同时具有能溶解金属和形成保护膜的机能。虽然该要求与化学抛光时对化学抛光液的要求完全相同,但是电化学抛光的效果通常不是依靠电化学的成分,而是依靠电极反应造成的阳极溶解或阳极氧化的效果来决定的。

电化学抛光的质量通常优于化学抛光。在化学抛光中,由于材料的质量不均匀,会引起局部电位高低不一,产生局部阴阳极区,在局部短路的微蓄电池作用下使阳极发生局部溶解。然而,电化学抛光通过外加电位的作用可以完全消除局部阴阳极区,所以抛光效果更好。它与机械抛光相比,不仅抛光效果好,而且操作简便,抛光厚度易于控制,抛光速度快,能抛形状复杂工件,并且不改变工件的几何形状和金相组织,便于自动化生产,节省原材料和劳动力,故有良好的发展前景。

电化学抛光既可作为镀前预处理、镀后表面的精饰,又可作为金属制品的独立精饰方法。现在它也是半导体材料进行抛光的一种方法。

(4) 化学机械抛光。

化学机械抛光是区别于传统的纯机械或纯化学的抛光方法,化学机械抛光通过化学和机械的综合作用,避免了由单纯机械抛光造成的表面损伤或由单纯化学抛光易造成的抛光速度慢、表面平整度和抛光一致性差等缺点。它利用了磨损中的"软磨硬"原理,即用较软的材料来进行抛光以实现高质量的表面抛光。

在化学机械抛光设备中有制品(工件)、抛光浆料和抛光垫三个组成部分。抛光浆料含有腐蚀剂、成膜剂和助剂、磨料粒子。抛光垫通常是由多孔弹塑性材料制成。加入抛光浆料后,工件与抛光垫之间形成一层抛光浆料膜,工件在压盘施加压力的作用下与抛光垫接触。在抛光过程中,抛光浆料的各种化学物质和磨料粒子流动于工件与抛光垫之间,这样工件在化学和机械的共同作用下逐步实现表面的抛光。

抛光浆料的成分主要由三部分组成:腐蚀介质、成膜剂和助剂、纳米磨料粒子。磨料粒子的硬度也不宜太高,以保证对膜层表面的机械损害比较轻。抛光浆料按 pH 值大致可以分为两类:①酸性抛光浆料,通常含氧化剂、助氧化剂、抗蚀剂(又称为成膜剂)、均蚀剂、pH 调制剂和磨料粒子;②碱性抛光浆料,通常含络合剂、氧化剂、分散剂、pH 调制剂和磨料粒子。由于碱性抛光浆料只有在强碱中才有很宽的腐蚀范围,故其应用远不如酸性抛光浆料。抛光浆料的配制和选用是重要的,其应满足抛光速率快、抛光均匀、抛后易清洗、不损伤表面等要求。

综上所述,化学机械抛光技术可用于各种高性能和特殊用途的集成电路制造,且应用领域日益扩展,已成为最为重要的超精细表面全局平面化技术。目前,其他材料包括金属的化学机械抛光已被深入研究和扩大应用。

3.3 单金属电镀和合金电镀(复合电镀)

3.3.1 单金属电镀

1)常用的单金属电镀层

(1)镀锌。

锌是一种银白色微带蓝色的金属。金属锌较脆,只有加热到 100~150℃ 时才有一定延展性。锌的硬度低,耐磨性差。

锌是两性金属,既溶于酸也溶于碱。相对原子质量为 65.38,密度为 $7.17g/cm^3$,熔点为 420℃。锌在空气中稳定;在潮湿空气中,表面会生成碱式碳酸锌薄膜,阻止其继续腐蚀;在潮湿的海洋性大气中,耐蚀性较差。特别是当锌中含有电位较正的杂质时,锌的溶解速度加快。但是电镀锌层的纯度高,结构比较均匀,因此在常温下锌镀层具有较高的化学稳定性。

锌镀层主要镀覆在钢铁制品的表面,作为防护性镀层。锌的标准电极电位为 -0.76V,比铁的电位负值绝对值大,为阳极性镀层,又称为牺牲性镀层,即使铁基体未被锌镀层完全覆盖,也能因锌镀层的"牺牲"而受到保护。镀锌后在特殊的染料溶液中浸渍,经干燥再涂清漆,便可得到各种颜色的镀层。在钢铁表面镀锌层既有机械保护作用,又有化学保护作用。镀锌层经钝化后形成彩虹色或白色钝化膜层,在空气中几乎不发生变化,在汽油或含二氧化碳的潮湿空气中也很稳定,但在含有 SO_2、H_2S、海洋性环境及海水中镀锌层的耐蚀性较差,特别是在高温、高湿及含有有机酸的环境中,镀锌层的耐蚀性极差。

电镀锌是生产上应用最早的电镀工艺之一,工艺比较成熟,操作简便,投资少,在钢铁件的耐蚀性镀层中成本最低,并且锌的蕴藏量丰富,而且提炼较为方便。作为防护性镀层的锌镀层的生产量最大,约占电镀总产量的 50%。电镀锌在机电、轻工、仪器仪表、农机、建筑五金和国防工业中得到广泛的应用。近来开发的光亮镀锌层,涂覆护光膜后使其防护性和装饰性都得到进一步的提高。

镀锌溶液种类很多,按照其性质可分为氰化物镀锌液和无氰化物镀锌液两大类。氰化物镀锌液具有良好的分散能力和覆盖能力,镀层结晶光滑细致,操作简单,适用范围广,在生产中被长期采用,但镀液中含有剧毒的氰化物,在电镀过程中逸出的气体对工人健康危害较大,其废水在排放前必须严格处理。无氰化物镀锌液有碱性锌酸盐镀锌液、氯化铵镀锌液、硫酸盐镀锌液及无氨盐氯化物镀锌液等，其中碱性锌酸盐镀锌液和无氨盐氯化物镀锌液应用最多。

(2) 镀铜。

铜镀层铜是玫瑰红色的金属，质软而韧，易于抛光，具有良好的延展性、导电性和导热性，相对原子质量为63.54，密度为8.9g/cm³，熔点为1083℃。铜在化合物中有一价和二价两种价态，为$\varphi_{Cu^+/Cu}^{\ominus}=+0.52V$，$\varphi_{Cu^{2+}/Cu}^{\ominus}=+0.34V$。铜的化学稳定性较差：在空气中，表面易生成氧化膜或碱式碳酸铜，尤其是在加热的情况下，会失掉本身的颜色和光泽；遇硫化物，会生成棕色或黑色的硫化铜。铜的标准电位为+0.339V，比铁的电位正值大，钢铁零件上的镀铜层是阴极镀层。当镀铜层有空隙或受到损伤时，在腐蚀介质作用下，裸露出来的钢铁表面成为阳极，受到腐蚀，故一般不单独使用镀铜层作为防护性的装饰性镀层，而是作为重要的中间镀层来改善基体与其他镀层的附着力或防止某些基体金属被某些镀液腐蚀。如在钢铁零件上镀镍、铬时，先以铜为中间层，这样不但可以减少镀层孔隙，而且可以节约镍的消耗量，即常用厚铜薄镍镀层。镀铜层也用于钢铁件的防止渗碳和塑料电镀等方面。

可以用来电镀铜的电解液的种类很多，按电解液组成可分为氰化物电解液和非氰化物电解液两大类。非氰化物电解液又有硫酸盐镀铜液、焦磷酸盐镀铜液、氟硼酸盐镀铜液等。

(3) 镀镍。

镍镀层是最古老、应用最普遍的一种装饰、防护镀层。自从1840年英国人J. Shore获得第一个电镀镍专利以来，镀镍工艺得到了不断发展，镀种不断增多，其应用也从传统的防护、装饰性镀层发展到多种功能性镀层。镀镍层的应用几乎遍及现代工业的所有部门，在电镀行业中，镀镍层的产量仅次于镀锌层而居于第二位。

镍镀层中的镍是白色微黄的金属，具有铁磁性，相对原子质量为58.7，密度为8.9g/cm³，标准电极电位为-0.25V。在空气中镍表面易形成薄的钝化膜，因而具有较高的化学稳定性。在常温下镍能抵御大气、水和碱液的浸蚀，在碱、盐、有机酸中稳定，但在硫酸和盐酸中缓慢溶解，易溶于稀硝酸。由于镀镍层的孔隙率较高，且镍的电极电位比铁的电位正值大，使得镍镀层只有在足够厚且没有空隙时才能在空气和某些腐蚀性介质中有效防止腐蚀。因此常采用多层镍铬体系及不同镍镀层组合来提高防护性能。

镀镍主要应用在日用五金产品、汽车、自行车、摩托车、家用电器、仪器、仪表、照相机等的零部件上，作为防护-装饰性镀层的中间镀层。由于镀镍层具有较高的硬度，在印刷工业中用来提高表面硬度，也用于电铸、塑料成型模具等。

镀镍工艺按镀层的外观、结构特征可分为普通镀镍（暗镍）、光亮镀镍、黑镍、硬镍、多层镍等。按镀液的成分分有硫酸盐型、氯化物型、柠檬酸盐型、氨基磺酸盐型、氟硼酸型等。其中应用最为普遍的是硫酸盐低氯化物镀镍液（即为瓦特镀液）。氨基磺酸盐镀镍液层内应力小，沉积速度快，但成本高，仅用于特定的场合。柠檬酸盐镀镍液常用于锌压铸件上镀镍。氟硼酸盐镀镍液适用于镀厚镍，但这几种类型镀镍液的成本都较高。

(4) 镀铬。

铬镀层铬是稍带蓝色的银白色金属，相对原子质量为52，密度为6.9~7.1g/cm³（电解铬），熔点为1890℃，硬度为750~1050HV。铬在未钝化时的标准电极电位-0.74V，比铁的电位负值绝对值大，但铬表面在空气中极易钝化，其表面上很容易生成一层极薄的钝化膜，使其电极电位变得比铁的电位正值大得多。因此,在一般腐蚀性介质中,钢铁基体上的镀铅层属于阴极镀层,对钢铁基体无电化学保护作用。只有当镀铬层致密无孔时,才能起到机械保护作用。

金属铬的强烈钝化能力,使其具有较高的化学稳定性。在潮湿的大气中镀铬层不起变化,与硫酸、硝酸及许多有机酸、硫化氢及碱等均不发生作用,但易溶于氢卤酸及热的硫酸中。

金属铬的硬度很高,一般镀铬层的硬度也相当高,而且通过调整镀液的组成和控制一定的工艺条件,还可以得到硬度更高的镀铬层,使其硬度值超过最硬的淬火钢,因此耐磨性好。铬镀层按用途可以分为以下两类:

①装饰性铬镀层。该镀层通常是经抛光或电沉积的光亮镀层(如光亮镍层、铜-锡合金层),再镀上 0.25~2μm 的铬层。它广泛用于仪器、仪表、电器、日用五金、汽车、摩托车、自行车等的外部件。

②功能性铬镀层。该镀层直接镀在基体金属上,厚度为 2.5~500μm。根据所用的功能,功能性铬镀层又分为硬铬层、松孔铬层、黑铬层、乳白铬层等。硬铬层主要用于要求较高的硬度与耐磨性能的零件,虽然采用普通的镀铬液,但其在工艺上有许多特殊的要求。松孔铬层是在镀硬铬前后进行适当的处理,产生点状或沟状的松孔,具有被润滑油浸润的功能,常用于活塞环、气缸、转子发动机内腔等需要承受重负荷的机械摩擦件上。黑铬层主要用于需要消光而又耐磨的零件。乳白铬层主要用于各种量具上。

(5)镀锡。

锡镀层锡有三种同素异形体:白锡(β型)、灰锡(α型)和脆锡(γ型)。常见的是白锡,为银白色金属,密度为 7.31g/cm³,熔点为 231.93T。锡的相对原子质量为 118.69。它有两种化合价,即二价和四价,其标准电极电位分别为 $\varphi^{\ominus}_{Sn^{2+}/Sn}=-0.136V$,$\varphi^{\ominus}_{Sn^{4+}/Sn}=+0.15V$。目前镀锡的最大用途是制作镀锡铁板,即马口铁,用于制造各种罐子。在密闭的容器中,铁基体上的锡镀层是阳极性镀层,而溶解下来的锡对人体的毒性也很小。在空气中,锡镀层对于铁基体是阴极性镀层,只有当其厚度高于 15μm 时,才能大大降低孔隙率,获得较好的耐蚀效果。锡镀层的另一个重要应用领域是电子工业领域。锡的熔点低,硬度小,具有良好的钎焊性。

2)单金属电镀工艺

单金属电镀工艺过程一般包括以下三个阶段。

(1)镀前预处理如前所述,预处理按实际要求有多个目的,但主要是设法得到干净新鲜的金属表面,为最后获得高质量镀层做准备。

(2)电镀工艺包括工艺规范、镀液的配制、成分和工艺条件的控制、添加剂、电极反应、镀液的维护、故障及处理等内容,以保证获得高质量的镀层。

(3)镀后处理许多镀件在电镀完成后要进行镀后处理,主要有如下。

①除氢处理。有些金属(如锌)在电沉积过程中,除自身沉积出来外,还会析出一部分氢,这部分氢渗入镀层中,使镀件产生脆性,甚至断裂,称为氢脆。为了消除氢脆,往往在电镀后使镀件在一定的温度下热处理数小时,称为除氢处理。

②钝化处理。所谓钝化处理是指在一定的溶液中进行化学处理,在镀层上形成一层坚实致密的、稳定性高的薄膜的表面处理方法。钝化使镀层耐蚀性大大提高并能增加表面光

泽和抗污染能力。这种方法用途很广泛,镀 Zn、Cu 及 Ag 等后,都可进行钝化处理。

现以电镀镍为例,简要说明其电镀工艺的主要参数。

镀镍可用作表面镀层,也可作为多层电镀的底层或中间层。表 3-2 是常见的几种镀镍液的配方及工艺条件。其中瓦特镀镍液应用最广泛;氨基磺酸盐型镀镍液在一定条件下可得到无应力镀层,因而有其特殊的用途。

镀镍液的配方及工艺条件　　　　表 3-2

溶液各组分的质量浓度(g/L)	pH 值	温度(℃)	电流密度(A/dm^2)	备注
硫酸镍 250~300 氯化镍 40~50 硼酸 30~45	4.1~4.6	50~60	3~4	加入光亮剂,镀得光亮镍层
硫酸镍 240~330 氯化镍 37~52 硼酸 30~45	3~5	45~65	2.5~10	瓦特(Watts)镀液
氨基磺酸镍 500~600 氯化镍 6~10 硼酸 40	3.8~4.2	60~70	5~20	可获得无应力的镀层

3.3.2 合金电镀

在阴极上同时沉积含有两种或两种以上金属,形成均匀细致的合金镀层的过程,称为合金电镀。合金镀层中最少组分的质量分数通常在 1% 以上。但某些镀层(如 Zn-Fe、Zn-Co 和 Sn-Se 等)中的微量 Fe、Co、Se 就对镀层性能产生很大的影响,也可称为合金镀层。合金镀层具有许多单金属镀层所不具备的特殊性能,如外观、颜色、硬度、磁性、半导体性、耐蚀及装饰等方面的性能。此外,通过合金电镀还可以制取高熔点和低熔点金属组成的合金,以及具有优异性能的非晶态合金镀层。合金镀层根据金属的组分,可分为二元合金和三元合金。研究两种或两种以上金属的共沉积,无论在实践或理论上,都比单金属沉积复杂,需要考虑的因素多。因此,合金电镀工艺发展得比较缓慢。这里仅对二元合金电镀的基本原理及应用做一简单介绍。

1) 合金共沉积的条件

(1) 共沉积的基本条件。

两种金属离子共沉积除具备单金属离子电沉积的条件外,还必须具备下面两个条件。

① 两种金属的析出电位要十分接近,如果相差太大的话,电位较正的金属将优先沉积,甚至完全排斥电位较负金属析出。

② 两种金属中至少有一种金属能从其盐类的水溶液中沉积出来。有些金属,如钨、钼等虽然不能从其盐的水溶液中沉积出来,但它可以与铁族金属一同共沉积。

共沉积条件的表达式为:

$$\varphi_1^\ominus + \frac{LT}{n_1 F}\ln a_1 + \Delta\varphi_1 = \varphi_2^\ominus + \frac{LT}{n_2 F}\ln a_2 + \Delta\varphi_2 \tag{3-5}$$

式中：$\varphi_1^\ominus$、a_1、$\Delta\varphi_1$、n_1——第一种金属的标准电极电位、离子活度、析出过电位、平衡电极反应中该金属离子的价数；

$\varphi_2^\ominus$、a_2、$\Delta\varphi_2$、n_2——第二种金属的标准电极电位、离子活度、析出过电位、平衡电极反应中该金属离子的价数；

L——阿伏伽德罗常数；

F——法拉第常数；

T——温度。

若用质量分数 ω 近似代替活度 a 时，上式可表达为：

$$\varphi_1^\ominus + \frac{0.0592}{n_1}\ln\omega_1 + \Delta\varphi_1 = \varphi_2^\ominus + \frac{0.0592}{n_2}\ln\omega_2 + \Delta\varphi_2 \tag{3-6}$$

(2) 实现共沉积的方法。

根据式(3-6)可知，要使两种金属析出电位接近，以实现金属共沉积，一般可采用如下方法。

①采用络合剂。采用络合剂是使电位差相差大的金属离子实现共沉积最有效的方法，在镀液中加入合适的络合剂，形成金属络合离子，金属络离子能降低离子的有效浓度，使电位趋于正向金属的平衡电位负移，与另一种离子的析出电位接近而实现共沉积。

②采用适当的添加剂。添加剂一般对金属的平衡电位影响很小，而对金属的极化却影响很大。有些添加剂能显著增大或降低阴极极化，明显改变金属的析出电位。添加剂一般是一些有机的表面活性剂物质或胶体物质，如蛋白胨、明胶、阿拉伯树胶、二苯胺、萘酚、麝香草酚等。

③改变镀液中金属离子的浓度。降低电极电位比较正的金属离子的浓度，使其电位负移，或增大电极电位趋于负向的金属离子的浓度，使其电极电位正移，从而使两种金属的析出电位相互接近，就可以很容易地使它们以合金的形式共沉积。但对于多数电位相差特别大的金属离子，很难通过改变离子浓度来使其在阴极上实现共沉积。因为离子浓度的改变对其平衡电位的移动作用是非常有限的。

④利用共沉积时电位趋于负向的组分的去极化作用。在合金形成过程中，由于组分金属的相互作用，引起体系自由能的变化，而有可能出现平衡电位的移动，使得在某些具体工艺条件下电沉积合金时，发现电位趋于负向的金属其电位向较正的方向移动，即发生了极化减小的现象，这种现象称为去极化。结果使得一些电位趋于负向的金属变得容易析出，例如电沉积 Zn-Ni 合金时的 Zn。

2) 合金共沉积的类型

根据镀液组成和工作条件的各个参数对合金沉积层组成的影响特征，可将合金共沉积分为以下五种类型。

(1) 正则共沉积。正则共沉积过程的特征是基本上受扩散控制。电镀参数（包括镀液组成和工艺条件）通过影响金属离子在阴极扩散层中的浓度变化来影响合金镀层的组成。因此，可采取增加镀液中金属的总含量，降低电流密度，提高温度和增强搅拌等增加阴极扩散层中金属离子的浓度的措施，都会增加电位较正金属在合金中的含量。正则共沉积主要出现在单盐镀液中。

(2)非正则共沉积。非正则共沉积的特征是过程受扩散控制的程度小,主要受阴极电位的控制。在这种共沉积过程中,某些电镀参数对合金沉积的影响遵守扩散理论,而另一些却与扩散理论相矛盾。与此同时,对于合金共沉积的组成影响,各电镀参数表现都不像正则共沉积那样明显。非正则共沉积主要出现在采用络合物沉积的镀液体系。

(3)平衡共沉积。当两种金属从处于化学平衡的镀液中共沉积时,这种过程称为平衡共沉积。平衡共沉积的特点是在低电流密度下(阴极极化不明显)合金沉积层中的金属含量比等于镀液中的金属含量比。只有很少几个共沉积过程属于平衡共沉积体系。

(4)异常共沉积。异常共沉积的特点是电位趋于负向的金属反而优先沉积,它不遵循电化学理论,而在电化学反应过程中还出现其他特殊控制因素,因而超出了一般的正常概念,故称为异常共沉积。对于给定的镀液,只有在某种浓度和某种工艺条件下才出现异常共沉积,而在另外的情况下则出现其他共析形态。异常共沉积较少见。

(5)诱导共沉积。钼、钨和钛等金属不能自水溶液中单独沉积,但可与铁族金属实现共析,这一过程称为诱导共沉积。同其他共沉积相比较,诱导共沉积更难推测各个电镀参数对合金组成的影响。通常把能促使难沉积金属共沉积的铁族金属称为诱导金属。

前面三种共沉积形态可统称为常规共沉积,它们的共同点是两金属在合金共沉积层中的相对含量可以定性地依据它们在对应溶液中的平衡电位来推断,而且电位更正向的金属总是优先沉积。后面两种共沉积统称为非常规共沉积。表3-3是五种类型合金共沉积的典型示例。

合金共沉积的典型示例 表3-3

类型	示例	类型	示例
正则共沉积	Ag-Pb,Cu-Pb	异常共沉积	Zn-Ni,Fe-Zn
非正则共沉积	Ag-Cd,Cu-Zn	诱导共沉积	Ni-W,Co-W
平衡共沉积	Pb-Sn,Cu-Bi		

3)合金共沉积的影响因素

(1)镀液组分对合金电镀的影响。

镀液组成的影响包括以下四个方面。

①镀液中金属总浓度的影响。在金属浓度比不变的情况下,增大镀液中金属的总浓度,在正则共沉积时将提高不活泼金属的含量,但没有增大该金属浓度时那么明显;对非正则共沉积的合金组分影响不大,而且与正则共沉积不同,增大总浓度,不活泼金属在合金中的含量视金属在镀液中的浓度比而定,可能增加也可能降低。

②镀液中金属浓度比的影响。影响合金组成的最重要的因素是金属离子在溶液中的浓度比。对于正则共沉积,提高镀液中不活泼金属的浓度,使镀层中不活泼金属的含量也按比例增加。对于非正则共沉积,虽然提高镀液中不活泼金属的浓度,镀层中的不活泼金属的含量也随之提高,但却不成比例。

③络合剂浓度的影响。在采用单一络合剂同时络合两种离子的镀液中,如果络合物含量增加,使其中某一金属的沉积电位比另一种金属的沉积电位变趋于负向,则该金属在合金镀层中的含量就下降。例如镀黄铜,铜氰络离子比锌氰络离子稳定,增加氰化物浓度,铜的

析出较困难,合金中铜含量将降低。在两种金属离子分别用不同的络合剂络合的镀液中,如氰化物镀铜锡合金,铜呈氰化络离子,锡被碱络合,它们在同一体系中,增加氰化物含量,铜放电困难,合金中铜则减少,同样用碱可方便地调节锡在合金中的含量。因此,铜锡合金电镀中调节合金成分比较方便。

④pH 值的影响。在含简单离子的合金镀液中,pH 值的变化对镀层组成影响不大。在含络离子的镀液中,pH 值的变化往往影响络合离子的组成与稳定性,对键层组成影响较大。但 pH 值的变化对镀层物理性能的影响比对其组成的影响更大,故对电镀一些特殊的合金,控制镀液的 pH 值是很重要的。

(2)工艺参数对合金电镀的影响。

工艺参数的影响包括以下三个方面。

①温度的影响。温度升高,扩散和对流速度加快,阴极表面液层中优先沉积的电位较正的金属易得到补充,加速了该金属的沉积,于是镀层中电位较正金属含量增加。温度升高,将会提高阴极电流效率,电流效率提高得较多的金属,不管它的电位高低,都会增加它在沉积合金中的含量。

②电流密度的影响。在合金电镀时,一般情况下提高电流密度会使阴极极化程度加大,从而有利于电位较负金属的析出,即镀层中电位较负金属的含量升高。在少数情况下,也会出现一些反常现象,有的金属含量在电流密度变化时会出现最大值或最小值。这除了几种离子之间的相互影响外,还有在电流密度变化时几种金属极化值发生不同的变化,有可能是电位较正的金属沉积困难而引起的。

③搅拌的影响。搅拌使扩散层内电位趋于正向的金属离子的浓度提高,结果该金属在沉积合金中的含量提高。

4) 合金电镀的特点

(1)与热冶金合金相比,电镀合金具有如下主要特点。

①容易获得高熔点与低熔点金属组成的合金,如 Sn-Ni 合金。

②可获得热熔相图没有的合金,如 δ-铜锡合金。

③容易获得组织致密、性能优异的非晶态合金,如 Ni-P 合金。

④在相同合金成分下,电镀合金与热熔合金相比,硬度高,延展性差,如 Ni-P、Co-P 合金。

(2)与单金属镀层相比,合金镀层有如下主要特点。

①能获得单一金属所没有的特殊物理性能,如导磁性、减磨性(自润滑性)、钎焊性。

②合金镀层结晶更细致,镀层更平整、光亮。

③可以获得非晶结构镀层。

④合金镀层可具备比组成它们的单金属层更耐磨、耐蚀,更耐高温,并有更高硬度和强度,但延展性和韧性通常有所降低。

⑤不能在水溶液中单独电镀的 W、Mo、Ti、V 等金属可与铁族元素(Fe、Co、Ni)共沉积形成合金。

⑥能获得单一金属得不到的外观。通过成分设计和工艺控制,可得到不同色调的合金镀层(如 Ag 合金、彩色镀 Ni 及仿金合金等),具有更好的装饰效果。

5) 电镀铜锡合金

电镀铜锡合金是最早发展起来的合金镀种之一。早在 1842 年就有人从氧化铜和锡酸盐溶液中电沉积出铜锡合金,直到1934年实用的氧化物镀液出现后,电镀铜锡合金才真正应用于生产。20世纪50~70年代,电镀铜锡作为代镍镀层,在我国获得较大规模的应用。铜锡合金镀层具有孔隙率低、耐蚀性好、容易抛光及可直接套铬等优点,是目前应用最广泛的合金镀层之一。

铜锡合金,俗称青铜,根据合金中的锡含量可将其分为三种。

(1)低锡青铜合金中锡含量为10%~15%,外观呈金黄色,结晶细致,孔隙少,具有较高的耐蚀性能。硬度较低,有良好的抛光性能,在空气中易被氧化而变色,一般不宜单独使用,主要用作防护-装饰性镀层的底层,特别适合用于地下矿井设备的防护镀层。另外,它在热淡水中具有较高的稳定性,可代替锌镀层作为在热水中工作零件的防护层。

(2)中锡青铜合金中锡含量为16%~40%,当锡含量超过22%时,外观呈银白色。中锡青铜锡的硬度与抗氧化能力都比低锡青铜高,但因锡含量高,镀铬困难,所以很少应用。

(3)高锡青铜合金中锡含量大于40%,具有美丽的银白色光泽,又称为银镜合金。抛光后反射率高,在空气中抗氧化性强,在含硫的大气中也不易变色;对弱酸、弱碱和有机酸都有较好的耐蚀性;具有良好的钎焊性和导电性;硬度介于镍铬之间,耐磨性强。可作为代银、代铬镀层、反光镀层以及仪器仪表、日常用品、餐具、灯具和乐器等的装饰性镀层。缺点是镀层较脆,不能经受变形。

电镀铜锡合金主要采用氰化物-锡酸盐镀液,该工艺最成熟,应用最广泛。这种镀液稳定性好,分散能力好,容易维护,镀层成分与色泽容易控制。通过对镀液中各种成分和含量的调整可以镀出低锡镀层、中锡镀层和高锡镀层。在氰化物镀液中镀得的铜锡合金镀层结晶细致,结合力好,孔隙率低,耐蚀性能强,镀件质量容易保证。缺点是电解液毒性大,工作温度较高,对环境污染较大,危害工人健康,需要有良好的通风设备,污水要经过污水处理后方可排放。电镀青铜的工艺规范见表3-4。

电镀青铜的工艺规范 表3-4

类型		低锡	中锡	高锡
镀液各组成的质量浓度(g/L)	氰化亚铜	20~25	12~14	13
	锡酸钠	30~40		100
	氯化亚锡		1.6~2.4	
	游离氰化钠	4~6	2~4	10
	氢氧化钠	20~25		15
	三乙醇胺	15~20		
	酒石酸钾钠	30~40	25~30	
	磷酸氢二钠		50~100	
	明胶		0.3~0.5	
工艺参数	pH值		8.5~9.5	
	温度(℃)	55~60	55~60	64~66
	电流密度(A/dm^2)	1.2~2	1.0~1.5	8

电镀青铜镀液中,氰化亚铜、锡酸钠或氯化亚锡为主盐,提供在阴极析出的金属,两种金属离子的浓度比对合金镀层的成分起决定作用。随镀液中铜、锡离子的质量浓度比值降低,镀层中铜含量降低,锡含量提高。保持两种离子的质量浓度比例一定,改变溶液中金属离子的总的质量浓度,对镀层成分影响不大。

镀液中游离氰化物的浓度决定铜离子浓度。增大游离氰化钠的浓度使得铜氰络离子趋于更稳定,铜的析出电位变得更趋于负向,使镀层中铜的含量降低。铜难于析出就相对地使锡与氢容易析出,而锡含量就相应增加。游离氰化物含量过高,电镀过程中,阴极会大量析出气泡,吸附于镀层上,容易引起气泡、麻点等缺陷;含量过低时,镀层粗糙、发暗,阳极容易钝化,镀液不稳定。

氢氧化钠含量的变化会影响镀层中锡的含量。如含量过高,锡酸根更趋于稳定,锡析出电位变得更趋于负向,这有利于铜的析出,镀层中锡的含量降低,含量过低时,镀液的导电性能差,阳极表面有黑灰色的泥渣,锡酸钠容易水解,从而使镀液浑浊。

添加剂,如白明胶具有使镀层色泽均匀、增加光泽的作用,含量过多时,会使镀层脆性增大、阴极电流密度降低、沉积速度减慢,出现色泽不均匀现象。

电镀生产中要控制游离络合剂在适当的范围,游离的络合剂越多,络离子越稳定,不利于金属离子在阴极上的沉积。

另外,镀液中的三乙醇胺、酒石酸钾钠是辅助络合剂。

氰化物镀铜锡合金时一般采用合金阳极,合金阳极在使用前要进行半钝化处理,使表面形成黄绿色膜,使锡呈四价状态锡离子进入镀液防止锡以二价锡溶解,使镀层粗糙、疏松、发暗,甚至形成海绵状镀层。

随着电流密度的提高,镀层中锡含量有所上升。电流密度过高时,除电流效率相应地降低外,镀层外观变粗,内应力加大。若电流密度过低,则沉积速度太慢,且镀层颜色偏红。

温度的变化对镀层成分外观质量和电流效率都有很大影响。温度在 50~60℃ 时,可获得良好的合金镀层。电镀低锡青铜时,温度升高,镀层中锡含量将随之提高。若温度过高,则镀液蒸发太快,氰化物的分解加剧,造成镀液组成不稳定,从而影响镀层的成分和质量;若温度过低,则底层中锡含量下降,电流效率又降低,镀层光泽度差,阳极溶解不正常,易钝化。

6) 电镀铜锌合金

电镀铜锌合金的历史,比电镀铜锡合金还要早一些,早在 1841 年就有了电镀黄铜的专利,到了 19 世纪 70 年代,作为装饰性镀层,电镀黄铜得到了广泛的应用。现在,电镀黄铜仍是应用广泛的合金镀种之一。

黄铜镀层具有良好的外观色泽和较高的耐腐蚀性,在其上还可以进行化学着色,装饰效果丰富。黄铜镀层广泛应用于室内装饰品、各种家具、首饰、建筑及日用五金制品的装饰性镀层。因为其金黄色的色泽,也被称为仿金镀层。在钢制品上电镀一薄层黄铜可以大大提高钢与橡胶的结合力。黄铜镀层还可以用作减摩镀层,以及在钢铁件上电镀锡、镍、铬、银等金属时的中间层。为了防止黄铜镀层变色,可在镀后浸一层透明的有机物薄膜。

黄铜根据合金中不同的铜含量,可分为 3 种类型:铜含量为 30%(质量含量,下同)的白黄铜,因其防护性能差,作为镀层目前很少被采用;铜含量在 60%~70% 黄铜镀层,具有金黄色的光泽,作为装饰性镀层,应用最为广泛;铜含量在 90% 的高铜黄铜镀层,其外观色泽近似于青铜,一般用于带钢镀铜。

黄铜镀液有氰化物和无氰两种,但氰化物镀液镀层质量最好,应用最为广泛。

氰化物镀黄铜溶液是用氰化物同时络合铜和锌两种离子,它们在镀液中主要以 $[Cu(CN)_3]^{2-}$ 和 $[Zn(CN)_4]^{2-}$ 形式存在。虽然铜和锌的标准电极电位相差很大,但在碱性氰化物溶液中形成络合离子后,铜和锌的电极电位都向负的方向移动,两者之间的电位差变得很小,而且铜的阴极极化远比锌的大,这就使得这两种标准电极电位相差很远的金属的共沉积得以实现。氰化物镀铜锌合金镀液组成及工艺规范见表3-5。

氰化物镀铜锌合金镀液组成及工艺规范 表3-5

类型		装饰性		橡胶粘接用	滚镀
		配比1	配比2	配比3	配比4
镀液各组成的质量浓度(g/L)	氰化亚铜	22~28	28~32	9~14	28~35
	氧化锌	5~7	5~6	4~9	3~4.2
	氰化钠(总量)	50~55			
	氰化钠(游离)	15~18	6~8	5~10	8~15
	碳酸钠	30		10~25	20~30
	碳酸氢钠		10~12		
	酒石酸钾钠				20~30
	氢氧化钠				5~8
	氨水(mL/L)	0.3~1	2~4	0.5~1	
	亚硫酸钠			5~8	
	醋酸钠				0.01~0.02
工艺参数	pH值	9.5~10.5	10~11	10.3~11	
	温度(℃)	25~40	35~40	20~30	50~55
	电流密度(A/dm²)	0.3~0.5	1~1.5	0.3~0.5	150~170A

镀液中的主盐为氰化亚铜和氧化锌(或氰化锌)。镀液中铜与锌的含量比将影响合金镀层中的组成,但并不显著。在普通镀黄铜镀液中Cu/Zn的比值为(2~3):1。

络合剂采用氰化钠。除了满足络合需要外,镀液中还要有适量的游离氰化钠,以保证镀液的稳定和阳极的正常溶解。提高游离氰化钠含量,能使镀液的覆盖能力有所提高,有利于复杂零件的电镀,但阴极上析氢量增加,阴极电流效率明显下降。

碳酸钠为镀液中的缓冲剂,同时对提高镀液的分散能力和导电性具有一定作用。在镀液的使用和存放过程中,在空气中氧气和二氧化碳的作用下,会自然形成碳酸盐。在镀液中加入少量的氢氧化钠来调节镀液的pH值,还可以改善镀液的导电性。镀液中的氨水可以使镀层色泽均匀并有光泽,还能提高镀层中锌的含量和阴极电流效率,并有助于阳极正常溶解。另外,氨的存在还能抑制氰化物的分解。

在黄铜镀液中添加少量的亚砷酸或者三氧化二砷能防止镀层颜色过红,并使镀层有光泽。镍或者铅的化合物也能起到类似的光亮效果。另外,酚或者酚的衍生物也是一种电镀黄铜的光亮剂。

前面讲道，改变镀液中 Cu 和 Zn 的比例对镀层组成影响不大。在电镀铜锌合金时，通过调整镀液温度，可以得到不同比例的合金组成。因为，升高温度可以使镀层中的铜含量增加。一般来说，温度升高 10℃，镀层中铜含量上升 2%～5%。但镀液的温度不能过高，超过 60℃时会加速氰化物的分解，使镀液中碳酸盐积累过快。在生产中，氰化物镀黄铜镀液的温度一般控制在 40℃左右。

3.4 电刷镀

3.4.1 电刷镀的基本原理和特点

1) 电刷镀的基本原理

电刷镀是电镀的一种特殊方法，又称为接触镀、选择镀、涂镀、无槽电镀等。电刷镀具有设备轻便、工艺灵活、镀覆速度快、镀层种类多、结合强度高、适应范围广、对环境污染小、省水省电等一系列优点，是机械零件修复和强化的有效手段，尤其适用于大型机械零件的不解体现场修理或野外抢修。

电刷镀的原理与电镀原理基本相同，也是一种电化学沉积过程，受法拉第电解定律及其他电化学规律支配。它的工作原理如图 3-6 所示。电刷镀技术采用一专用的直流电源设备，电源的正极接镀笔作为刷镀时的阳极，电源的负极接表面预处理好的工件，作为刷镀时的阴极。镀笔通常采用高纯细石墨块作阳极材料，石墨块外面包裹棉花和耐磨的涤棉套。刷镀时，使棉花包套中浸满电镀液的镀笔以一定的相对运动速度在镀件表面上移动，并保持适当的压力。这样在镀笔与镀件接触的区域，镀液中的金属离子在电场力的作用下扩散到镀件表面，在表面获得电子而被还原成金属原子，这些金属原子沉积结晶就形成了镀层。随着刷镀时间的推移，镀层逐渐增厚，直至达到需要的厚度。

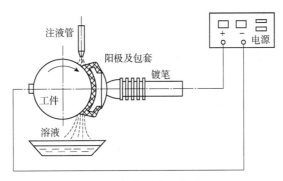

图 3-6 电镀刷的工作原理

电刷镀沉积金属的原理与槽镀相同，可以表示为：

$$M^{n+} + ne^- \longrightarrow M$$

式中：M^{n+}——金属正离子；
   n——该金属的化合价数；
   e^-——电子；
   M——金属原子。

2) 电刷镀的特点

电刷镀与常规电镀(槽镀)相比,主要有下列特点:

(1)电刷镀不需要镀槽,也不需要挂具。其设备多为便携式或可移动式,体积小、质量轻,且一套设备可以完成多种镀层的刷镀。

(2)工艺灵活。凡镀笔能触及的地方均可电镀,并且用同一套设备可以在各种基材上镀覆不同镀层。

(3)电刷镀可制备镀层种类多,镀层与基体材料的结合力强,具有更高的硬度和耐磨性。

(4)由于镀笔与工件有相对运动,散热条件好,在使用大电流密度刷镀时,工件不易产生过热。沉积速度快,是一般槽镀的10~15倍;需要采用高电流密度进行操作,但耗电量小,是一般槽镀的1/10。

(5)适宜于现场流动作业,尤其适用于不解体机件的现场维修和野外抢修,也适合于大零部件上窄缝或凹陷部位的电镀。

(6)缺点是劳动强度较大,消耗镀液较多,并且要消耗阳极包缠材料。

3.4.2 电刷镀工艺

电刷镀工艺是指利用该技术对机件进行修复和强化的全过程,其一般工艺过程主要包括镀前预处理、镀件刷镀和镀后处理三大部分,每个部分又包含几道工序。电刷镀的镀层比较厚,一般情况下需要依次刷镀打底层、尺寸镀层和工作镀层。操作过程中,每道工序完毕后需立即将镀件冲洗干净,以去除油污、杂质、残留镀液,防止镀液相互污染。

1) 镀前预处理

(1)表面整修。待镀件的表面必须平滑,故镀件表面存在的毛刺、锥度、圆度误差和疲劳层,都要用切削机床精工修理,或用砂布、金相砂纸打磨,以获得正确的几何形状和暴露出基体金属的正常组织,一般在修整后的镀件表面粗糙度应在 $5\mu m$ 以下。对于镀件表面的腐蚀凹坑和划伤部位,可用磨石、细锉、风动指状或片段状砂轮进行开槽修形,使腐蚀坑和划痕与基体表面呈圆滑过渡。通常修形后的宽度为原腐蚀凹坑宽度的两倍以上。对于狭而深的划伤部位应适当加宽,使镀笔可以接触沟槽、凹坑底部。

(2)表面清理。表面清理指采用化学及机械的方法对镀件表面的油污、锈斑等进行清理。当镀件表面有大量油污时,先用汽油、煤油、丙酮或乙醇等有机溶剂去除绝大部分油污,然后再用化学脱脂溶液除去残留油污,并用清水洗净。若表面有较厚的锈蚀物,可用砂布打磨、钢丝刷刷除或喷砂处理,以除去锈蚀物。对于表面所沾油污和锈斑很少的镀件,不必采用上述处理方法而直接用电净法和活化法来清除油污和锈斑。

(3)电净处理。电净处理就是槽镀工艺中的电解脱脂。刷镀中对任何基体金属都用同一种脱脂溶液,只是不同的基体金属所要求的电压和脱脂时间不一样。电净处理时一般采用正向电流(镀件接负极),对有色金属和对氢脆特别敏感的超高强度钢,采用反向电流(镀件接正极)。电净处理后的表面应无油迹,对水润湿良好,不挂水珠。

(4)活化处理。活化处理用以去除镀件在脱脂后可能形成的氧化膜,并使镀件表面受到轻微刻蚀而呈现出金属的结晶组织,确保金属离子能在新鲜的基体表面上还原并与基体牢固结合,形成结合强度良好的镀层。活化时,一般采用阳极活化(镀笔接负极)

2)镀件刷镀

(1)刷镀打底层 由于刷镀层在不同金属上结合强度不同,有些刷镀层不能直接沉积在钢铁上,故针对一些特殊镀种要先刷镀一层打底层作为过渡,厚度一般为 $1\sim10\mu m$。常用的打底层镀液有以下几种:

①碱铜镀液。碱铜的结合比特殊镍差,但镀液对疏松的材料(如铸钢、铸铁)和软金属(如锡、铝等)的腐蚀性比特殊镍小,所以常作为铸钢、铸铁、锡、铝的打底层。

②特殊镍或钴镀液。其用于一般金属,特别是不锈钢、铬、镍等材料和高熔点金属作为打底层,以使基体金属与镀层有良好的结合力。特殊镍酸性活化后可不经水清洗,在不通电条件下用特殊镀镍液擦拭待镀表面,然后立即刷镀特殊液。

③低氢脆镉镀液。对氢特别敏感的超高强度钢,经阳极电净、阴极活化后,用低氢脆镉作为打底层,可以提高镀层与基体的结合强度,并避免渗氢的危险。

(2)刷镀工作镀层。工作镀层是一种表面最终刷镀层,其作用是满足表面的力学性能、物理性能、化学性能等特殊要求。根据镀层性能的需要来选择合适的刷镀溶液。例如:用于耐磨的表面,工作镀层可以选用镍、镍-钨和钴-钨合金等;对于装饰表面,工作镀层可选用金、银、铬、半光亮镍等;对于要求耐腐蚀的表面,工作镀层可选用镍、锌、镉等。

3)镀后处理

电刷镀完毕要立即清除镀件表面的残积物,如水迹、残液痕迹等,采取必要的保护方法,如烘干、打磨、抛光、涂油等,以保证刷镀零件较长的储存期和使用寿命。

3.4.3 电刷镀的应用

1)表面修复

在为了获得小面积、薄厚度的镀层时,在需要局部不解体现场修理时,在遇到大型、精密的零件不便于应用其他方法修理时,在机械磨损、腐蚀、加工等原因造成零件表面尺寸和零件形状与位置精度超差时,运用电刷镀修复技术常可达到令人十分满意的效果。

2)表面强化

应用电刷镀技术,可以强化新产品表面,使其具有较高的表面硬度、耐磨性、减磨性等力学性能和较高的表面耐腐蚀、抗氧化、耐高温等物化性能,使零件表面得到强化。

3)表面改性

应用电刷镀技术,可以改善甚至改变零件材料的某些表面性能,如电学性能、磁学性能、热学性能、光学性能、耐蚀性、钎焊性等,还可以用于表面装饰。

4)复合

电刷镀可与其他表面技术联合使用,以获得单一表面技术难以取得的性能或功能。

3.5 化学镀

3.5.1 化学镀的原理、分类和特点

1)化学镀的原理

化学镀又称无电解镀或自催化镀,在表面处理中占有重要的地位。它是指在无外加电

流通过的情况下,利用还原剂提供的电子将电解质溶液中的金属离子化学还原在呈活性催化的镀件表面,沉积出与基体牢固结合的镀覆层的表面处理技术。从本质上讲,化学镀仍然是一个电化学过程。

化学镀不需要电源,因此,镀件可以是金属,也可以是非金属或半导体。镀覆层主要是金属和合金,在工业上应用较成功的有化学镀 Ni、Cu、Ag、Au、Co、Pd、Pt 等,最常用的是镍和铜。

化学镀不是由电源提供金属离子还原所需要的电子,而是靠溶液中的还原剂(化学反应物之一)来提供。酸性化学镀镍溶液中,还原沉积时的反应式为:

$$H_2PO_2^- + Ni^{2+} + H_2O \longrightarrow H_2PO_3^- + Ni + 2H^+$$

式中:$H_2PO_2^-$——还原剂。

化学镀镍溶液的组成及其相应的工作条件必须使反应只在具有催化作用的工件表面上进行,镀液本身不发生氧化还原反应,以免溶液自然分解、失效。如果被镀金属本身是催化剂,则化学镀的过程就具有催化作用。镍、铜、钴等金属都具有催化作用。

2)化学镀的分类

化学镀按电子获取途径的不同,可分成三种类型:

(1)置换法。利用基体金属的电位比镀层金属负,意味着在电化学过程中,基体金属更容易失去电子,从而促进镀层金属离子的还原和沉积。将镀层金属离子从溶液中置换在基体金属表面,电子由基体金属给出。这种方法应用不多,原因是放出电子的过程是在基体表面进行的,当表面被溶液中析出的金属完全覆盖时,还原反应立刻停止,因而镀层很薄;同时,还原反应是通过基体金属的腐蚀才得以进行的,这使镀层与基体的附着力不佳。

(2)接触镀。将基体金属与另一种辅助金属(即第三种金属)接触后浸入溶液后构成原蓄电池。辅助金属的电位低于镀层金属,而基体金属的电位比镀层金属正。在上述的原蓄电池中,辅助金属为阳极,被溶解释放出电子,由此再将镀层金属离子还原在基体金属表面。接触镀与电镀相似,区别在于前者的电流是靠化学反应供给的,而后者是靠外电源。接触镀虽然缺乏实际应用意义,但可考虑应用于非催化活性基材上引发化学镀过程。

(3)还原法。在溶液中添加还原剂,利用还原剂被氧化时释放出电子,再把镀层金属离子还原在基体金属表面。这个方法就是本节讨论的化学镀。如果还原反应不加以控制,使反应在整个溶液中进行,这样的沉积是没有实用价值的。因此,这里所说的还原法专指在具有催化能力的活性表面上沉积出金属镀层,由于镀覆过程中沉积层仍具有自催化能力,因而能连续不断地沉积形成一定厚度的镀层。

化学镀还有其他分类方法,主要是:

(1)根据镀覆基体催化活性的不同,分为本征催化活性材料上的化学镀、无催化活性材料上的化学镀和催化毒性材料上的化学镀。

(2)根据主盐种类的不同,分为化学镀镍、化学镀铜、化学镀金、化学镀银、化学镀锡、化学镀钴、化学镀钯、化学镀铬等。

(3)根据还原剂种类的不同,分为磷系化学镀、硼系化学镀、肼系化学镀和醛系化学镀等。

(4)根据 pH 值的不同,分为酸性溶液化学镀和碱性溶液化学镀。

(5) 根据温度范围的不同,分为高温化学镀、中温化学镀和低温化学镀。

(6) 根据镀层成分的不同,分为化学镀单金属、化学镀合金和化学复合镀等。

3) 化学镀的特点

化学镀与电镀比较,具有下列特点:

(1) 化学镀所依据的原理,虽然仍是氧化还原反应,但其电流是靠化学反应提供的,而不是靠外电源。化学镀液需要有提供电子的还原剂,被镀金属(镀件)离子为氧化剂。为了使镀覆的速度得到控制,还需要让金属离子稳定的络合剂,以及提供最佳还原效果的酸碱度调节剂等。

(2) 在复杂结构的镀件上可以形成较均匀的镀层。化学镀的设备和工艺都较为简单,无须外加电源,不存在电力线分布不均匀的影响,镀液的分散能力非常好,无明显的边缘效应,几乎是工件形状的复制。故镀层厚度均匀,孔隙率低,因此,适宜于镀覆形状复杂的工件,尤其是管件内壁、腔体件、盲孔件等。化学镀层非常光洁平整,镀后基本不需要镀后加工。

(3) 通过适当的预处理,化学镀可以在金属、非金属、半导体等各种材料表面上进行。这是非金属表面金属化的常用方法,也是非导体材料电镀前做导电底层的方法。

(4) 化学镀靠基体的自催化活性才能起镀。其镀层的附着力一般优于电镀,晶粒细、致密,某些化学镀层还具有特殊的性能。

(5) 化学镀也有其局限性。例如:化学镀的镀层品种远少于电镀;其镀液复杂,较难控制,生产成本明显高于电镀;化学镀的预处理要求也更为严格。

化学镀具有不少优点,又能完成电镀所不能完成的一些工件的镀覆,因此,在电子、石油、化学化工、航天航空、核能、汽车、机械等领域得到广泛的应用。

3.5.2 化学镀镍

化学镀镍是目前国内外发展速度最快、应用最为广泛的表面强化工艺之一。用还原剂将镀液中的镍离子还原为金属镍并沉积到基体金属表面上的方法称为化学镀镍。化学镀镍多采用次磷酸盐、硼氢化物、氨基硼烷、肼及其衍生物等作为还原剂。用次磷酸钠作还原剂的镍层含一定量的磷,是一种 Ni-P 合金,以硼氢化钠或氨基硼烷作还原剂得到的镀层为 Ni-B 合金,只有用肼为还原剂得到的镀层才是纯镍层,含镍量达到 99.5% 以上。其中以次磷酸盐为还原剂的酸性镀液是使用最广泛的化学镀镍液。故这里仅以次磷酸盐化学镀镍作为对象进行讨论。

1) 化学镀镍机理

化学镀镍机理目前还没有统一的认识,尚无定论。对化学镀镍反应的解释,主要有三种理论:原子氢态理论、氢化物理论及电化学理论。下面对其中的两种进行简要介绍。

(1) 原子氢态理论。该理论认为,镀件表面(催化剂、如先沉淀析出的镍)的催化作用使次磷酸根分解析出初生态原子氢,部分原子氢在镀件表面遇到 Ni^{2+} 就使其还原成金属镍,部分原子氢与次亚磷酸根离子反应生成的磷与镍反应生成镍化磷,部分原子态氢结合在一起就形成氢气。

$$H_2PO_2^- + H_2O \longrightarrow HPO_3^- + 2H + H^+$$

$$Ni^{2+} + 2H \longrightarrow Ni + 2H^+$$

$$H_2PO_2^- + H \longrightarrow H_2O + OH^- + P$$
$$3P + Ni \longrightarrow NiP_3$$
$$2H \longrightarrow H^2 \uparrow$$

(2)电化学理论。该理论认为,次磷酸根被氧化释放出电子,使 Ni^{2+} 还原为金属镍。Ni^{2+}、$H_2PO_2^-$、H^+ 吸附在镀件表面形成原蓄电池,蓄电池的电动势驱动化学镀镍过程不断进行,在原蓄电池阳极与阴极将分别发生下列反应:

阳极反应:
$$H_2PO^{2-} + H_2O \longrightarrow H_2PO^{3-} + 2H^+ + 2e^-$$

阴极反应:
$$Hi^{2+} + 2e^- \longrightarrow Ni$$
$$H_2PO^{2-} + e^- \longrightarrow 2OH^- + P$$
$$2H \longrightarrow H^2 \uparrow$$

金属化反应:
$$3P + Ni \longrightarrow NiP_3$$

2)镀液成分及工艺条件

(1)化学镀镍的技术核心是镀液的组成及性能。以次磷酸钠为还原剂的化学镀 Ni-P 镀层是国内外应用最为广泛的化学镀镍技术。按 pH 值的不同,镀镍工艺以次磷酸盐为还原剂的化学镀镍溶液有两种类型:酸性镀液和碱性镀液。酸性镀液的特点是溶液比较稳定易于控制,沉积速度较快,镀层中磷的质量分数较高(2%~11%),耐蚀性能较好,但是也存在施镀温度高、能耗大的缺点。碱性镀液的 pH 值范围比较宽,稳定性较差,沉积速率较慢,镀层中磷的质量分数较低(3%~7%),空隙较大,耐蚀性较差,但镀液对杂质比较敏感,难维护,所以这类镀液不常使用。表 3-6 列出了这两种镀液的典型工艺规范。

次磷酸钠化学镀镍的工艺规范   表 3-6

项目		酸性镀液			碱性镀液	
		配方一	配方二	配方三	配方四	配方五
镀液组成的质量浓度(g/L)	氯化镍	21			20	
	硫酸镍		30	28		25
	次磷酸钠	24	26	24	20	25
	苹果酸		30			
	柠檬酸钠				10	
	琥珀酸	7				
	氟化钠	5				
	乳酸		18	27		
	丙酸			2.5		
	氯化铵				35	
	焦磷酸钠					50
	铅离子			0.001		

续上表

项目		酸性镀液			碱性镀液	
		配方一	配方二	配方三	配方四	配方五
中和用碱		NaOH	NaOH	NaOH	NH_4OH	NH_4OH
工艺参数	pH 值	6	4~5	4~5	9~10	10~11
	温度	90~100	85~95	90~100	85	70
	沉积速度($\mu m/h$)	15	15	20	7	15

(2)影响镀层质量的因素。镍盐是镀液主盐,一般使用硫酸镍,其次是氯化镍。镍盐浓度高,镀液沉积速度快,但稳定性下降。

次磷酸钠作为还原剂通过催化脱氢,提供活泼的氢原子,把镍离子还原成金属,同时使镀层中含有磷的成分。次磷酸钠的用量主要取决于镍盐浓度,镍与次磷酸钠的物质的量之比为 0.3~0.45。次磷酸钠含量增大,沉积速度加快,但镀液稳定性下降。

化学镀镍液中的络合剂均为有机酸和它们的盐类,常用的络合剂有乙醇酸、苹果酸、柠檬酸、琥珀酸、乳酸、丙酸、羟基乙酸及它们的盐类。络合剂与镍离子形成稳定的络合物,用来控制可供反应的游离镍离子含量,控制沉积速度,改善镀层外观;同时起到抑制亚磷酸镍(指酸性镀液)和氢氧化镍(指碱性镀液)沉淀的作用,使镀液具有较好的稳定性。

为了调整沉积速度,有时在镀液中加入增速剂。氟化物有明显的增速作用。

稳定剂(铅离子)用于抑制存在于镀液中的固体微粒的催化活性,以防镀层粗糙和镀液自发分解。微量的硫代硫酸盐、硫氰酸盐或某些特定的化合物都是有效的稳定剂。但稳定剂过量,会降低镀液的沉积速度,甚至抑制镍的沉积。

化学镀镍层通常是半光亮的,但也可以加入一些用于电镀镍的光亮剂,来增加化学镀镍层的光亮性。

酸性化学镀镍沉积速度随着镀液 pH 值的下降而降低,当镀液 pH 值远小于 4 时,沉积速度很低,已失去实际意义。另一方面,当镀液 pH 值大于 6 时,易产生亚磷酸镍沉淀,引起镀液自发分解。酸性化学镀镍液最佳的 pH 值通常是 4.2~5.0。pH 值升高时,镀层中的磷含量降低。碱性化学镀镍的沉积速度受 pH 值的影响不大。

温度是影响酸性化学镀镍沉积速度的重要因素之一。温度低于 65℃时,沉积速度很慢,随温度升高沉积速度加快。同时温度升高,可降低镀层中的磷含量,但温度过高或加热不均匀都会引起镀液的分解。碱性化学镀镍允许在室温下施镀,此时多用于活化过的非金属材料,镀上一层化学镀镍层后再用电镀加厚。

3)化学镀镍层的性能

化学镀镍层的密度低于电镀镍层,P、B 含量越高的镀层密度越小。化学镀镍层的硬度不低于 400~500HV,经过热处理后其硬度可以超过 1000HV,且耐磨性比电镀镍层的高。化学镀镍层的耐蚀性也高于电镀镍的耐蚀性,尤其是 Ni-P 镀层的耐蚀性更好。

4)化学镀镍的应用

化学镀镍有以下几个方面的应用:

(1)在石油和化学工业中的应用。化学镀镍兼具优良的耐蚀性和耐磨性两大特点,膜层厚度均匀,不受零件形状、尺寸的限制,即使在形状复杂的零件表面也能获得均匀、致密的膜层。化学镀镍层对含有硫化氢的石油和天然气环境及酸、碱、盐等化学腐蚀介质有着优良的耐蚀性。

(2)在磨具表面强化的应用。采用化学镀镍的方法强化磨具表面,既能提高工件表面的硬度、耐磨性、抗擦伤性、抗咬合性,又能够起到固体润滑的效果。同时化学镀镍层和基体结合良好,又具有良好的耐蚀性。

(3)在计算机及电子工业的应用。计算机硬盘表面化学镀镍可以保护基体不变形,不被磨损和腐蚀。电子元器件表面化学镀镍合金镀层可以降低电阻温度系数或提高钎焊性。

(4)在汽车工业中的应用。化学镀镍主要利用其耐蚀性和耐磨性,可应用于发动机主轴、差动小齿轮、发电机散热器和制动器接头等。如汽车驱动机械的主要部件小齿轮轴,零件加工后在基体表面获得 $13\sim18\mu m$ 的化学镀 Ni-P 层,并且镀后进行适当的热处理,可使工件表面硬度提高至 60HRC 以上,耐磨性大大提高,膜层均匀,不需要加工就可以保证公差和轴的对称性。因为膜层使其磨合性和耐磨性得到改善,发动机可以平滑转动。

(5)在航空航天工业的应用。国外已经将化学镀镍列入飞机发动机维修指南,采用化学镀镍技术维修飞机发动机的零部件,不仅大大降低了成本,飞机辅助的发电机经过化学镀镍后其使用寿命还会提高 $3\sim4$ 倍。

3.5.3 化学镀铜

化学镀铜的主要目的是在非导体材料表面形成导电层。目前,在印制电路板孔金属化和塑料电镀前的化学镀铜已广泛应用。化学镀铜主要用于非金属材料的表面金属化和印制电路板孔的金属化及电子仪器的屏蔽层。化学镀铜层通常很薄,只有 $0.1\sim0.5\mu m$,作为功能镀层时厚度较大,为 $1\sim10\mu m$。化学镀铜层的物理化学性质与电镀法所得铜层基本相似。

由不同镀液得到的化学镀铜层均为纯铜(与化学镀镍不同)。铜的标准电极电位为正值,较易从溶液中析出。化学镀铜的主盐通常采用硫酸铜。使用甲醛、肼、次磷酸钠、硼氢化钠等作为还原剂,但生产中使用最普遍的是甲醛。故这里仅以甲醛为还原剂的化学镀铜液作为对象进行讨论。

1)甲醛还原铜的原理

(1)原子氢态理论在碱性溶液中,甲醛在催化表面上氧化为 $HCOO^-$ 同时放出原子氢,原子氢使铜离子还原为金属铜。

$$HCHO+OH^- \longrightarrow HCOO^-+2H$$
$$HCHO+OH^- \longrightarrow HCOO^-+H_2$$
$$Cu^{2+}+2H^++2OH^- \longrightarrow Cu+2H_2O$$

(2)电化学理论甲醛还原镀铜,在金属铜上存在着两个共轭的电化学反应,即铜的阴极还原和甲醛的阳极氧化。

阳极反应:
$$HCHO+OH^- \longrightarrow HCOO^-+H_2+2e^-$$

阴极反应:
$$Cu^{2+}+2e^- \longrightarrow Cu$$

2) 镀液成分及工艺条件

生产中广泛使用的化学镀铜液,以甲醛为还原剂,以酒石酸钾钠为络合剂。表3-7为此类化学镀铜的工艺规范。

化学镀铜的工艺规范 表3-7

项目		配方一	配方二	配方三	配方四
镀液组成的质量浓度(g/L)	硫酸铜	5	10	7	10
	酒石酸钾钠	25	50	23	25
	氢氧化钠	7	10	4.5	15
	碳酸钠			2	
	氯化镍			2	
	甲醛	10	10	25	5~8
工艺参数	pH 值	12.8	12.9	12.5	12.5~13
	温度	15~25	15~25	15~25	15~25
	时间(min)	20~30	20~30	20~30	20~30

化学镀铜液主要由两部分组成:甲液是含有硫酸铜、酒石酸钾钠、氢氧化钠、碳酸钠、氯化镍的溶液;乙液是含有还原剂甲醛的溶液。这两种溶液预先分别配制,在使用时将它们混合在一起。这是因为甲醛在碱性条件下才具有还原能力,再就是甲醛与碱长期共存,会有下列反应发生:

$$2HCHO + NaOH \longrightarrow HCOONa + CH_3OH$$

$$HCOONa + NaOH \longrightarrow Na_2CO_3 + H_2$$

引起镀液稳定性降低和甲醛消耗。

化学镀铜液配制时发生如下反应:

$$CuSO_4 + 2NaOH \longrightarrow Cu(OH)_2 + Na_2SO_4$$

$$Cu(OH)_2 + 3C_4H_4O_6^{2-} \longrightarrow [Cu(C_4H_4O_6)_3]^{4-} + 2OH^-$$

镀液使用一段时间后,反应速度变慢,镀层结合力变差。此时,应将溶液进行澄清或进行过滤,然后加入已配制好的补充液,便可重新使用。补充液同样分甲、乙两种溶液,但各成分的含量视消耗而定。

硫酸铜是化学镀铜液中的主盐。镀液中铜离子含量越高,沉积速度越快,当其含量达到一定值时,沉积速度趋于恒定。铜离子含量多少对镀层质量影响不大,因此,其含量可在较宽范围内变化。

酒石酸钾钠是化学镀铜液中的络合剂,用于与铜离子形成络合物,防止 $Cu(OH)_2$ 沉淀生成。同时酒石酸钾钠又是一种缓冲剂,可以维持反应所需的最适宜的 pH 值范围。

氢氧化钠的作用是调节镀液的 pH 值,保持溶液的稳定性,提供甲醛具有较强还原能力的碱性环境。

甲醛是一种强还原剂,在化学镀铜中普遍采用。甲醛的还原能力随 pH 值增高而增强,同时,甲醛的还原能力随甲醛浓度的增加而提高。

为了提高镀液的稳定性,改善镀层外观和韧性,常在镀液中加入二乙基二硫代氨基甲酸钠、2,2-联吡啶等添加剂。但添加量不能过多,否则,由于它在金属表面的吸附量增多,会使镀铜速度降低。另外,镀液中加入金属离子也会对化学镀过程产生影响,如钙离子可以提高沉积速度;镍离子降低沉积速度,但可提高镀层的结合力;锑和铋离子使沉积速度降低,但可提高镀层的韧性和镀液稳定性。

化学镀铜反应消耗 OH^-,所以随着沉积过程的进行,镀液 pH 值会不断降低;铜层的沉积速度随 pH 值增高而加快,镀层外观也得到改善。因此,化学镀铜溶液的 pH 值不能过低;pH 值在 11 以上,pH 值越高,铜的还原能力越强,沉积速度越快。但是过高的 pH 值会造成镀液自发分解,镀液稳定性降低,副反应加剧,消耗增大,铜层沉积速度不再增加,导致镀液老化、自然分解。所以用甲醛作为催化剂的镀铜液 pH 值宜控制在 12。

化学镀铜过程中,必须严格控制反应温度。若温度过低,易析出硫酸钠,它附着在镀件表面影响铜的沉积,形成针孔,产生绿色斑点。虽然升高温度能增大沉积速度,提高铜层韧性,降低内应力,但生成的 Cu_2O 也多,镀液稳定性下降。因此,化学镀铜工作温度应控制在 15~25℃。

搅拌在化学镀铜过程中是必要的,其目的是:①使镀件表面溶液浓度尽可能同槽内部的浓度一致,维持正常的沉积速度;②排除停留在镀件表面的气泡;③使 Cu^+ 氧化成 Cu^{2+},抑制 Cu_2O 生成,使镀液稳定性得到改善。搅拌方式可采用机械搅拌和空气搅拌。

3) 化学镀铜的应用

化学镀铜的镀层厚度一般为 0.1~0.5mm,其导电性、导热性和延展性均很好,主要用于非导体材料的金属化处理、印刷线路板和集成电路的导电镀层及各种镀覆技术的底层。迄今为止,化学镀铜最重要的工业应用是印制电路板制造中的通孔镀工序。20 世纪 50 年代以前,在电路板上安装电子元件或者双面板电路的互联只能依靠铜制的空心铆钉。由于印制电路板基材为电绝缘体,所以不能直接通孔电镀。而化学镀铜无电场分布问题,能使非导体的孔壁上和导线上生成厚度均匀的镀铜层,极大地提高了印制电路的可靠性。

3.5.4 化学镀其他金属

1) 化学镀钴

钴的化学还原能力低于镍,在以次磷酸盐为还原剂的酸性化学镀钴液中,钴的沉积速度非常缓慢,甚至有时得不到钴的化学镀层。只有在碱性镀液中,钴的沉积速率才较高,才能获得钴的镀层。

目前,化学镀钴层主要应用于电子、信息、计算机、通信等行业中作为记忆储存元件、非晶态薄膜等。化学镀钴层有优良的磁性能,在飞速发展的信息产业中磁记录、磁光记录应用越来越多。

2) 化学镀铁

与镍、钴、铜相比,铁的催化能力很低,沉积作用很弱,很难直接获得化学镀铁层。只有在金属偶电接触引发的条件下,才能获得铁的镀覆层。

化学镀铁层具有优良的力学性能、较高的磁导率和饱和磁化强度,在航空、航天、电子、医疗等行业得到了广泛的应用。

3.6 复合电镀

随着航空、电子、海洋、化工、冶金及原子能等工业的发展,现有的单一材料已难以满足某些特殊的要求,迫切需要各种各样的新型结构材料与功能材料,因此,以各种形式组合成的复合材料得到了很大发展,目前已成为材料科学中的一个非常重要的组成部分。

复合电镀就是在电解质溶液中加入一种或数种不溶性固体颗粒(如氧化物、碳化物、硼化物、氮化物等),在金属离子被还原的同时,将不溶性的固体颗粒均匀地夹杂到金属镀层中的过程,也称为分散镀或弥散镀。复合镀层是一类以基质金属(被沉积金属)为均匀连续相,以不溶性固体颗粒为分散相的金属基复合材料。颗粒弥散复合镀层的用途为:①提高金属或合金耐磨蚀、耐磨损和抗蠕变的性能(Ni-SiC,Pb-TiO$_2$);②提高抗蚀性,例如钢制品镍复合镀层(Ni-Al$_2$O$_3$);③作为干性自润滑复合镀层(Ni-MoS$_2$);④提高高温强度(Ni-Cr 粉)等。

复合镀层的基本成分有两类:一类是基体金属。基体金属是均匀的连续相;另一类为不溶性固体颗粒,它们通常是不连续地分散于基体金属之中,组成一个不连续相。所以,复合镀层属于金属基复合材料,从而使镀层具有基体金属和固体颗粒两类物质的综合性能。复合电镀的主要特点如下。

(1)具有一般电镀优点。可采用一般的单金属或合金镀种,同样易于实施和控制,并且复合电镀的设备投资少,操作比较简单,生产费用低,能源消耗少,原材料利用率高,故采用复合电镀方法制备复合材料是一个比较方便而且经济的方法。

(2)在同一基质金属的复合镀层中,微粒的品种、大小和含量可以在较宽范围内调整,即复合电镀技术可以使材料在基体金属不发生任何变化的情况下改变和调节材料的力学、物理和化学性能,从而使材料的应用更具多样性,扩大了材料使用范围。

(3)扩展了复合材料的品种和性能。凡能稳定存在于镀液中的固体微粒都可成为复合镀层的分散相;复合镀层基质金属和分散微粒间具有清晰的相界面,且易保持它们各自特性,又能维持复合镀层典型的综合性能。

(4)复合电镀可以获得普通电镀得不到的镀层及性能。如将铬粉在铁镍合金镀液中制得的(Fe-Ni)-Cr 复合镀层进行热处理,可得无裂纹的 Fe-Ni-Cr 三元合金不锈钢镀层。

(5)在复合电镀中,基质金属与夹杂物之间基本上不发生相互作用,而保持它们各自的特性。但是,如果人们需要复合电镀中的基质金属与固体颗粒之间发生相互扩散,则可以在复合电镀后进行相应的热处理,从而使它们获得新的性质。故复合电镀在一定程度上增强了人们控制材料各方面性能的主动权。

3.6.1 复合镀层的结构与特性

复合镀层是金属连续相和固体微粒分散相的机械混合体,其性能是两类材料结构组织和性能的综合体现。固体微粒细微时(如粒径小于 0.5μm),镀层细密,微粒会阻碍基质金属位错的移动和晶格的畸变,属微粒弥散增强镀层。实际复合镀层中微粒粒径多在 0.1~15μm 之间,多为功能性微粒弥散复合镀层。

理论分析表明,复合镀层中微粒含量为 30%~50%(体积分数)时,强度可达最大值。一般随着复合镀层中微粒含量的增加,硬度增大(软质微粒则可降低),塑性降低。通常将复合镀层中的微粒含量维持在 2%~10%(体积分数)范围内。

3.6.2 复合镀层形成规律

复合镀层是近 20 年发展起来的新工艺,还未形成完善的理论体系,关键是还未形成统一的复合沉积机理和理论模型。对其公认的规律简述如下。

1) 复合电镀的基本条件

复合电镀除要求具备一般电镀条件外,对复合微粒性能的要求有以下几点。

(1) 悬浮。复合镀时要适当进行搅拌,这不仅是保持微粒均匀悬浮的必要措施,而且是使粒子高效输送到阴极表面并与阴极碰撞的必要条件,以保证获得微粒均匀弥散的复合镀层。

(2) 微粒大小。在复合电镀溶液中,微粒太细易团结块,难以均匀悬浮;微粒过粗,易于沉淀,且不易被沉积金属包覆,导致镀层粗糙。通常镀液中加入的固体微粒粒径控制在 0.01~40μm 之间,对粒径大于 40μm 的固体颗粒(或长纤维),可采用人工布粒(或布线)的方法进行特殊复合电沉积。

(3) 微粒性质。微粒在镀液中应有良好的化学稳定性,不溶、不污染镀液,既不会发生任何化学反应,也不会造成镀液分解。

(4) 微粒表面状态。微粒在镀液中的表面润湿性、表面电性能及与电极和基质金属的亲合性,直接影响了微粒进入镀层的能力。除了入槽前必要的清洗和润湿等预处理外,还应有针对性地选用表面活性剂使固体微粒亲水;酌情在镀液中加入一定量的阳离子表面活性剂,使其表面带正电荷,利于向阴极迁移和被阴极表面俘获。

(5) 复合镀前要进行表面预处理,使固体微粒亲水及使其表面带正电荷,有利于向阴极迁移。

2) 复合电沉积的基本规律

大量的实践研究表明,微粒与金属离子共沉积过程包括三个步骤。

第一步:悬浮于镀液中的微粒,由镀液深处向阴极表面附近输送。其主要动力是搅拌形成的动力场,并取决于镀液的搅拌方式、强度,以及阴极的形状、排布状况。

第二步:微粒黏附于阴极表面上。凡是影响微粒与电极间作用力的各种因素,均对这种吸附有影响。此步骤动力学因素复杂,与微粒、电极基质金属、镀液、添加剂和电镀操作条件等因素有关。

第三步:微粒被阴极上析出的基质金属牢固嵌入。吸附在阴极上的微粒,必须停留超过一定时间(极限时间)才有可能被电沉积的金属俘获。因此,这个步骤除与微粒的附着力有关外,还与流动的镀液对吸附于阴极上的微粒的冲击作用以及金属电沉积的速度等因素有关。

目前,关于第二步的实质和机理尚无完善的理论解释。有的认为,表面呈有效正电荷密度分布的微粒在电场力等作用下,到达阴极表面,并伴随金属离子还原沉积,经历了弱吸附、强吸附和被不断增厚的金属镀层捕获等过程。其中弱吸附的微粒很易被电沉积的基质金属压出,或被流体所冲走,只有部分有利的强吸附微粒易被俘入镀层。因而,复合电镀液的微粒浓度虽大,镀层的微粒含量并不高。复合电镀一般表现为强吸附的慢控制步骤,目前的研究尚不能很好解释所有现象。

3.6.3 复合镀层质量的影响因素

复合镀层生成的基本条件是被沉积金属和微粒的协同沉积,它决定了镀层的质量。微粒复合量的增加,可突出镀层的特殊性质,如硬度、耐磨性、耐腐蚀性和润湿性等。其影响因素有:①微粒表面有效电荷密度为正且大时,一般有利于提高镀层微粒含量;②一般 $0.1\sim10\mu m$ 的微粒被阴极俘获的概率高;③球形微粒更难被阴极捕获,在极限值内微粒浓度增大,镀层微粒含量有所提高;④微粒共沉积量随阴极电流密度提高有先升后缓降的趋势;⑤适当强度的搅拌既有利于微粒均匀进入镀层,又不至于冲刷掉已吸附的微粒;⑥镀液类型及品种、添加剂、pH 值、温度、极化性和表面微观电流分布同样影响复合镀层的质量和微粒的复合量。

3.6.4 复合镀层的应用

复合镀层开发应用较多的主要有镍基、锌基、铜基和银基等复合镀层体系,其中许多性能优异的复合镀液已商品化。复合镀层按用途可分为装饰-防护性复合镀层、功能性复合镀层及用作结构材料的复合镀层三大类。

(1) 装饰-防护性复合镀层

此类镀层在工业生产中已大规模应用。例如,极大提高了耐蚀性能的微孔铬镀层,其底层为镍封闭的薄层复合电镀层($Ni-SiO_2$、$Ni-BaSO_4$、Ni-高岭土等),表面镀铬时不导电的微粒就形成了铬镀层的微孔,而独具耗散腐蚀电流的特性。近年来飞速发展的缎面镍就是分别含有高岭土、玻璃粉、滑石粉或 $BaSO_4$、Al_2O_3 等的镍基复合镀层,具有结晶细致、孔隙少、内应力低、耐蚀性好和外观柔和舒适等优点;而用 TiO_2、SiO_2 或铝粉等的锌基复合镀层代替钢铁表面的普通锌镀层,能经济地使其耐蚀性提高 2~5 倍,外观得到改善。

(2) 功能性复合镀层

功能性复合镀层利用镀层的各种力学、物理和化学性能,例如耐磨、导电等,来满足各种实用场合的需要,在生产和科研中应用很广泛,有镍-金刚石、镍-金刚砂、铜-刚玉等耐磨且坚硬的复合镀层,镍-硫化钼、铜-石墨、镍-聚四氟乙烯等低摩擦系数的自润滑镀层;还有 $Ni-SiO_2$、$Ni-Al_2O_3$、$Ni-ZrO_2$、$Ni-MoS_2$ 等具有催化功能,经真空烧结而具光电转换效应的 $Ni-TiO_2$ 和电接触功能的 $Ag-La_2O_3$、$Au-WC$ 等复合镀层。

由于功能复合镀层在工业上有极大的使用价值,国内外已经对其进行了大量研究并取得了良好的应用效果。功能耐磨复合镀层主要使用 SiC、Al_2O_3、ZrO_2、WC、TiC 等固体颗粒与Ni、Cu、Co、Cr 等基质金属共沉积而成,已经广泛应用的复合镀层磨具(钻头、金刚石滚轮等),就是通过复合电镀法把金刚石、氮化硼等颗粒镶嵌在镀镍层中,从而在很大程度上克服金刚石、氮化硼等颗粒的缺点,保持并发挥了其耐磨的优点。

(3) 用作结构材料的复合镀层

这类镀层常为各种陶瓷粉末、晶须、细纤维与基质金属共沉积,厚度在 1mm 以上的增强型复合镀层。

3.6.5 Ni-Mo-SiC-TiN 复合镀层

Ni-Mo 镀层表现出良好的机械性能和热稳定性，具有替代铬镀层的潜力。SiC 颗粒具有高硬度和抗氧化性，利用电沉积技术制备的 Ni-SiC 复合镀层已被广泛研究并应用于汽车零部件中，有效改善了材料表面的耐磨性。TiN 陶瓷颗粒具有高硬度、高化学稳定性和高热稳定性的特点，与 Ni 镀层相比，TiN 颗粒的加入降低了纯镍镀层的孔隙率并提高了镀层的耐蚀性。在 Ni-Mo 镀层中同时引入 SiC、TiN 两种硬质纳米颗粒，发现不同的纳米颗粒可以促进彼此和基体金属的共沉积，从而使制备的纳米复合涂层具有更细的晶粒和更密集的结构。在共沉积过程中，带电离子吸附在纳米颗粒上在电场力的作用下向阴极迁移，在阴极表面放电成核生长并将颗粒埋入镀层内。

纳米颗粒作为形核质点抑制了 Ni 晶体的生长从而导致晶粒细化，使镀层更加均匀和紧密。如图 3-7 所示，弥散分布的纳米颗粒为镍的结晶增加了很多形核点，通过诱发"异质形核"和"动态的二次结晶"，提高了 Ni 晶的形核率。同时对择优方向上生长产生了抑制作用。根据 Hall-Petch 方程，晶粒尺寸与显微硬度成反比，因此，纳米颗粒的加入显著提高了镀层硬度。涂层中颗粒越多，均匀分散的颗粒之间的平均距离 λ 越小。位错线不易绕过颗粒，从而增强了复合镀层的显微硬度。并且均匀分布的纳米颗粒在磨损过程中起着承载作用，减少了对基体膜层的损伤。

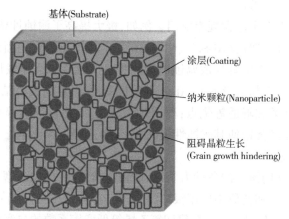

图 3-7 纳米复合镀层中的晶粒细化机理

纳米颗粒在改善腐蚀行为中起着主要作用。首先，SiC 和 TiN 颗粒作为物理屏障，均匀分布的颗粒可以有效地减少接触金属镀层在腐蚀环境中的反应，从而抑制腐蚀，对腐蚀介质的隔离和阻碍起着积极的作用。其次，由于颗粒的小尺寸效应会在镀层中占据一些裂纹缝隙等缺陷位置，从而减少复合镀层中的孔隙，提高致密度，腐蚀液难以直接进入到镀层内部。颗粒的存在还可以有效防止腐蚀孔洞的进一步膨胀。此外，电化学机理是影响镀层耐蚀性的另一个因素。SiC 和 TiN 颗粒比 Ni 基体的电化学势更趋于正向，在腐蚀过程中纳米颗粒和基质之间的界面处形成的微原蓄电池影响镀层的腐蚀行为，这种腐蚀微蓄电池促进了阳极极化。因此，在两种颗粒的存在下局部腐蚀受到抑制，主要发生均匀腐蚀。

在脉冲电沉积过程中，Ni 与 Mo 的柠檬酸盐络合物的水合离子由于对流或电场的影响向阴极表面迁移并通过 Nernst 扩散层(δN),随后,进入扩散层的离子由于存在更高的电场而失去水合壳层,离子被电子转移中和并吸附在阴极表面,随后吸附的离子在生长点上游荡后被并入晶格。在此过程中发生如下反应:

$$MoO_4^{2-} + 2H_2O + 2e \longrightarrow MoO_2 + 4OH^-$$

$$NiCit^- + MoO_2 \longrightarrow [NiCitMoO_2]_{ads}^-$$

$$[NiCitMoO_2]_{ads}^- + 2H_2O + 4e \longrightarrow Mo + NiCit^- + 4OH^-$$

Guglielmi 共沉积模型指出,悬浮在电解质中的非导电纳米颗粒必须通过两个连续步骤吸附。第一步,在电场力的作用下,带电粒子向阴极移动并在阴极外侧形成弱吸附,这一过程为可逆的物理吸附。第二步,受界面电场影响,带电粒子脱去表面离子,阳离子在电极表面放电并成核和生长,颗粒与电极直接接触发生不可逆的强吸附,最终被生长的金属埋入镀层中。Celis 共沉积模型包括一个综合考虑流体力学和界面电场因素的五步机制。为了更好地描述脉冲共沉积中颗粒的掺入,徐义库等人基于上述两个模型,获得了一个改进的五步模型,如图 3-8 所示。这些步骤包括:①金属离子在颗粒表面上形成吸附层;②带电颗粒通过对流和扩散穿过扩散层,并到达双电层的边界;③带电颗粒吸附在阴极上;④阳离子在电极或颗粒表面上扩散和放电;⑤随着基质的成核和生长,纳米颗粒被掩埋在涂层中。在嵌入阶段,Ni^+ 在颗粒/阴极界面处减少,直到颗粒的整个表面被 Ni 原子覆盖。

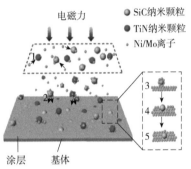

图 3-8 电沉积过程模型

在复合电沉积过程中,已知以 $Ni[(H_2O)_6]^{2+}$ 形式存在的硫酸镍电解质中的 Ni^{2+} 具有优异的稳定性,一旦添加硬质陶瓷颗粒作为第二相颗粒,金属离子就可以以两种不同的方式到达阴极,即金属离子通过对流或传质直接到达阴极,或与颗粒一起到达阴极。因此,颗粒的电导率会影响共沉积。导电性差的颗粒逐渐被金属嵌入,而对于导电性好的颗粒,基质金属将在颗粒表面快速生长并包围它们。具有高导电性的 TiN 颗粒可以在沉积过程中快速嵌入金属基体,这增加了金属离子在阴极上的放电和还原的有效面积。

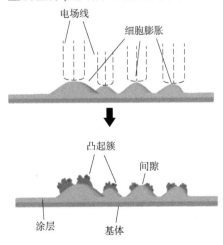

图 3-9 突起簇和间隙结构的形成

由于电导率的差异,SiC 和 TiN 纳米颗粒的掺入会导致涂层中形成突出的簇。该机制如图 3-9 所示。在表面相对平坦且实际电流密度等于平均值的前提下,由于相同的生长速率,粒子均匀生长。否则,在阴极表面上就会产生导电颗粒的突起,其作为导电性能好的位置,必然会导致沉积速率的不均匀。离子的还原反应导致镍原子在这些突起位置成核,并继续优先生长,从而形成凸起的簇结构。此外,这些突起在电场中具有相同的电荷,它们之间的排斥力确保了垂直生长,然后形成大的突起簇。

SiC 和 TiN 纳米颗粒在 Ni-Mo 镀层中产生了协同效应。由于两种颗粒电导率的差异,高电导率的 TiN

颗粒在沉积过程中可以迅速嵌入金属基体中,增加了金属离子在阴极上的放电和还原的有效面积。而作为半导体颗粒的 SiC 在沉积过程中到达阴极表面并随着金属离子放电还原被包埋在镀层中。在多种纳米颗粒混合的混合电解质中,导电颗粒的存在增强了非导电颗粒的共沉积。因此,TiN 作为一种具有良好导电性的颗粒,可以有效地提高 SiC 的性能,从而促进 Ni-Mo 复合涂层的共沉积。

第4章 金属表面的化学处理

金属表面的化学处理是利用化学或电化学手段,使金属表面形成稳定的化合物膜层的方法。这种经过化学处理生成的膜层称为化学转化膜,在所有金属表面几乎都可以生成。在工业上金属表面的化学处理应用较为广泛的是钢铁表面的氧化处理、有色金属的化学氧化、轻合金的阳极氧化和微弧氧化,以及金属的磷化处理和铬酸盐处理。本章将分别扼要介绍这些化学处理方法。

【教学目标与要求】
(1) 理解金属表面化学处理的基本原理与分类;
(2) 掌握技术表面化学处理工艺的影响因素及其应用;
(3) 能针对不同的实际应用场景选择恰当的表面化学处理工艺方法,设计相关试验。

【导入案例】

厨房"小卫士"背后的金属防护魔法

在一个普通家庭的厨房里,各种金属厨具琳琅满目。其中,不锈钢菜刀是烹饪美食的得力助手。菜刀每天都要与各种食材亲密接触,无论是坚韧的肉类,还是硬邦邦的根茎蔬菜,都在它的刃下乖乖就范。然而,厨房的环境对于金属制品来说并不友好。潮湿的水汽、残留的食物汤汁以及各种调味料的侵蚀,都在时刻威胁着菜刀的"健康"。如果不加以妥善处理,菜刀很容易生锈、变钝,影响使用效果。菜刀使用很长时间,却依然锋利如初,表面也没有出现生锈的迹象。原来,在菜刀的制造过程中,厂家采用了一种金属表面化学处理技术。菜刀的金属表面经过了特殊的钝化处理。通过在金属表面形成一层致密的钝化膜,这层膜主要由金属氧化物和氢氧化物组成,它如同一个坚固的盾牌,有效地隔绝了空气和水分与金属基体的接触。即使在厨房潮湿且充满各种化学物质的环境中,这层钝化膜也能阻止氧气和水分子渗透到金属内部,防止金属发生氧化反应而生锈。同时,这种钝化处理还在一定程度上提高了菜刀表面的硬度和耐磨性。当菜刀与砧板或者食材摩擦时,钝化膜能够承受一定的磨损,保护金属基体不被轻易划伤或损坏,从而保持了菜刀的锋利度,让人们在厨房中能够轻松地切出各种精美的菜肴,为家庭的美食生活保驾护航。

4.1 化学转化膜

化学转化膜表面处理技术是一个液-固化学反应过程,反应过程使金属表面无机盐化,基体材料提供反应的阳离子,溶液提供反应的阴离子和部分沉积层的阳离子,这些致密的基体金属上的无机盐沉积层赋予表面的防护性、着色装饰性、减摩或耐磨性、绝缘性、高涂装性、润滑等性能。

金属转化膜技术是表面工程技术中重要的分支之一,在金属的表面处理中已经广泛应用,例如钢铁的氧化与磷化、铝合金的阳极氧化、锌的铬酸盐钝化等。

4.1.1 化学转化膜的形成过程和基本方式

1) 化学转化膜的形成过程

化学转化膜的形成过程,其实质上是一种人为控制的金属表面腐蚀过程。进一步说,它是金属与特定的腐蚀液接触而在一定条件下发生化学反应,由于浓差极化和阴极极化作用等使金属表面生成一层附着力良好的、能保护金属不易受水和其他腐蚀介质影响的化合物膜。由于化学转化膜是金属基体直接参与成膜反应的,因而膜与基体的结合力比电镀层和化学镀层这些外加膜层大得多。成膜的典型反应可用下式表示:

$$m\text{M} + n\text{A}^{z-} \longrightarrow \text{M}_m\text{A}_n + nze^- \tag{4-1}$$

式中:M——参加反应的金属或镀层金属;
　　　A——介质中的阴离子。

转化膜不同于电镀、化学镀等覆层技术,它的生成必须有基体金属的直接参与,与介质中的阴离子反应生成自身转化的产物。因此,转化膜与基体金属结合强度较高。但转化膜很薄,其防腐蚀能力较电镀层和化学镀层要差得多,一般都需要补充防护措施。

化学转化膜应具有良好的耐蚀性,这要求膜的组成和结晶组织,对外界温度变化和腐蚀性离子的侵蚀等具有足够的稳定性,并且结晶组织十分致密,阻止腐蚀性溶液到达金属表面。

2) 化学转化膜形成的基本方式

(1) 成膜型处理剂方式:在处理液与基材金属之间,虽然发生某种程度的溶解现象,但主要是依靠处理液本身含有的重金属离子的成膜作用。

(2) 非成膜型处理剂方式:在不含重金属离子的处理液中,基体金属与阴离子反应生成化学转化膜。

4.1.2 化学转化膜的分类和用途

1) 化学转化膜的分类

化学转化膜几乎在所有金属表面都能够生成,根据形成过程和特点表面转化膜有多种分类方法。

按表面转化过程中是否存在外加电流,分为化学转化膜与电化学转化膜两类,后者常称为阳极转化膜。

按膜的主要组成类型,分为氧化物膜、铬酸盐膜、磷酸盐膜及草酸盐膜等。

按界面反应类型可分为转化膜和伪转化膜两类。前者指由基体金属溶解的重金属离子与化学处理液中阴离子反应生成的转化膜,后者指主要依靠化学处理液中的重金属离子通过二次反应的成膜作用所生成的转化膜。

在生产实际中通常按基体金属种类的不同,分为钢铁转化膜、铝材转化膜、锌材转化膜、铜材转化膜及镁材转化膜等。

通常是根据形成膜时采用的介质来分类,可将转化膜分为以下几类。

(1)氧化物膜。氧化物膜是金属在含有氧化剂的溶液中形成的膜,其成膜过程称为氧化。

(2)磷酸盐膜。磷酸盐膜是金属在磷酸盐溶液中形成的膜,其成膜过程称为磷化。

(3)铬酸盐膜。铬酸盐膜是金属在含有铬酸或铬酸盐的溶液中形成的膜,其成膜过程习惯上称为钝化。

(4)金属着色膜。金属着色膜是指采用不同方法在金属表面获得一定色彩的膜。

2)化学转化膜的用途

(1)防锈、耐蚀。化学转化膜能在一定程度上提高金属表面的防锈、耐蚀性,通常要与其他防护层联合使用,防腐蚀型的转化膜主要用以下两种情况:

①对部件有一般的防锈要求,如涂防锈油等,转化膜作为底层,很薄时即可应用。

②对部件有较高的耐蚀要求,部件不受挠曲、冲击等外力作用,转化膜要求均匀致密,且以厚者为佳。

(2)涂装底层作用主要有两方面:

①作为中间层,提高涂层与基体的附着力;

②阻止腐蚀介质透过涂层局部损坏处向基体金属侵蚀。

(3)化学转化膜的耐磨性主要通过磷酸盐膜实现的,因其具有低的摩擦因数和良好的吸油缓冲作用而减小磨损。耐磨型化学转化膜广泛应用于金属与金属面互相摩擦的部位。铝的硬质阳极氧化膜,其耐磨性与电镀硬铬相当。金属上的磷酸盐膜层有很小的摩擦因数,因此,减少了金属间的摩擦力,同时,这种磷酸盐膜层还具有良好的吸油作用,在金属接触面产生一层缓冲层,从化学和机械两方面保护了基体,从而减少磨损。

(4)冷变形加工在钢管、钢丝等工件在冷挤出、深拉延等之前形成磷酸盐膜,加工时可降低拉拔力,延长拉拔模具寿命和减少拉拔次数。

(5)某些特殊应用:一些化学转化膜具有电绝缘性、光的吸收性或反射性、绝热性等,例如磷酸盐膜用作硅钢片的绝缘层。

(6)表面装饰:靠化学转化膜的美丽外观或良好的着色性能而广泛用于建筑、机械、仪器仪表和工艺美术等领域,如铝及铝合金制品经过阳极氧化处理后可以染上各种颜色。

(7)由于化学转化膜具有较高的电阻,而且使较活泼的金属电位正移,因此在异金属补件接触时,经过化学转化膜的部件之间的电偶腐蚀问题可以大大减少。

4.2 氧化处理

4.2.1 钢铁的化学氧化

钢铁的化学氧化是指钢铁在含有氧化剂的碱性溶液中进行处理,使其表面生成一层保护性氧化膜的过程。

氧化膜主要由磁性氧化铁(Fe_3O_4)组成,膜厚一般为 $0.5\sim1.5\mu m$,最厚可达 $2.5\mu m$。依据钢铁的成分、表面状态和氧化操作条件不同,氧化膜的颜色呈灰黑、深蓝或蓝黑色,故称发蓝或发黑。根据处理温度的高低,钢铁的化学氧化可分为高温化学氧化和常温化学氧化。

这两种方法所用的处理液成分不同,膜的组成不同,成膜机理不同。

1) 钢铁的高温化学氧化(碱性化学氧化)

高温化学氧化是传统的发黑方法,采用含有亚硝酸钠的浓碱性处理液,在140℃左右的温度下处理15~90min。高温化学氧化得到的是以磁性氧化铁(Fe_3O_4)为主的氧化膜,膜厚一般只有0.5~1.5μm,最厚可达2.5μm,氧化膜具有较好的吸附性。将氧化膜浸油或做其他后处理,其耐蚀性可大大提高。由于高温化学氧化膜很薄,对零件的尺寸和精度几乎没有影响,因此,在精密仪器、光学仪器、武器及机器制造业中得到了广泛应用。

钢铁零件的高温氧化处理工艺流程为:碱性化学除油→热水洗→冷水洗→酸洗→冷水洗两次→氧化处理→回收→温水洗→冷水洗→浸肥皂水或重铬酸钾溶液填充→干燥→浸油。

(1) 钢铁高温氧化的机理:钢铁在含有氧化剂的碱性溶液中的氧化处理是一种化学和电化学过程。

① 化学反应机理。钢铁浸入溶液后,在氧化剂和碱的作用下,表面生成Fe_3O_4氧化膜,该过程包括以下三个阶段:

钢铁表面在热碱溶液和氧化剂(亚硝酸钠等)的作用下生成亚铁酸钠,反应式为:

$$3Fe + NaNO_2 + 5NaOH \longrightarrow 3Na_2FeO_2 + H_2O + NH_3 \uparrow \quad (4-2)$$

亚铁酸钠进一步与溶液中的氧化剂反应生成铁酸钠,反应式为:

$$6Na_2FeO_2 + NaNO_2 + 5H_2O \longrightarrow 3Na_2Fe_2O_4 + 7NaOH + NH_3 \uparrow \quad (4-3)$$

铁酸钠($Na_2Fe_2O_4$)与亚铁酸钠(Na_2FeO_2)相互作用生成磁性氧化铁,反应式为:

$$Na_2Fe_2O_4 + Na_2FeO_2 + 2H_2O \longrightarrow Fe_3O_4 + 4NaOH \quad (4-4)$$

在钢铁表面附近生成的Fe_3O_4,其在浓碱性溶液中的溶解度极小,很快就从溶液中结晶析出,并在钢铁表面形成晶核,而后晶核逐渐长大形成一层连续致密的黑色氧化膜。

在生成Fe_3O_4的同时,部分铁酸钠可能发生水解而生成氧化铁的水合物,反应式为:

$$Na_2Fe_2O_4 + (m+1)H_2O \longrightarrow Fe_2O_3 \cdot mH_2O + 2NaOH \quad (4-5)$$

含水氧化铁在较高温度下失去部分水而形成红色沉淀物附在氧化膜表面,成为红色挂灰,或称为红霜,这是钢铁氧化过程中常见的问题,应尽量避免。

② 电化学反应机理。钢铁浸入电解质溶液后即在表面形成无数的微蓄电池,在微阳极区发生铁的溶解,反应式为:

$$Fe \longrightarrow Fe^{2+} + 2e^- \quad (4-6)$$

在强碱性介质中有氧化剂存在的条件下,二价铁离子转化为三价铁的氢氧化物,反应式为:

$$6Fe^{2+} + NO_2^- + 11OH^- \longrightarrow 6FeOOH + H_2O + NH_3 \uparrow \quad (4-7)$$

与此同时,在微阴极上氢氧化物被还原,反应式为:

$$FeOOH + e^- \longrightarrow HFeO_2^- \quad (4-8)$$

随之,相互作用,并脱水生成磁性氧化铁,反应式为:

$$2FeOOH + HFeO_2^- \longrightarrow Fe_3O_4 + OH^- + H_2O \quad (4-9)$$

③ 氧化膜的成长。上面讨论了氧化膜的形成过程,氧化膜实际成长时,由于Fe_3O_4在金属表面上成核和长大的速度不同,氧化膜的质量也不同。氧化物的结晶形态符合一般结晶

理论,四氧化三铁晶核能够长大必须符合总自由能减小的规律,否则,晶核就会重新溶解。Fe_3O_4 在各种饱和浓度下都有自己的临界晶核尺寸。Fe_3O_4 的过饱和度越大,临界晶核尺寸越小,能长大的晶核数目越多,晶核长大成晶粒并很快彼此相遇,从而形成的氧化膜比较细致,但厚度比较薄;反之,Fe_3O_4 的过饱和度越小,则临界晶核尺寸越大,单位面积上晶粒数目越少,氧化膜结晶粗大,但膜比较厚。因此,所有能够加速形成 Fe_3O_4 的因素都会使膜厚减小,而能减缓四氧化三铁形成速度的因素能使膜增厚,故适当控制 Fe_3O_4 的生成速度是钢铁化学氧化反应的关键。

(2)钢铁高温氧化工艺。钢铁高温氧化工艺有单槽法和双槽法两种工艺,见表 4-1。单槽法操作简单,使用广泛,其中配方 1 为通用氧化液,操作方便,膜层美观光亮,但膜较薄;配方 2 氧化速度快,膜层致密,但光亮度稍差。双槽法是钢铁在两个质量浓度和工艺条件不同的氧化溶液中进行两次氧化处理,此方法得到的氧化膜较厚,耐蚀性较高,而且还能消除金属表面的红霜。由配方 3 可获得保护性能好的蓝黑色光亮的氧化膜,由配方 4 可获得较厚的黑色氧化膜。

钢铁高温氧化工艺规范　　　　表 4-1

项目		单槽法		双槽法			
		配方 1	配方 2	配方 3		配方 4	
				第一槽	第二槽	第一槽	第二槽
氧化液组成的质量浓度(g/L)	氢氧化钠	550~650	600~700	500~600	700~800	550~650	700~800
	亚硝酸钠	150~200	220~250	100~150	150~200		
	重铬酸钾		25~32				
	硝酸钠					100~150	150~200
工艺参数	温度(℃)	135~145	130~135	135~140	145~152	130~135	140~150
	时间(min)	15~60	15	10~20	45~60	15~20	30~60

①氢氧化钠。提高氢氧化钠的质量浓度,氧化膜的厚度稍有增加,但容易出现疏松等缺陷,甚至产生红色挂灰;质量浓度过低时,氧化膜较薄,产生花斑,防护能力差。

②氧化剂。提高氧化剂的质量浓度,可以加快氧化速度,使膜层致密、牢固。氧化剂的质量浓度低时,得到的氧化膜厚而疏松。

③温度。提高溶液温度,生成的氧化膜层薄,且易生成红色挂灰,导致氧化膜的质量降低。

④铁离子含量。氧化溶液中必须含有一定的铁离子才能使膜层致密,结合牢固。铁离子浓度过高,氧化速度降低,钢铁表面易出现红色挂灰。对铁离子含量过高的氧化溶液,可用稀释沉淀的方法,将以 Na_2FeO_2 形式存在的铁变成 $Fe(OH)_3$ 的沉淀去除,然后加热浓缩此溶液,待沸点升至工艺范围,便可使用。

⑤钢铁中碳含量。钢铁中碳含量增加,组织中的 Fe_3C 增多,即阴极表面增加,阳极铁的溶解过程加剧,促使氧化膜生成速度加快,故在同样温度下氧化,高碳钢所得到的氧化膜一定比低碳钢的薄。

钢铁发黑后,经热水清洗、干燥后,在 105~110℃ 下的 L-AN32 全损耗系统用油、锭子油或变压器油中浸3~5min,以提高耐蚀性。

2) 钢铁常温化学氧化(酸性化学氧化)

钢铁常温化学氧化一般称为钢铁常温发黑,这是20世纪80年代以来迅速发展的新技术。与高温发黑相比,常温发黑具有节能、高效、操作简便、成本较低、环境污染小等优点。常温发黑得到的表面膜主要成分是CuSe,其功能与Fe_3O_4膜相似。

(1) 钢铁常温发黑机理的研究到目前为止尚不够成熟,下面简单介绍一些观点。

多数人认为,当钢钉浸入发黑液中时,钢铁件表面的Fe置换了溶液中的Cu^{2+},铜覆盖在工件表面,即:

$$CuSO_4 + Fe \longrightarrow FeSO_4 + Cu \downarrow \tag{4-10}$$

覆盖在工件表面的金属铜进一步与亚硒酸反应,生成黑色的硒化铜表面膜,即:

$$3Cu + 3H_2SeO_3 \longrightarrow 2CuSeO_3 + CuSe \downarrow + 3H_2O \tag{4-11}$$

也有人认为,除上述机理外,钢铁表面还可以与亚硒酸发生氧化还原反应,生成的Se^{2+}与溶液中的Cu^{2+}结合生成CuSe黑色膜,即:

$$H_2SeO_3 + 3Fe + 4H^+ \longrightarrow 3Fe^{2+} + Se^{2-} + 3H_2O \tag{4-12}$$

$$Cu^{2+} + Se^{2-} \longrightarrow CuSe \downarrow \tag{4-13}$$

尽管目前对发黑机理的认识尚不完全一致,但是黑色表面膜的成分经各种表面分析被一致认为主要是CuSe。

(2) 钢铁常温发黑。表4-2是钢铁常温发黑工艺规范。常温发黑操作简单,速度快,完成钢铁常温发黑工艺通常需要2~10min,是一种非常有前途的新技术。目前该技术还存在发黑液不够稳定、膜层结合力稍差等问题。常温发黑膜用脱水缓蚀剂、石蜡封闭,可大大提高其耐蚀性。

钢铁常温发黑工艺规范　　　　　　表4-2

项目		配方1	配方2
发黑液组成的质量浓度(g/L)	硫酸铜	1~3	2.0~2.5
	亚硒酸	2~3	2.5~3.0
	磷酸	2~4	
	有机酸	1.0~1.5	
	十二烷基硫酸钠	0.1~0.3	
	复合添加剂	10~15	
	氯化钠		0.8~1.0
	对苯二酚		0.1~0.3
pH值		2~3	1~2

常温发黑液主要由成膜剂、pH缓冲剂、络合剂、表面润湿剂等组成。这些物质的正确选用和适当的配比是保证常温发黑质量的关键。

① 成膜剂。在常温发黑液中,最主要的成膜物质是铜盐和亚硒酸,它们最终在钢铁表面生成黑色CuSe膜。在含磷发黑液中,磷酸盐也可参与生成磷化膜,可称为辅助成膜剂。辅助成膜剂的存在往往可以改善发黑膜的耐蚀性和附着力等性能。

②pH值缓冲剂。常温发黑一般将pH值控制在2~3。若pH值过低,则反应速度太快,膜层疏松,附着力和耐蚀性下降;若pH值过高,反应速度缓慢,膜层太薄,且溶液稳定性下降,易产生沉淀。在发黑处理过程中,随着反应的进行,溶液中的H^+不断消耗,pH值将升高。加入缓冲剂的目的就是维持发黑液的pH值在使用过程中的稳定性。磷酸-磷酸二盐是常用的缓冲剂。

③络合剂。常温发黑液中的络合剂主要用来络合溶液的Fe^{2+}和Cu^{2+},但对这两种离子络合的目的是不同的。

当钢件浸入发黑液中时,在氧化剂和酸的作用下,Fe被氧化成Fe^{2+}进入溶液。溶液中的Fe^{2+}可以被发黑液中的氧化性物质和溶解氧进一步氧化成Fe^{3+}。微量的Fe^{3+}即可与SeO_3^{2-}生成$Fe_2(SeO_3)_3$白色沉淀,使发黑液浑浊失效。若在发黑液中添加如柠檬酸、抗坏血酸等络合剂时,它们会与Fe^{2+}生成稳定的络合物,避免Fe^{2+}的氧化,起到了稳定溶液的作用。因此,这类络合剂也称为溶液稳定剂。另外,表面膜的生成速度对发黑膜的耐蚀性、附着力、致密度等有很大的影响。发黑速度太快会造成膜层疏松,使附着力和耐蚀性下降。因此,为了得到较好的发黑膜,必须控制好反应速度,不要使成膜速度太快。有效降低反应物的浓度,可以使成膜反应速度降低。Cu^{2+}是主要成膜物质,加入柠檬酸、酒石酸钾钠、对苯二酚等能与Cu^{2+}形成络合物的物质,可以有效降低Cu^{2+}的浓度,使成膜时间延长至10min左右。这类络合剂也称为速度调整剂。

④表面润湿剂。表面润湿剂的加入可降低发黑溶液的表面张力,使液体容易在钢铁表面润湿和铺展,这样才能保证得到均匀一致的表面膜。所使用的表面润湿剂均为表面活性剂,常用的有十二烷基磺酸钠、OP-10等。有时也将两种表面活性剂配合使用,效果可能会更好。表面润湿剂的用量一般不大,通常占发黑液总质量的1%左右。

3) 氧化膜的后处理

钢铁工件通过化学氧化处理,得到的氧化膜虽然能提高耐蚀性,但其防护性仍然较差,所以氧化后还需进行皂化处理、浸油或在铬酸盐溶液里进行填充处理。

4.2.2 有色金属的化学氧化

1) 铝及铝合金的化学氧化

铝及铝合金经过化学氧化可得到厚度为0.5~4μm的氧化膜,其特点主要为:氧化膜较薄、膜层多孔、具有良好的吸附性,可作为有机涂层的底层,但其耐磨性和耐蚀性均不如阳极氧化膜好。化学氧化法的特点是设备简单、操作方便、生产率高、不消耗电能、成本低。该方法适用于一些不适合阳极氧化的铝及铝合金制品的表面处理。

铝在pH值为4.45~8.38时均能形成化学氧化膜,但机理尚不清楚,估计与铝在沸水介质中的成膜反应是一致的。铝在沸水中成膜属于电化学的性质,即在局部蓄电池的阳极上发生如下的反应:

$$Al \longrightarrow Al^{3+} + 3e^- \tag{4-14}$$

同时阴极上发生下列反应:

$$3H_2O + 3e^- \longrightarrow 3OH^- + \frac{3}{2}H_2\uparrow \tag{4-15}$$

阴极反应导致金属与溶液界面液相区的碱度提高,于是进一步发生以下反应:

$$Al^{3+} + 3OH^- \longrightarrow AlOOH + H_2O \qquad (4-16)$$

产生在界面液层中的 AlOOH 转化为难溶的 $\gamma\text{-}Al_2O_3 \cdot H_2O$ 晶体并吸附在表面上,形成了氧化膜。

铝及铝合金化学氧化的工艺,按其溶液性质可分为碱性氧化法和酸性氧化法两大类。铝及铝合金的化学氧化工艺规范见表 4-3。按配方 1 得到的氧化膜膜层较软,空隙率高,吸附性好,但耐蚀性差,主要用作有机涂料底层。配方 2 中加入硅酸钠,起缓蚀作用,获得的氧化膜无色、硬度较高、空隙率低、吸附性差、耐蚀性较高。配方 3 得到的氧化膜电阻小、导电性好、耐蚀性较好,但膜很薄、硬度低、不耐磨。由配方 4 得到的氧化膜较薄,韧性好,耐蚀性好,氧化后不必钝化或填充。

铝及铝合金的化学氧化工艺规范 表 4-3

项目		配方 1	配方 2	配方 3	配方 4
溶液组成的质量浓度(g/L)	碳酸钠	40~60	40~50		
	铬酸钠	15~25	10~20		
	氢氧化钠	—			
	硅酸钠		0.6~1		
	铬酐			4~5	1~2
	铁氰化钾			0.5~0.7	
	磷酸				10~15
	氟化钠			1~1.2	3~5
工艺参数	温度(℃)	90~100	90~95	25~35	20~25
	时间(min)	3~5	8~10	0.5~1	8~15
适用范围		纯铝,铝镁、铝锰、铝硅合金	含重金属的铝合金	纯铝 1200 及 3A21、5A03、ZL107、ZL108 等合金	变形铝及其合金、铝铸件

2) 镁合金的化学氧化

镁合金表面上利用化学氧化法可获得膜层厚度为 0.5~3μm 的氧化膜。由于氧化膜薄而软,使用过程中容易损伤,一般用作有机涂料的底层,以提高涂料与基体的结合力和防护性能。

镁合金化学氧化的配方很多,使用时应根据合金材料、零件表面状况及使用要求,选择合适的工艺。部分典型的镁合金的化学氧化工艺规范见表 4-4。

镁合金的化学氧化工艺规范 表 4-4

项目		配方 1	配方 2	配方 3	配方 4
溶液组成的质量浓度(g/L)	重铬酸钾	125~160	40	30~50	15
	铬酐	1~3			
	硫酸铵	2~4			15

续上表

项目		配方1	配方2	配方3	配方4
溶液组成的质量浓度（g/L）	醋酸	10~40		5~8	
	硫酸铬钾		20		
	硫酸铝钾			8~12	
	重铬酸铵				15
	硫酸锰				10
工艺参数	pH值	3~4		2~4	4~5
	温度（℃）	60~80	80~90	温度	90~100
	时间（min）	0.5~2	0.1~1	3~5	10~20
特点		适用于切削加工零件	适用于尺寸精密的电子制件	通用氧化液	黑色氧化

为提高氧化膜的耐蚀性，凡经表4-4中配方1~3氧化处理的镁合金零件应在下述溶液及条件下进行封闭处理：重铬酸钾，40~50g/L；温度，90~98℃；时间，15~20min。

3) 铜及铜合金的化学氧化

铜在含过硫酸盐（$Na_2S_2O_3$）苛性碱溶液中得到的氧化膜，结构主要是氧化铜 CuO。由于溶液中氧化剂浓度和温度的差别，氧化膜中含的 Cu_2O 也不同。氧化铜为主时，其颜色从棕色到黑色；而 Cu_2O 含量较高时，颜色可能是黄、橙、红或紫到棕色。在仪器、仪表和日用品制造上一般要求铜件上的膜呈黑色的装饰外观。铜的氧化膜耐蚀性不高，但也稍具防护作用，称为着色。

铜件着色后如需要部分露出铜基体本色，达到仿古效果，可以用滚光、抛光等方法对局部进行抛磨或滚磨，最后在铜件表面罩上有机防护膜，以保护色泽的持久和光泽。

通过化学氧化的方法，可以在铜及黄铜、青铜等铜合金表面获得各种颜色的膜层，膜层主要成分是 CuO 或 Cu_2O。铜及铜合金表面漂亮的膜层具有很好的装饰功能。铜及铜合金的化学氧化工艺规范见表4-5。

铜及铜合金的化学氧化工艺规范　　　　表4-5

项目		配方1	配方2	配方3
溶液组成的质量浓度（g/L）	硫酸铜	60	60	
	碳酸铜	10		
	氨水		200	
	高锰酸钾		8	7.5
	硫化铵	40		
	氢氧化钾	20		
工艺参数	温度（℃）	35	25	90
	时间（min）	15	8	2
色泽		红~黑	棕黑	棕

4.3 铝及铝合金的阳极氧化

4.3.1 阳极氧化膜的性质和用途

阳极氧化是指在适当的电解液中,以金属作为阳极,在外加电流作用下,使其表面生成氧化膜的方法。通过选用不同类型、不同浓度的电解液,以及控制氧化时的工艺条件,可以获得具有不同性质、厚度在几十至几百微米(铝自然氧化膜层厚 $0.010 \sim 0.015 \mu m$)的阳极氧化膜。下面所述的是铝及铝合金的氧化膜的性质和用途。

1) 氧化膜结构的多孔性

氧化膜具有多孔的蜂窝状结构,膜层的空隙率决定于电解液的类型和氧化的工艺条件。氧化膜的多孔结构,可使膜层对各种有机物、树脂、地蜡、无机物、染料及油漆等表现出良好的吸附能力,可作为涂镀层的底层,也可将氧化膜染成各种不同的颜色,提高金属的装饰效果;为提高氧化膜耐蚀性能,应进行封孔处理。

2) 氧化膜的耐磨性

氧化膜具有很高的硬度,可以提高金属表面的耐磨性。当膜层吸附润滑剂后,能进一步提高其耐磨性。

3) 氧化膜的耐蚀性

氧化膜在大气中很稳定,具有较好的耐蚀性,其耐蚀能力与膜层厚度、组成、空隙率、基体材料的成分以及结构的完整性有关。为提高膜的耐蚀能力,阳极氧化后的膜层通常再进行封闭或喷漆处理。

4) 氧化膜的电绝缘性

阳极氧化膜具有很高的绝缘电阻和击穿电压,可以用作电解电容器的电解质层或电器制品的绝缘层。

5) 氧化膜的绝热性

氧化膜是一种良好的绝热层,其稳定性可达 1500℃,因此在瞬间高温下工作的零件,由于氧化膜的存在,可防止铝的熔化。氧化膜的热导率很低,一般为 $0.419 \sim 1.26 W/(m \cdot K)$。

6) 氧化膜的结合力

氧化膜是由基体金属直接生成,氧化膜层与基体金属的结合力很强,很难用机械方法将它们分离,即使膜层随基体弯曲直至破裂,膜与基体金属仍保持良好的结合。经过氧化的钣金零件,经过弯曲直至折断,氧化膜仍然遗留在金属上,从这一点来看,要比涂镀层的结合力高得多。

7) 氧化膜的透明性

阳极氧化膜本身透明度很高,铝的纯度越高,则透明度越高。铝合金材料的纯度和合金生成都对透明性有影响。

8) 氧化膜的功能性

利用阳极氧化膜的多孔性,在微孔中沉积功能性微粒,可以得到各种功能性材料,逐渐开发的功能部件中包括的功能有电磁功能、催化功能、传感功能和分离功能等。

4.3.2 阳极氧化膜的形成机理

铝及铝合金的阳极氧化所用的电解液一般为中等溶解能力的酸性溶液,铅作为阴极,仅起导电作用。铝及铝合金进行阳极氧化时,在阳极发生下列反应:

$$H_2O-2e^- \longrightarrow O+2H^+ \tag{4-17}$$

$$2Al+3O \longrightarrow Al_2O_3 \tag{4-18}$$

在阴极发生下列反应:

$$2H^++2e^- \longrightarrow H_2\uparrow \tag{4-19}$$

同时酸对铝和生成的氧化膜进行化学溶解,其反应如下:

$$2Al+6H^+ \longrightarrow 2Al^{3+}+3H_2\uparrow \tag{4-20}$$

$$Al_2O_3+6H^+ \longrightarrow 2Al^{3+}+H_2O \tag{4-21}$$

氧化膜的生成与溶解同时进行,氧化初期膜的生成速度大于溶解速度,膜的厚度不断增加;随着厚度的增加,其电阻也增大,结果使膜的生长速度减慢,一直到与膜溶解速度相等时,膜的厚度才为一定值。

此外,还可以通过阳极氧化的电压-时间曲线来说明氧化膜的生成规律(图 4-1)。

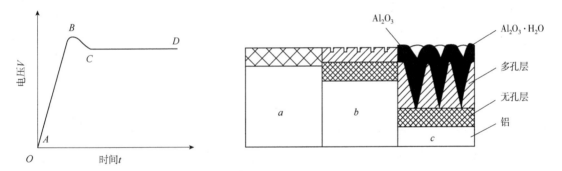

图 4-1 阳极氧化特征曲线与氧化膜生长过程示意图

如图 4-1 所示,整个阳极氧化电压-时间曲线大致分为三段:

第一段 a:无孔层形成。曲线 AB 段,通电刚开始的几秒到几十秒时间内,电压由零急剧增至最大值,该值称为临界电压。表明此时在阳极表面形成了连续的、无孔的薄膜层。此膜的出现阻碍了膜层的继续加厚。无孔层的厚度与形成电压成正比,与氧化膜在电解液中的溶解速度成反比。厚度 $0.01 \sim 0.1\mu m$。

第二段 b:多孔层形成。曲线 BC 段,在膜最薄的地方将首先被溶解出空穴,电解液就可以通过这些空穴到达铝的新鲜表面,电化学反应得以继续进行,电阻减小,电压有所下降,其下降幅度为最大值的 10% ~ 15%。表明无孔膜开始被电解液溶解,出现多孔层。

第三段 c:多孔层增厚。曲线 CD 段,经过约 20s 的氧化,电压开始进入平稳而缓慢的上升阶段,表明无孔层在不断地被溶解形成多孔层的同时,新的无孔层又在生长,也就是说多孔层在不断增厚,在每一个膜胞的底部进行着膜的生成和溶解的过程。当膜的生成速度和溶解速度达到动态平衡时,即使氧化时间再延长,氧化膜的厚度也不会再增加,此时应停止阳极氧化过程。

4.3.3 铝及铝合金的阳极氧化工艺

在酸性溶液中,铝阳极在外电流作用下氧化时,同时发生两个过程:氧化膜的生成和氧化膜的溶解,当成膜的速度超过膜溶解的速度时,铝表面才有氧化膜的实际存在,这就形成了阳极氧化膜。铝及铝合金阳极氧化的方法很多,这里主要介绍常用的硫酸阳极氧化、铬酸阳极氧化和草酸阳极氧化。铝及铝合金的其他阳极氧化法还有硬质阳极氧化、瓷质阳极氧化等。

1) 硫酸阳极氧化

硫酸阳极氧化的工艺特点是在质量分数10%~20%的 H_2SO_4,在电解液中通以直流或交流电对铝及铝合金进行阳极氧化,可获得5~20μm厚吸附性较好的无色透明氧化膜。该方法工艺简单,溶液稳定,操作方便。硫酸阳极氧化的工艺规范见表4-6。

表4-6 硫酸阳极氧化的工艺规范

项目		直流法		交流法
		配方1	配方2	
溶液组成的质量浓度(g/L)	硫酸	150~200	160~170	100~150
	铝离子 Al^{3+}	<20	<15	<25
工艺参数	温度(℃)	15~25	0~3	15~25
	阳极电流密度(A/dm^2)	0.8~1.5	0.4~6	2~4
	电压(V)	18~25	16~20	18~20
	氧化时间	20~40	60	20~40
适用范围		一般铝及铝合金装饰	纯铝和铝镁合金装饰	一般铝及铝合金装饰

(1) 硫酸的质量浓度的影响。硫酸的质量浓度高,膜的化学溶解速度加快,所生成的膜薄且软,空隙多,吸附力强,染色性能好;降低硫酸的质量浓度,则氧化膜生长速度较快,而空隙率较低,硬度较高,耐磨性和反光性良好。

(2) 温度的影响。电解液的温度对氧化膜质量影响很大,当温度为10~20℃时,所生成的氧化膜多孔,吸附性能好,并富有弹性,适宜染色,但膜的硬度较低,耐磨性较差。如果温度高于26℃,则氧化膜变疏松且硬度低。温度低于10℃,氧化膜的厚度增大,硬度高,耐磨性好,但空隙率较低。因此,生产时必须严格控制电解液的温度。

(3) 电流密度的影响。提高电流密度则膜层生长速度加快,氧化时间可以缩短,膜层化学溶解量减少,膜较硬,耐磨性好。但电流密度过高,则会因焦耳热的影响,使膜层溶解作用增加,导致膜的生长速度反而下降。电流密度过低,氧化时间很长,使膜层疏松,硬度降低。

(4) 搅拌的影响。搅拌能促使溶液对流,使温度均匀,不会造成因金属局部升温而导致氧化膜的质量下降。搅拌的设备有空压机和水泵。

(5) 合金成分的影响。铝合金成分对膜的质量、厚度和颜色等有着十分重要的影响,一般情况下铝合金中的其他元素使膜的质量下降。对Al-Mg系合金,当镁的质量分数超过5%且合金结构又呈非均匀体时,必须采用适当的热处理使合金均匀化,否则会影响氧化膜的透明度;对Al-Mg-Si系合金,随着硅含量的增加,膜的颜色由无色透明经灰色、紫色,最后变为黑色,很难获得均匀颜色的膜层;对 Al-Cu-Mg-Mn 合金,铜使膜层空隙率增大、膜层疏松、质量下降。在同样的氧化条件下,在纯铝上获得的氧化膜最厚,硬度最高,耐蚀性最好。

(6)氧化时间的影响。应根据电解液的浓度、温度、电流密度和需要的膜厚来确定氧化时间。在相同条件下,氧化膜的厚度增加,孔隙增多,易于染色,耐蚀能力提高;但达到一定厚度后,膜的生长速度减慢,到最后不再增加。为了获得一定厚度和硬度的氧化膜,氧化时间需要 30~40min;要得到孔隙多、便于染色的装饰性膜,氧化时间需要增加到 60~100min。

(7)交流电流的影响。在使用交流电流时,由于氧化过程中只有一半时间是阳极过程,硫酸浓度应控制低一些,电流密度可以高一些。得到的氧化膜具有很高的透明度和孔隙率,但硬度和耐磨性较低。使用交流电流时,两极上均可装挂制件,但它们的面积应当相等。要得到与直流电流氧化时同样厚度的氧化膜,氧化时间应当加倍。

2)铬酸阳极氧化

经铬酸阳极氧化得到的氧化膜比硫酸、草酸阳极氧化膜层薄得多,厚度为 2~5μm。其空隙率低、膜层质软有弹性、耐蚀性不如硫酸氧化膜且耐磨性较差。由于铝的溶解少,形成氧化膜后,零件仍能保持原来的精度和表面粗糙度,故铝酸阳极氧化工艺适用于精密零件。铝酸阳极氧化膜层与油漆结合力好,所以是油漆的良好底层,并广泛用于橡胶黏结件。铬酸阳极氧化的工艺规范见表 4-7。

铬酸阳极氧化的工艺规范　　　　表 4-7

	项目	配方 1	配方 2	配方 3
工艺参数	铬酐的质量浓度(g/L)	50~60	30~40	95~100
	温度(℃)	33~37	38~42	35~39
	阳极电流密度(A/dm^2)	1.5~2.5	0.2~0.6	0.3~2.5
	电压(V)	0~40	0~40	0~40
	氧化时间(min)	60	60	35
阴极材料		铅板或石墨		
适用范围		一般切削加工件和钣金件	经过抛光的零件	纯铝及包铝零件

(1)铬酐的质量浓度。铬酐含量过高或过低,氧化能力都降低,但在一定范围内稍微偏高是允许的。铬酐含量过低的电解液不稳定,会造成膜层质量下降。

(2)杂质在铬酸阳极氧化电解液中的氯离子、硫酸根离子和三价铬离子都是有害的杂质。氯离子会引起零件的蚀刻;硫酸根离子数量的增加会使氧化膜从透明变为不透明,并缩短铬酸液的使用寿命;三价铬离子过多会使氧化膜变得暗而无光。

(3)电压在阳极氧化开始的 15min 内,使电压从 0V 逐渐升至 40V,每次上升不超过 5V,以保持电流在规定的范围内,当槽电压达 40V 后,一直保持到氧化结束。为了使氧化过程能够正常进行,膜厚必须达到要求,必须在阳极化过程中逐步升高电压,使电流密度保持在规定的范围内。

3)草酸阳极氧化

草酸是一种弱酸,对铝及铝合金的腐蚀作用较小,因此,草酸阳极氧化得到的氧化膜硬度较大、膜较厚,可达 60μm,耐蚀性好,具有良好的电绝缘性能。草酸阳极氧化成本较高,由于草酸电解液的电阻比硫酸、铬酸大,氧化过程电能消耗大,电解液易发热,因此,必须配备良好的冷却装置。在氧化过程中只要改变工艺条件,便可直接得到不同颜色的装饰性膜层,不需要再进行染色处理(含铜的铝材除外)。草酸阳极氧化的工艺规范见表 4-8。

草酸阳极氧化的工艺规范 表 4-8

项目		配方 1	配方 2	配方 3
工艺参数	草酸的质量浓度(g/L)	27~33	50~100	50
	温度(℃)	15~21	35	35
	阳极电流密度(A/dm²)	1~2	2~3	1~2
	电压(V)	110~120	40~60	30~35
	氧化时间(min)	120	30~60	30~60
	电源	直流	交流	直流
	适用范围	纯铝材料电绝缘	纯铝和铝镁合金装饰	

草酸阳极氧化电解液对氯离子非常敏感,其质量浓度超过 0.04g/L 时膜层就会出现腐蚀斑点。三价铝离子的质量浓度也不允许超过 3g/L。

4.3.4 阳极氧化膜的着色和封闭

阳极氧化后得到的新鲜氧化膜,可以及时进行着色处理,既美化氧化膜表面,又能增加抗蚀能力,经过着色和封闭处理后,可以获得各种不同的颜色,并能提高膜层的耐蚀性、耐磨性。

1)氧化膜的着色

铝阳极氧化膜的化学着色是基于多孔膜层的吸附能力而得以进行的。一般阳极氧化膜的孔隙直径为 0.01~0.03μm,而染料在水中分离成单分子,直径为 0.0015~0.0030μm。着色是染料被吸附在孔隙表面上并向孔内扩散、堆积,且和氧化铝进行离子键、氢键结合而使膜层着色,经封孔处理,染料被固定在孔隙内。

(1)无机颜料着色。无机颜料着色机理主要是物理吸附作用,即无机颜料分子吸附于膜层微孔的表面,进行填充。该方法着色色调不鲜艳,与基体结合力差,但耐晒性较好。无机颜料着色的工艺规范见表 4-9,从该表可见,无机颜料着色所用的染料分为两种,经过阳极氧化的金属经彻底清洗,先在溶液①中浸渍 10~15min,水洗后再浸入②中 10~15min,直至两种盐在氧化膜中的反应生成物数量(颜料)满足所需的色调为止。

无机颜料着色的工艺规范 表 4-9

颜色	组成	质量浓度(g/L)	温度	时间(min)	生成的有色盐
红色	①醋酸钴	50~100	室温	5~10	铁氰化钾
	②铁氰化钾	10~50			
蓝色	①亚铁氰化钾	10~50	室温	5~10	普鲁士蓝
	②氯化铁	10~50			

续上表

颜色	组成	质量浓度(g/L)	温度	时间(min)	生成的有色盐
黄色	①铬酸钾	50~100	室温	5~10	铬酸铅
	②醋酸铅	100~200			
黑色	①醋酸钴	50~100	室温	5~10	氧化钴
	②高锰酸钾	12~25			

（2）有机染料着色。有机染料着色机理比较复杂，一般认为有物理吸附和化学反应。有机染料分子与氧化铝化学结合的方式有：氧化铝与染料分子上的磺基形成共价键；氧化铝与染料分子上的酚基形成氢键；氧化铝与染料分子形成络合物。有机染料着色色泽鲜艳，颜色范围广，但耐晒性差。有机染料着色的工艺规范见表4-10。配制染色液的水最好是蒸馏水或去离子水而不用自来水，因为自来水中的钙、镁等离子会与染料分子络合形成络合物，使染色液报废。先将染料溶于温水中，加热至近沸，如有悬粒或沉渣应过滤。要特别注意对染色液的pH值管理，及时调整pH值。染色槽的材料最适宜使用陶瓷、不锈钢或聚丙烯塑料等。

有机染料着色的工艺规范　　　　　　　　　　　表4-10

颜色	序号	染料名称	质量浓度(g/L)	温度(℃)	时间(min)	pH值
红色	1	茜素红(R)	5~10	60~70	10~20	
	2	酸性大红(GR)	6~8	室温	2~15	4.5~5.5
	3	活性艳红	2~5	70~80		
	4	铝红(GLW)	3~5	室温	5~10	5~6
蓝色	1	直接耐晒蓝	3~5	15~30	15~20	4.5~5.5
	2	活性艳蓝	5	室温	1~5	4.5~5.5
	3	酸性蓝	2~5	60~70	2~15	4.5~5.5
金黄色	1	茜素黄(S)	0.3	70~80	1~3	5~6
		茜素红(R)	0.5			
	2	活性艳橙	0.5	70~80	5~15	
	3	铝黄(GLW)	2.5	室温	2~5	5~5.5
黑色	1	酸性黑(ATT)	10	室温	3~10	4.5~5.5
	2	酸性元青	10~12	60~70	10~15	
	3	苯胺黑	5~10	60~70	15~30	5~5.5

（3）电解着色。电解着色是把经阳极氧化的铝及铝合金放入含金属盐的电解液中进行电解，通过电化学反应，使进入氧化膜微孔中的重金属离子还原为金属原子，沉积于孔底多孔层上而着色。由于各种电解着色液中所含的重金属离子的种类、在氧化膜孔底阻挡层上沉积的金属种类、粒子大小和分布的均匀度不相同，因而对各种不同波长的光发生选择性吸收和反射，从而显出不同的颜色。电解着色的工艺规范见表4-11。

电解着色的工艺规范　　　　　　　表4-11

颜色	组成	质量浓度(g/L)	温度(℃)	交流电压(V)	时间(min)
金黄色	硝酸银	0.4~10	20	8~20	0.5~1.5
	硫酸	5~30			
青铜色→褐色→黑色	硫酸镍	25	20	7~15	2~15
	硼酸	25			
	硫酸铵	15			
	硫酸镁	20			
青铜色→褐色→黑色	硫酸亚锡	20	15~25	13~20	5~20
	硫酸	10			
	硼酸	10			
紫色→红褐色	硫酸铜	35	20	10	5~20
	硫酸镁	20			
	硫酸	5			
黑色	硫酸钴	25	20	17	13
	硫酸铵	15			
	硼酸	25			

(4) 整体着色。将铝及铝合金放入含有机物的电解液中进行阳极着色处理,在阳极氧化的同时也被着色,微小的颗粒分散于膜孔的内壁,由于入射光的散射产生不同的色彩。微小颗粒来自基体金属或电解液中有机物的分解产物,颜色的深浅与膜的厚度有直接关系。该工艺因需要高的阳极电流密度和高的电压,所以能量消耗大。

2) 氧化膜的封闭处理

在电镀过程中,阳极由于电源极性的影响,常常形成多孔结构,表面活性较大,污染物或侵蚀性物质容易进入孔隙中,同时镀层内部染色或着色的色素体也易流出,从而降低镀层的表面性能。因此,铝及铝合金经阳极氧化后,无论是否着色都需及时进行封闭处理,其目的是把染料固定在微孔中,防止渗出,同时提高膜的耐磨性、耐晒性、耐蚀性和绝缘性。

(1) 热水封闭法。热水封闭法的原理是利用无定形 Al_2O_3 的水化作用,即:

$$Al_2O_3 + nH_2O \longrightarrow Al_2O_3 \cdot nH_2O \tag{4-22}$$

式中,n 为 1 或 3。当 Al_2O_3 水化为一水合氧化铝($Al_2O_3 \cdot H_2O$)时,其体积可增加约33%;生成三水合氧化铝($Al_2O_3 \cdot 3H_2O$)时,其体积增大几乎100%。由于氧化膜表面及孔壁的 Al_2O_3 水化的结果,体积增大而使膜孔封闭。

热水封闭工艺:热水温度为 90~100℃,pH 值为 6~7.5,时间为 15~30min。封闭用水必须是蒸馏水或去离子水,而不能用自来水,以防水垢被吸附在氧化膜孔中,避免降低氧化膜的透明度和色泽。实践证明,采用中性蒸馏水封闭,制品易产生雾状块的外观,影响表面光亮度。采用微酸性的蒸馏水封闭,可得到良好的封闭状态。水蒸气封闭法的原理与热水封闭法相同,但效果要好得多,只是成本较高。

(2) 重铬酸盐封闭法。此方法是将铝制品放入具有强氧化性的重铬酸钾溶液中,并在较高的温度下进行,使氧化膜和重铬酸盐产生化学反应。当经过阳极氧化的铝件进入溶液时,氧化膜和孔壁的氧化铝与水溶液中的重铬酸钾发生下列化学反应:

$$2Al_2O_3+3K_2Cr_2O_7+5H_2O \longrightarrow 2AlOHCrO_4+2AlOHCr_2O_7+6KOH \quad (4-23)$$

生成的碱式铬酸铝及碱式重铬酸铝沉淀和热水分子与氧化铝生成的一水合氧化铝及三水合氧化铝一起封闭了氧化膜的微孔。封闭液的配方和工艺条件如下:重铬酸钾,50~70g/L;温度,90~95℃;时间,15~25min;pH 值,6~7。

此方法处理过的氧化膜呈黄色,耐蚀性较好,适用于以防护为目的的铝合金阳极氧化后的封闭,不适用于以装饰为目的着色氧化膜的封闭。

(3)水解封闭法。镍盐、钴盐的极稀溶液被氧化膜吸附后,即发生如下的水解反应:

$$Ni^{2+}+2H_2O \longrightarrow Ni(OH)_2+2H^+ \quad (4-24)$$

$$Co^{2+}+2H_2O \longrightarrow Co(OH)_2+2H^+ \quad (4-25)$$

生成的氢氧化镍或氢氧化钴沉积在氧化膜的微孔中,而将孔封闭。因为少量的氢氧化镍和氢氧化钴几乎是无色透明的,故此方法特别适用于防护修饰性氧化膜经着色后的封闭处理,不会影响制品的色泽,而且还会和有机染料形成络合物,从而增加颜色的耐晒性。表 4-12 是常用的水解盐封闭工艺规范。

常用的水解盐封闭工艺规范　　　　　表 4-12

项目		配方 1	配方 2	配方 3
溶液组成的质量浓度(g/L)	硫酸镍	4~6	3~5	
	硫酸钴	0.5~0.8		
	醋酸钴			1~2
	醋酸钠	4~6	3~5	3~4
	硼酸	4~5	3~4	5~6
工艺参数	pH 值	4~6	5~6	4.5~5.5
	温度(℃)	80~85	70~80	80~90
	封闭时间(min)	10~20	10~15	10~25

(4)填充封闭法。除上面所述的封闭方法外,阳极氧化膜还可以采用有机物质,如透明清晰、熔融石蜡、各种树脂和干性油等进行封闭。

4.4 微弧氧化

4.4.1 微弧氧化技术的由来与发展

微弧氧化又称为微等离子体氧化、等离子体电解氧化、等离子体增强电化学表面陶瓷化、微弧阳极氧化、金属表面陶瓷化和阳极火花沉积等。微弧氧化技术是从阳极氧化技术的基础上发展而来的,形成的涂层优于阳极氧化。微弧氧化工艺主要是依靠电解液与电参数的匹配调节,在弧光放电产生的瞬时高温高压作用下,于铝、镁、钛等金属及其合金表面生长出以基体金属氧化物为主并辅以电解液组分的改性陶瓷涂层,其防腐及耐磨性能显著优于传统阳极氧化涂层。其工艺过程需要施加高电压，氧化时产生火花，即工件放在通常为碱性的电介质水溶液中，并置于阳极，通过高电压和电化学反应，在基体表面微孔中产生火花或微弧放电，形成陶瓷质氧化物膜，从而提高其耐腐蚀、耐磨损、绝缘性、抗高温氧化性能和生物活性等。

微弧氧化形成的膜硬度高、耐磨、耐蚀、绝缘、美观，并且膜与基体附着力好。微弧氧化处理的宏观图如图4-2所示。微弧氧化与普通阳极氧化相比，还具有下列三方面的工艺优点：①工艺简单，稳定可靠，容易控制；②反应在常温下进行，操作方便，处理效率较高；③所用的溶液通常是弱碱性的，环境污染很小。因此，微弧氧化技术受到了人们的广泛关注。

  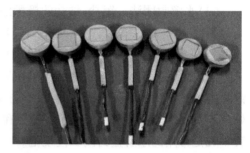

图4-2 微弧氧化处理宏观图

实际上，早在20世纪之前 Sluginov 就已发现金属浸入电解液中通电后会产生火花放电现象。20世纪30年代 Gtaterschulze 和 Betz 对此现象进行了深入的研究，并且做了报道。他们认为火花对氧化膜具有破坏作用。后来研究发现，利用该现象也可制备氧化膜涂层。20世纪50年代有人通过试验将此现象用于表面改性。美国某些兵工厂开始研究阳极火花沉积。20世纪70年代 Markow 和他的助手们深入研究了这种放电现象，并且在铝阳极沉积出氧化物，此后这项技术被称为微弧氧化。自20世纪80年代德国学者利用火花放电在铝表面获得含 α-Al_2O_3 的硬质膜层以来，微弧氧化技术取得了很大的发展。

微弧氧化的机理是复杂的，至今仍在探讨之中。Vigh 等人阐述了产生火花放电的原因，提出了"电子雪崩"模型，并用这个模型对放电过程中的析氧反应做了解释。Van 等人随后进一步研究了火花放电的整个过程，指出"电子雪崩"总是在氧化膜最薄弱、最容易被击穿的区域首先进行，而放电时的巨大热应力则是产生"电子雪崩"的主要动力；与此同时，Nikoiaev 等人提出了微桥放电模型。20世纪80年代，Albella 等人提出了放电的高能电子来源于进入氧化膜中电解质的观点。Krysmarm 等人获得了膜层结构与对应电压间的关系，并提出了火花沉积模型。近来国内外的研究表明，微弧氧化包括空间电荷在氧化物基体中形成、于氧化物孔中产生气体放电、膜层材料局部熔化、热扩散、胶体微粒的沉积、带负电的胶体微粒迁移进入放电通道、等离子体化学和电化学等多个过程。Apelfeld 等人利用离子背射技术对铝的微弧氧化进行研究，提出如图4-3所示的微弧氧化模型。他们认为，当小孔内发生微弧放电时，临近区域的氧化层被强烈加热。这期间电解液和基体金属受到热力学激励而发生电化学反应，通

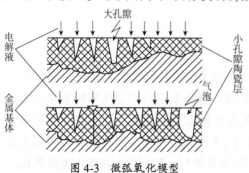

图4-3 微弧氧化模型

过底层包围小孔的阻挡层(绝缘氧化层)向下深入到基体金属。

4.4.2 微弧氧化设备与工艺

1) 微弧氧化设备

图 4-4 所示为微弧氧化设备示意图。电解槽用不锈钢制成,兼作阴极。电解液通常采用弱碱性溶液,常用的电解液有氢氧化钠、硅酸钠、铝酸钠、磷酸钠或偏磷酸钠等,上述电解液可单独使用或混合使用,对环境污染小。冷却系统用以控制电解液温度,它是保证工件表面获得良好氧化膜的关键组件之一,主要由冷热交换器、制冷机组和搅拌器组成。制冷机组和冷热交换器都要根据工艺要求的起始温度和终止温度、升温时间和降温时间、热损耗系数、电解槽尺寸、液面高度等因素来选用。

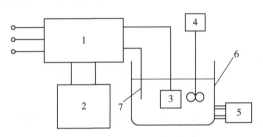

图 4-4 微弧氧化设备示意图
1-高压电源系统;2-控制器;3-工件;4-搅拌器;5-冷却系统;6-电解槽;7-阴极

微弧氧化所用的电源系统多种多样,主要有直流电源、交流电源、脉冲直流电源和非对称性脉冲交流电源。研究发现,使用交流电源和非对称性脉冲交流电源所得到的陶瓷质氧化物膜的质量和性能较好。

工件经预处理后可挂在电极上浸入电解液中。具体的微弧氧化工艺有直流型、交流型、阳极脉冲型和交流脉冲型。以直流型为例,开启电源后,电压逐渐上升至 200V 左右开始出现微弧(随电解液性质而异),电压继续升高,直至电压、电流基本保持不变,所用的终极电压、电流密度、处理时间等均按工艺要求来控制。

2) 微弧氧化工艺

一般来说,微弧氧化的工艺流程主要包括三大工序:预处理、微弧氧化处理和氧化后处理。其工艺流程主要包括:去油→水洗→微弧氧化→纯水洗→封闭→烘干。

(1) 预处理。为保证微弧氧化处理效果以及电解液的纯度和稳定性,必须通过预处理尽可能除去工件表面残留的油污和其他污物。

(2) 微弧氧化处理。它突破了普通阳极氧化工作电压的限制,将工作区域引入到高压放电区,将阳极电位由几十伏提高到几百伏,氧化电流由小电流发展到大电流。工件挂在电极上浸入电解液中,当电压逐渐升至数百伏时工件表面被大量细小而看上去像高速游动的弧斑所覆盖。这些细小弧斑的出现就是火花或微弧放电现象。单个弧斑的生存时间很短,寿命只 $1\times10^{-5} \sim 1\times10^{-4}$ s,并且做随机运动。微弧放电使工件表面形成了大量的瞬间高温、高压微区,在微区内温度高达 200℃ 以上,压力达数百个大气压,从而为形成陶瓷质氧化物膜提供了必要的条件。

由于微弧区内温度达几千摄氏度,释放的热量很大,如果不及时排热,微弧区周围溶液温度急剧上升,会使形成的膜发生熔解,陶瓷质氧化物膜生长减慢,膜层容易被局部烧焦,所以一般要对溶液进行冷却和强制循环。

影响微弧氧化质量的因素较多,主要是电解液和电参数两方面,尤其是一些电参数的影响很大。

(3)氧化后处理。由于微弧氧化膜表面分布着大量微孔,容易残留微弧氧化处理液和其他杂质,因此,微弧氧化处理后要对工件进行充分清洗。为了进一步提高氧化膜的耐蚀性,需要进行封孔处理。其主要采用热水封闭法,即把工件放在 97~100℃ 的沸水中,保持 10~30min,使氧化膜表面和孔壁发生水化反应,生成水合氧化铝,体积增加 33%~100%,导致膜孔显著缩小。热水要用蒸馏水或去离子水,不能用自来水,以避免膜孔吸附水垢。若用醋酸将水调节 pH 值至 5.5~6,则容易得到光亮的表面。在某些更高要求的应用中,封孔处理后还要进行喷涂,以进一步提高工件的耐蚀性。

3)微弧氧化技术特点

(1)微弧氧化技术优点

①反应在溶液中进行,只要是溶液可及的地方都能够形成膜层,因此,对零件形状的适应性很强。

②电解液中不含有害物质,反应过程也不会生成新的有毒物质,对环境无污染。

③硬度高(500~2500HV)、耐磨性好,和其他工艺相比与基体的结合牢固,能够有效弥补轻合金表面不耐磨的缺陷。

④膜层能够经受高低温的变化,具有较好的热匹配性。

⑤膜层的绝缘性能优良(击穿电压可达 3000~5000V)。

⑥膜层的表面质量较高,光洁度较好且易于着色,适合用作装饰涂层。

⑦成本低、操作简单,便于进行大规模生产。

⑧基体原位生长陶瓷膜,结合牢固,陶瓷膜致密均匀。

(2)微弧氧化技术缺点

①由微弧氧化工艺可知,膜层为蜂窝状的多孔结构,均匀分布的小孔底部可起到保护作用的膜层厚度远远小于整个膜层的厚度,这使得膜层自身的耐腐蚀能力大打折扣。

②膜层中含有大量基体金属的氧化物和氢氧化物,极易与酸性介质反应引起破坏,使微弧氧化膜的使用范围受到限制。

③整个膜层的厚度较小(<300μm),硬度高、耐蚀能力强的致密层厚度通常只有总厚度的 1/5 左右,这使得膜层被作为耐磨耐蚀涂层时的使用寿命受到影响。至今也没有进行过任何针对微弧氧化膜层的长效可靠性研究。

④高能耗。微弧氧化反应在高电压、大电流模式下进行,耗能较大,单个工件的加工面积很难提高,降低了生产效率。

4.4.3 影响微弧氧化质量的因素

1)电解液的影响

电解液可分为酸性和碱性两类。酸性电解液常用浓硫酸、磷酸及其相应的盐溶液,有时需要加入一些添加剂。由于这类电解液对环境有污染作用,所以已很少采用。现在广泛使用弱碱性电解液,其优点是可以使金属离子进入和改善膜层的微观结构,并且对环境污染很小。

目前银合金微弧氧化碱性电解液主要有氢氧化钠、铝酸盐、硅酸盐和磷酸盐。在这四种电解液中,陶瓷膜的生长规律基本相同,即微弧氧化初始阶段成膜速率都比较快,其中以氢氧化钠和铝酸盐两体系尤为显著,超过一定的氧化时间后,成膜速率开始下降。在一定电压条件下,当膜厚达到一定值后就不再继续增加。各电解液都有自身的特点,针对陶瓷膜的不同用途和要求,通常选用合适的复合电解液。

在电解液中加入一定的添加剂,可以提高电解液的工作能力和陶瓷膜的性能。例如:研究发现,在水玻璃-KO体系中加入适量的铝酸钠后,能提高膜层的厚度、显微硬度和击穿电压。又如在硅酸盐体系加入 NaF、KF 等盐,可以获得强度、硬度适中,结合力、耐蚀性、电绝缘性均优良的陶瓷膜;引入适量的 WO_4^{2-}、PO_4^{3-}、MoO_4^{2-}、BO_4^{2-}、$Cr_2O_7^{2-}$ 等可以调节陶瓷膜的生长速率,制备出性能优异的陶瓷层。

适当增大电解液浓度,能提高溶液电导率,降低起弧电压和正常工作电压,增加膜层厚度,加快成膜速率,改善膜层致密度。然而,当电解液浓度增加到一定程度后,由于引起的放电电流过大,使微孔增大,表层氧化铝晶粒变大,陶瓷膜致密度和均匀性下降,表面粗糙度值增大,硬度下降。当电解液的浓度较高时,会使陶瓷膜的成膜速率和显微硬度随浓度变化而出现较大的波动。

铝合金和氧等离子体反应生成氧化铝的过程是吸热反应过程,适当提高溶液温度有利于正向反应的进行,同时加快氧等离子体向工件表面扩散,因而提高了成膜速率。但是,当溶液温度超过40℃时,成膜速率又会降低。如果溶液温度过高,如前所述还可能造成局部烧焦。因此,为了使反应顺利进行,必须合理控制电解液温度。另外,电解液的电导率和 pH 值也显著影响成膜过程及膜层性能,都需要根据实际情况和工艺要求,控制在合理的范围。

2) 电参数的影响

最初的微弧氧化工艺采用直流恒流电源,现在已较少采用。用正弦交流电进行微弧氧化,所得膜层的质量较好,但所需时间较长。目前,常用的交流电源是非对称交流电源和脉冲交流电源。其中非对称交流电流能较好地避免电板表面形成的附加极化作用,并能通过改变正、负半周(交流电流的一个周期内的两个不同阶段)输出的电容,调节正、反向电位的大小,扩大涂层形成过程的控制范围,并且容易获得表面粗糙度值低而厚度均匀的膜层,所以交流脉冲电源取代直流电源得到了广泛的应用。

对应于不同的电解液,电参数的设置也不相同,电参数的合理配合对制备高质量的膜层至关重要。微弧氧化工艺所选用的电参数主要有下列几项:

(1)电流密度。研究表明,电流密度是影响膜层厚度、表面粗糙度和性能的关键参数之一。对于不同体系的电解液,膜层厚度在一定范围内随电流密度的增大而增加,硬度也随之增加。但是,电流密度对膜层增长有一个界限,超过这个界限膜层厚度就会出现下降的趋势,且易出现烧损现象。对于不同体系的电解液,该界限值是不同的。另一方面,膜层厚度随电流密度增大时,可能使表面粗糙度值明显增大。其原因在于,微弧氧化是靠击穿膜层、形成放电通道来进行的;膜层增厚后,绝缘电阻随之增大,要继续进行反应,就必须增加电流密度,这样才有足够的能量击穿陶瓷膜;随着电流密度增加,反应速度加快,反应越剧烈,反应产物就会过早地堵塞较细小的反应通道,使反应不能在工件表面均匀地进行;随着氧化时间的延长膜层不断增厚,击穿变得困难,反应只能在局部进行,因而表面变得粗糙不平。由上述可知,只有选择合适的电流密度才能得到表面质量较好的陶瓷膜,并且在规定的时间内达到要求的厚度。

(2) 电压。不同的电解液有不同的工作电压范围。电压过低,陶瓷层生长速度太小,陶瓷层较薄、颜色浅、硬度低;电压过高,工件容易发生烧蚀现象。

(3) 脉冲频率。脉冲放电模式属于场致电离放电,火花存活时间短,放电能量大,有利于致密层的较早形成。高脉冲频率下,致密层的质量分数增大,表面粗糙度值降低,膜层硬度增大,耐磨性提高。随着脉冲频率提高,膜层的生长速率先增加后减小,而能耗的变化规律与之相反。

(4) 脉冲占空比。一般认为,在高频下占空比越大,陶瓷层表面粗糙度值越高;占空比越小,表面粗糙度值越低。

3) 温度的影响

微弧氧化与阳极氧化不同,所需温度范围较宽,一般为 10~90℃。温度越高,成膜越快,但粗糙度也增加。且温度高,会形成水汽。一般建议温度在 20~60℃。由于微弧氧化以热能形式释放,所以液体温度上升较快,微弧氧化过程须配备容量较大的热交换制冷系统,以控制槽液温度。

温度低时,氧化膜生长速度较快,膜致密,性能较佳。但温度过低时氧化作用较弱,膜厚和硬度值都较低。温度过高时,碱性电解液对氧化膜的溶解作用增强,致使膜厚与硬度显著下降,且溶液易飞溅,膜层也易被局部烧焦或击穿。

4) 时间的影响

微弧氧化时间一般控制在 10~60min。氧化时间越长,膜的致密性越好,但其粗糙度也增加。一方面,随氧化时间的增加,氧化膜厚度增加,但有极限氧化膜厚度。另一方面,氧化时间增加,膜表面微孔密度降低,但粗糙度增大。如果氧化时间足够长,达到溶解与沉积的动态平衡,对膜表面有一定的平整作用,表面粗糙度反而会减小。

5) 阴极材料的影响

阴极材料可选用不锈钢、碳钢、镍等,可将上述材料悬挂使用或做成阴极槽体。

4.4.4 微弧氧化陶瓷质氧化物膜的结构和性能

1) 微弧氧化陶瓷质氧化物膜的结构

铝合金的微弧氧化陶瓷质氧化物膜具有致密层和疏松层两层结构。致密层处于基体与疏松层之间,致密层与基体的界面结合良好。研究表明,致密层中具有刚玉结构的 $\alpha\text{-Al}_2\text{O}_3$ 的体积分数高达 50% 以上,致密层中晶粒细小;疏松层晶粒较粗大,并且存在许多孔洞,其周围又有许多微裂纹向内扩展。致密层和疏松层的相组成均为 $\alpha\text{-Al}_2\text{O}_3$、$\gamma\text{-Al}_2\text{O}_3$ 和复合烧结相;从外表面到膜内部(距离 $\text{Al}/\text{Al}_2\text{O}_3$ 界面较远),$\alpha\text{-Al}_2\text{O}_3$ 体积分数逐渐增加,$\gamma\text{-Al}_2\text{O}_3$ 体积分数逐渐减小。一种解释是:在微弧氧化过程中,每个火花熄灭瞬间内,熔融 Al_2O_3 迅速固化形成含有 $\alpha\text{-Al}_2\text{O}_3$ 和 $\gamma\text{-Al}_2\text{O}_3$ 结构的陶瓷层;外表层熔融 Al_2O_3 直接与电解液接触,冷速快,有利于 $\gamma\text{-Al}_2\text{O}_3$ 相的形成,而由外向内熔融 Al_2O_3 与电解液直接接触的概率减小,冷速减缓,

α-Al_2O_3的比例增加。

其他合金,例如镁合金,经微弧氧化处理后也有致密层和疏松层两层结构。疏松层占整个膜层厚度的20%左右,有较多的孔洞和孔隙。致密层中孔隙少,其孔隙率低于5%。致密层中的孔隙直径一般为几个微米,但其大小与电解质组成、浓度、处理时间以及频率等有关。G.H.Lv等曾对Mg-Al-Zn系铸造镁合金ZM5做微弧氧化试验,所用的电解液配方为:NaOH,10.018mol/L;$(NaPO_3)_6$,0.016mol/L;NaF,0.190mol/L。其他参数是:电流密度,$2A/dm^2$;氧化时间,60min;频率,100Hz和800Hz;温度,30℃。结论如下:膜层主要由MgF_2和$Mg_3(PO_3)_2$组成;100Hz下的膜层孔洞直径较大,表面粗糙;在800Hz所得到膜孔洞(或孔隙)较小,但密度大,而耐蚀性要远远好于100Hz下的膜层。

2) 微弧氧化陶瓷质氧化膜的性能

国外对铝合金微弧氧化的研究和应用最有代表性的公司主要有ALGT、Microplasmic Cor-poration以及Keronite等公司。其中,Keronite是全球铝合金微弧氧化工艺技术商业化最成功的公司,其所制备的铝合金微弧氧化膜层的性能见表4-13。

Kenmite铝合金微弧氧化膜层的性能 表4-13

极高的硬度和耐磨性	硬度范围为800~2000HV,与所用的合金有关。在铝合金上的耐磨性优于硬质氧化和电镀。最高硬度可以达到2000HV
极高的结合强度	金属表面自身产生转化形成原子键合,因此,结合强度比等离子喷涂涂层大很多
优良的耐热性	Keronite涂层能连续在500℃下工作,超过ASTM相关标准(热冲击抗力标准测试方法)的要求。被用作好的热障涂层和热保护涂层
高的耐蚀性	采用美国材料试验标准ASTMB117进行中性盐雾试验,具有Keronite涂层的合金盐雾试验时间超过2000h不受影响
高的绝缘强度	在直流条件下,氧化态涂层的电绝缘性能为10V/μm,封孔态涂层的电绝缘性能为30V/μm。Keronite涂层在500℃下具有高隔热性能
环境友好性	Kenmite工艺所用的化学试剂材料对环境没有污染

微弧氧化膜层除了上述优良的综合性能外,还可着色成红、蓝、黄、绿、灰、黑等多种颜色以及不同的花纹。

3) 微弧氧化主要特点

(1) 工艺简单、占地小、处理能力强,可以处理各种形状的复杂工件,对环境基本无污染。

(2) 通过改变工艺条件(电参数、电解液参数),可以很方便地调整陶瓷层的微观结构、特征,进而可实现对陶瓷层的功能设计。

(3) 处理效率高,一般阳极氧化获得50μm左右的陶瓷层需要1~2h,而微弧氧化只需30~60min。

(4) 微弧氧化膜层含高温变相成分,具有硬度高、耐磨性好的特点。

(5) 陶瓷层在基体上原位生长,与基体以冶金方式进行结合,无明显的界限,结合力强,不易脱落。

(6) 膜层整体综合性能指标好,可同时实现耐腐蚀、耐磨损、高绝缘性能、高硬度、低摩擦因数等性能指标,此外还能实现隔热、催化、抑菌、亲生物等性能。

(7) 该工艺可代替阳极氧化,且效果远远优于阳极氧化。

(8) 通过改变液体成分,可使膜层有特种性能,或得到不同颜色。

4.4.5 微弧氧化陶瓷质氧化物膜的应用

微弧氧化技术自20世纪80年代以来,得到了迅速的发展,目前已经是轻合金一项重要的表面改性技术,应用于许多工业部门和人们的生活。

采用微弧氧化技术对铝及其合金材料进行表面强化处理,具有工艺过程简单、占地面积小、处理能力强、生产效率高、适用于大工业生产等优点。微弧氧化电解液不含有毒物质和重金属元素,电解液抗污染能力强和再生重复使用率高,因而对环境污染小,满足优质清洁生产的需要,也符合我国可持续发展战略的需要。微弧氧化处理后的铝基表面陶瓷膜层具有硬度高(>1200HV)、耐蚀性强(CASS盐雾试验>480h)、绝缘性好(膜阻>100MΩ),膜层与基底金属结合力强,并具有很好的耐磨和耐热冲击等性能。其处理能力强,可通过改变工艺参数获取具有不同特性的氧化膜层,以满足不同使用目的;也可通过改变或调节电解液的成分,使膜层具有某种特性或呈现不同颜色;还可采用不同的电解液对同一工件进行多次微弧氧化处理,以获取具有多层不同性质的陶瓷氧化膜层。

微弧氧化技术在机械、汽车、国防、电子、航天航空及建筑民用等工业领域有着极其广泛的应用前景,主要可用于对耐磨、耐蚀、耐热冲击、高绝缘等性能有特殊要求的铝基零部件的表面强化处理,同时也可用于建筑和民用工业中对装饰性和耐磨耐蚀要求高的铝基材的表面处理,还可用于常规阳极氧化不能处理的特殊铝基合金材料的表面强化处理。例如,汽车等各车辆的铝基活塞、活塞座、汽缸及其他铝基零部件;机械、化工工业中的各种铝基模具,各种铝罐的内壁,飞机制造中的各种铝基零部件如货仓地板、滚棒、导轨等;民用工业中各种铝基五金产品,健身器材等。

在仪器仪表领域中,利用微弧氧化膜层的优异电绝缘性,制造铝合金或钛合金的电器元件、探针和传感元件。在汽车领域中,利用微弧氧化膜层良好的耐冲击性和耐磨性,制造铝合金的喷嘴和活塞。在建筑装饰领域中,利用微弧氧化膜层的良好装饰性,制造铝装饰材料。在医疗卫生领域,已用钛合金制造一些人工器官,为提高它们在人体内部的表面耐磨性、耐蚀性,可采用微弧氧化技术。

目前微弧氧化技术还有一些不完善的地方,也有一定的局限性,如工艺参数和配套设备的研究需进一步完善;氧化电压较常规铝阳极氧化电压高得多,操作时要做好安全保护措施;电解液温度上升较快,需配备较大容量的制冷和热交换设备。因而尚未进入大规模生产和应用阶段,但其仍有良好的发展前景,不失为一项先进的表面技术。

4.5 磷化处理

4.5.1 钢铁的磷化处理

把金属放入含有锰、铁、锌的磷酸盐溶液中进行化学处理,使金属表面生成一层难溶于水的磷酸盐保护膜的方法,称为金属的磷酸盐处理,简称磷化处理。磷化膜主要用作涂料的底层、金属冷加工时的润滑层、金属表面的保护层以及用于电机硅钢片的绝缘处理等。磷化处理对钢制品的抗拉强度、伸长率、弹性、磁性等均无影响,仅疲劳强度略有下降。磷化膜形成过程中会相应地伴随铁的溶解,因而磷化后钢制品的尺寸变化甚微。磷化处理所需设备简单、操作方便、成本低、生产率高,被广泛应用于汽车、船舶、航空航天、机械制造及家电等工业生产中。

1) 磷化膜的形成机理

磷化处理是在含有锰、铁、锌的磷酸二氢盐与磷酸组成的溶液中进行的。金属的磷酸二氢盐可用通式 $M(H_2PO_4)_2$ 表示。在磷化过程中发生如下反应:

$$M(H_2PO_4)_2 \longrightarrow MHPO_4\downarrow + H_3PO_4 \tag{4-26}$$

$$3MHPO_4 \longrightarrow M_3(PO_4)_2\downarrow + H_3PO_4 \tag{4-27}$$

或者以离子反应方程式表示:

$$4M^{2+} + 3H_2PO_4^- \longrightarrow MHPO_4\downarrow + M_3(PO_4)_2\downarrow + 5H^+ \tag{4-28}$$

当金属与溶液接触时,在金属/溶液界面液层中 Me^{2+} 离子浓度的增高或 H^+ 离子浓度降低,都将促使以上反应在一定温度下向生成难溶磷酸盐的方向移动。由于铁在磷酸里溶解,氢离子被中和同时放出氢气:

$$Fe + 2H^+ \longrightarrow Fe^{2+} + H_2\uparrow \tag{4-29}$$

反应生成的不溶于水的磷酸盐在金属表面沉积成为磷酸盐保护膜,因为它们就是在反应处生成的,所以与基体表面结合得很牢固。

从电化学的观点来看,磷化膜的形成可认为是微蓄电池作用的结果。在微蓄电池的阴极上发生氢离子的还原反应,有氢气析出:

$$2H^+ + 2e^- \longrightarrow H_2\uparrow \tag{4-30}$$

在微蓄电池的阳极上,铁被氧化为离子进入溶液,并与 $H_2PO_4^-$ 发生反应。由于 Fe^{2+} 的数量不断增加,pH 值逐渐升高,促使反应向右进行,最终生成不溶性的正磷酸盐晶核,并逐渐长大。下面是阳极反应:

$$Fe - 2e^- \longrightarrow Fe^{2+} \tag{4-31}$$

$$Fe^{2+} + 2H_2PO_4^- \longrightarrow Fe(H_2PO_4)_2 \tag{4-32}$$

$$Fe(H_2PO_4)_2 \longrightarrow FeHPO_4 + H_3PO_4 \tag{4-33}$$

$$3FeHPO_4 \longrightarrow Fe_3(PO_4)_2\downarrow + H_3PO_4 \tag{4-34}$$

与此同时,阳极区溶液中的 $Mn(H_2PO_4)_2$、$Zn(H_2PO_4)_2$ 也发生如下反应:

$$M(H_2PO_4)_2 \longrightarrow MHPO_4 + FeHPO_4 \tag{4-35}$$

$$3MHPO_4 \longrightarrow M_3(PO_4)_2\downarrow + H_3PO_4 \tag{4-36}$$

式中,M 为 Mn 和 Zn。阳极区的反应产物 $Fe_3(PO_4)_2$、$Mn_3(PO_4)_2$、$Zn_3(PO_4)_2$ 一起结晶,形成磷化膜。

2) 磷化膜的组成和结构

磷化膜主要由重金属的二代和三代磷酸盐的晶体组成,通过不同的处理溶液得到的膜层的组成和结构不同。通常,晶粒大小可以从几个微米到上百微米。晶粒越大,膜层越厚。在磷化膜中应用最广泛的有磷酸铁膜、磷酸锌膜和磷酸锰膜。

(1) 磷酸铁膜。用碱金属磷酸二氢盐为主要成分的磷化液处理钢材表面时,得到的非晶质膜是磷酸铁膜。磷酸铁膜的单位面积质量为 $0.21 \sim 0.8 \mathrm{g/m^2}$，外观呈灰色、青色乃至黄色。磷化液中的添加物也可共沉积于磷酸铁膜中，并影响磷酸铁膜的颜色。

(2) 磷酸锌膜。采用以磷酸和磷酸二氢锌为主要成分，并含有重金属与氧化剂的磷化液处理钢材时，形成的膜由两种物相组成：磷酸锌 $[Zn_3(PO_4)_2 \cdot 4H_2O]$ 和磷酸锌铁 $[Zn_2Fe(PO_4)_2 \cdot 4H_2O]$。当溶液中含有较高的 Fe^{2+} 时，就形成一种新相 $Fe_5H_2(PO_4)_4 \cdot 4H_2O$。磷酸锌是白色不透明的晶体，属斜方晶系；磷酸锌铁是无色或浅蓝色的晶体，属单斜晶系。锌系磷化膜呈浅灰色至深灰结晶状。

(3) 磷酸锰膜。用磷酸锰为主的磷化液处理钢材时，得到的膜层几乎完全由磷酸锰 $[Mn_3(PO_4)_2 \cdot 3H_2O]$ 和磷酸氢锰铁 $[2MnHPO_4 \cdot FeHPO_4 \cdot 2.5H_2O]$ 组成。磷化膜中锰与铁的比例，随磷化液中铁与锰的比例而改变，但铁的含量远低于锰。此外，膜中还含有少量磷酸亚铁 $[Fe_3(PO_4)_2 \cdot 8H_2O]$，而且在膜与基体接触面上还形成了氧化铁。用碱液脱脂后进行磷化时，磷化膜的结构呈板状。

3) 磷化工艺

磷化的目的主要包括给基体金属提供保护，在一定程度上防止金属被腐蚀；用于涂漆前打底，提高漆膜层的附着力与防腐蚀能力；在金属冷加工工艺中起减摩润滑作用。为提高钢铁的耐腐蚀等性能可进行磷化处理，且钢铁经典的磷化工艺流程为：除油→水洗→酸洗→水洗→表面调整→磷化→水洗→钝化(封闭处理)→水洗→干燥。

(1) 磷化配方及工艺规范

磷化工艺主要有高温磷化、中温磷化和常温磷化，见表 4-14。根据对钢铁表面磷化膜的不同要求，生产中选用不同的磷化工艺。高温磷化的优点是膜层较厚，膜层的耐蚀性、耐热性、结合力和硬度都比较好，磷化速度快；缺点是溶液的工作温度高，能耗大，溶液蒸发量大，成分变化快，常需调整，且结晶粗细不均匀。中温磷化的优点是膜层的耐蚀性接近高温磷化膜，溶液稳定，磷化速度快，生产率高；缺点是溶液较复杂，调整较麻烦。常温磷化的优点是节约能源、成本低、溶液稳定；缺点是耐蚀性较差、结合力欠佳、处理时间较长、生产率低。

钢铁磷化工艺规范　　　　　　表 4-14

项目		高温		中温		常温	
		1	2	3	4	5	6
溶液组成的质量浓度 (g/L)	磷酸二氢锰铁盐	30~40		40		40~65	
	磷酸二氢锌		30~40		30~40		50~70
	硝酸锌		55~65	120	80~100	50~100	80~100
	硝酸锰	15~25		50			
	亚硝酸钠						0.2~1
	氧化钠					4~8	
	氟化钠					3~4.5	
	乙二胺四乙酸			1~2			
	游离酸度(点*)	3.5~5	6~9	3~7	5~7.5	3~4	4~6
	总酸度(点*)	36~50	40~58	90~120	60~80	50~90	75~95

续上表

项目		高温		中温		常温	
		1	2	3	4	5	6
工艺参数	温度(℃)	94~98	88~95	55~65	60~70	20~30	15~35
	时间(min)	15~20	8~15	20	10~15	30~45	20~40

注：*点数相当于滴点10mL磷化液,使指示剂在pH3.8(对游离酸度)和pH8.2(对总酸度)变色时所消耗浓度为0.1mol/L氢氧化钠溶液的毫升数。

(2) 影响磷化的因素

① 游离酸度的影响。游离酸度是指溶液中磷酸二氢盐水解后产生的游离磷酸的浓度。游离酸度过高时,氢气析出量大,晶核生成困难,膜的晶粒粗大,疏松多孔,耐蚀性差;游离酸度过低时,生成的磷化膜很薄,甚至得不到磷化膜。游离酸度高时,可加氧化锌或氧化锰来调整;游离酸度低时,可加磷酸二氢锰铁盐、磷酸二氢锌或磷酸来调整。

② 总酸度的影响。总酸度来源于磷酸盐、硝酸盐和酸。总酸度高时磷化反应速度快,得到的膜层晶粒细致,但膜层较薄,耐蚀性降低;总酸度过低,磷化速度慢,膜层厚且粗糙。总酸度高时可加水稀释,总酸度低时加磷酸二氢锰铁盐、磷酸二氢锌或硝酸锌、硝酸锰调整。

③ 金属离子的影响。Mn^{2+}的存在可以使磷化膜结晶均匀,颜色较深,提高膜的耐磨性、耐蚀性和吸附性。Mn^{2+}含量过高,则膜的晶粒粗大,耐蚀性变差;Mn^{2+}含量过低,则使晶粒太细,有磷化不上的趋势。一定量的Fe^{2+}能增加磷化膜的厚度,提高力学强度和耐蚀性。但Fe^{2+}在高温时很容易被氧化成Fe^{3+},并转化为磷酸铁($FePO_4$)沉淀,使游离酸度升高,造成磷化结晶几乎不能进行;含量过高时,还会使磷化膜结晶粗大,表面产生白色浮灰。Zn^{2+}的存在可以加快磷化速度,生成的磷化膜结晶致密、闪烁有光。Zn^{2+}含量过高时磷化膜晶粒粗大,排列紊乱,磷化膜发脆;Zn^{2+}含量过低时膜层疏松发暗。磷化液中要控制金属离子的比例,铁与锰的质量浓度之比约为1:9,锌与锰为1.5~2.1,铁离子(Fe^{2+})的质量浓度应保持在0.8~2.0g/L。

④ P_2O_5的影响。P_2O_5来自磷酸二氢盐,它能提高磷化速度,使磷化膜致密,晶粒闪烁有光。P_2O_5含量过高时,膜的结合力下降,表面白色浮灰较多;P_2O_5含量过低时,膜的致密性和耐蚀性均差,甚至不产生磷化膜。

⑤ NO_3^-、NO_2^-和F^-的影响。NO_3^-和NO_2^-在磷化溶液中作为催化剂(加速剂),可以加快磷化速度,使磷化膜致密均匀,NO_2^-还能提高磷化膜的耐蚀性。NO_3^-含量过高时,会使磷化膜变薄,并易产生白色或黄色斑点。F^-是一种活化剂,可以加快磷化膜晶核的生成速度,使结晶致密,耐蚀性提高,尤其是在常温磷化时,氟化物的作用非常突出。

⑥ 杂质的影响。除磷酸、硝酸和硼酸以外的酸,如硫酸根(SO_4^{2-})、氯离子(Cl^-)以及金属离子砷(As^{3+})、铝(Al^{3+})、铬(Cr^{3+}和Cr^{6+})、铜(Cu^{2+})都被认为是有害杂质,其中SO_4^{2-}和Cl^-的影响更为严重。SO_4^{2-}和Cl^-会降低磷化速度,并使磷化膜层疏松多孔易生锈,两者的质量浓度均不允许超过0.5g/L。金属离子As^{3+}、Al^{3+}使膜层耐蚀性下降,大量的Cu^{2+}会使磷化膜发红,耐蚀性下降。

⑦ 温度的影响。温度对磷化过程影响很大,提高温度可以加快磷化速度,提高磷化膜的附着力、耐蚀性、耐热性和硬度。但不能使溶液沸腾,否则膜变得多孔,表面粗糙,且易使

Fe^{2+}氧化成Fe^{3+}而沉淀析出，使溶液不稳定。

⑧基体金属的影响。不同成分的金属基体对磷化膜有明显不同的影响。低碳钢磷化容易，结晶致密，颜色较浅；中、高碳钢和低合金钢磷化较容易，但结晶有变粗的倾向，磷化膜颜色深而厚；最不利于进行磷化的是含有较多铬、钼、钨、钒、硅等合金元素的钢。磷化膜随钢中碳化物含量和分布的不同而有较大差异。因此，对不同钢材应选用不同的磷化工艺，才能获得较理想的效果。

⑨预处理的影响。预处理对磷化膜的外观颜色和膜的质量有很大的影响。经喷砂处理的钢铁表面粗糙，有利于形成大量晶核，获得致密的磷化膜。用有机溶剂清洗过的金属表面，磷化后所获得的膜结晶细而致密，磷化过程进行得较快。用强碱脱脂，磷化膜结晶粗大，磷化时间长。经强酸腐蚀的金属表面，磷化膜结晶粗大，膜层重，金属基体侵蚀量大，磷化过程析氢也多。

(3) 磷化膜的后处理

为了提高磷化膜的防护能力，在磷化后应对磷化膜进行填充和封闭处理。填充处理的工艺条件是：重铬酸钾(K_2CrO_7)，30~50g/L；碳酸钠(Na_2CO_3)，2~4g/L；温度，80~95℃；时间，5~15min。

填充后，可以根据需要在锭子油、防锈油或润滑油中进行封闭。如需涂漆，应在钝化处理干燥后进行，工序间隔不超过24h。

4) 磷化膜的性能

磷化膜厚度一般在1~50μm，膜层结晶越粗大，膜层越厚。根据膜层质量，磷化膜一般可分为薄膜、中等膜和厚膜。磷化膜呈微孔结构，与基体之间结合牢固，具有良好的润滑性、吸附性、不黏附熔融金属(Sn、Al、Zn)性及较高的电绝缘性等。磷化膜配合油漆对钢材进行防护时，其保护效果有时优于金属镀层。

5) 磷化的作用

磷酸盐转化膜应用于铁、铝、锌、镉及其合金上，既可当作最终精饰层，也可作为其他覆盖层的中间层，其作用主要有以下方面：

(1) 提高耐蚀性。磷化膜虽然薄，但由于它是一层非金属的不导电隔离层，能使金属工件表面的优良导体转变为不良导体，抑制金属工件表面微蓄电池的形成，减少电化学反应，进而有效阻止涂膜的腐蚀。

(2) 提高基体与涂层间或其他有机精饰层间的附着力。磷化膜与金属工件是一个结合紧密的整体结构，其间没有明显界限。磷化膜具有的多孔性，使封闭剂、涂料等可以渗透到这些孔隙之中，与磷化膜紧密结合，从而使附着力提高。

(3) 提供清洁表面。

(4) 改善材料的冷加工性能，如拉丝、拉管、挤压等。

(5) 改进表面摩擦性能，促进其滑动。

4.5.2 有色金属的磷化处理

除钢铁外，有色金属铝、锌、铜、钛、镁及其合金都可进行磷化处理，但其表面获得的磷化膜远不及钢铁表面的磷化膜，故有色金属的磷化膜仅用作涂漆前的打底层。由于有色金属磷化膜应用的局限性,因此,对有色金属磷化处理的研究和应用远远少于钢铁。

有色金属及其合金的磷化与钢铁的磷化基本相同,大多采用磷酸锌基的磷化液,在磷化液中常添加适量的氟化物。铝及铝合金的磷化液的组成是:铬酐($CrPO_3$),7~12g/L;磷酸(H_3PO_4),58~67g/L;氟化钠,(NaF)3~5g/L。

为了获得良好的膜层,溶液中 F^- 与 CrO_3 的质量比应控制在 0.10~0.40,pH 值为 1.5~2.0。

4.6 铬酸盐处理

把金属或金属镀层放入含有某些添加剂的铬酸或铬酸盐溶液中,通过化学或电化学的方法使金属表面生成由三价铬和六价铬组成的铬酸盐膜的方法,称为金属的铬酸盐处理,也称为钝化。

铬酸盐处理在室温下进行,具有工艺简单、处理时间较短和适用性较强等优点。铬酸盐处理主要用于电镀锌、电镀镉钢材的后处理工序,也可用于形成 Al、Mg、Cu 等金属及合金的表面防护层。

铬酸盐膜与基体结合力强,结构比较紧密,具有良好的化学稳定性,耐蚀性好,对基体金属有较好的保护作用;铬酸盐膜的颜色丰富,从无色透明或乳白色到黄色、金黄色、淡绿色、绿色、橄榄色、暗绿色和褐色,甚至黑色。铬酸盐处理工艺常用作锌镀层、镉镀层的后处理,以提高镀层的耐蚀性,也用于其他金属如铝、铜、锡、镁及其合金的表面防腐蚀。

4.6.1 铬酸盐膜的形成过程

铬酸盐处理是在金属—溶液界面上进行的多相反应,过程十分复杂,一般认为铬酸盐膜的形成过程大致分为以下三个步骤:

(1)金属表面被氧化并以离子的形式转入溶液,与此同时有氢气分析。

(2)所析出的氢促使一定数量的六价铬还原成三价铬,并由于金属-溶液界面处的 pH 值升高,使三价铬以胶体的氢氧化铬形式沉淀。

(3)氢氧化铬胶体自溶液中吸附和结合一定数量的六价铬,在金属界面构成具有某种组成的铬酸盐膜。

以锌的铬酸盐处理为例,其化学反应式如下:

锌浸入铬酸盐溶液后被溶解:

$$Zn+2H^+ \longrightarrow Zn^{2+}+H_2 \uparrow \tag{4-37}$$

析氢引起锌表面的重铬酸离子的还原:

$$Cr_2O_7^{2-}+8H^+ \longrightarrow 2Cr(OH)_3+H_2O \tag{4-38}$$

由于上述溶解反应和还原反应,锌-溶液界面处的 pH 值升高,从而生成以氢氧化铬为主体的胶体状的柔软不溶性复合铬酸盐膜:

$$2Cr(OH)_3+CrO_4^{2-}+2H^+ \longrightarrow Cr(OH)_3 \cdot CrOH \cdot CrO_4 \cdot H_2O+H_2O \tag{4-39}$$

这种铬酸盐膜像糨糊一样柔软,容易从锌表面去掉,待干燥脱水收缩后,则固定在锌表面上形成铬酸盐特有的防护膜:

$$Cr(OH)_3 \cdot Cr(OH) \cdot CrO_4 \cdot H_2O + H_2O \longrightarrow Cr_2O_3 \cdot yCrO_3 \cdot zH_2O \qquad (4\text{-}40)$$

铬酸盐钝化膜很薄,一般不超过 1μm 厚,但膜层与基体结合力强,化学稳定性好,大大提高了金属的耐蚀性。

4.6.2 铬酸盐膜的组成和结构

铬酸盐膜主要由三价铬和六价铬的化合物,以及基体金属或镀层金属的铬酸盐组成。各种金属上铬酸盐膜层大多都具有色泽,其主要与基体金属的材质、成膜工艺与后处理方式有关。同基体金属采用不同的铬酸盐处理溶液,得到的膜层颜色和膜的组成也不相同,见表 4-15。

锌、镉、铝的铬酸盐膜的组成和颜色 表 4-15

基体金属	铬酸盐溶液组成	膜的组成	膜的颜色
锌	重铬酸钠、硫酸	$\alpha\text{-}Gr_2O_3$、ZnO	黄绿色
	铬酸	$\alpha\text{-}GrOOH$、$4ZnCrO_4 \cdot K_2O \cdot H_2O$	黄色
镉	铬酸或重铬酸盐	$\alpha\text{-}CrOOH$、$Cr(OH)_3$、$\gamma\text{-}Cd(OH)_2$	黄褐色
	重铬酸钠、硫酸	$CdCrO_4$、$\alpha\text{-}Cr_2O_3$	绿黄色
铝	铬酸、氟化物、添加剂	$\alpha\text{-}AlOOH \cdot Cr_2O_3$、$\alpha\text{-}CrOOH$、$Cr(NH_3)_3NO_2CrO_4$	无色、黄色和红褐色
	铬酸、重铬酸盐	$\alpha\text{-}CrOOH$、$\gamma\text{-}AlOOH$	褐色、黄色

在铬酸盐膜中,三价铬化物为膜的不溶部分,这种不溶性的化合物构成了膜的骨架,使膜具有一定的厚度。由于它本身具有较高的稳定性,因而使膜具有良好的强度。六价铬化合物以夹杂形式或由于被吸附或化学键的作用,分散在膜的内部起填充作用。当膜受到轻度损伤时,可溶性的六价铬化合物能使该处再钝化。一般认为,铬酸盐膜中六价铬化合物的含量越多,其耐蚀性越好。

从表 4-15 中可以看到,膜的颜色与其组成有一定的对应关系。用重铬酸盐和硫酸组成的溶液处理得到的黄色膜层,含以碱式铬酸盐或氢氧化铬以及以可溶性铬酸盐形式存在的三价铬和六价铬。褐色的膜可能含有不同组分的碱式铬酸盐。橄榄色的膜主要是三价铬的化合物。

4.6.3 铬酸盐处理工艺

1) 预处理

采用常规预处理工艺去除表面的油脂、污物及氧化皮。对于电镀层,只需要把刚电镀完的零件清洗干净即可进行钝化。

2) 铬酸盐处理的配方及工艺条件

铬酸盐处理被广泛应用于提高钢铁上镀锌层或镀镉层的耐蚀性。锌和镉的铬酸盐处理溶液主要由六价铬化合物和活化剂所组成。所用的六价铬化合物为铬酸或碱金属的重铬酸盐;活化剂则可以是硫酸、硝酸、磷酸、盐酸、氢氟酸等无机酸及其盐,以及醋酸、甲酸等有机酸及其盐类,溶液中也经常根据需要添加其他组分。表 4-16 是几种金属及其合金的铬酸盐处理工艺规范。

金属及其合金的铬酸盐处理工艺规范　　　　　　　　　表4-16

材料	溶液的质量浓度(mL/L)		pH 值	溶液温度(T)	处理时间(s)
锌	铬酐 硫酸 硝酸 冰醋酸	5 0.3 3 5	0.8~1.3	室温	3~7
镉	铬酐 硫酸 硝酸 磷酸 盐酸	5 0.3 3 10 5	0.5~20	10~50	15~120
锡	铬酸钠 重铬酸钠 氢氧化钠 润湿剂	3 2.8 10 2	11~12	90~96	3~5
铝及其合金	铬酐 重铬酸钠 氟化钠	3.5~4 3.0~3.5 0.8	1.5	30	180
铜及其合金	重铬酸钠 氟化钠 硫酸钠 硫酸	180 10 50 6		18~25	300~900
镁合金	重铬酸钠 硫酸镁 硫酸锰	150 60 60		沸腾	1800

3) 老化处理

钝化膜形成后的烘干称为老化处理。新生成的钝化膜较柔软,容易磨掉,加热可使得钝化膜变硬,成为憎水性的耐腐蚀膜,但老化温度不可过高超过75℃,否则钝化膜失水,产生网状龟裂,同时可溶性六价铬转变为不溶性的,使膜失去自我修复能力;若老化温度过低,低于50℃时成膜速度太慢。因此,一般采用温度为60~70℃。

4) 影响铬酸盐膜质量的因素

(1) 三价铬的影响。铬酸盐处理溶液中存在一定量的三价铬,有利于形成较厚的膜。在溶液中其他组分不变的情况下三价铬含量升高,形成的铬酸盐膜数量增多。另外,三价铬化合物的影响与处理溶液的酸度有关,pH 值≥2时,特别明显。

(2) Cr^{6+} 与 SO_4^{2-} 的质量浓度之比的影响。铬酸盐溶液中,Cr^{6+} 与 SO_4^{2-} 的质量浓度之比直接影响膜的颜色和厚度。一定的条件下,Cr^{6+} 与 SO_4^{2-} 的质量浓度之比变化对膜层颜色具有一定影响。在 Cr^{6+} 与 SO_4^{2-} 的质量比不同的溶液中,可以形成颜色相同的膜;选择适当的 Cr^{6+} 与 SO_4^{2-} 的质量浓度之比,可以从同一种铬酸盐溶液中,得到各种颜色的铬酸盐膜。溶液中的活化剂可用硫酸、硫酸钠、硫酸锌或硫酸铬等物质。其中,采用含有硫酸铬的处理液可以获得质量较好的膜。

(3) pH 值的影响。pH 值对膜的形成影响很大,在没有添加酸或碱的铬酸盐溶液中,是不能形成铬酸盐膜的。只有在 pH 值达到最佳值时,才能得到较厚的铬盐膜,pH 值过大或过小,膜的厚度都将减薄。

(4) 溶液温度的影响。随铬酸盐溶液温度的升高,膜的生成重量增加。

(5) 干燥温度的影响。经用水清洗过的铬酸盐膜,最好不要在温度高于 50℃ 的条件下干燥。因为铬酸盐膜在此温度下由可溶性转化为不溶性,降低了铬酸盐膜中的六价铬的含量,从而影响铬酸盐膜的自愈合能力。这种转化的程度随温度的升高而加剧,当干燥温度超过 70℃ 后,膜层开始出现龟裂。

这里应当着重指出,由于六价铬是致癌物质,铬酸盐溶液对人体和环境有害,各国纷纷立法限制其使用,并正逐渐被非铬酸盐处理方法所取代。

第5章　表面涂覆技术

采用各种方法,将涂料或其他具有一定功能的物质涂覆在材料表面的技术,称为表面涂覆技术。区别于电镀、化学镀、气相沉积等表面覆盖技术的原子沉积过程,这里所说的表面涂覆技术主要是以颗粒沉和整体覆盖为主的表面涂层制备技术。表面涂覆技术是表面技术的重要组成部分,其涵盖范围很广,所用的材料和方法也非常多,应用广泛。从表面涂覆技术的含义上来说,可以列入表面涂覆技术的有涂装、堆焊、热浸镀、热喷涂、冷喷涂、搪瓷等等,限于篇幅,本章将重点介绍在金属材料防护和强化领域应用广泛且具有重要意义的热喷涂技术和冷喷涂技术,对其他技术只做简略介绍。

【教学目标与要求】

(1) 理解金属涂覆技术的含义与主要技术类别;
(2) 掌握热喷涂技术和冷喷涂技术的原理、分类及特点,了解相关应用;
(3) 能针对不同的实际应用场景选择恰当的表面涂覆工艺方法,设计相关试验。

> **导入案例**
>
> **航空发动机叶片热障涂层**
>
> 一直以来,航空发动机都是我国难以攻破的短板。据有关媒体报道,我国已经成功研发了新一代热喷涂热障涂层。热障涂层技术是指将具有高耐热性、高抗腐蚀性以及低导热率的陶瓷材料以涂层的形式覆盖在热端部件表面的一种热防护技术,能够在一定程度上阻止燃气温度向基体材料传递,降低基体的工作温度,从而保障部件在高温环境下的稳定运行。事实上随着航空航天技术的发展,对于热端部件的温度要求也越来越高,而发动机作为战机的动力源,也是最容易产生热能的部位,长期在高温氧化和高温气流的影响下,因此发动机对于热障涂层的要求也非常高。
>
> 我国对于热障涂层的研究早就开始了,已经研制出氧化锆陶瓷材料,在某些涡轮叶片上进行喷涂。虽然取得了阶段性成果,但是如果想大幅度提高发动机性能,则必须对热障涂层来进行进一步的研发。目前,多数国家的航空发动机大多只能耐1100℃的高温,但是美国的F119涡轮发动机前涡轮最高温就达到了1600℃。
>
> 我国也一直在寻找性能更好的热障涂层,在经过了一次又一次的失败之后,终于研发出了新型陶瓷热障涂层材料。这种材料较之于我国之前所使用的氧化锆陶瓷材料,耐热性可达到后者的3倍,可以将国产发动机的温度大幅提高,甚至与F119涡轮发动机相媲美。随着这一技术的进步,为我国在后续发动机的发展奠定了良好基础。

5.1 涂装技术

涂装技术是在基体上涂覆涂料,而形成均匀、连续、附着牢固的,具有一定功能(装饰、绝缘、防锈、防霉、耐热、阻燃、抗静电、耐磨等)涂层的过程或技术的总称。涂装技术在装饰和材料防护领域的应用中意义重大,尤其在金属防腐蚀约占整个金属腐蚀与防护经费的 2/3 以上。显然,要涂覆的基体结构设计及其表面状态必须符合相应涂装的技术要求,所要选用的涂料除了既能涂覆满足性能要求的涂膜之外,还要适应涂覆的基体及所要采用的涂覆方法。

5.1.1 涂料

1) 涂料概述

涂料的含义是广泛的,泛指可涂覆于物体表面在一定的条件下能形成一层致密、连续、均匀的薄膜而起保护、装饰或其他特殊功能的一类液体或固体材料。涂料可分为有机涂料和无机涂料两大类。其中,有机涂料的应用十分广泛,通常所说的涂料是指有机涂料。早期的涂料大多以植物油或天然树脂为主要原料,即常说的"油漆"。现在合成树脂已大部分或全部取代了植物油或天然树脂,现在对于呈黏稠液态的具体涂料品种仍可按习惯称为"漆"外,如调和漆、磁漆、建筑乳胶漆等,对于其他一些涂料,如水性涂料、粉末涂料等新型涂料就不能这样称呼了。

经过长期发展,目前涂料已有几千多种,涂料的分类方法很多,通常有以下几种分类方法。

(1) 按涂料的形态可分为水性涂料、溶剂性涂料、粉末涂料、高固体分涂料等。

(2) 按施工方法可分为刷涂涂料、喷涂涂料、辊涂涂料、浸涂涂料、电泳涂料等。

(3) 按施工工序可分为底漆、中涂漆(二道底漆)、面漆、罩光漆等。

(4) 按功能可分为装饰涂料、防腐涂料、导电涂料、防锈涂料、耐高温涂料、示温涂料、隔热涂料、阻燃涂料、隐形涂料、抗菌涂料等。

(5) 按用途可分为建筑涂料、罐头涂料、汽车涂料、飞机涂料、家电涂料、木器涂料桥梁涂料、塑料涂料、纸张涂料等。

(6) 我国化工部门,以涂料主要成膜物质为基础,将涂料划分为 16 大类:油脂漆类、天然树脂漆类、酚醛树脂漆类、沥青漆类、醇酸树脂漆类、氨基树脂漆类、硝基漆类、过氯乙烯树脂漆类、烯类树脂漆类、丙烯酸酯类树脂漆类、聚酯树脂漆类、环氧树脂漆类、聚氨酯树脂漆类、元素有机漆类、橡胶漆类和其他成膜物类涂料。

2) 涂料的组成

涂料是一种有机混合物,一般由成膜物质、颜填料、溶剂和助剂四部分组成,各组分的主要作用如下:

(1) 成膜物质

成膜物质也称为基料、漆料或漆基,基本是以天然树脂、合成树脂或它们的改性物三类原料为基础。成膜物质是组成涂料的基础组分,能够粘接涂料中的颜料并牢固地黏附在底材的表面,没有成膜物涂料不可能形成连续的涂膜。所以,成膜物质决定了涂料的基本性能,是决定涂料性能的主要因素。

根据成膜物质的成膜机理不同可将涂料的成膜物质分为非转化型和转化型两类:

①非转化型成膜物质

在涂料成膜过程中的组成结构不发生变化,即涂膜的组成结构与成膜物质相同。这类涂膜具有热塑性,受热软化,冷却后又变硬,多具有可溶、可熔性。例如:天然树脂、松香、虫胶、琥珀、天然树脂、天然沥青;天然高聚物的加工产品,如硝基纤维素、氯化橡胶等;合成的高分子线型聚合物,如过氯乙烯树脂、聚乙酸乙烯树脂等。

②转化型成膜物质

在成膜过程中的组成结构发生变化,形成与原来组成结构完全不相同的涂膜。由于转化型成膜物质具有能起化学反应的官能团,在热氧或其他物质的作用下能够聚合成与原有组成结构不同的不溶、不熔的网状高聚物,即热固性高聚物,因而所形成的涂膜是热固性的,通常具有网状结构。这类成膜物质包括干性油和半干性油、漆酚、多异氰酸酯的加成物和合成聚合物等。

现代涂料很少使用单一品种作为成膜物质,为进一步改进性能,经常采用几个树脂品种互相补充或互相改性,以适应多方面性能要求。

(2) 颜填料

颜填料具有着色、遮盖、装饰作用,并改善涂膜的防锈、抗渗、耐热、导电、耐磨、耐候等性能,增强膜层强度,它们是无机或有机固体粉状粒子。例如,钛白、锌钡白、氧化锌、铁红、桶红、铁黄、锌黄、群青、酞菁蓝等着色颜料,红丹、锌铅黄铅酸钙、碳氮化铅、铬酸钾钡等防锈颜料,等等。

(3) 溶剂

溶剂是用于解脂和调节涂料黏度的低黏度液体。绝大部分涂料中所用的溶剂是可挥发的,溶剂使涂料保持溶解状态,调整涂料的黏度,以符合施工要求;同时溶剂必须有适当的挥发度,它挥发之后能使涂料形成规定特性的涂膜,以达到涂膜的平整和光泽,还可消除涂膜的针孔、刷痕等缺陷。

溶剂要根据成膜物质的特性、黏度和干燥时间来选择,一般常用混合溶剂或稀释剂。按其组成和来源,常用的溶剂有植物性溶剂(如松节油等)、石油溶剂(如汽油、松香水)、煤焦溶剂(如苯、甲苯、二甲苯等)、酯类(如乙酸乙酯、乙酸丁酯)、酮类(如丙酮、环己酮)、醇类(如乙醇、丁醇等)。

(4) 助剂

助剂的作用主要是改善涂料储存性能、施工性能和使用性能,在涂料中用量一般不超过5%。助剂对提高涂料的储存、施工和使用性能作用很大。

常用的助剂有催干剂(如二氧化锰、氧化铝、氧化锌、醋酸钴、亚油酸盐、松香酸盐、环烷酸盐等,主要起促进干燥的作用)、固化剂(有些涂料需要利用酸、胺、过氧化物等固化剂与合成树脂发生化学反应才能固化、干结成膜,如用于环氧树脂漆的乙二胺、二乙烯三胺、邻苯二甲酸酐、酚醛树脂、氨基树脂、聚酰胺树脂等)、增韧剂(常用于不用油而单用树脂的树脂漆中,以减少脆性,如邻苯二甲酸二丁酯等酯类化合物、植物油、天然蜡等)。除上述三种助剂外,还有表面活性剂(改善颜料在涂料中的分散性)、防结皮剂(防止油漆结皮)、防沉淀剂(防止颜料沉淀)、防老化剂(提高涂膜理化性能和延长使用寿命),以及流平剂、稳定剂、紫外线吸收剂、润湿助剂、防霉剂、增光剂、消泡剂等。

3) 涂料的成膜机理

涂料的成膜方式与成膜物质种类息息相关,涂料的成膜物质不同,其成膜机理也不同。成膜方式可分为物理成膜和化学成膜两类,其中由非转化型成膜物质组成的涂料以物理方式成膜,而由转化型成膜物质组成的涂料以化学方式成膜。

(1) 物理成膜方式

依靠涂料内的溶剂直接挥发或聚合物粒子凝聚获得涂膜的过程,称为物理成膜方式,其包括以下两种方式:

① 溶剂挥发成膜方式

溶剂挥发使涂料干燥成膜的过程,这是液态涂料在成膜过程中必须经历的一种形式。这一过程中,成膜物质没有发生化学变化,通常在大气室温下就能迅速完成,也不需固化剂。这类涂料常常又被称为挥发性漆,如硝酸纤维素漆(俗称蜡克)、热塑性丙烯酸树脂漆、沥青漆、橡胶漆、过氯乙烯漆等。

② 聚合物凝聚成膜方式

聚合物凝聚成膜指涂料中的高聚物粒子在一定条件下互相凝聚成为连续的固态涂膜的过程,这是分散型涂料的主要的成膜方式。含有可挥发性分散剂的涂料,如水乳胶涂料、非水分散型涂料和有机溶胶等在介质挥发时,高聚物粒子相互接近、接触、挤压变形而聚集起来,最后由粒子状态聚集变为分子状态聚集而形成连续的涂膜。用静电或加热的方法将固体粉末涂料附在基体表面,在受热的条件下通过高聚物热熔、凝聚成膜,在此过程中还常伴随着高聚物的交联反应。

(2) 化学成膜方式

化学成膜指在加热、紫外光照或其他条件下,使涂覆在基材表面上的低分子量聚合物成膜物质发生交联反应,生成高聚物,获得坚韧涂膜的过程。这类涂料的成膜物质一般是分子量较低的线性聚合物,可溶解于特定的溶剂中,经过施工涂装后,一旦溶剂挥发,就能通过交联反应生成高聚物,获得坚韧的涂膜。化学成膜机理也可分为两类:漆膜的直接氧化聚合,即涂料在空气中的氧化交联或与水蒸气反应;涂料组分之间发生化学反应的交联固化。

① 涂料与空气中的成分发生交联固化反应

其指涂料与空气中的氧或水蒸气发生化学反应而交联固化成膜。如油脂漆、天然树脂漆、酚醛树脂漆、环氧树脂漆等,它们在干燥过程中与空气中的氧通过自动氧化机理聚合成膜。又如潮气固化型聚氨酯漆,可以与空气中的水分发生缩聚反应成膜。这类涂料可以在常温下干燥成膜,又称为"气干型"料。但在储存时必须要紧闭储存罐封盖,隔绝空气。

② 涂料中组分之间的交联固化反应

其又分为两种情况,即通常所说的单组分涂料、双组分或多组分涂料。

a. 单组分涂料:涂料中的组分在常温下不发生反应,当被加热或受到辐射等作用时才发生反应。属于这种类型的涂料有烘干型涂料、辐射固化涂料等。

b. 双组分或多组分涂料。双组分或多组分涂料是将具有相互反应活性的组分分装于不同容器中,施工前按比例进行混合;施涂过程和施涂后,各组分之间发生交联反应成膜。如甲醛树脂与酸性催化剂溶液的双组分涂料、环氧树脂与胺固化剂的双组分涂料等。

5.1.2 涂装

涂装工艺要根据工件的材质、形状、尺寸、使用要求、涂装用工具、涂装环境、固化条件、生产成本等加以综合考虑,合理选用。涂装工艺的一般工序是:涂前表面预处理—涂料涂覆—干燥固化。

(1)涂前表面预处理

为了获得优质涂层,涂前表面预处理是十分重要的。对于不同工件材料和使用要求,它有各种具体规范,总括起来主要有以下内容:①表面整平;②除油除锈,清除工件表面的各种污垢和锈迹;③对清洗过的金属工件进行各种表面化学处理和机械处理,如磷化、钝化、喷砂、打磨等,以提高涂层的附着力和耐蚀性。

(2)涂料涂覆

涂料涂覆时,要根据被涂件对涂层的质量要求来选择涂层组合和涂布方式。目前涂布的方法很多,如常见的刷涂法、搓涂法、刮涂法、浸涂法、淋涂法、转鼓涂布法等;一些新型涂装方法,如空气喷涂法、无气喷涂法、静电涂装法、电泳涂布法、粉末涂装法等新型喷涂方法,相比传统手工涂布法而言,具有膜层均匀性高、缺陷少、自动化程度高等优点,应用越来越广泛。

空气喷涂法是用压缩空气的气流使涂料雾化,并使其在气流带动下涂布到工件表面。喷涂装置包括喷枪(图5-1)、压缩空气供给和净化系统、输漆装置和胶管等,并需备有排风及清除漆雾的装备。

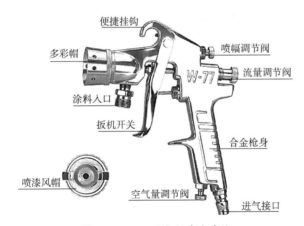

图5-1 W-77型空气喷涂喷枪

无气喷涂法是用密闭容器内的高压泵输送涂料,以大约100m/s的高速从小孔喷出,随着冲击空气和高压的急速下降,涂料内溶剂急剧挥发,体积骤然膨胀而分散雾化,然后高速地涂布在工件上。因涂料雾化不用压缩空气,故称为无空气喷涂。高压无气喷涂设备结构如图5-2所示。

静电喷涂法是以接地的工件作为阳极,涂料雾化器或电栅作为阴极,两极接高压而形成高压静电场,在阴极产生电晕放电,使喷出的漆滴带电,并进一步雾化,带电漆滴受静电场作用沿电力线方向被高效地吸附在工件上。

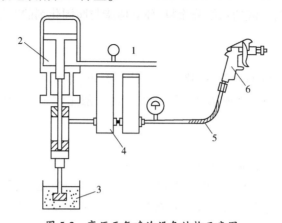

图 5-2 高压无气喷涂设备结构示意图
1-动力源;2-高压泵;3-涂料容器;4-蓄压过滤器;5-涂料输送管道;6-喷枪

电泳涂布法是将工件浸渍在水溶性涂料中作为阳极(或阴极),另设一与其相对应的阴极(或阳极),在两极间通直流电,通过电流产生的物理化学作用,使涂料涂布在工件表面。电泳涂布法可分为阳极电泳(工件是阳极,涂料是阴离子型)和阴极电泳(工件是阴极,涂料是阳离子型)两种。

粉末涂料不含溶剂和分散介质等液体成分,不需稀释和调整黏度,本身不能流动,熔融后才能流动,因此,不能用传统的方法而要用新的方法进行涂布。目前在工业上应用的粉末涂装法主要有:①熔融附着方式,包括喷涂法(工件预热)、熔射法、流动床浸渍法(工件预热)。②静电引力方式,包括静电粉末喷涂法、静电粉末雾室法、静电粉末流化床浸渍法、静电粉末振荡涂装法。③黏附(包括电泳沉积)方式,包括粉末电泳涂装法、分散体法。

(3) 干燥固化

根据不同涂料的成膜机理,选择不同的干燥固化方式。

5.2 热喷涂技术

5.2.1 热喷涂技术原理

1) 热喷涂原理

热喷涂是指利用某种热源将喷涂材料迅速加热到熔化或半熔化状态,再经过高速气流或焰流使其雾化,并以一定速度喷射到经过预处理的材料或制件表面,从而形成涂层的一种表面技术。虽然热喷涂方法很多,但是涂层形成基本过程大致相同,可分为喷涂材料的加热熔化、雾化加速、飞行阶段和撞击基体形成涂层四个阶段,热喷涂过程示意图如图 5-3 所示。

(1) 喷涂材料的熔化阶段

该阶段利用热源将喷涂材料加热到熔化或半熔化状态。该阶段非常关键,喷涂材料的熔化情况直接影响涂层结构和质量。喷涂材料的加热方式多种多样,按照热源种类,热喷涂技术可分为火焰喷涂、电弧喷涂、等离子喷涂、爆炸喷涂、激光喷涂、电子束喷涂等。

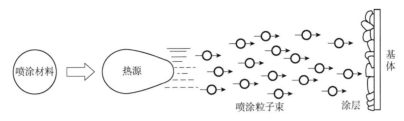

图 5-3 热喷涂过程示意图

(2) 熔化或半熔化状态的喷涂材料发生雾化阶段

线材喷涂时,进入热源高温区的线材熔化成液滴被高速气流或焰流雾化成细小熔滴向前喷射;粉末喷涂时,往往直接被高速气流或焰流推动而向前喷射。

(3) 粒子的飞行阶段

雾化的熔化或半熔化的细小颗粒首先被高速气流或焰流加速,当飞行一定距离后速度减慢。

(4) 撞击基体形成涂层阶段

喷涂材料的雾滴以一定的动能冲击基体表面产生强烈的碰撞,颗粒的动能转化为热能并部分传递给基体,同时微细颗粒沿凸凹不平表面产生变形,变形的颗粒迅速冷凝并产生收缩,呈扁平状黏结在基材表面。喷涂的粒子束连续不断地运动并撞击表面,产生碰撞—变形—冷凝收缩的过程。变形的颗粒与基材表面之间,以及颗粒与颗粒之间互相黏结在一起,从而形成涂层(图 5-4)。

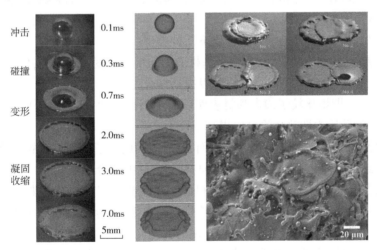

图 5-4 热喷涂熔滴撞击基体形成涂层过程及涂层表面结构

2) 热喷涂涂层结构

如图 5-5 所示,喷涂层的结构是由无数变形粒子互相交错呈波浪式堆叠在一起而形成的层状结构。在喷涂过程中,由于熔融的颗粒在熔化、软化、加速和飞行以及与基材表面接触过程中与周围介质间可能发生化学反应,使得喷涂材料经喷涂后会出现氧化物等夹杂物。而且,由于颗粒的陆续堆叠和部分颗粒的反弹散失在颗粒之间不可避免地存在一部分孔隙或空洞,其孔隙率一般在 0.025%~50% 之间。

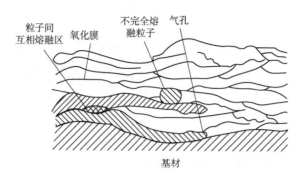

图 5-5 涂层截面结构示意图

由于涂层是层状结构是一层一层堆积而成的,因此,涂层的性能具有方向性,垂直和平行涂层方向上的性能是不一致的。采用等离子弧等高温热源、超声速喷涂以及低压或保护气氛喷涂,可减少上述缺陷,改善涂层结构和性能。涂层经适当处理后,结构会发生变化,如涂层经重熔处理,可消除涂层中的氧化物夹杂和孔隙,层状结构变成均质结构,与基体表面的结合状态也发生变化。

由于撞击基体表面的熔融态变形颗粒在冷凝收缩时产生的残余应力,一般涂层的外层受拉应力,而基体或涂层的内侧受压应力。应力大小与涂层的厚度成正比,当达到一定厚度后,涂层拉应力大于涂层与基体的结合强度,涂层结构发生破坏。

3) 热喷涂涂层结合机理

涂层的结合包括涂层与基材的结合及涂层与涂层的结合。前者的结合强度称为结合力,后者的结合强度称为内聚力。

涂层与基材之间的结合机理可能有以下几种类型:

(1) 机械结合,又称为抛锚效应,其与基材表面的粗糙程度密切相关,使用喷砂、粗车、车螺纹、化学腐蚀等粗化基材表面的方法,可以提高结合力。

(2) 物理结合,即熔化粒子撞击基材表面后产生范德华力,这要求基材表面达到干净和活化状态,例如喷砂后立即热喷涂可以提高结合力。

(3) 扩散结合,即熔融粒子撞击基材表面,基材表面的原子得到足够的能量,通过扩散形成一层固溶体或金属间化合物,提高了涂层与基材之间的结合强度。

(4) 冶金结合,即在一定情况下(如基材预热、喷涂粒子有高的熔化热、喷涂粒子本身发生放热化学反应),熔融粒子与局部熔化的基材之间发生"焊合"现象,形成微区冶金结合。

涂层结合方式主要以机械结合为主,上述的其他几种结合方式也有一定的效果。如将涂层进行适当后处理,可进一步增强结合力。例如:重熔可消除孔隙等缺陷的同时,增加冶金结合;后续热处理可增强扩散结合等。

4) 热喷涂分类和特点

(1) 热喷涂分类

如前所述,热喷涂热源大致有气体燃烧热源(火焰喷涂)、气体放电热源(电弧喷涂、等离子喷涂)、电热热源(感应加热喷涂)、爆炸热源(爆炸喷涂)、激光热源(激光喷涂)、电子束热源(电子束喷涂)等类型。采用这些热源在不同环境条件下(大气、真空、保护气氛、超音速等)加热熔化不同形态(粉、线材)的喷涂材料,构成了不同热喷涂方法。

(2)热喷涂特点

①适用范围广。涂层材料可以是金属、合金、陶瓷、高分子材料以及复合材料等。被喷涂工件也可以是金属和非金属。

②工艺灵活。施工对象小到10mm内孔,大到铁塔、桥梁等大型结构。喷涂既可在整体表面上进行,也可在指定区域内涂覆;既可在真空或控制气氛中喷涂活性材料,也可在野外现场作业。

③喷涂层的厚度可调范围大。涂层厚度可从几十微米到几毫米,表面光滑,加工量少。用特细粉末喷涂时,不加研磨即可使用。

④工件受热程度可控。除喷熔外,热喷涂是一种受热影响小的工艺,例如氧乙炔焰喷涂、等离子喷涂或爆炸喷涂,很多情况下在室温下进行,工件受热程度均不超过250℃,钢铁件等一般不会发生畸变,不改变其金相组织。

⑤生产率较高。大多数工艺方法的生产率可达到每小时喷涂数千克喷涂材料,有些工艺方法可高达50kg/h以上。

热喷涂操作环境较差,尤其是存在粉尘、烟雾和噪声等问题,必须加强防护措施。

5.2.2 热喷涂材料

1)热喷涂材料的特点及分类

热喷涂涂层的使用性能主要取决于热喷涂材料的成分及结构,具体材料的选择要视具体使用场景及性能要求来确定。热喷涂应用和发展离不开热喷涂材料开发,热喷涂材料必须具有良好的稳定性、使用性能、润湿性和流动性,以及适宜的热胀系数。

热喷涂材料可以从材料形状、成分和性质等不同角度进行分类。

(1)按热喷涂材料的形状分类,可以分为丝材、棒材和粉末等,其中丝材和粉末材料使用较多。

(2)按热喷涂材料的成分分类,可以分为金属、合金、陶瓷和塑料喷涂材料四大类。

(3)按涂层结构分类,可以分为纳米涂层材料、合金涂层材料、非晶态涂层材料,以及由这些材料复合构成的复合涂层材料。

2)热喷涂线材

热喷涂线材一般要求材料具有良好的塑性和一定的强度,一般为金属材料、复合材料或高分子材料等。

常见金属线材有:

(1)碳钢及低合金钢丝:最常用的是85优质碳素结构钢丝和T8A、T10A等碳素工具钢丝;一般采用电弧喷涂,用于喷涂曲轴、柱塞、机床导轨等常温工作的机械零件滑动表面耐磨涂层及磨损部位的修复。

(2)不锈钢丝:主要用于表面强化及耐蚀性场景,例如马氏体不锈钢丝(如12Cr13、20Cr13、30Cr13等)主要用于强度和硬度较高、耐蚀性要求不太高的场合;12Cr18Ni9等奥氏体不锈钢丝有良好的工艺性能,在多数氧化性介质和某些还原性介质中都有较好的耐蚀性,用于喷涂水泵轴等。由于不锈钢涂层收缩率大,易开裂,适于喷涂薄层。

(3)铝及铝合金丝。铝和氧有很强的亲和力,铝在室温下大气中就能形成致密而坚固的钝化膜，能防止铝进一步氧化。纯铝喷涂除大量用于钢铁件保护涂层外，还可作为抗高温氧化涂层、导电涂层和改善电接触的涂层。铝丝杂质含量的增加，会影响铝在氧化时形成氧化膜的连续性，特别在含有铁、硅和铜等元素时，耐蚀性降低。因此，在耐蚀性应用场景下一般铝丝纯度（质量分数）应大于 99.7%。喷涂时，表面不得有油污和氧化膜。

（4）锌及锌合金丝。在钢铁件上，只要喷涂 0.2mm 的锌层，就可在大气、淡水、海水中保持几年至几十年不锈蚀。为了避免有害元素对锌涂层耐蚀性的影响，最好使用纯度（质量分数）在 99.85% 以上的纯锌丝。在锌中加铝可提高涂层的耐蚀性，若铝的质量分数为 30%，则耐蚀性最佳。锌、铝熔点低，适合使用火焰喷涂，广泛用于户外作业中的桥梁、铁路配件、钢结构等的表面防护。

（5）钼丝。钼与氢不产生反应，可用于氢气保护或真空条件下的高温涂层。钼是一种自黏结材料，可与碳钢、不锈钢、铸铁、蒙乃尔合金、镍及镍合金、镁及镁合金、铝及铝合金等形成牢固的结合。钼可在光滑的工件表面上形成 LPM 的冶金结合层，常用作打底层材料。

（6）锡及锡合金丝。锡涂层具有很高的耐蚀性，常用作食品器具的保护涂层，但要严格控制砷等有害元素的含量。含锑和钼的锡合金丝具有摩擦因数低、韧性好、耐蚀性和导热性良好等特性。在机械工业中，锡及锡合金丝广泛应用于轴承、轴瓦和其他滑动摩擦部件的耐磨涂层。

（7）铅及铅合金丝。铅具有很好的防 X 射线辐射的性能，在核能工业中广泛用于防辐射涂层。含锑和铜的铅合金丝材料的涂层具有耐磨和耐蚀等特性，用于轴承、轴瓦和其他滑动摩擦部件的耐磨涂层，但涂层较疏松，用于耐腐蚀时需经封闭处理。由于铅蒸气对人体危害较大，喷涂时应加强防护措施。

（8）铜及铜合金丝。铜及铜合金主要用于电气开关的导电涂层、装饰涂层、防护涂层以及耐磨涂层等。例如：紫铜导电性好，常用作导电涂层；黄铜涂层则用于修复磨损及超差的工件，如修补有铸造砂眼、气孔的黄铜铸件，也可作装饰涂层；黄铜中加入质量分数为 1% 左右的锡，可改善耐海水腐蚀性能；铝青铜的强度比一般黄铜高，耐海水、硫酸和盐酸的腐蚀，有良好的耐磨性和抗腐蚀、抗疲劳性能，采用电弧喷涂时与基体结合强度高，可作为打底涂层，常用于水泵叶片、气闸活门、活塞及轴瓦等的喷涂；磷青铜涂层比其他青铜涂层更为致密，有良好的耐磨性，可用来修复轴类和轴承等的磨损部位，也可用于美术工艺品的装饰涂层。

（9）镍及镍合金丝。镍合金具有优良的耐蚀性，因此，常用于水泵轴、活塞轴、耐蚀容器的喷涂。80Ni20Cr 在高温下几乎不氧化，是最好的耐热耐蚀材料，常用于高温耐腐蚀涂层。镍铬耐热合金丝涂层致密，与母材金属的结合性好，常用于 Al_2O_3、ZrO_2 等陶瓷涂层的打底层，但不能用于硫化层、亚硫酸气体以及砂酸和盐酸介质中。

（10）复合喷涂丝。用机械方法将两种或更多种材料复合压制成的喷涂线材称为复合喷涂丝。不锈钢、镍、铝等组成的复合喷涂丝，利用镍、铝的放热反应使涂层与多种基体（母材）金属结合牢固，而且因复合了多种强化元素，改善了涂层的综合性能，涂层致密，喷涂参数易于控制，便于火焰喷涂。因此，它是目前正在扩大使用的喷涂材料，主要用于液压泵转子、轴承、汽缸衬里和机械导轨表面的喷涂，也可用于碳钢和耐蚀钢磨损件的修补。

3）热喷涂粉末

热喷涂粉末相较于丝材，对材料力学性能要求不高，种类较多，可分为金属及合金粉末、陶瓷材料粉末和复合材料粉末等。

(1) 金属及合金粉末

金属及合金粉末有下面两种：

①喷涂合金粉末（又称为冷喷合金粉末）。这种粉末不需或不能进行重熔处理。按其用途分为打底层粉末和工作层粉末。打底层粉末用来提高涂层与基体的结合强度；工作层粉末保证涂层具有所要求的使用性能。放热型自黏结复合粉末是最常用的打底层粉末。工作层粉末熔点要低，具有较高的伸长率，以避免涂层开裂。氧乙炔焰喷涂工作层粉末最常用的是镍包铝复合粉末与自熔性合金的混合粉末。

②喷熔合金粉末（又称为自熔性合金粉末）。因合金中加入了强烈的脱氧元素如 Si、B 等，在重熔过程中它们优先与合金粉末中氧和工件表面的氧化物作用，生成低熔点的硼硅酸盐覆盖在表面，防止液态金属氧化，改善对基体的润湿能力，起到良好的自熔剂作用，所以称之为自熔性合金粉末。喷熔用的自熔性合金粉末有镍基、钴基、铁基及碳化钨四种。

(2) 陶瓷粉末

陶瓷粉末是金属氧化物、碳化物、硼化物、硅化物等的总称，其硬度高、熔点高，但脆性大。常用的陶瓷粉末有：

①氧化物。它是使用最广泛的高温材料。氧化物陶瓷粉末涂层与其他耐热材料涂层相比，绝缘性能好，热导率低，高温强度高，特别适合用作热屏蔽和电绝缘涂层。

②碳化物。它包括碳化钨、碳化铬、碳化硅等，很少单独使用，往往采用钴包碳化钨或镍包碳化钨，以防止喷涂时产生严重失碳现象。为保证涂层质量，须严格控制喷涂工艺参数，或在含碳的保护气氛中喷涂。碳化钨是一种超硬耐磨材料，由于温度和均匀度等因素，其组织及性能很难达到烧结碳化钨硬质合金的性能。碳化铬、碳化硅也可用作耐磨或耐热涂层。

(3) 复合材料粉末

复合材料粉末是由两种或更多种金属和非金属（陶瓷、塑料、非金属矿物）固体粉末混合而成。其特点是：

①复合材料粉末的粉粒是非均相体，在热喷涂作用下形成广泛的材料组合，从而使涂层具有多功能性。

②复合材料之间在喷涂时可发生某些希望的有利反应，改善喷涂工艺，提高涂层质量。例如：可制成放热型复合粉，使涂层与基体除机械结合外，还与冶金结合，提高涂层结合强度。

③包覆型复合粉的外壳，在喷涂时可对核心物质提供保护，使其免于氧化和受热分解。

按照复合材料粉末的结构，一般分为包覆型、非包覆型。包覆型复合材料粉末的芯核被包覆材料完整地包覆着；非包覆型复合材料粉末的芯核被包覆材料包覆程度是不均匀和不完整的。

5.2.3　热喷涂工艺

1) 热喷涂预处理

为了提高涂层与基体表面的结合强度，在喷涂前，应对基体表面进行预加工、清洗、粗化、预热处理等。

(1) 基体表面预加工

表面预加工的目的：一是使工件表面适合于涂层沉积，增加膜层与基体的接触面积；二是有利于克服涂层的收缩应力。对工件的某些部位做相应预加工以分散涂层的局部应力，增加涂层的抗剪能力。

常用的基体表面预加工方法是切圆角和预制涂层槽。工件表面粗车螺纹也是常用的方法之一，尤其在喷涂大型工件时常用车削螺纹来增加结合面积。车削螺纹应注意两个问题：一是螺纹横截面要适于喷涂，其中矩形或半圆形的横截面不利于涂层的结合；二是螺纹不宜过深，否则将喷涂过厚，使成本增加。也可对涂覆表面进行滚花或将车削螺纹和滚花结合起来。

例如：对承受静载荷为主的工件，表面边缘应倒 90°~135°圆弧，其根部半径应大于涂层厚度的一半，至少为 0.75mm；对承受动载荷为主的工件，表面边缘和端部应加工成较大半径的圆角或与表面成小于 30°的斜面，以适应喷涂需要。对涂层结合力要求不高的轴类工件，可在要求修复的区域内进行车螺纹和滚压处理，形成粗糙表面，一般为 10 条纹/cm 左右，需高结合力时，则可车 20 条纹/cm 左右。车削成阶梯状工件，阶梯的尖角最好加工成圆角，喷涂后不易产生缺陷。工件有裂纹时，应在裂纹处开槽，其宽度为裂纹宽度的 3~4 倍。槽的侧面深 0.6mm 左右，并与基体呈略小于 90°的锐角。凹面修复的预加工也可采用类似方法，即在磨损部位边缘加工成深 0.6mm、略小于 90°的锐角。当凹面深度大于 0.75mm 时，则采用预埋钉的方法以增加涂层结合力。工件上的气孔应加工成全部敞开，侧面深 0.6mm，并与孔基面成小于 90°的锐角。平面修复可采用开槽法，以增加涂层结合力。

(2) 基体表面的清洗

一般是采用碱洗法去除表面油脂，有时也使用有机溶剂法去除表面油脂；采用酸洗法去除表面氧化层。

(3) 基体表面的粗化处理

基体表面的粗化处理的目的是增加涂层与基体的接触面积，以提高涂层与基体表面机械结合强度。基体表面粗化处理方法有喷砂法、机械加工法、腐蚀法、电弧法等，实际生产中喷砂法是最常用的基体表面粗化处理方法。由于使用机械加工法进行表面粗化后还需要进行表面清洗，因此也常将其归类于预加工工序。

① 喷砂法

喷砂法是最常用的粗糙化工艺方法。砂粒有冷硬铁砂、氧化铝砂、碳化硅砂等多种，可根据工件的表面硬度选择使用。若基体材料硬度低于 360HV，则选用白口冷硬铁砂等；若基体材料硬度高于 360HV，则选用氧化铝刚玉或碳化硅砂等。喷砂前工件表面要清洗、脱脂，喷砂用的压缩空气应去油和水。用专用喷砂机进行喷砂。砂粒应清洁、锐利，污染和磨损的砂粒不能使用。用白口冷硬铁砂时，空气压力为 0.3~0.7MPa；用氧化铝砂时，砂粒尺寸为 0.5~1mm，空气压力为 0.15~0.4MPa。若工件的表面硬度在 510HV 以上、又不容许去除硬表面层时，喷砂后还须先涂覆结合层，以增加喷涂层与基体的结合强度。结合层材料主要有钼、镍、铝和铝青铜等，选用时应注意结合层材料的适用范围，如钼不适用于铜、铜合金和渗氮层表面，镍铝合金不适用于铜及铜合金工件表面，铝青铜不适用于渗氮层表面。喷砂时要有良好的通用吸尘装置。必要时，须做比较性试验，以选择具有最佳涂层附着力的工艺参数。喷砂后除极硬的材料表面外,不应出现光亮表面。喷砂表面粗化完成后,工件表面要保持清洁,并尽快(一般不超过 2h)转入喷涂工序。

②腐蚀法

在基体表面发生化学腐蚀,晶粒上各个晶面的腐蚀速度不同,基体表面可形成粗糙的表面。

③电弧法(又称为电火花拉毛法)

电弧法:将直径比较细的镍(或铝)丝作为电极,在电弧作用下,电极材料与基体表面局部熔合,产生粗糙的表面。这种方法适用于硬度比较高的基体表面,但不适用于比较薄的零件表面。

(4)基体表面的预热处理

涂层与基体表面的温度差会使涂层产生收缩应力,从而引起涂层开裂和剥落。基体表面的预热可降低和防止上述不利影响,但预热温度不宜过高,以免引起基体表面氧化而影响涂层与基体表面的结合强度。一般基体表面的预热温度为 200~300℃。预热可直接用喷枪进行,如用中性氧乙炔焰对工件直接加热。预热也可采用电阻炉、高频设备加热,具体方法可根据生产条件选择。

2)涂层喷涂

工件表面处理好之后要在尽可能短的时间内进行喷涂。影响热喷涂过程的因素较多,具体包括设备类型(喷枪喷嘴几何尺寸、功率、气流等)、喷涂材料(粒度或尺寸、输送速度、物理化学性质)、喷涂焰流(加热方式、气体成分/速度/温度、喷涂距离等)、基体状态(预处理状态、温度、移动速度、物理化学性质等)。具体喷涂工艺参数要视选用的喷涂方法、涂层质量要求、涂层使用环境及性能要求、经济性、环保性等多方面因素综合考量确定。

为增加涂层与基体的结合强度,要考虑是否需要预先喷涂打底层,尤其是工作层为陶瓷等脆性材料,基体为金属时,喷涂打底层效果更明显。实际工业应用中,喷涂打底层的厚度一般为 0.10~0.15mm,常用材料有放热型镍包铝或铝包镍粉末等,打底层不宜过厚,如超过 0.2mm,不但不经济,而且会使结合强度下降。喷涂铝镍复合粉末时,应使用中性焰或轻微碳化焰,另外选用的粉末粒度号在 180~250 为宜,以避免产生大量烟雾,导致结合强度下降。

3)热喷涂后处理

热喷涂后处理的主要目的是改善涂层的外观、内在质量和结合强度,热喷涂后处理包括封孔处理和机加工处理、重熔、热处理等。

火焰喷涂层是有孔结构,这种结构对于耐磨性一般影响不大,但会对在腐蚀条件下工作的涂层性能产生不利影响,需要将孔隙密封,以防止腐蚀性介质渗入涂层,避免对基体造成腐蚀。常用的封孔剂有石蜡、硅树脂、酚醛树脂和环氧树脂等,具体选择哪种封孔剂需要考虑工件的工作介质、温度、环境、成本等因素。密封石蜡应使用有明显熔点的微结晶石蜡,不使用没有明显熔点的普通石蜡。酚醛树脂封孔剂适用于密封金属及陶瓷涂层的孔隙,这种封孔剂具有良好的耐热性,在 200℃ 以下可连续工作,而且除强碱外,能耐大多数有机化学试剂的腐蚀。另外,对于那些要承受比较高的冲击磨损的工件来说,喷涂加工厂家除了要进行封孔处理外,还需要对涂层进行重熔处理,以进一步延长工件的寿命,提高工件的品质。对于有尺寸精度要求的工件,在进行热喷涂后,喷涂加工厂家需要对涂层进行精加工和磨光等机加工处理，以提高工件的尺寸精度、降低表面粗糙度，满足用户的要求。为降低涂层应力水平，有时还需要对工件进行后续退火处理。

5.2.4 火焰喷涂

火焰喷涂是利用-燃料气体火焰作为热源来实现热喷涂的方法，燃料气体有乙炔（燃烧温度约3260℃）、丙烷（燃烧温度约3100℃）、氢气（燃烧温度约2870℃）、天然气（燃烧温度约2500℃）等。火焰喷涂方法具有设备简单、成本低、操作简单、喷涂速度快等特点，被广泛应用于曲轴、柱塞、轴颈、机床导轨、桥梁、铁塔、钢结构防护架等，是应用最早、使用最为广泛的热喷涂技术之一。火焰喷涂可用于金属、陶瓷的喷涂，但相较于其他喷涂方法，火焰的温度相对较低，因此，实际应用中还主要用于低熔点材料（铝、锌及其合金等）的喷涂。使用火焰使喷涂层重新熔化，提高涂层的致密性和结合强度，称之为火焰喷焊，喷焊实际上是喷涂和重熔两种表面技术的复合。

火焰喷涂可分为线材喷涂、棒材喷涂和粉末喷涂三种，目前使用最广的是氧-乙炔火焰喷涂和火焰粉末喷涂。

火焰线材喷涂的原理为：将线材或棒材送入氧乙炔火焰区加热熔化，借助压缩空气使其雾化成颗粒，喷向粗糙的工件表面形成涂层。缺点是喷出的熔滴大小不均匀，导致涂层不均匀和孔隙大等缺陷。

图 5-6 所示为典型的线材火焰喷枪结构示意图。喷枪通过气阀引入乙炔、氧气和压缩空气，燃烧气体混合后在喷嘴出口处产生燃烧火焰。喷枪内的驱动机构连续地将线材通过喷嘴送入火焰，在火焰中线材端部被加热熔化，压缩空气使熔化的线材端部脱离并雾化成微细颗粒，在火焰及气流的推动下，微细颗粒喷射到经预先处理的基材表面形成涂层。线材火焰喷涂的金属丝直径一般为1.8~4.8mm。有时直径较大的棒材，甚至一些带材亦可喷涂，但是此时需要根据喷涂材料尺寸配以特定的喷枪。

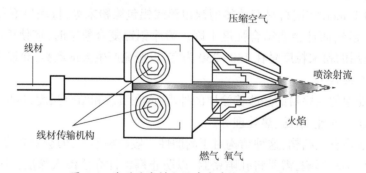

图 5-6 典型的线材火焰喷涂喷枪结构示意图

1) 氧-乙炔火焰喷熔

氧-乙炔火焰喷熔以氧-乙炔焰为热源，将自熔性合金粉末喷涂到经制备的工件表面上，然后对该涂层加热重熔并润湿工件，通过液态合金与固态工件表面间相互溶解和扩散，形成牢固的冶金结合。它是介于喷涂和堆焊之间的一种新工艺。粉末喷涂涂层与基体呈机械结合，结合强度低，涂层多孔不致密；堆焊层熔深大，稀释率高，加工余量大；经喷熔处理的涂层，表面光滑，稀释率极低，涂层与基体金属结合强度高，致密无气孔。喷熔的缺点是重熔温度高,须达到粉末熔点温度,工件受热温度高,会产生变形。

喷熔工艺包括:工件表面制备、工件预热、喷涂合金粉末、重熔处理、冷却、涂层后处理。

2) 火焰粉末喷涂

火焰粉末喷涂原理如图 5-7 所示。喷枪主要由两部分组成:产生火焰的燃料供给系统和喷涂粉末供给系统。进行热喷涂时,氧气和乙炔在喷嘴燃烧,同时粉末随氧气输送到喷嘴,粉末被喷嘴的高温火焰加热熔化或半熔化后喷射到工件表面形成所需要的涂层。火焰粉末喷涂具有设备简单、工艺操作简便、应用广泛灵活、适应性强、经济性好、噪声小等特点,因而是目前热喷涂技术中应用最多的一种,在机械零件如轴、轴瓦、轴套等的修复、再制造中应用广泛。

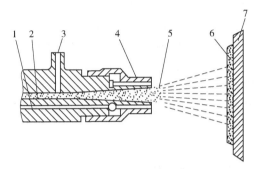

图 5-7 火焰粉末喷涂原理

1-氧-乙炔气体;2-粉末输送气体;3-粉末;4-喷嘴;5-火焰;6-涂层;7-基体

5.2.5 电弧喷涂

1) 电弧喷涂原理

电弧喷涂是以电弧为热源熔化金属丝材(线材),并用高速气流雾化,高速喷到工件表面形成涂层的一种工艺。喷涂材料需要具有导电性,一般是将喷涂金属或合金制成丝状电极。如图 5-8 所示,喷涂时,两根丝状金属喷涂材料用送丝装置通过送丝轮均匀、连续地分别送进电弧喷涂枪中的导电嘴内,当两金属丝材端部由于送进而互相接触时,在端部之间短路并产生电弧,使丝材端部瞬间熔化,并用压缩空气把熔化金属雾化成微熔滴,高速喷射到工件表面,形成电弧喷涂层。电弧喷涂一般采用不锈钢丝、高碳钢丝、合金工具钢丝、铝丝和锌丝等作喷涂材料,广泛应用于轴类、导辊等载荷零件的修复,以及钢结构防护涂层。

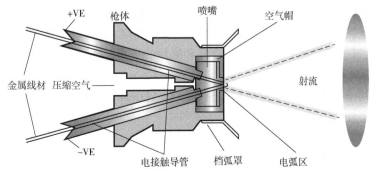

图 5-8 电弧喷涂喷枪结构示意图

2) 电弧喷涂特点

与火焰喷涂相比，电弧喷涂具有如下主要特点：

(1) 结合强度高。电弧温度高于火焰，熔化效果好，电弧喷涂涂层的密度可达70%~90%理论密度，结合强度为10~30MPa，高于线材火焰喷涂。可以在不预热的情况下，获得高的涂层结合强度。

(2) 热效率高。能源利用率显著高于火焰喷涂，火焰喷涂热能利用率一般为5%~15%，电弧喷涂利用率可达60%~70%。

(3) 生产效率高。电弧熔化速度快，且两根丝材同时进给，生产效率比火焰喷涂高2~6倍。

(4) 经济性好。其费用比火焰喷涂降低30%以上。

(5) 安全性高。电弧喷涂仅使用电和压缩空气，不用氧气、乙炔等易燃气体。

(6) 容易获得合金涂层。采用两根不同成分的金属丝，即可获得合金涂层。

3) 电弧喷涂设备及工艺

电弧喷涂设备由电弧喷涂喷枪、控制系统、电源、送丝装置及压缩空气系统等组成。通过各组件调控电弧电压、电弧电流、送丝速度、丝材直径、压缩空气压力、喷涂距离和角度等工艺参数。

(1) 电弧电压

电弧电压的高低主要取决于喷涂材料的熔点。低熔点金属选择较低的弧电压，一般不低于15~25V。若弧电压过低，则丝材端部会出现闪光，电弧不连续，但弧电压过高，会出现断弧现象。

(2) 电弧电流

为使金属熔化，一般需要低电压高电流，电弧电流一般为100~300A。为维持电弧的长度和稳定性，电弧电流要根据丝材熔化速度、进给速度等确定。使用平特性电源，可实现电弧电流随送丝速度增减自动调节，使电弧功率和喷涂速度处于平衡状态。

(3) 送丝速度

送丝速度决定了电弧喷涂速度。送丝速度取决于电参数和丝材的性质，恰当的送丝速度应使熔化、雾化良好且处于稳定的动平衡状态。

(4) 丝材直径

电弧喷涂用金属丝直径一般为0.8~3.0mm。

(5) 压缩空气压力

压缩空气压力一般为0.4~0.6MPa。适当提高压缩空气的压力和流量，可提高熔化材料的雾化效果和熔粒的飞行速度，有利于获得高质量的涂层；但压力和流量过大，则会降低电弧温度，影响电弧的稳定性。因此，压缩空气和流量的选择合适与否将会影响涂层的质量。

(6) 喷涂距离和角度

根据电弧功率的大小，喷涂距离应控制在100~200mm，同时喷涂角度不应小于45°。

5.2.6 等离子喷涂

1) 等离子喷涂基本原理

等离子弧喷涂是以等离子弧为热源的热喷涂。等离子弧是一种高能量密度热源，电弧在等离子喷枪中受到压缩,形成弧柱,能量集中,其横截面的能量密度可提高到 $105\sim106W/cm^2$,弧柱中心温度可升高到 $15000\sim33000K$。在这种情况下,弧柱中气体随着电离度的提高而成为等离子体,这种压缩型电弧为等离子弧。国内常根据电源的不同电极连接方式,将等离子弧分为非转移弧、转移弧和联合弧三种形式(图 5-9),国外常将图 5-9 所示转移弧和联合弧均归为转移弧。

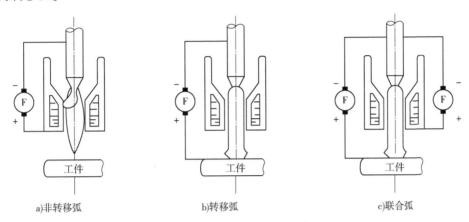

图 5-9 等离子弧的三种形式

(1) 非转移型等离子弧

非转移型的等离子弧是在接负极的钨极与接正极的喷嘴之间形成的,工件不带电。等离子弧在喷嘴内部形成,利用高速气流将等离子弧从喷嘴中喷射出来。图 5-10 所示为一种非转移型等离子喷枪结构示意图。

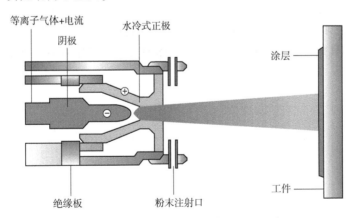

图 5-10 一种非转移型等离子喷枪结构示意图

(2) 转移型等离子弧

转移型等离子弧简称转移弧,等离子弧是在接负极的钨极与接正极的工件之间形成的,在引弧时要先用喷嘴接电源正极,产生小功率的非转移弧,而后工件转接正极将电弧引出去,同时将喷嘴断电。转移弧有良好的压缩性,电流密度和温度都高于同样焊枪结构和功率的非转移弧。

(3) 联合型等离子弧

联合型等离子弧由转移弧和非转移弧联合组成,它主要用于电流在 100A 以下的微弧等离子焊接,以提高电弧的稳定性。在用金属粉末材料进行等离子堆焊时,联合型等离子弧可以提高粉末的熔化速度,减少熔深和焊接热影响区。

2) 等离子喷涂特点

(1) 温度高、能力集中

在喷嘴出口处中心温度能够达到 20000K 以上,可以熔化任何金属和陶瓷,因此,特别适用于高熔点材料(陶瓷等)的喷涂,并可以获得高的生产效率。

(2) 涂层质量高

进入喷枪中的工作气体被加热到上万摄氏度高温,体积剧烈膨胀,等离子焰流自喷枪中高速喷出(等离子弧流度可达 1000m/s,粒子飞行速度可达 600m/s),提高了熔融粒子的冲击力,可减少涂层孔隙、夹杂等缺陷,提高表面平整度,获得较高的涂层结合力。

(3) 工艺稳定性好,涂层质量稳定可控

等离子弧是一种压缩型电弧,弧柱挺拔、电离度高,因而电弧位置、形状以及弧电压、弧电流都比自由电弧稳定,不易受外界因素的干扰,涂层质量较为稳定。压缩型电弧可调节的因素较多,在很广的范围内稳定工作,获得良好的质量控制。

(4) 基体损伤小,无变形

由于使用惰性气体作为工作气体,所以喷涂材料不易氧化。同时工件在喷涂时受热少,表面温度不超过 250℃,母材组织无变化,甚至可以用纸作为喷涂的基体。因此,对于一些高强度钢材以及薄壁零件细长零件均可实施喷涂。

3) 等离子喷涂设备及工艺

如图 5-11 所示,等离子弧喷涂设备主要有喷枪、送粉器、供气系统、电源、水冷系统、电气控制系统等。等离子喷枪是关键部件,其集中了整个系统的粉、气、水、电等附件。阴极是电子发射源,因此,须选用熔点高且电子发射能力强的材料(一般采用钨制成)。喷嘴是喷枪的关键,一般是用导热性好的紫铜制成,工作气体通过水冷喷嘴材料对电弧进行压缩,产生等离子弧。

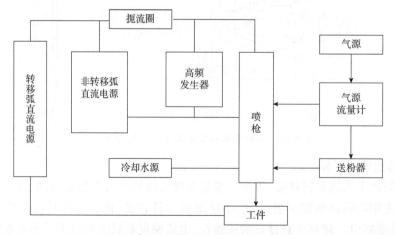

图 5-11 等离子喷涂系统组成示意图

等离子喷涂时要确定喷涂功率、工作气体种类和流量、送粉气体种类和流量送粉量、喷涂距离和角度、喷枪与工件的相对运动速度、工件预热温度等工艺参数。

5.2.7 特种喷涂技术

1)超音速喷涂

(1)超音速火焰喷涂

超音速火焰喷涂是指燃烧火焰焰流速度超过音速的火焰喷涂方法。根据不同结构的喷枪,超音速火焰喷涂可选用的燃料有氢气、乙炔、丙烷、丙烯、煤油等。如图 5-12 所示,为超音速火焰喷涂喷枪原理示意图,燃气和氧气以一定的比例输入燃烧室,燃气和氧气在燃烧室混合燃烧,并产生高压热气流,同时由载气(Ar 或 N_2)沿喷管的中心套管将喷涂粉末输送到高温射流中,粉末被加热熔化并加速。整个喷枪由循环水冷却,射流通过喷管时受到水冷壁的压缩,离开喷嘴后燃烧气体迅速膨胀,产生了超音速火焰。焰流速度可达 2200m/s,焰流速度是普通火焰喷涂焰流速度的 4~5 倍,也明显高于一般的等离子焰流速度。在这样的高速气流推动下,喷涂粒子的速度可高达 1000~1200m/s。

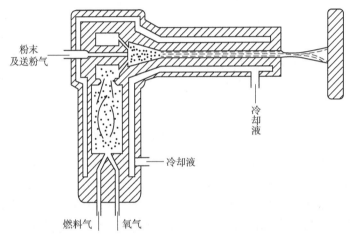

图 5-12 超音速火焰喷涂喷枪原理示意图

超音速火焰喷涂的火焰是连续燃烧的,喷涂颗粒在焰流中的加热时间较长,所以能较均匀地加热。另一方面,由于颗粒的高速飞行,几乎与大气不发生反应,受到的损害很小。因此可形成结合力强、氧化物少、孔隙率低的高密度涂层。例如:用该技术喷涂镍基自熔性合金粉末时,结合强度达 70MPa,涂层致密度大于 99%。尤其喷涂金属碳化物材料,可防止或减少碳化物的脱碳与分解,制得的涂层具有很高的耐磨性。

采用燃气作为燃烧气体需要有一个庞大的供气系统,所消耗的气体远多于一般的火焰喷涂。如果采用液体燃料,可简化大量供气装置。

(2)超音速等离子喷涂

高电压低电流方式会产生超音速等离子射流。大量的等离子气体从负极周围输入,在连接正负极的长筒形喷嘴管道内产生旋流,在喷嘴和电极间很高的空载电压下,通过高频引弧装置引燃电弧。电弧在强烈的旋流作用下向中心压缩,被引出喷嘴,电弧的阴极区落在喷嘴的出口上。由于这样的作用,弧柱被拉长到 100mm 以上,电弧电压高达 400V,在电弧电压为 500A 情况下,电弧功率达 200kW。这样长的电弧使等离子气体充分加热,当高温等离子气体离开喷嘴后,产生超音速等离子射流。

超音速等离子喷涂的主要特点是涂层致密、孔隙率很小、结合强度高,涂层表面平整度高,焰流温度高、速度大,可喷涂高熔点材料,熔粒与周围大气接触时间短,喷涂材料不受损害、涂层硬度高。

2) 爆炸喷涂

爆炸喷涂是氧乙炔焰喷涂技术中最复杂的一种方法。爆炸喷涂喷枪原理如图 5-13 所示。爆炸喷涂具体过程是首先将一定量的氧与乙炔混合气体引入到喷涂枪内,然后把一定量的粉末注入喷枪的同时,利用电火花塞点火将混合气体点燃引爆产生高温和压力波,使粉末加热到高塑性或熔融状态,喷涂粉末同时被加速由枪口喷出,撞击在工件表面,形成高结合强度和高致密度的涂层。气体爆燃式喷涂过程可以 4~8 次/s 的频率反复进行。每次喷涂的厚度为 4~6μm,喷涂最小半径约为 25mm。因为气体爆燃式喷涂是脉冲式的,基体受热作用时间短,工件表面的温度可以被控制在 150℃ 以下。

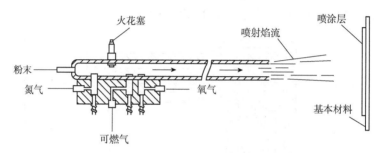

图 5-13 爆炸喷涂喷枪原理示意图

爆炸喷涂主要用于金属陶瓷、氧化物及特种金属合金,如 91WC9Co、86WC4Cr10Co、$60Al_2O_3 40TiO_2$、$65Cr_3C_2 35NiCr$ 等。涂层的表面粗糙度 Ra 可小于 1.60μm,经磨削加工后可达 0.025μm,涂层与基体的结合为机械结合,结合强度可达 70MPa 以上。爆炸喷涂在航空产品零件上已经得到广泛应用,如高低压压气叶片、涡轮叶片、轮毂密封槽、齿轮轴、火焰筒外壁、衬套、副翼、襟翼滑轨等零件。

5.3 冷喷涂技术

5.3.1 冷喷涂原理

冷喷涂又称为气体动力喷涂(GDS)、气体动力冷喷涂(GDCS)、超音速冷喷涂等。与热喷涂不同的是,它不需要将喷涂的金属粒子熔化或半熔化,而是以压缩空气加速金属粒子到超音速,直接碰撞基材表面并发生塑性形变,并牢固地附着在基体上形成涂层。

20 世纪 80 年代中期,苏联科学院在用示踪粒子进行超音速风洞试验时发现,当粒子的速度超过某一临界速度时,示踪粒子对靶材表面的作用从冲蚀转变为加速沉积,由此提出了冷喷涂的概念。第一篇关于冷喷涂的论文于 1990 年发表,最先参与冷喷涂研究的苏联研究者 Papyrin 于 1995 年在美国召开的全美热喷涂会议上与美国学者开始联合发表相关研究结果。2000 年,在加拿大召开的国际热喷涂会议上组织了专门的讨论会,由此在国际上引起了广泛的关注。目前这项新的表面技术已被逐渐推广。

图 5-14 所示为冷喷涂系统结构示意图。经加压的高压气体（氦气或氮气等）经管路输送至加热器，加热器把气体加热到一定的温度，高压气体同时经加粉器将粉末送入喷枪；喷枪是将粉末加速至超音速状态的关键，一般使用拉瓦尔（Laval）型喷嘴，喷枪后部是腔膛，送入的粉末与进入的工作气相混合，经喉管进入喷嘴，工作气从喷嘴进口处 1.5~3.5MPa 的压力膨胀到常压，形成一种超音速气流（与火箭发动机的加速原理相同）。随喷嘴结构和大小、工作气类别、进气压力与温度、粉末颗粒大小和密度等因素的不同，颗粒速度有所不同，一般为 500~1000m/s。粉末颗粒与基材撞击产生变形，并牢固附着在基材上，形成涂层。工作气的预热，有利于颗粒速度的提升，又会使颗粒受热，在撞击基材时容易变形。由于工作气温度明显低于材料的熔点，因而不会出现熔化时的氧化和相变。

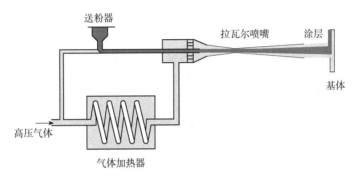

图 5-14　冷喷涂系统结构示意图

5.3.2　冷喷涂的特点

（1）冷喷涂喷涂温度低，涂层氧化物含量少。冷喷涂特别适宜于喷涂易氧化材料和纳米材料、非晶材料等温度敏感材料。

（2）冷喷涂对基体的热影响小。冷喷涂基本不改变基体材料的组织结构，基体材料的选择范围广泛。

（3）冷喷涂沉积率高，喷涂效率高，经济性好。当金属粉末粒子速度超过其临界速度后，随着速度的增加，沉积效率增加，最高可以达到 80% 以上。且粉末可以回收利用，粉末利用率达 100%。

（4）冷喷涂涂层致密、结合力较高。冷喷涂的颗粒以高速撞击而产生强烈塑性变形形成涂层，后续粒子的冲击又对前期涂层产生夯实作用，涂层又没有从熔融状态冷却的体积收缩过程，故孔隙率较低；超音速喷涂，粉末速度快，变形充分，机械结合力高。

（5）冷喷涂可以制备复合涂层。采用冷喷涂的方法可以很容易地实现均匀混合涂层组织。

（6）冷喷涂涂层呈压应力状态。由于高速粒子碰撞时对基体或涂层表面产生强烈的喷丸效应，涂层内一般处于压应力状态，有利于沉积厚涂层和提高涂层疲劳性能。

5.3.3　冷喷涂工艺

在冷喷涂过程中，喷涂粉末的速度必须超过临界速度，只有超过临界速度的粉末才能够在基体上沉积。速度小于临界速度将对基体产生喷丸或喷砂（冲蚀）作用。速度也不能过高,过高可能导致基体变形、穿孔。另外,粉末颗粒的速度决定了涂层的沉积速率和结合强度。因此,粉末颗粒的速度是喷涂的关键参量。因此,能够对粉末颗粒的速度产生影响的因素都将影响喷涂效果。在研究冷喷涂的优化工艺中发现,影响喷涂效果的因素主要有气体的性质和压力、气体温度、粉末材料粒度和喷涂距离等。一般来说,气体的压力和预热温度越高,得到的粒子速度越高;不同的粉末材料和粒度,在不同的喷涂距离上粉末粒子的飞行速度不同,因此应根据粉末情况确定喷涂距离。

5.4 热浸镀

5.4.1 热浸镀概述

热浸镀简称热镀,是把被镀件浸入熔融的金属液体中使其表面形成金属镀层的一种工艺方法。它广泛用于低熔点金属锌(熔点419.45℃)、锡(熔点231.9℃)、铝(熔点658.7℃)、铅(熔点327.5℃)及其合金镀层的生产,主要用来提高工件的防护能力,延长使用寿命,并有一定装饰作用。热浸镀用钢、铸铁、铜作为基体材料,其中以钢最为常用。镀层金属的熔点必须低于基体金属,不能引起基体材料的组织和力学性能的改变。

锡是热浸镀用得最早的镀层材料。热浸镀锡钢板因镀层厚度较厚,消耗大量昂贵的锡,并且镀层不均匀,因此目前逐渐被镀层薄而均匀的电镀锡钢板所代替。热浸镀锌层隔离了钢铁基体与周围介质的接触,又因锌的电极电位较低而能起牺牲阳极的作用,加上较为便宜,所以锌是热浸镀层中应用最多的金属。镀铝层与镀锌层相比,耐蚀性和耐热性都较好,但生产技术相对复杂,成本较高。Al-Zn合金镀层综合了铝的耐蚀性、耐热性和锌的电化学保护性,因而受到了重视。热镀铅钢板能耐汽油腐蚀,主要用作汽车油箱。由于铅对人体有害,热镀铅钢板已部分被热镀锌板所代替。热镀铅镀层中含有质量分数为4%左右的锡,以提高铅对钢的浸润性。

5.4.2 热浸镀工艺

热浸镀工艺的基本过程为预处理、热浸镀和后处理。按预处理不同,可分为助镀剂法和保护气体还原法两大类。目前助镀剂法主要用于钢管、钢丝和零件的热浸镀;而保护气体还原法通常用于钢板的热浸镀。

1) 助镀剂法

图5-15所示为一般热浸镀工艺流程,主要步骤为:预镀件—碱洗—水洗酸洗—水洗—助镀剂处理—热浸镀—镀后处理—成品。

碱洗是工件表面脱脂的常用方法。在镀锌前,通常用硫酸或盐酸的水溶液除去工件上的轧皮和锈层。为避免过蚀,常在硫酸和盐酸溶液中加入抑制剂。

助镀剂处理是为了除去工件上未完全酸洗掉的铁盐和酸洗后又被氧化的氧化皮,清除熔融金属表面的氧化物和降低熔融金属的表面张力,同时使工件与空气隔离而避免重新氧化。

助镀剂处理有以下两种方法:

(1)熔融助镀剂法(湿法)。它是将工件在热浸镀前先通过熔融金属表面的一个专用箱中的熔融助镀剂层进行处理。该助镀剂是氯化铵或氯化铵与氯化锌的混合物。

(2)烘干助镀剂法(干法)。它是将工件在热浸镀前先浸入浓的助镀剂(600~800g/L 氯化锌 60~100g/L 氯化铵)水溶液中,然后烘干。

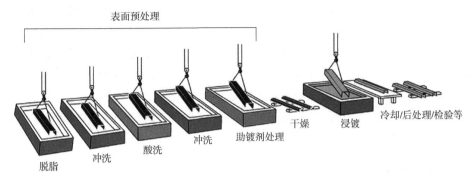

图 5-15 热浸镀工艺流程

热浸镀的工作温度一般是 445~465℃。当温度到达 480℃ 或更高时,铁在锌中溶解很快,对工件和锌锅都不利。涂层厚度主要取决于浸镀时间、提取工件的速度和钢铁基体材料。浸镀时间一般为 1~5min,提取工件的速度约为 1.5m/min。

镀后处理主要有两种:

(1)用离心法或擦拭法去除工件上多余的锌。

(2)通常对热镀锌后的工件进行水冷,从而抑制金属间化合物合金层的生长。

2)保护气体还原法

保护气体还原法是现代热浸镀生产线普遍采用的方法,典型的生产工艺通称为森吉米尔法。其特点是将钢材连续退火与热浸镀连在同一生产线上;钢材先通过用煤气或天然气直接加热的微氧化炉,钢材表面的残余油污、乳化液等被火焰烧掉,同时被氧化形成氧化膜,然后进入密闭的通有由氢气和氮气混合而成的还原炉;在辐射管或电阻加热下,使工件表面氧化膜还原为适合于热浸镀的活性海绵铁,同时完成再结晶过程;钢材经还原炉的处理后,在保护气氛中冷却到一定温度,再进入热浸镀锅。

5.5 其他表面涂覆技术

5.5.1 堆焊

堆焊是用焊接方法把金属熔化并堆覆在基材或制件表面,以获得要求的表层性能或尺寸的制造及维修技术。这两方面的应用对于表面工程学上来说可称为修复与强化。金属的 3D 打印技术可以说是从堆焊技术发展而来。

堆焊方法较其他表面处理方法具有以下优点:

(1)堆焊层与基体金属的结合是冶金结合,结合强度高,抗冲击性能好。

(2)堆焊层金属的成分和性能调整方便,一般常用的焊条,如电弧焊堆焊焊条、药芯焊条,成分调节很方便,可以设计出各种合金体系,以适应不同的工况要求。

(3) 堆焊层厚度大,一般堆焊层厚度可在 2~30mm 内调节,更适合于严重磨损的工况。

(4) 节省成本,经济性好。当工件的基体采用普通材料制造,表面用高合金堆焊时,不仅降低了制造成本,而且节约了大量贵重金属。在工件维修过程中合理选用堆焊合金,对受损工件的表面加以堆焊修补,可以大大延长工件使用寿命,延长维修周期,降低生产成本。

(5) 工艺灵活性高,适合大型工件表面处理或修复。由于堆焊技术通过焊接的方法增加或恢复零部件尺寸,或使零部件表面获得具有特殊性能的合金层,所以对于能够熟练掌握焊接技术的人员而言其难度不大,可操作性强。另外设备简单,操作方便,适用于对大型工件,如矿山机械、船舶、电力、石油化工装备等的零部件的现场修复和强化。

常用堆焊方法有手工电弧堆焊、埋弧自动堆焊、CO_2 气体保护堆焊、电渣堆焊、振动电弧堆焊、等离子堆焊、宽带极堆焊、爆炸覆合等。

5.5.2 搪瓷涂覆

搪瓷,又称为珐琅,是将无机玻璃质材料通过熔融凝于基体金属上并与金属牢固结合在一起的一种复合材料。搪瓷涂覆经过高温烧结,瓷釉与金属之间发生物理化学反应而牢固结合,在整体上有金属的力学强度,表面又有玻璃的耐蚀、耐热、耐磨、易洁和装饰等特性。它主要用于钢板、不锈钢、铸铁、铝制品等表面,应用广泛。

钢板和铸铁用搪瓷分为底瓷和面瓷。底瓷含有能促进搪瓷附着于金属基体的氧化物,面瓷能改善涂层的外观质量和性能。

底釉是直接涂搪在坯体上的搪瓷釉,主要作用是使坯体与面釉牢固结合(密着)。底釉按密着剂种类可分为镍底釉、钴底釉、钴镍底釉、锑钼底釉和混合底釉等。钴镍底釉应用范围最广。锑钼底釉呈乳白色,又称为白底釉,它成本最低,常用作日用搪瓷的底釉。混合底釉由几种底釉按比例混合而成,可改善烧成工艺性能,提高瓷釉同坯体的密着效果,常用作烧成时间长的厚壁大件搪瓷制品的底釉。

涂搪在制品表面的瓷釉,按外观可分为乳白面釉、彩色面釉、透明面釉等;按特性可分为耐酸釉、耐碱釉、耐磨釉、微晶釉、发光釉、耐高温釉和绝缘釉等。

瓷釉的基本成分为玻璃料,它是一种由熔融玻璃混合物急冷产生的细小粒子组成的特殊玻璃。因为搪瓷都是根据具体应用而设计的,故玻璃料的差别往往较大。一般瓷釉主要由四类氧化物组成:①RO_2 型,如 SiO_2、TiO_2、CrO_2 等;②R_2O_3 型,如 B_2O_3、Al_2O_3 等;③RO 型,如 BaO、CaO、ZnO 等;④R_2O 型,如 Na_2O、K_2O、Li_2O 等。此外,还有 R_3O_4 等类型。

搪瓷涂覆的基本工艺步骤包括金属基材表面清理、釉浆的涂覆和烧成三个步骤。

搪瓷的金属基材有低碳钢、铸铁、耐热合金、不锈钢、铝合金等。基材的成分、性能、材质和外形结构要符合搪瓷制品的使用和工艺要求。金属坯体在搪瓷前必须碱洗、酸洗或喷砂,以去锈、脱脂并清洗干净。有的还要进行其他表面处理。一种典型的表面清洁处理流程为:碱洗—温漂洗—酸蚀—冷漂洗—镍沉积—冷漂洗—空气干燥。

釉浆的涂覆方法较多,有手工涂搪或喷搪、自动浸搪或喷搪、电泳涂搪、湿法或干粉静电喷搪等多种。对一种特定制件来说,要根据制品数量、质量要求、原材料、生产率、经济成本等来合理选择涂覆方法。

搪瓷烧成是在燃油、天然气、丙烷或电加热炉内进行的。炉子有连续式、间歇式或周期式,其中马弗炉或半马弗炉用得较多。烧成包括黏性液体的流动、凝固,以及涂层形成过程中气体的逸出,对于不同制品要选择合适的温度和时间。

5.5.3 塑料涂覆

塑料涂覆工艺通过给金属零部件表面涂覆一层塑料,使其既可保持金属原有的特点,又可使其具有塑料的某些特性,如耐腐蚀、耐磨、电绝缘、自润滑、自清洁等。塑料涂覆对扩大材料应用范围和提高其经济价值有很大的意义,应用也较为广泛。

塑料涂覆的方法很多,有火焰喷涂、流动浸塑、静电喷涂、热熔敷、悬浮液涂覆等。可以用作涂覆的塑料种类也很多,最常用的是 PVC、PE、PA 等。涂覆用的塑料一般必须是粉状的,其细度在 80~120 目。

为了提高涂层与基体金属之间的黏结力,涂覆前,工件表面应当无尘和干燥,没有锈迹和油脂。多数场合下工件都需要进行表面处理,处理的方法有喷砂、化学处理以及其他机械方法处理。其中喷砂处理效果较好,喷砂能使工件表面粗糙,从而增加表面积并形成钩角,使黏结力提高。喷砂后的工件表面要用清洁的压缩空气吹去灰尘,并在 6h 内喷涂塑料,否则表面将会氧化,影响涂层的附着力。

5.5.4 达克罗涂覆技术

达克罗涂覆技术诞生于 20 世纪 50 年代末。美国科学家迈克·马丁为解决氯离子严重侵蚀钢铁材料的问题,研制出高分散水溶性涂液,进而发展成为达克罗涂覆技术。达克罗是英文 DACROMET 的中译名,它的学术名称是片状锌基铬盐防护涂层。目前达克罗涂液大致由 A、B、C 三组分组成:A 组分主要由鳞片状锌粉、铝粉、乙二醇、分散剂(OP)和溶剂油组成;B 组分由铬、氧化锌、硼酸、碳酸和蒸馏水构成;C 组分是水溶性纤维素醚。原来达克罗涂液 A 组分中鳞片状粉末仅为锌粉,后来研究 Zn 片发现,添加少量分铝粉可显著提高耐蚀性。

在处理过程中,为避免钢铁工件表面有氢渗入而造成氢脆,在预处理中,通常用二氯甲烷溶剂进行脱脂,并用超声波振荡将油脂等物从工件表面清除掉。然后工件进入喷丸工序,用细小的铸钢丸冲击工件表面,除去表面氧化皮。涂覆时,将工件放入涂槽内浸涂(对于一些大工件,往往做静电喷涂处理)。钢铁工件在涂覆后进入烘道或烘箱,温度约为 300℃,有的高达 350℃,使涂料完全固化成牢固的涂层。

为提高涂层附着力等性能,工件通常要进行两次涂覆,有的甚至进行三次涂覆。这样才能保证涂层达到必要的厚度。涂覆工件在烘箱或烘道中涂液固化时,六价铬离子(Cr^{6+})与乙二醇等有机物发生化学反应,还原为三价铬离子(Cr^{3+}),生成不溶于水的无定型$(CrO_3)_n$ $(Cr_2O_3)_m$,其作为黏结剂,与鳞片状锌粉和铝粉构成保护层,牢固地附着于零件表面。因此,固化后的涂层结构由锌片、铝片和$(CrO_3)_n$ $(Cr_2O_3)_m$ 等组成。由于化学反应可能不十分完全,或者为了提高涂层的性能而有意保存极少量的 Cr 离子,故达克罗涂层通常残留着质量分数一般为 0.05%~2%的六价铬离子。

达克罗涂层结构示意图如图 5-16 所示。

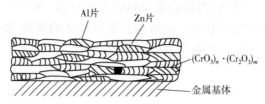

图 5-16　达克罗涂层结构示意图

达克罗涂层具有优异的耐蚀性,比电镀锌涂层和热浸镀锌层耐蚀性高得多,这与其涂层结构有关。

(1) 鳞片状锌粉与铝粉的物理屏蔽作用。它们与无定形复合铬酸盐化合膜 $(CrO_3)_n \cdot (Cr_2O_3)_m$,具有黏结作用,一起阻止腐蚀介质与金属接触。

(2) 电化学阴极保护作用。锌片和铝片对钢铁具有牺牲阳极的作用。

(3) 钝化作用。铬酸对金属表面有钝化的作用。

第6章 气相沉积技术

气相沉积是利用气相中的物理或化学过程,将含有沉积元素的气相物质沉积在材料表面,从而形成单层或多层薄膜的工艺方法。区别于常见的塑料膜或金属箔材等薄片材料,这里所说的薄膜特指一类用特殊方法获得的、依靠基体材料支撑并且具有与基体不同结构和性能的二维材料。区别于工程上常说的"涂层",薄膜的厚度一般在数纳米至微米级之间,厚度超过微米级的膜层一般称之为涂层。但是这并不是严格的区分,在很多场合涂层和薄膜仅仅是一个说法的不同,有些场合用"涂层"这个词似乎更合适一些,例如涂覆、热喷涂、浸镀、SiC 包覆、家电的电镀层等。另外,一般而言,薄膜更倾向于使用其自身的性能,大多数情况下基体材料只是一个载体,而涂层则倾向于对基体的性能做一些补充和优化。

由于薄膜的二维特性,薄膜厚度尺寸非常小,通常在纳米量级,因而具有一些纳米材料所具有的尺寸效应。例如,在力学性能方面,当薄膜厚度降低到一定程度时,将会呈现出显著的霍尔佩奇效应,展现出"越薄越强"的性质,薄膜硬度随薄膜厚度减小而增高,另外叠加薄膜内部的高密度缺陷,薄膜的弹性模量接近块体材料,但抗拉强度明显高于块体材料,甚至高达百倍以上。在导电性方面,薄膜导电性与电子平均自由程 λ_f 和膜厚 t 相关,当 $t<\lambda_f$ 时,电阻率变大;当 t 增大到数十纳米后,电阻率急剧下降;在 $t \gg \lambda_f$ 时,薄膜的电阻率与块体材料接近,但一般要比块体材料大。一般金属薄膜的电阻温度系数也与膜厚 t 有关,t 小于数十纳米时电阻温度系数为负值,而大于数十纳米时电阻温度系数为正值。由于尺寸效应的影响,薄膜将产生与块体材料差异明显的、特殊的声、光、电、磁、热等物理性质,这也为新型功能材料、智能材料和器件的开发注入了新动力。气相沉积技术是表面技术的重要组成部分,也是近年来表面技术中发展最快的领域之一。许多气相沉积技术与国家建设、国防现代化和人民生活密切相关,有着十分广阔的应用前景。

本章首先扼要介绍薄膜的特点、种类和应用以及气相沉积的分类,接下来介绍真空技术方面的一些基本知识。这是因为薄膜在尺寸和结构上的特殊性,加上许多用途对薄膜制品提出了各种严格的纯度、厚度均匀性等要求,制备相关薄膜时一般都是在真空条件下进行的。然后,分别介绍各类物理气相沉积和化学气相沉积的原理、特点和应用。

【教学目标与要求】

(1) 掌握气相沉积技术与薄膜的定义与分类;
(2) 掌握真空的概念,了解真空的主要获得方法;
(3) 掌握常见物理气相沉积技术和化学气相沉积技术的原理及各自的特点。

> **导入案例**
>
> 气相沉积技术在芯片制造中的应用
>
> 芯片是由一系列有源和无源电路元件堆叠而成的三维(3D)结构,薄膜沉积是芯片前道制造的核心工艺之一。从芯片截取横截面来看,芯片是由一层层纳米级元件堆叠而成,所有有源电路元件(例如晶体管、存储单元等)集中在芯片底部,另外的部分由上层的铝/铜互连形成的金属层及各层金属之间的绝缘介质层组成。芯片前道制造工艺包括氧化扩散、薄膜沉积、涂胶显影、光刻、离子注入、刻蚀、清洗、检测等,薄膜沉积是其中的核心工艺之一,作用是在晶圆表面通过物理/化学方法交替堆叠 SiO_2、SiN 等绝缘介质薄膜和 Al、Cu 等金属导电膜等,在这些薄膜上可以进行掩膜版图形转移(光刻)、刻蚀等工艺,最终形成各层电路结构。由于制造工艺中需要薄膜沉积技术在晶圆上重复堆叠薄膜,因此薄膜沉积技术可视为前道制造中的"加法工艺"。
>
> 薄膜沉积是决定薄膜性能的关键,相关工艺和设备壁垒很高。芯片制造的关键在于,将电路图形转移到薄膜上这一过程。薄膜的性能除了与沉积材料有关,还受到薄膜沉积工艺的影响。薄膜沉积工艺和设备壁垒很高,主要来自:第一,芯片由不同模块工艺集成,薄膜沉积是大多数模块工艺的关键步骤,薄膜本身在不同模块或器件中的性能要求繁多且差异化明显;第二,薄膜沉积工艺需要满足不同薄膜性能要求,新材料出现或器件结构的改变要求不断研发新的工艺或设备;第三,更严格的热预算要求更低温的生长工艺,薄膜性能不断提升要求设备具备更好集成度,另外,沉积过程还要考虑沉积速率、环境污染等指标。

6.1 气相沉积与薄膜

6.1.1 薄膜的形成过程及生长模式

1) 薄膜的形成过程

气相沉积的过程包括气相物质的产生、气相物质的输运和气相物质在工件表面沉积形成固态薄膜三个环节。气相物质可以通过物质在能量激发作用下发生蒸发、溅射或离化产生,也可以直接是气体分子;气相物质的输运即是气相物质产生后,通过扩散或在电场作用下向工件基底表面的传输过程。薄膜通过物理凝结过程或通过化学反应沉积在基体表面,从而形成。

薄膜的形成过程可分为形核和生长两个阶段,基底表面吸附外来原子后,邻近原子的距离减小,它们在基底表面扩散,并且相互作用,使吸附原子有序化,形成亚稳的临界核,然后长大成岛和形成迷津结构。岛的扩展接合形成连续薄膜,在岛的接合过程中将发生岛的移动及转动,以调整岛之间的结晶方向。临界核的大小,即所含原子的数目,取决于原子间、原子与基底间的键能,并受薄膜制备方法及工艺条件的影响,一般只含数个原子。临界核是二维还是三维,对薄膜的生长模式有决定作用。

需要指出的是,在气相沉积过程中,需要防止气相物质与大气的反应,因此通常情况下气相沉积需要在真空环境中进行,真空中气相物质的扩散自由程也可大幅增加,有利于形成大面积、厚度均匀致密的薄膜。

2) 薄膜的生长模式

经典薄膜生长理论认为,在热力学平衡状态下,薄膜生长前后体系自由能的变化决定了薄膜的生长模式。薄膜的生长模式可分为层状、岛状和层岛三种模式,如图6-1所示。

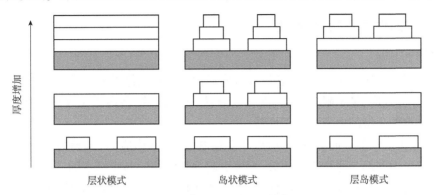

图 6-1 薄膜的三种生长模式

无应变状态下,沉积薄膜后体系自由能 $\Delta\gamma_{total}$ 的变化可近似表示为:

$$\Delta\gamma_{total} = \gamma_a + \gamma_i - \gamma_s \tag{6-1}$$

式中:γ_a——薄膜表面能;

γ_i——界面能;

γ_s——基底表面能。

当 $\Delta\gamma_{total} \leq 0$ 时,即形成一个新的界面和表面所需要的能量小于基底表面能,薄膜将以层状模式生长。

当 $\Delta\gamma_{total} > 0$ 时,即薄膜的表面能和界面能大于初始基底的表面能,体系自由能升高,薄膜趋向于以岛状模式生长,尽量使基底表面暴露,以降低体系自由能。

当薄膜处于应变状态时,就必须考虑应变能的作用,通常应变能随薄膜厚度增加而升高,达到某一临界厚度,表面原子在降低体系自由能的驱动下发生迁移,薄膜由层状生长模式转变为岛状生长,即层岛模式。

实际上,在绝大多数情况下,膜层内应力导致的应变不可避免。应力应变主要有两种弛豫方式:产生位错和表面粗化,应力应变的弛豫必将导致薄膜的生长行为和结构的改变。

对于二维平面薄膜体系,应变弛豫临界厚度可表示为:

$$h_c \cong \left(\frac{b}{\varepsilon}\right)\left[\frac{1}{4\pi(1+\nu)}\right]\left[\ln\left(\frac{h_c}{b}\right)+1\right] \tag{6-2}$$

式中:h_c——临界厚度;

ε——应变量;

b——柏氏矢量位错值;

ν——泊松系数。

可以看出,除厚度因素外,薄膜生长行为还受到应变大小的影响,应变越大,弛豫临界厚度越小。应变大小也对弛豫方式的优先性起主导作用。J.Tersoff 等人的研究表明,在较小应变下,应变弛豫将先以形成位错形式弛豫;当失配度较大时,薄膜则倾向于以岛状模式生长,引起表面粗化,最终形成一定周期性的岛阵列。

实际上,影响薄膜的生长行为和结构特征的因素较为复杂,一方面受到上述基底材料和薄膜材料的自身性质如表面能、界面能、应变能等特性的影响;另一方面受到沉积方式、沉积工艺等客观条件影响。具体如何影响,要结合实际情况进行分析。

6.1.2 薄膜的性质、种类和应用

1) 薄膜的性质

薄膜因具有特殊的成分、结构和尺寸效应而使其获得块体材料所不具有的新奇效应,例如,表面和界面效应、量子限域效应、耦合效应、极化效应等,使薄膜呈现出块体材料或较厚膜层所不具有的独特的力学和物理性能。

首先,在力学性能方面,薄膜一般处于亚稳状态,存在内应力,薄膜内部缺陷密度、膜层与基体的结合力等都与薄膜厚度相关,导致引起力学性能随薄膜厚度的变化。例如,薄膜的弹性模量接近块体材料,但抗拉强度明显高于块体材料,甚至提高200倍;薄膜制成后,随着内应力的时效释放,还会引起力学性能的时效变化和膜层结构的变化;膜层与基体的结合力和薄膜内应力,不但与薄膜和基体材料的本质有关,很大程度上还取决于薄膜的制备工艺,且与薄膜厚度有关。

在物理性能方面,当薄膜厚度接近电子平均自由程时,其电阻率将急剧增大,当薄膜厚度增大时,电阻率明显降低,但由于薄膜表界面对电子的散射效应,薄膜的电阻率一般大于块体材料,薄膜的电阻温度系数也与薄膜厚度相关,当薄膜厚度减小时,电阻温度系数通常变负。

另外,在材料制备方面,薄膜材料也可实现块体材料中难以实现的材料成分和结构设计。薄膜一般处于亚稳状态,可制备出块体材料中难于制备的新材料,比如非化学计量比材料;另外不同成分或结构的薄膜材料可互相叠加,因此易于制备多层结构材料。

2) 薄膜的分类和应用

随着科学技术的迅速发展,陆续涌现出多种多样的薄膜材料,可以从薄膜成分、结构、尺寸等方面进行分类:

(1) 从薄膜成分讲,有金属、合金、陶瓷、半导体、化合物、塑料及其他高分子材料等,有些对纯度、合金的配比、化合物的组分比有严格的要求。

(2) 从薄膜结构讲,有单晶、多晶、非晶态、超晶格、按特定方向取向、外延生长等。

(3) 从薄膜尺寸上讲,薄膜厚度从几纳米到几微米,二维尺寸从纳米、微米级(如超大规模集成电路的图形宽度)、数十米(如磁带),甚至无限连续膜层(连续镀膜),有的要求工件表面尺寸稳定,有的要求严格控制薄膜厚度。

另一种常用的分类方法是按用途来划分,大致可分为功能薄膜、防护薄膜、装饰膜等。功能薄膜如光学薄膜、微电子学薄膜、光电子学薄膜、集成光学薄膜、信息存储膜等;防护薄膜是具有耐蚀、耐磨、耐高温等性能的薄膜,如耐腐蚀薄膜、耐冲蚀薄膜、耐高温氧化薄膜、防潮防热薄膜、高强度高硬度薄膜等;装饰膜,如在基底上施加各种颜色的彩色薄膜等。表6-1列出了常见的薄膜主要用途和代表性薄膜材料。

常见薄膜的主要用途及代表性薄膜材料　　　　表 6-1

类型	主要用途	代表性薄膜材料
光学薄膜	低辐射系数膜、防激光致盲膜、反射膜、增透膜、增反膜、减反膜、滤光膜、偏振膜、分光膜等	Al_2O_3、SiO_2、TiO、Cr_2O_2、Ta_2O_5、NiAl、金刚石和类金刚石薄膜、Au、Ag、Cu、Al
微电子学薄膜	电极膜、高介电系数膜、低介电系数膜、扩散阻挡膜、电器元件膜、传感器膜、微波声学器件膜、晶体管薄膜、集成电路基片膜、热沉或散射片膜等	Si、GaAs、GeSi、Sb_2O_3、SiO、SiO_2、TiO_2、ZnO、AlN、In_2O_3、SnO_2、Al_2O_3、Ta_2O_3、Fe_2O_3、TaN、Si_3N_4、SiC、YBaCuO、BiSrCaCuO、$BaTiO_3$、金刚石和类金刚石薄膜、Al、Au、Ag、Cu、Pt、NiCr、W
光电子学薄膜	探测器膜、光-电转化膜、光敏电阻膜、光导摄像靶膜	HE/DFCL、COIL、Na^{3+}、YAG、HgCdTe、InSb、PtSi/Si、GeSi/Si、PbO、$PbTiO_3$、(Pb、La)TiO_3、$LiTaO_3$
集成光学薄膜	光波导膜、光开关膜、光调制膜、光偏转膜、激光器膜	Al_2O_3、Nb_2O_3、$LiNbO_3$、Li、Ta_2O_3、$LiTaO_3$、Pb、(Zr、Ti)O_3、$BaTiO_3$
信息存储膜	磁记录膜、光盘存储膜、铁电存储膜	磁带、硬磁盘、磁卡、磁鼓、$r-Fe_2O_3$、CiO_2、FeCo、CoNi、CD-ROM、VCD、DVD、CD-E、GdTbFe、CdCo、$SrTiO_2$(Ba、Sr)TiO_3、DZT、CoNiP、CoCr 等
防护功能薄膜	耐腐蚀膜、耐冲蚀膜、耐高温氧化膜、防潮防热膜、高强度高硬度膜、装饰膜	TiN、TaN、ZrN、TiC、TaC、SiC、BN、TiCN、TiSiC、金刚石和类金刚石薄膜、Al、Zn、Cr、Ti、Ni、AlZn、NiCrAlY、CoCrAlY、NiCoCrAlY+HfTa

薄膜材料具有丰富的物理性质和优异的力学性质,因此薄膜在现代工业领域中有着非常重要的应用。例如集成电路、集成光路等高密度集成器件,只有利用薄膜及其具有的性能才能设计、制造。又如大面积廉价太阳能蓄电池以及许多重要的光电子器件,只有以薄膜的形式使用昂贵的半导体材料和其他贵重材料,才能使它们富有生命力。特别是随着电子电路的小型化,薄膜的实际体积接近零这一特点显得更加重要。随着薄膜工艺的发展和某些重大技术的突破,以及各种类型新材料的开发和新功能的发现,进一步挖掘它们蕴藏着的巨大发展潜力,为新的技术革命提供可靠的基础。

薄膜的应用非常广泛,近年来,薄膜制备产业迅速崛起,如卷镀薄膜产品、塑料表面金属化制品、建筑玻璃制品、光学薄膜、集成电路薄膜、液晶显示器用薄膜、刀具硬化膜、光盘用膜、催化膜、防辐射膜、吸波屏蔽膜等,都有了大规模生产。近年来,薄膜产业在新能源、环境、生物医用材料、核材料、军用装备等一些重要领域也发展迅速。在今后一个相当长的时期内,薄膜产业必然将不断发展。

6.1.3　气相沉积分类

具体的薄膜制备方法很多,许多气相沉积技术可用来制备薄膜。根据薄膜沉积过程中是否有化学反应过程,可将气相沉积分为物理气相沉积和化学气相沉积两类(图6-2)。

1) 物理气相沉积(简称PVD)

物理气相沉积是指在真空条件下,采用各种物理方法,将材料源(固体或液体)表面气化成气态原子、分子或部分电离成离子,直接在基体表面沉积具有某种特殊功能的薄膜的技术,沉积过程中不涉及化学反应。主要包括真空蒸镀、溅射镀膜、离子镀膜等,这几种方法的不同点在于气相物质的获得方式不同,真空蒸镀主要靠热蒸发,溅射镀膜靠离子的轰击材料产生的溅射作用,离子镀膜靠蒸发或者溅射产生气相物质然后离化成为离子。还有一种分子束外延生长法,是以超高真空蒸镀为基础的晶体生长法,具有原子级厚度控制精度,在高技术中有重要应用。

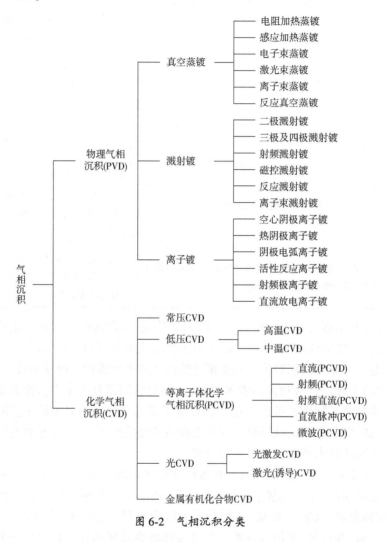

图 6-2 气相沉积分类

2) 化学气相沉积(简称 CVD)

化学气相沉积主要是利用含有薄膜元素的一种或几种气相化合物或单质,在衬底表面上进行化学反应生成薄膜的方法,主要包括常压化学气相沉积、低压化学气相沉积和兼有 CVD 和 PVD 两者特点的等离子体化学气相沉积等,还有金属化学气相沉积、激光化学气相沉积、原子层沉积技术等方法,在功能器件制备等高新技术中有重要的应用。

需要指出的是,上述的分类并不是严格的,因为在不少气相沉积过程中,物理反应与化学反应往往交叉在一起,难以分清楚。但是,这种分类仍然被普遍采用。

6.2 真空及真空技术概述

6.2.1 真空的基本概念

1) 真空度概念

真空是指在指定的空间内压力低于一个大气压(101.325Pa)的气体状态,与大气压状态相比,真空气体分子密度较小,分子运动平均自由程较大,气体分子与气体分子,气体分子与器壁之间的碰撞更低。我们用真空度来表示真空状态下气体的稀薄程度,通常用压力值来表示,常用帕斯卡或托尔作为压力的单位,国际单位制中规定压力的单位为帕,即 Pa。1958年,第一届国际技术会议曾建议采用"托"作为测量真空度的单位,我国采用国际单位制规定,即用帕表示,$1Pa=1N/m^2$。

2) 真空区域的划分

根据真空度的大小,可将真空度分为低真空、中真空、高真空和超高真空,其中低真空范围为$1\times10^5 \sim 1\times10^2 Pa$,中真空$<1\times10^2 \sim 1\times10^{-1} Pa$,高真空$<1\times10^{-1} \sim 1\times10^{-5} Pa$,超高真空$<1\times10^{-5} Pa$。实际应用中,需要根据不同的使用需求选用适宜的真空度范围。

6.2.2 真空的特点和应用

真空对材料的制备、处理和分析具有重要的实际意义。第一,真空可排除空气的不良影响,可防止金属氧化、腐蚀等;第二,除去或减少气体、杂质污染,提供清洁条件;第三,可减少分子间的碰撞次数,增加分子平均自由程,同时获得较好的绝热性;第四,物质的沸点或气化点与真空度相关,真空度越高,或者说压力越低,物质的沸点或气化点越低。基于这些优点,真空在材料学中的应用也非常广泛,除气相沉积外,在材料的热处理、熔炼、烧结、氮化等多方面都有广泛应用,在各种分析测试设备中,如扫描电镜、透射电镜、X 射线光电子能谱等,真空也具有重要意义。

6.2.3 真空的获得

真空技术中所涉及的真空度压力范围在 $1\times10^5 \sim 1\times10^{-13} Pa$ 之间,目前,还没有任何一种真空泵完全适用于所有工作压力范围,真空度越高,实现就越困难。基于工作原理的不同,真空泵可分为机械真空泵、蒸汽流真空泵和物体化学泵三类。

1) 机械真空泵

通过机械运动获得真空的泵称为机械真空泵,其原理与抽水泵类似,运动方式可以是往复运动、旋转、滑动等,常见的机械真空泵有往复真空泵、水环真空泵、油封旋片式真空泵、罗茨真空泵、涡轮分子泵等。

(1) 往复真空泵

它是借泵腔内活塞往复运动,将气体压缩并排出的变容真空泵。极限真空度:单级约达 $1\times10^3 Pa$,双级约达 10Pa。抽气速率为 $45\sim20000 m^3/h$。

(2) 水环真空泵

它是利用水环旋转变容的真空泵。极限真空度:单级约达 1×10^3Pa,双级约达 1×10^2Pa。抽气速率为 $0.25\sim500\text{m}^3/\text{h}$。

(3) 油封旋转式真空泵

油封旋转式真空泵使用真空泵油保持密封,靠旋转的偏心凸轮在缸内旋转而抽气的泵,包括定片真空泵、旋片真空泵、滑阀真空泵和余摆线真空泵。在气相沉积技术中,旋片真空泵用得很多,如图6-3所示,极限真空度约达 1×10^{-1}Pa(单级)和 1×10^{-2}Pa(双级),抽气速率为 $1\sim500$L/s。另外,也有采用滑阀真空泵,极限真空度约 10Pa(单级)和 1×10^{-1}Pa(双级),抽气速率 $1\sim600$L/s。

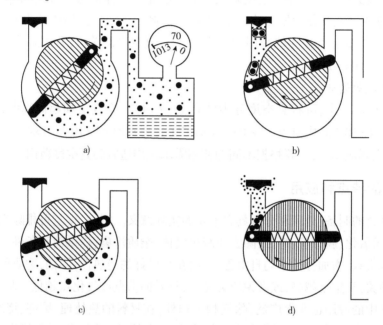

图6-3 旋片真空泵工作原理

旋片真空泵主要由泵体(静子)和转子组成。在转子槽中装有两块以上的旋片,有些泵旋片间还装有弹簧。转子偏心地装在泵腔内。转子旋转时,在离心力等作用下,旋片沿槽做往复滑动并与泵腔内壁始终保持接触,将泵腔分成两个或几个可变容积的工作室。转子顺时针方向旋转时,与吸气口相通的吸气腔容积由零逐渐增大,腔内气体压力降低,被抽气体便从吸气口源源不断地吸入。同时,与排气口相通的排气腔容积由大变小,吸入腔内的气体被压缩,待气体压力高于大气压力时,推开排气阀排出大气。转子连续转动,泵便不断抽气。旋片式机械泵旋片真空泵是获得低、中真空泵的主要泵种之一、价格较低、结构简单、易于维护,但噪声较大且可能存在油气污染。

(4) 罗茨真空泵

罗茨真空泵内装有两个反向同步旋转的双叶形或多叶形转子。该泵在 $1\times10^2\sim1$Pa 之间有较大的抽速,完全可以弥补旋转机械泵和油扩散泵在此压力范围内抽速不足的缺陷,在真空系统中起增压作用,故又称为机械增压泵。其极限真空度约达 1×10^{-2}Pa,抽气速率为 $15\sim40000$L/s。罗茨真空泵不能单独使用,必须和前级泵串联使用。

(5) 涡轮分子泵

涡轮分子泵是利用高速旋转的动叶轮将动量传给气体分子,使气体产生定向流动而抽气的真空泵。涡轮分子泵的优点是启动快,能抗各种射线的照射,耐大气冲击,无气体存储和解吸效应,无油蒸气污染或污染很少,能获得清洁的高真空。涡轮分子泵是一种机械高真空泵,主要用于高能加速器、粒子加速器、分析测试仪器以及真空镀膜等需要获得高真空度的环境中,极限真空度约达 1×10^{-8} Pa 或更高,抽气速率一般在 5000L/s 以下。

2) 蒸气流真空泵

它是利用液体的蒸气流作为工作介质的真空泵。根据蒸气流对被抽气体的作用方法可分为以下三种类型:

(1) 扩散泵:是利用低压、高速和定向流动的油蒸气射流抽气的真空泵,主要结构由泵体外壳,泵体内的塔形泵芯和泵底座用于加热扩散泵油的电热器组成。它是以低压高速蒸气流(油或汞等蒸气)作为工作介质的气体动量传输泵。这种泵适于在分子流条件下工作,必须配前置机械真空泵。常用的扩散泵是油扩散泵,即以低饱和蒸气压的扩散泵油为工质,在前级真空($1\sim1\times10^{-1}$ Pa)条件下可以获得 $1\times10^{-1}\sim1\times10^{-4}$ Pa 真空度或更高,抽气速率为 $2\sim40000$ L/s,广泛用于真空冶炼、真空镀膜、空间模拟试验和对油污染不敏感的一些真空系统中。这种设备的优点是结构简单、无机械运动、可获得高真空,但缺点是可能存在油蒸气污染。另一种扩散泵是用汞作为工作介质的汞扩散泵,主要用于不适用于油蒸气及其分解物的场合。

(2) 喷射泵:是由高速射流在泵内建立一低压空间,使高压力的被抽气体不断流向该处,与射流表面大量的旋涡相互掺合并被带走,再经压缩而被排除的一种动量传输泵。该泵适于在黏滞流和过渡流条件下工作,真空度一般为 $1\times10^4\sim1\times10^{-1}$ Pa 范围。按所用工作介质的不同,可分为水蒸气喷射泵、油蒸气喷射泵和汞蒸气喷射泵等。

(3) 扩散喷射泵:又称为油增压泵,是一种由具有扩散泵特性的单级或多级喷嘴和具有喷射特性的单级或多级喷嘴组成的动量传输泵。该泵用油蒸气作为工作介质,工作压力范围为 $10\sim1\times10^{-2}$ Pa,正好弥补了油扩散泵和旋转机械泵在此压力范围工作能力的不足。

3) 物理化学泵

物理化学泵是通过吸附、电离或低温冷凝等物理、化学方法排除空间内气体分子获得真空的泵,主要有吸附泵、升华泵、离子泵和低温泵等。以离子泵为例,主要结构由强磁铁、蜂窝状阳极、钛阴极构成。离子泵的基本原理是利用阴极放电产生气体分子的离子,离子撞击阴极而被阴极捕捉,同时也产生溅射效果,阴极材料用金属钛制作,金属钛被溅射后,在腔体的内壁连续形成活性膜,继续和气体分子反应,从而不断进行排气;由于磁场的存在,阴极放电可维持在极低的压强下。它具有完全无油、获得极高真空、无机械运动、无振动噪声污染、节能等优点,但是,离子泵需要和其他初级排气泵组合使用,离子泵利用化学方法排气,其使用寿命有限。

6.2.4 真空的测量

1) 真空度测量

真空度的测量需要使用不同种类的真空计进行测量。常见的真空计有热偶真空计、皮拉尼真空计、膜片式真空计、电离规、剩余气体分析仪等,主要结构都由测量仪表、连接导线和传感器组成。真空计主要是基于真空室内压力值大小或气体分子数量对传感器的电、热信号的影响原理而制成的。

真空计由测量仪表、连接导线和传感器组成,用于测量真空度。真空计按物理特性分类如图6-4所示。

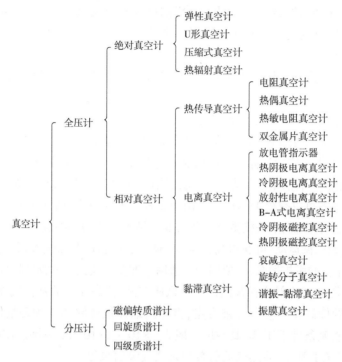

图6-4 真空计按物理特性分类

(1)全压真空计

测量混合气体全压力的真空计称为全压真空计。它又可分为绝对真空计和相对真空计两大类。绝对真空计是不参考其他真空计而只通过测定的物理量本身来确定压力的真空计。相对真空计是通过测量与压力有关的物理量,并与绝对真空计比较来确定压力的真空计。全压式真空计的原理及性能见表6-2。

(2)分压真空计

分压真空计是用来测量混合气体组分分压力的真空计,目前基本上都是将气体分子电离,然后用电场或磁场将它们按质量进行分离来测量或分析的。分压真空计的种类很多,常用的有:

①磁偏转质谱计:它是加速的离子在磁场的作用下被分成不同圆弧路径的一种质谱计。工作压力范围为 $1\times10^{-1} \sim 1\times10^{-11}$ Pa。

②回旋质谱计:它是由相互垂直的射频电场和稳定磁场所产生回旋谐振效应,使离子按照增大半径的螺旋路径被分离的一种质谱计。工作压力范围为 $1\times10^{-3} \sim 1\times10^{-9}$ Pa。

③四极质谱计:它是离子进入四电极(通常为杆)组成的四极透镜系统,用已成临界比的射频和直流电场加到透镜上,仅有一定的质荷比的离子出现的一种质谱计。工作压力范围为 $1\times10^{-1} \sim 1\times10^{-8}$ Pa。

表 6-2 全压式真空计的原理及性能

名称	原理	测量范围 (133.3Pa)	精度	所测压力	与气体种类有无关系	优点	缺点
汞 U 形真空计 油 U 形真空计	利用液柱差直接测量绝对压力值	$760 \sim 120 \sim 1\times 10^{-2}$	$0.1\times 133.3\text{Pa}\%$	全压力	无	绝对真空,小型坚固,耐用,可用作标准	测量范围窄
弹性真空计 电容式薄膜真空计 电感式薄膜真空计	利用弹性元件在压差作用下产生应变进行测量	$760 \sim 1$ $1 \sim 1\times 10^{-4}$ $1\times 10^{-1} \sim 1\times 10^{-2}$	$<10\%$ $<10\%$ $0.03\% \sim 2\%$	全压力	无	可直读,小型、坚固,耐用	精度低,有弹性后效,有必要校准
压缩式真空计	利用汞或油压缩气体,根据波义耳定律,按压缩前后体积变化,计算压力值	$1 \sim 1\times 10^{-5}$ $1 \sim 1\times 10^{-3}$	$<3\%$	不凝结气体分压力	无	精度高,可靠性好,绝对真空,可用作标准	不能连续测量,易损,汞有毒
黏滞真空计	利用气体的黏性原理	$1\times 10^{-1} \sim 1\times 10^{-6}$	12%	全压力	有	反应快,量程宽,可测蒸气和腐蚀性气体压力	规管灵敏度与气体种类有关
振膜真空计	利用膜片振动受气阻尼作用的原理	$1\times 10^{-2} \sim 1\times 10^{-4}$ 特殊可达 $5000 \sim 1\times 10^{-6}$	$\leq \pm(1\% \sim 2\%)$	全压力	有	量程宽,精度高,反应快	规管制造要求精度高
克努曾真空计	热分子浮动量使铂箔旋转	$1\times 10^{-3} \sim 1\times 10^{-7}$	较高	全压力	无	可连续测量,绝对校对,与气体种类无关	不能受振动
放射性电离真空计 α 射线真空计 β 射线真空计	放射源射线使气体电离所产生的离子流与压力有关	$100 \sim 1\times 10^{-3}$ $50 \sim 1\times 10^{-3}$	10%	全压力	有	可供校对,与气体种类无关,使用方便	放射线对人体有害
冷阴极电离真空计	冷阴极放电使气体电离产生的离子流与压力有关	$1\times 10^{-2} \sim 1\times 10^{-7}$	$\pm 20\% \sim \pm 50\%$	全压力	有	结构坚固,无发热,阴极可连续测量	测量误差大,结构笨重,规管互换性差,放电稳定性差
潘宁真空计	利用电场和磁场中的冷阴极放电现象测压力	$1\times 10^{-2} \sim 1\times 10^{-5}$	$\pm 30\%$	全压力	有	量程宽,可连续测量,寿命长	精度差,非线性,不稳定

续上表

名称	原理	测量范围 (133.3Pa)	精度	所测压力	与气体种类有无关系	优点	缺点
冷阴极磁控真空计 正磁控真空计 反磁控真空计	磁场内冷阴极放电，提高了电离灵敏度	$1\times10^{-5}\sim1\times10^{-13}$	±20%~±50%	全压力	有	量程宽，结构牢固，寿命长	误差大，超高真空下仅有数量级意义
放电管指示器	高压下从冷阴极放电的颜色和形状与气体压力有关	$10\sim1\times10^{-3}$	低	全压力	有	结构简单，使用方便	精度低
热传导真空计 皮拉尼真空计 热偶电阻真空计 热敏电阻真空计 双金属片真空计	气体热传导与压力有关	$1\sim1\times10^{-3}$	10%	全压力	有	结构简单，使用方便可连续测量	精度低，反应慢，受环境温度影响
热阴极电离真空计 晶体管式真空计 高压力电离真空计	加热阴极发射电子使气体电离	$1\times10^{-3}\sim5\times10^{-8}$	±10%~±20%	全压力	有	量程宽，可连续测量，稳定可靠	使用不当，易烧坏阴极
B-A式电离真空计	利用减小收集极面积的办法以避免软X射线照射，并降低其极限值的一种热阴极电离真空计	$1\times10^{-3}\sim1\times10^{-11}$	20%	全压力	有	线性好，误差较小，量程宽，稳定性好，使用方便	仪器线路较复杂，热阴极寿命短，工作时遇大气将烧毁
热阴极磁控电离真空计	利用磁场增大热视电离灵敏度	$1\times10^{-4}\sim1\times10^{-14}$	10%	全压力	有	测量下限很低，规管灵敏度很高	性能不稳定，不可靠
场致显微镜	利用钨尖电子发射器上的吸附速率与压力成正比的关系	$1\times10^{-7}\sim1\times10^{-11}$（或$1\times10^{-13}$）	较低	全压力	有	理论上的超高真空绝对真空计 $10^{-13}\times133.3$Pa 为理论上的下限	误差大，不能直读，仅能测活性气体，时间长

由上可以看到,真空计的种类很多,在选用时要综合考虑,考虑的因素包括测量范围,测量精度和可靠性,测全压还是分压,被测气体对真空计的影响,安装和操作,寿命和价格等。目前在工厂和实验室用得较为普遍的真空计是热偶真空计和热阴极电离真空计,并且两者往往联合使用,构成复合真空计,测量范围较广,使用也较方便。

(3) 复合真空计

目前真空镀膜设备通常采用由热偶真空计和热阴极电离真空计联合构成的复合真空计来测量真空镀膜室内的真空度。

①热偶真空计:借助于热电偶直接测量热丝温度的变化,由热电偶产生的热电势表征规管内的压力。其一般测量范围为 $1\times10^2 \sim 1\times10^{-1} \text{Pa}$。

热偶真空计的结构原理如图 6-5 所示。它由两部分组成:由热丝和热电偶组成热偶规管,热电偶的热端与热丝相连,另一端作为冷端经引线引出管外,接至测量热偶电势用的毫伏表;测量线路,包括热丝的供电回路和热偶电势的显示回路。

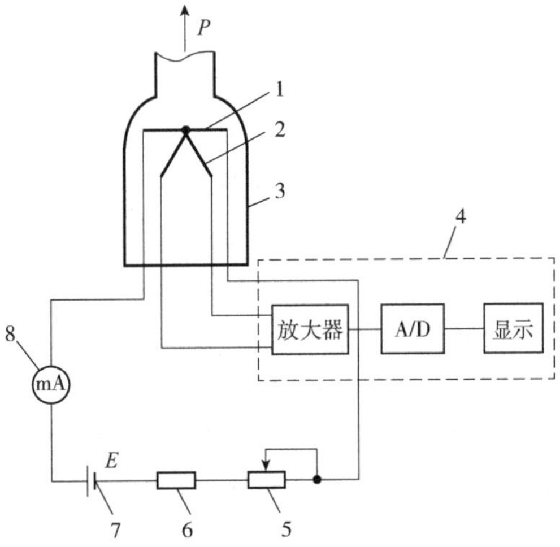

测量时,热丝通有一定的加热电流。在较低压力下,热丝温度及热电偶电势 E 取决于规管内的压力 p。当 p 降低时,气体分子传导走的热量减少,热丝温度随之升高,故热电偶电势 E 增大;反之,热电偶电势 E 减小。在加热电流一定的情况下,如果预先已测出 E 与 p 的关系,那么可根据毫伏表的指示值直接给出被测系统的压力。

图 6-5 热偶真空计结构原理
1-热线;2-热电偶;3-管壳;4-数字显示装置;5-限流电阻;
6-保护电;7-电源;8-电流表

②热阴极电离真空计:它的基本原理是在热阴极电离真空计规管中,由具有一定负电位的高温阴极灯丝发射出来的电子,经阳极加速后获得足够的能量,与气体分子碰撞时可引起分子的电离,产生正离子与电子;由于电子在一定的飞行路程中,与气体分子碰撞的次数正比于单位体积中的分子数即密度 n,也就是正比于气体的压力 p,因此电离碰撞所产生的正离子数也与气体压力成正比,利用收集极将正离子接收,然后根据所测离子流的大小来指示气体压力的大小。

图 6-6 所示为热阴极电离真空计规管及其线路。该规管要把非电量的气体压力转变成电量的离子流,不但应具有发射出一定数量电子流 I_e 的热灯丝 F(阴极),而且还必须具有产生电子加速场并可收集离子流 I_i 的离子收集极 C。这三个电极各自配有控制和显示电流。

在一定压力范围内,I_i 与 I_e、p 呈线性关系,即:

$$I_i = kI_e p \tag{6-3}$$

式中:k——电离真空计规管系数(即电离真空计灵敏度),单位为 Pa^{-1}。

对于一定气体,当温度恒定时,k 为一定值。k 是经校准得到的,所以电离真空计是相对真空计。

热阴极电离真空计按式(6-3)给出的线性范围可分为三种类型:①普通型,压力测量范

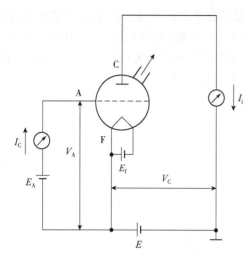

图 6-6　热阴极电离真空计规管及其线路
F-热灯丝阴极；A-电子加速阳极；C-离子收集极

围大致为 $1\times10^{-1}\sim1\times10^{-5}\,\mathrm{Pa}$；②超高型，$1\times10^{-1}\sim1\times10^{-8}\,\mathrm{Pa}$，有的下限可到 $1\times10^{-10}\,\mathrm{Pa}$；③高压力型，$100\sim1\times10^{-3}\,\mathrm{Pa}$。目前普通型应用最为广泛。其特点是：可测量气体及蒸气的全压力；能实现连续、远距离测量；校准曲线为线性；响应迅速。它的不足之处是读数与气体种类有关；低压下测量准确度会受高温灯丝的电清除作用、化学清除作用，以及规管的放气作用等影响；高压力下尤其是意外漏气或大量放气时灯丝易烧毁。

2）真空检漏

真空设备在使用过程中由于密封不当或存在各种漏孔，使一侧气体漏到另一侧，从而不断降低真空度，因此要采用恰当的方法对漏孔位置及漏气率（单位是 $\mathrm{Pa\cdot m/s}$）进行检测。真空检漏大致分成以下两大类方法：

(1) 压力检漏法：它是借助于检测被检容器中的示漏气体或液体从容器中漏出的情况来测漏孔的方法，包括气泡法、氨检法、听声法、超声检漏法、卤素检漏法、卤素检漏仪法、卤素喷灯法、气敏半导体检漏法、氦质谱检漏仪加压法等。

(2) 真空检漏法：它是利用示漏气体漏入抽空的被检容器中检测漏孔的方法，包括放置法、离子泵检漏法、真空计法、氦质谱检漏仪抽空法、火花检漏器、放电管法、卤素检漏仪内探头法等。

6.3　物理气相沉积技术

6.3.1　真空蒸镀

1）真空蒸镀原理及蒸气粒子的空间分布

(1) 真空蒸镀的基本原理

真空蒸镀，简称蒸镀，是指在真空条件下，采用一定的加热蒸发方式蒸发镀膜材料（或称膜料）并使之汽化（产生蒸发或升华），气化物质飞至基片表面凝聚成膜的工艺方法。蒸镀一般在高真空环境中进行，可防止工件和薄膜本身的污染和氧化，增加气化物质扩散自由程，便可得到洁净、致密、均匀的膜层。

蒸镀的物理过程包括：沉积材料蒸发或升华为气态粒子→气态粒子快速在真空环境中从蒸发源向基片表面输送→气态粒子附着在温度较低的基片表面形核、长大、最终形成连续薄膜。一般而言，要实现真空蒸镀，必须有"热"的蒸发源、"冷"的基片和周围的真空环境，三者缺一不可。

具体来说，在蒸发阶段，将基片放入真空室后，对蒸发源进行加热，蒸发源内放有膜层材料，加热方式可以选择电阻加热、电子束加热、激光加热、感应加热、电弧加热等方式，使膜料蒸发或升华,气化为具有一定动能的粒子,这些粒子可以是原子、分子或原子团。在高真空环境下,被蒸发出的气态粒子具有一定的动能,能以基本无碰撞的直线运动飞速传送基片,到达基片表面的粒子一部分被反射,另一部分吸附在温度较低的基片上并发生表面扩散,沉积到基体表面的原子之间产生二维碰撞,形成簇团,有的可能在表面短时间停留后又蒸发,粒子簇团不断地与扩散粒子相碰撞,或吸附单粒子,或放出单粒子。此过程反复进行,当聚集的粒子数超过某一临界值时就变为稳定的形核点,再继续吸附扩散粒子而逐步长大,最终通过相邻稳定核的接触、合并,形成连续薄膜。

蒸镀膜层的质量与真空腔室的真空度或气体分子的平均自由程 L 密切相关,在真空腔室中气体分子的平均自由程与气体压力 p 成反比,近似为:

$$L=\frac{0.65}{p} \tag{6-4}$$

在 1Pa 的气压下,气体分子平均自由程为 L 约为 0.65cm;在 1×10^{-3}Pa 时,L 约为 650cm。一般要求气体分子平均自由程 L 大于蒸发源到基片距离的 10 倍。对于一般的真空蒸镀设备,蒸发源到基片的距离通常小于 65cm,因而蒸镀真空罩的气压大致在 $1\times10^{-2}\sim1\times10^{-5}$Pa。因此,蒸镀时高真空度是必要的,但考虑到实际工程应用的经济性,并非真空度越高越好,这是因为它要大量增加设备投资,且在镀膜时需花费更长的抽真空时间。

在真空条件下物质蒸发比在常压下容易得多,因此所需的蒸发温度显著下降。例如铝在常压下的蒸发温度约为 2400℃,而在 1×10^{-3}Pa 的真空条件下只需要 847℃ 就可以大量蒸发。单位时间内膜料单位面积上蒸发出来的材料质量称为蒸发速率,理想的最高蒸发速率 $G_m[\text{kg}/(\text{m}^2\cdot\text{s})]$ 可表示为:

$$G_m=4.38\times10^{-3}P_s\sqrt{A_r/T} \tag{6-5}$$

式中:T——蒸发表面的热力学温度;

P_s——温度 T 时的材料饱和蒸气压;

A_r——膜料的相对原子质量或相对分子质量。

因此,膜料的蒸发温度最终可根据特定的膜料熔点和饱和蒸气压等参数来确定。实际蒸镀时一般要求膜料的蒸气压在 $1\times10^{-1}\sim1\times10^{-2}$Pa 量级,此时材料的 G_m 通常处在 $1\times10^{-4}\sim1\times10^{-1}$kg/$(\text{m}^2\cdot\text{s})$ 量级范围,由此可以估算出已知蒸发材料的所需加热温度。表 6-3 和表 6-4 给出了部分单质和化合物膜料在饱和蒸气压为 1.33Pa 时的蒸发特性。从两表中可以看出,某些材料如铁、锌、铬、硅等可从熔点下直接升华到气态,而大多数材料则是先达到熔点,然后从液相中蒸发。在金属中,除了锑以分子形式蒸发外,其他金属均以单原子进入气相。

部分元素的蒸发特性(饱和蒸气压为 1.33Pa)　　　　表 6-3

元素	熔点(℃)	蒸发温度(℃)	蒸发源材料	
			丝、片	坩埚
Ag	961	1030	Ta、Mo、W	Mo、C
Al	659	1220	W	BN、TiC/C、YiB$_2$-BN
Au	1063	1400	W、Mo	Mo、C
Cr	1900	1400	W	C

续上表

元素	熔点(℃)	蒸发温度(℃)	蒸发源材料 丝、片	蒸发源材料 坩埚
Cu	1084	1260	Mo、Ta、Nb、W	Mo、C、Al_2O_3
Fe	1536	1480	W	BeO、Al_2O_3、ZrO_2
Mg	650	440	W、Ta、Mo、Ni、Fe	Fe、C、Al_2O_3
Ni	1450	1530	W	Al_2O_3、BeO
Ti	1700	1750	W、Ta	C、ThO_2
Pd	1550	1460	W(镀Al_2O_3)	Al_2O_3
Zn	420	345	W、Ta、Mo	Al_2O_3、Fe、C、Mo
Pt	1770	2100	W	ThO_2、ZrO_2
Te	450	375	W、Ta、Mo	Mo、Ta、C、Al_2O_3
Rh	1966	2040	W	ThO_2、ZrO_2
Y	1477	1649	W	ThO_2、ZrO_2
Sb	630	530	铬镍合金、Ta、Ni	Al_2O_3、BN、金属
Zr	1850	2400	W	
Se	217	240	Mo、Fe、铬镍合金	金属、Al_2O_3
Si	1410	1350		Be、ZrO_2、ThO_2、C
Sn	232	1250	铬镍合金、Mo、Ta	Al_2O_3、C

部分化合物的蒸发特性(饱和蒸气压为1.33Pa)　　表6-4

化合物	熔点(℃)	蒸发温度(℃)	蒸发源材料	观察到的蒸发种
Al_2O_3	2030	1800	W、Mo	Al、O、AlO、O_2、$(AlO)_2$
Bi_2O_3	817	1840	Pt	
CeO	1950		W	CeO、CeO_2
MoO_3	795	610	Mo、Pt	$(MoO_3)_3$、$(MoO_3)_{4,5}$
NiO	2090	1586	Al_2O_3	Ni、O_2、NiO、O
SiO		1025	Ta、Mo	SiO
SiO_2	1730	1250	Al_2O_3、Ta、Mo	SiO、O_2
TiO_2	1840			TiO、Ti、TiO_2、O_2
WO_3	1473	1140	Pt、W	$(WO_3)_3$、WO_3
ZnS	1830	1000	Mo、Ta	
MgF_2	1263	1130	Pt、Mo	M_gF_2、$(M_gF_2)_2$、$(MgF_2)_3$
AgCl	455	690	Mo	AgCl、$(AgCl)_3$

一般来说,金属及其他热稳定化合物在真空中只要加热到能使其饱和蒸气压达到1Pa以上,均能迅速蒸发。蒸发速率随温度变化的关系式可描述为:

$$\frac{dG}{G} = \left(2.3\frac{B}{T} - \frac{1}{2}\right)\frac{dT}{T} \tag{6-6}$$

$$B = \frac{\Delta H_v}{2.3R}$$

式中：G——单位时间从单位面积上蒸发的质量，即质量蒸发速率；

T——温度；

ΔH_v——摩尔气化热；

R——气体常数；

B——可直接由试验确定，且有 $\Delta H_v = 19.12B(\text{J/mol})$。

对于金属而言，$2.3B/T$ 通常在 20~30 之间，由式(6-6)可见，在蒸发温度以上进行蒸发时，蒸发源温度的微小变化即可导致蒸发速率的急剧变化。以铝为例，由 $B = H_v/2.3R$ 可估算其 B 值约为 $3.586×10^4$K，蒸气压为 100Pa 时的蒸发温度值为 1830K，假设蒸发源的温度相对变化 1%，即 $\frac{dT}{T}$ 为 1% 时，由式(6-6)可得，$\frac{dG}{G} = ≈0.19$，说明，蒸发源 1% 的温度变化将会引起蒸发速率 19% 的改变。

(2) 蒸气粒子的空间分布

蒸气粒子的空间分布显著地影响了蒸发粒子在基体某处上的沉积速率以及膜厚分布。这除工件上某处与蒸发源的距离有关外，还与蒸发源的形状和尺寸有关。蒸发源可简化为点、线、面三种类型。在点源的情况下，以源为中心的球面上可得到膜厚相同的镀膜；线源情况下，可进一步简化为由一系列点源构成的圆柱形蒸发源；如果是面蒸发源，则发射具有方向性。

从理论上来讲，可建立简化模型对工件上某处的膜层厚度进行计算，对于尺寸有限的点源、线源或面源，且距离相对很大的大型平板工件来说，计算均可简化为点源模型。在忽略空间残余气体分子及膜材料蒸气分子间的碰撞损失情况下，单一空间点源对于平板工件上任一点 B 处的沉积膜厚可表示为：

$$t = (m/4\pi\rho)h/(h^2+L^2)^{3/2} \tag{6-7}$$

式中：t——任一点 B 处的膜层厚度；

m——一个点源蒸发出的总膜料质量；

h——点源中心到平板工件的垂直距离（即蒸距）；

L——B 点至 A 点的距离（即偏距，A 是平板工件上与点源垂直的点处）；

ρ——膜材料的密度。

显然，A 点处，即 $L=0$ 时的膜层厚度最大，其值为：

$$t_0 = \frac{m}{4\pi\rho h^2} \tag{6-8}$$

任一点 B 处相对于 A 处的相对膜厚为：

$$\frac{t}{t_0} = \left[1 + \left(\frac{L}{h}\right)^2\right]^{-3/2} \tag{6-9}$$

在研究实际工况下的膜层厚度时，实际蒸发源的发射特性还需要结合具体情况加以分析。

2) 真空蒸镀技术

真空蒸镀有电阻加热蒸发、高频感应加热蒸发、电弧加热蒸发、电子束蒸发、激光束蒸发和分子束外延等多种方式,其中以电阻加热蒸发方式用得最为普遍。

(1) 电阻加热蒸发技术

图6-7所示为一种最简单的电阻加热真空蒸发镀膜设备示意图,该设备主要由真空镀膜室和真空抽气系统两大部分组成,镀膜室内设有蒸发源及电阻加热系统。

所谓蒸发源是用来加热膜料使之蒸发的装置。蒸发源一般由高熔点导电材料制成适当的形状,将膜料放在其中,接通电源,电阻加热膜料使其蒸发。

电阻加热蒸发技术的特点是装置简单,成本低,功率密度小,加热温度较低,主要蒸镀熔点较低的材料,如铝、银、金、硫化锌、氟化镁、三氧化二铬等。

对蒸发源材料的基本要求是:高熔点,低蒸气压,在蒸发温度下不会与膜料发生化学反应或互溶,具有一定的强度。实际上对所有加热方式的蒸发源都有这样的要求。另外,电阻加热方式还要求蒸发源材料与膜料容易润湿,以保证蒸发状态稳定。常用的蒸发源材料有钨、钼、钽、铌、镍、镍铬合金等,电流通过蒸发源时,直接对膜料进行加热蒸发;或者使用刚玉、氧化铍、石墨、氮化硼等坩埚,对其进行间接加热蒸发。电阻蒸发源的形状是根据蒸发要求和特性来确定的,一般加工成丝状、棒状、舟状等形状,如图6-8所示。若膜料可以加工成丝状,则通常将其加工成丝状,放置在用钨丝、钼丝、钽丝绕制的螺旋丝形蒸发源上。如果膜料不能加工成丝状时,将其粉状或块状膜料放在钨舟、钼舟、钽舟、石墨舟或导电氮化硼做的舟上。螺旋锥形丝管一般用于蒸发颗粒或块状膜料以及与蒸发源润湿的膜料。

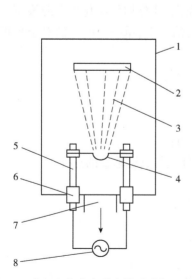

图6-7 电阻加热真空蒸发镀膜设备示意图
1-镀膜室;2-基板(工件);3-蒸汽膜料;4-电阻蒸发源;
5-电极;6-电极密封绝缘件;7-真空抽气系统;8-电源

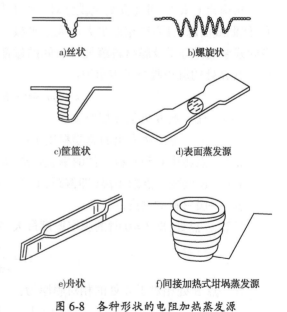

图6-8 各种形状的电阻加热蒸发源
a)丝状 b)螺旋状 c)筐篮状 d)表面蒸发源 e)舟状 f)间接加热式坩埚蒸发源

(2) 高频感应加热蒸发技术

为了大量蒸发 Al 等高纯度金属,常采用高频感应加热蒸发源。将装有蒸发材料的坩埚放在高频螺旋线圈的中央,使蒸发材料在高频电磁场的感应下产生强大的涡流损失和磁滞损失(对铁磁体),从而将镀料金属加热蒸发。蒸发源一般由水冷纯铜感应线圈、石墨以及氧化铝等陶瓷坩埚组成(图 6-9)。其优点是蒸发速率大,在铝膜厚度为 40nm 时,卷绕速度可达 270m/min(对于高频加热卷绕式高真空镀膜机)比电阻加热蒸发法大 10 倍左右;蒸发源温度均匀稳定,不易产生铝滴飞溅现象,成品率提高;可一次装膜料,不需要送丝机构,温控容易,操作简单;对膜料纯度要求略宽些,生产成本降低。

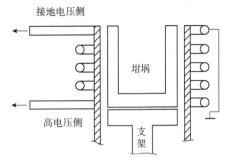

图 6-9 高频感应蒸发源结构

(3) 电弧加热蒸发技术

电弧加热蒸发技术是将膜料制成电极,在外加电压作用下,在电极间产生电弧放电,瞬间的高温电弧使膜料蒸发,从而实现镀膜。该技术的优点是加热温度高,可避免电阻加热材料或坩埚材料的污染,适用于熔点高和具有导电性的难熔金属和石墨等的蒸发,装置较为简单和价廉。缺点是电弧放电过程中容易产生尺寸较大的膜料蒸发粒子(微米量级),影响膜层质量。

(4) 电子束蒸发技术

热电子由灯丝发射后,被加速阳极加速,获得动能轰击到处于阳极的蒸发材料上,使蒸发材料加热气化,从而实现蒸发镀膜。根据电子束的轨迹不同,电子束蒸发技术所用的蒸发源可分为直射枪、环形枪、e 型电子枪及空心阴极电子枪等,其中以 e 型电子枪的应用最为广泛。图 6-10 所示为 e 型电子枪的工作原理。发射体通常用钨阴极做电子源,阴极灯丝加热后发射出具有 0.3eV 初始动能的热电子,在灯丝阴极与阳极之间受极间电场制约,可按一定的会聚角形成电子束,并且在磁场作用下发生偏转。到达阳极孔时,电子能量可提高到 10kV。通过阳极孔之后,电子束只运行于磁场空间,偏转 270° 后入射到盛放到水冷铜坩埚中的膜料上。膜料受电子束轰击,加热蒸发。e 型电子枪的优点是正离子的偏转方向与电子偏转方向相反,因此可以避免直枪中正离子对镀层的污染。

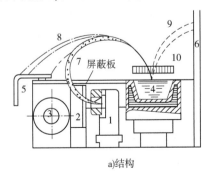
a) 结构

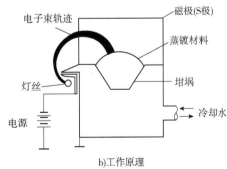
b) 工作原理

图 6-10 e 型电子枪的结构和工作原理

1-发射体;2-阳极;3-电磁线圈;4-水冷坩埚;5-收集极;6-吸收极;7-电子轨迹;8-正离子轨迹;9-散射电子轨迹;10-等离子体

电子束蒸发技术的主要特点是束流密度高、功率密度大,一般可达 $104\sim109W/cm^2$,可将膜料瞬时加热到 $3000\sim6000℃$,获得比电阻热源更高的加热温度,为蒸发难熔金属和非金属材料(如钨、钼、锗、SiO_2、Al_2O_3 等)提供了较好的热源,并且热效率高,热传导和热辐射损少。另一个重要特点是,膜料放在水冷铜坩埚内,避免容器材料的蒸发及膜料与容器材料之间的反应,这对于具有高纯度要求的半导体元件等镀膜来说非常重要。

(5)激光束蒸发技术

它是用高能量密度的激光束照射在膜料表面,使其加热蒸发。与电子束蒸发类似,激光束能量密度高、加热速度快,可将膜料瞬时加热至气化。用于蒸发的激光光源可为 CO_2 激光、钕玻璃激光、红宝石激光、YAG 激光以及准分子激光等。由于不同材料吸收激光的波段范围不同,因而需要选用相应的激光器。例如:SiO_2、ZnS、MgF_2、TiO_2、Al_2O_3、Si_3N_4 等膜料,宜采用二氧化碳连续激光(激光波长为 $10.6\mu m$、$9.6\mu m$);Cr、W、Ti、Sb_2S_3 等膜料宜选用钕玻璃脉冲激光(波长为 $1.06\mu m$);Ge、$GaAs$ 等膜料宜采用红宝石脉冲激光(波长为 $0.694\mu m$、$0.692\mu m$)。激光束蒸发技术经聚焦后功率密度可达 $1\times10^6W/cm^2$,可蒸发任何能吸收激光光能的高熔点材料,蒸发速率极高,制得的膜成分几乎与料成分一致。

目前实际应用中最常采用的是在空间和时间上能量高度集中的脉冲激光,以准分子激光效果最好。准分子激光器是紫外区发振的高效率的典型气体激光器,其发出的光子能量大,光子能量与分子结合能相近,目前已广泛用于光刻、激光打孔及光 CVD 等光化学反应处理等工艺中。通常将采用脉冲激光源的薄膜制备方法称为脉冲激光沉积或脉冲激光熔射,以与一般的连续激光蒸镀相区别。图 6-11 所示为脉冲激光沉积装置示意图。

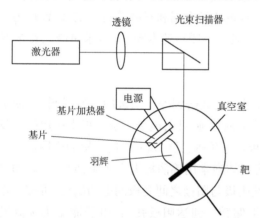

图 6-11 脉冲激光沉积装置示意图

(6)分子束外延技术

分子束外延是新发展起来的外延制膜方法也是一种特殊的真空镀膜工艺。分子束外延技术的沉积过程为:在超高真空条件下,将蒸发的膜料分子束流,在严格监控之下,直接喷射到衬底表面,原子一个一个地直接在衬底上生长,逐渐形成薄膜的过程。其中未被基片捕获的分子及时被真空系统抽走,保证到达衬底表面的总是新分子束。因此,分子束外延技术可以精确控制晶体生长速率、杂质浓度、多元化合物成分比等。它有下列一些特点:

①属于真空蒸镀范畴,但因严格按照原子层逐层生长,故又是一种全新的晶体生长方法。

②薄膜晶体生长过程是在非热平衡条件下完成的、受基片的动力学制约的外延生长。

③是在高真空下进行的干式工艺,杂质混入少,可保证膜层纯度。

④低温生长,例如 Si 在 $500℃$ 左右生长,GaAs 在 $500\sim600℃$ 下生长。

⑤生长速度慢($1\sim10\mu m/h$),能够严格控制杂质和组分浓度,并同时控制几个蒸发源和基片的温度,外延膜质量好,面积大而均匀。

分子束外延技术的缺点是生长速度慢,表面缺陷密度大,设备价格昂贵,分析仪器易受蒸气分子的污染。

分子束外延设备由真空系统、蒸发源、监控系统和分析测试系统构成。蒸发源由几个克努曾槽形分子束盒构成。分子束盒由坩埚、加热器、热屏蔽、遮板构成,用水冷却,周围有液氮屏蔽。分子加热和遮板的开闭是精确控制设备按要求运转的关键。

图 6-12 所示为一种由计算机控制的分子束蒸镀装置。该装置为超高真空系统,在一个真空室中安装了分子束源、可加热的基片支架、四极质谱仪、反射高能电子衍射装置、俄歇电子谱仪、二次离子质量分析仪等。这种方法开辟了薄膜生长基本过程可原位观察的新途径,并且观测数据立刻反馈,用计算机控制薄膜生长,全部过程实现自动化。早期使用的装置为单室结构,现在的分子束外延设备一般是生长室、分析室和基片交换室的多室分离型分子束外延设备(图 6-13)。

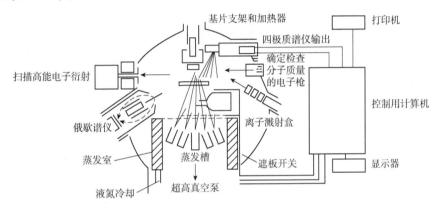

图 6-12 由计算机控制的分子束蒸镀装置

图 6-13 多室分离型分子束外延设备

分子束外延技术在表面科学研究、半导体薄膜、超导薄膜制备及应用中具有重要意义。例如,分子束外延技术已在 GaAs、InP、AlGaAs、InGaP、InGaAs 等Ⅲ-Ⅴ族半导体单晶膜外延薄膜的制备中取得良好效果。另外,还制备出Ⅱ-Ⅵ族 ZnS 单晶膜,GaF_2、SrF_2、BaF_2 等绝缘膜,$PtSi$、Pb_2Si、$NiSi_2$、$CoSi_2$ 等硅化物,并制备了多种异质外延构件和器件。用分子束外延技术在(100)SrTiO 和(100)MgO 基片上逐层生长铋层、锶层、钙层、铜层,得到了典型的单晶生长高能电子衍射图,得到的铋钙铜氧膜具有超导性,临界温度为85K。用同样方法在(100) $SrTiO_3$ 和(100)Zr基片生长的 $DyBa_2Cu_3O_7$ 膜,临界温度分别为88K 和87K。后者的临界电流线密度达到 $0.16×10A/cm^2$,说明了人类在原子尺度上进行材料微结构控制和材料制备的巨大成功。

3) 蒸镀合金及化合物

(1) 蒸镀合金

与蒸镀单质金属不同,蒸镀合金时合金中各组分在同一温度下往往具有不同的蒸气压,即具有不同的蒸发速率。因此对于两种以上元素组成的合金或化合物,在蒸发时如何控制成分,以获得与蒸发材料化学计量比不变的膜层,是真空蒸镀中十分重要的问题。为消除这种成分偏离,可采用以下工艺:

①双源或多源同时蒸镀法

将组成膜料的各元素分别装在各自的蒸发源中,然后独立控制各蒸发源的蒸发温度以控制各蒸发源的蒸发速率,使到达基板的各种原子与所需合金薄膜的组成相对应。

②瞬时蒸镀法(闪蒸发)

瞬时蒸发法又称为"闪烁"蒸发法,是把合金做成粉末或细颗粒,放入能保持高温的加热器和坩埚之类的蒸发源中。颗粒原料通常是从送料装置中一点一点送出来,再通过滑槽落到高温蒸发源上,使一个一个的颗粒实现瞬间完全蒸发。除一部分合金(如 Ni-Cr 等)外,金属间化合物如 GaAs、InSb、PbTe、AlSb 等,在高温时会发生分解,而两组分的蒸气压又相差很大,故也常用闪蒸法制薄膜。图6-14所示为闪蒸发原理。这种方法的缺点是为保证一个个颗粒蒸发完后就有下次蒸发颗粒的供给,蒸发速率不能太快。

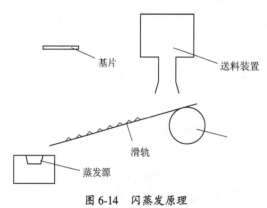

图6-14 闪蒸发原理

(2) 蒸镀化合物

化合物在真空加热蒸发时,一般会发生分解。对于难分解或沉积后又能重新结合成原膜料组分配比的化合物(前者如 SiO_2、B_2O_3、MgF_2、NaCl、AgCl 等,后者如 ZnS、PbS、CdTe、CdSe 等),可采用一般的蒸镀法。对于极易分解的化合物如 In_2O_3、MoO_3、MgO、Al_2O_3 等,必须采用恰当蒸发源材料、加热方式、气氛,并且在较低蒸发温度下进行。例如蒸镀 Al_2O_3 时得到缺氧的 Al_2O_{3-x} 膜,为避免这种情况,可在蒸镀时充入适当的氧气即可解决。

蒸镀化合物的另一途径是采用反应蒸镀。所谓反应蒸镀就是将活性气体导入真空室,在一定的反应气氛中蒸发金属或低价化合物,使之在沉积过程中发生化学反应而生成所需的高价化合物薄膜。反应蒸镀不仅用于热分解严重的材料,而且可用于因饱和蒸气压较低而难以采用热蒸发的材料。

氧化物、碳化物、氮化物等陶瓷材料的熔点通常很高,而且要制取高纯度的化合物很昂贵,因此常采用反应蒸镀法来制备此类材料的薄膜。通常的做法是在金属单质膜料蒸发的同时充入相应气体,使两者反应化合沉积成膜,如 Al_2O_3、Cr_2O_3、SiO_2、Ta_2O_5、AlN、ZrN、SiC、

TiC 等膜层均可用此方法制备。如果在蒸发源和基板之间形成等离子体,则可提高反应气体分子的能量、离化率和相互间的化学反应程度,这称为活性反应蒸镀。

4) 真空蒸镀应用

真空蒸镀可镀制各种金属、合金和化合物薄膜,应用于众多的科技和工业领域。

(1) 真空蒸镀铝膜制镜

用这项技术制成镜的反射率高,映像清晰,经济耐用,又不污染环境,故大量应用于人们的日常生活中,也应用于科技和工业中。制镜有许多方法,其中用箱式真空蒸镀设备制镜是一种经济实用的方法,图 6-15 所示为箱式真空蒸镀膜室结构示意图。蒸发源用多股钨绞丝制成螺旋状,操作中将一定长度的铝丝放入螺旋孔内。蒸发源由铜排、导电柱等供电,与玻璃片平行排列,一起设置在小车上。小车由底板上的导轨推入室体,并且由接触电极与电源相连。镀膜室由真空机抽成高真空,钨绞丝蒸发源通电后使电阻加热,将铝丝蒸发,使玻璃片表面镀覆一层铝膜。向镀膜室充入空气后,推出小车,取出镀铝玻璃,然后在镀层表面涂覆保护漆,制成铝镜。蒸发源的数目、间距以及蒸发源与玻璃片的距离等参数要优化设计,以保证膜层厚度的均匀性。一排钨绞蒸发源可对左右两边的玻璃片同时镀膜。小车上蒸发源可设置多排,以提高生产率。一台设备可配备多台小车,一台小车镀完推出后,另一台小车即可推入。

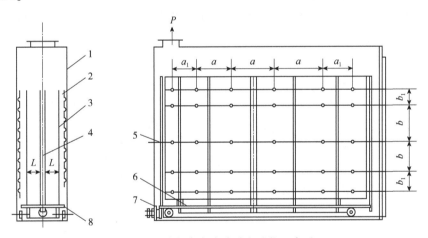

图 6-15 箱式真空蒸镀膜室结构示意图

1-室体;2-烘烤设施;3-玻璃基片;4-导电柱;5-蒸发源;6-铜排;7-电极;8-小车

(2) 真空蒸镀光反射体

采用真空蒸镀铝膜来提高灯的照明亮度和装饰性已很普遍。反射罩可用各种金属、玻璃、塑料等制成。为提高膜层的平整度和反射效果,往往在镀铝之前,先涂一层涂料。

灯具的种类很多,反射膜不仅是铝等金属,还可以是其他材料;镀层可以是单层,也可以是多层甚至多达几十层,并且每层厚度都要精确控制,这对真空蒸镀提出了高要求。在玻璃罩冷光灯碗内表面镀覆冷光膜是一个典型的例子。冷光膜的光学特性是具有高的可见光反射率和红外线透过率,即可获得很强的可见光反射而红外线透过玻璃罩散去的效果。冷光膜可用两个不同中心波长的长波通滤光片耦合而成。生产上常采用低折射率的氟化镁和高折射率的硫化锌两种薄膜交替排列组合,每层厚度按计算设定,分别为几十纳米至一百多纳米不等。镀膜时要用膜厚测试仪器监控。冷光膜通常由20多层膜组合,除具有良好的光学特性外,还要求有良好的附着性、致密性、防潮性和耐蚀性等。对于这样的多层膜,仅用真空蒸镀来制备是不够的,一般要采用离子束辅助沉积来辅助。

(3) 塑料表面金属化

它是利用物理或化学的方法,在塑料表面镀覆金属膜,获得如电性、磁性、金属光泽等金属所具备的某些性能,用于电学、磁学、光学、光电子学、热学和美学等领域。塑料表面金属化具体的制备方法有电镀、化学镀、真空蒸镀、磁控溅射镀和化学还原法。其中,真空蒸镀因工艺简单、成本低廉、种类多样、质量容易控制和没有环境污染而得到广泛应用。

蒸镀法镀膜速度快,膜层均匀,在塑料表面金属化方面的应用较为典型。塑料膜(带)表面蒸镀,采用半连续或连续卷绕镀膜设备后,生产率非常高。图6-16所示为半连续真空蒸发镀膜机的镀膜室结构。图6-16a)所示的单室镀膜机适用于幅度较窄的塑料膜(带)基体的镀膜,而图6-16b)所示的双室镀膜适用于宽幅度、大卷径的塑料膜(带)基体的镀膜。单室镀膜机的镀膜室主要由室体、卷绕机构、送丝机构、膜料蒸发源及其挡板等组成,室体采用卧式钟罩结构。在达到工作真空度后,加热蒸发源,起动送丝机构和卷绕机构,将膜料丝连续送至加热蒸发源处,实现均匀连续镀膜。双室镀膜机有镀膜室和卷绕室两室,分别采用各自的真空系统抽气,两室之间用狭缝相连,用以通过工件和保证两室间的压差。镀膜室真空度小于2.5×10^{-2}Pa,卷绕室真空度约为1Pa,并且采用数个感应加热式蒸发源或数个电阻加热式蒸发源来有效提高卷绕速度。

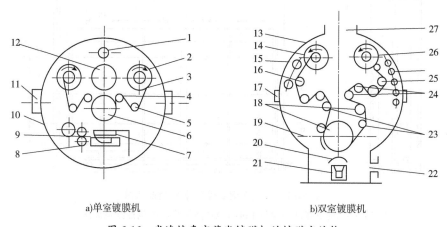

a) 单室镀膜机　　　　　b) 双室镀膜机

图 6-16　半连续真空蒸发镀膜机的镀膜室结构

1-照明灯;2-放卷辊;3-基带;4-导向辊;5-张紧辊;6-水冷辊;7-挡板;8-坩埚;9-送丝机构;10-室体;11-观察窗;12-抽气口;13-室体;14-手卷辊;15-照明灯;16-导向辊;17-观察窗;18-水冷辊;19-隔板;20-挡板;21-蒸发源;22-镀膜室抽气口;23-橡胶辊;24-铜辊;25-烘烤装置;26-放卷辊;27-卷绕室抽气口

6.3.2　溅射镀膜

1) 溅射镀膜原理

(1) 荷能粒子与表面的相互作用

入射荷能粒子轰击材料表面时产生多种相互作用,结果会产生一系列物理化学现象,主要可分为以下三类现象。

①表面粒子:溅射原子或分子、二次电子发射、正负离子发射、溅射原子返回、解吸附杂质(气体)原子或分解、光子辐射等。

②表面物化现象:加热、清洗、刻蚀、化学分解或反应。

③材料表面层的现象:结构损伤(点缺陷、线缺陷)、热钉、级联碰撞、离子注入、扩散、非晶化和化合相。

荷能离子轰击材料表面产生的各种现象和过程是多种现代材料制备、加工和分析测试技术的基础,被广泛用于薄膜制备、材料表面改性、表面加工、分析测试等技术。

(2)溅射现象

用带有几十电子伏以上动能的粒子或粒子束照射固体表面,靠近固体表面的原子会获得入射粒子所带能量的一部分进而向真空中放出,这种现象称为溅射。由于离子易于在电磁场中加速或偏转,所以经常选用离子为荷能粒子,这种溅射称为离子溅射。由于溅射出的原子具有一定的能量,因而可以重新凝聚在另一固体表面形成薄膜,因此溅射现象被广泛用于表面镀膜,称之为溅射镀膜。

高能粒子的产生可有两种方法:①阴极辉光放电产生等离子体(称为内置式离子源)。②高能离子束从独立的离子源引出,轰击置于高真空中的靶,产生溅射和薄膜沉积,这种溅射称为离子束溅射。

在溅射过程中通过动量传递,95%的离子能量作为热量而被损耗,仅有 5% 的能量传递给二次发射的粒子。溅射产物不仅有原子还有原子团等中性粒子、二次电子、二次离子等,其中中性粒子、二次电子、二次离子的比例大致为 100∶10∶1,因此主要产物是中性粒子。在实际应用中,除考虑溅射产物外,还需要考虑其状态,这些产物是如何产生的,还有原子和二次离子的溅射率、能量分布和角分布等。

被高能粒子轰击的材料称为靶。入射一个离子所溅射出的靶原子个数称为溅射率或溅射产额。溅射率一般在 $1×10^{-1} \sim 10$ 个原子/离子的量级。溅射出来的粒子动能通常在 10eV 以下。溅射率越大,生成膜的速度就越高。影响溅射率的因素很多,大致分为以下三个方面:

①与入射离子有关。包括入射离子的能量、入射角、靶原子质量与入射离子质量之比、入射离子的种类等。只有当入射离子的能量超过一定能量(溅射阈值)时,才能发生溅射,每种物质的溅射阈值与被溅射物质的升华热有一定的比例关系。入射离子的能量降低时,溅射率就会迅速下降,当低于某个值时,溅射率为零。对于大多数金属,溅射阈值为 $20\sim40eV$。当入射离子数量增至 150eV,溅射率与其平方成正比;增至 $150\sim400eV$,溅射率与其成正比;增至 $400\sim5000eV$,溅射率与其平方根成正比,以后达到饱和;增至数万电子伏,溅射率开始降低,主要以离子注入为主。

②与靶有关。包括靶材的原子序数、靶表面原子的结合状态、结晶取向等。溅射率随靶材原子序数的变化表现出某种周期性,随靶材原子 d 壳层电子填满程度的增加,溅射率变大,即 Cu、Ag、Au 等高,而 Ti、Zr、Nb、Mo、Hf、Ta、W 等低。

③与温度有关。一般认为在和升华能密切相关的某一温度内,溅射率几乎不随温度变化而变化;当温度超过这一范围时,溅射率有迅速增长的趋向。

(3)直流辉光放电及直流溅射

离子溅射镀膜中的入射离子一般利用气体放电法得到,是离子溅射镀膜的基础。在真空容器中存在稀薄气体,在真空容器中电极间施加电压,当产生辉光时气体中有宏观电流流过,则这种气体的导电现象称为气体辉光放电。辉光放电一般在 $1\times10^{-2} \sim 1\times10^{-4}$ Pa 真空度范围内产生。

辉光放电时,两电极之间的电压和电流的关系不能用简单的欧姆定律来描述,而是用图 6-17 所示的变化曲线来描述:开始加电压时 AB 区域电流很小,随电压增加,BC 区域有足够的能量作用于荷能粒子上,它们与电极碰撞产生更多的带电荷粒子,大量电荷使电流稳定增加,而电源的输出阻抗限制着电压,BC 区域称汤逊放电,AC 区域为暗光放电;在 C 点以后,电流自动突然增大,而两极间电压迅速降低,CD 区域为过渡区;在 D 之后,电流与电压无关,两极间产生辉光,此时增加电源电压或改变电阻来增大电流时,两极间的电压几乎维持不变,D 至 E 之间区域为辉光放电;在 E 点之后再增加电压,两极间的电流随电压增大而增大,EF 区域称非正常放电;在 F 点之后,两极间电压降至一很小的数值,电流的大小几乎是由外电阻的大小来决定的,而且电流越大,极间电压越小,FG 区域称为弧光放电。

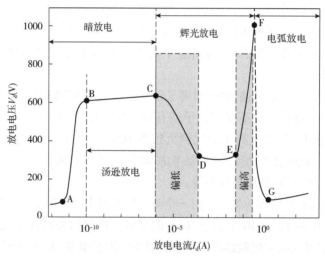

图 6-17　直流辉光放电特性

正常辉光放电的电流密度与阴极物质、气体种类、气体压力、阴极形状等有关,但其值总体来说较小,所以在溅射和其他辉光放电作业时均在非正常辉光放电区工作。

气体放电进入辉光放电阶段即进入稳定的自持放电过程,由于电离系数较高,产生较强的激发、电离过程,因此可以看到辉光。但仔细观察则可发现,辉光从阴极到阳极的分布是不均匀的,可分为如图 6-18 所示的八个区。自阴极起分别为:阿斯顿暗区、阴极辉光区、克鲁克斯暗区(以上三个区总称为阴极位降区)、负辉光区、法拉第暗区、正离子光柱区、阴极辉光区、阳极暗区。各区域大小随真空度、电流、极间距等改变而变化。阴极位降区是维持辉光放电不可缺少的区域,极间电压主要降落在这个区域之内,使辉光放电产生的正离子撞击阴极,把阴极物质打出来,这就是一般的溅射法。若其他条件不变,仅改变阴极间距,则阴极位降区始终不变,而其他各区相应缩短,但阴极与阳极之间距离的设置至少应比阴极位降区的距离长。

目前,实际应用中的直流溅射设备有二极溅射和多极溅射等。二极溅射是结构最为简单的溅射镀膜方式,多极溅射通过热阴极和阳极形成一个与靶电压无关的等离子区,使靶相对于等离子辉光区保持负电位,并通过辉光区的离子轰击靶来进行溅射。有稳定电极的,称为四极溅射;没有稳定电极的,称为三极溅射。稳定电极的作用就是使放电稳定。以气体辉光放电二极溅射镀铝为例,来说明直流溅射镀膜的原理和过程,以基底为阳极,以靶材铝为阴极,在空间通入惰性气体,通常为氩气,在两极间加直流高电压,产生辉光放电现象,将氩气电离,产生带正电的 Ar^+ 离子;Ar^+ 离子经阴阳极间电场加速后向 Al 阴极运动,撞击 Al 靶材表面,使 Al 原子被轰击而溅射出来,同时产生二次电子,二次电子再撞击气体分子使更多的 Ar 电离为 Ar^+ 离子参与溅射,溅射出的 Al 原子将进一步增多;被溅射出的 Al 原子携带着足够的动能到达被镀物基体的表面进行沉积。

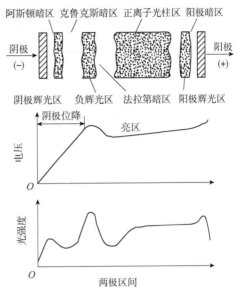

图 6-18 辉光分区及直流辉光放电图形

(4) 射频溅射

射频溅射与直流溅射的不同点在于两极间施加的是交流电,一般频率在 50Hz 以上,在射频溅射装置中,等离子体中的电子容易在射频场中吸收能量并在电场内振荡。因此,电子与工作气体分子碰撞并使之电离产生离子的概率变大,使得击穿电压、放电电压及工作气压等较直流溅射都显著降低;另外,射频电压可以耦合穿过各种阻抗,完全可以溅射化合物、陶瓷等绝缘体。而在直流溅射装置中如果使用绝缘材料靶时,离子轰击靶材,电荷不能导出,正离子会在靶面上累积,使其带正电,靶电位从而上升,使得电极间的电场逐渐变小,直至辉光放电熄灭和溅射停止,所以直流溅射装置不能用来溅射沉积绝缘介质薄膜。由于交流电源的正负性发生周期交替,当溅射靶处于正半周时,电子流向靶面,中和其表面积累的正电荷,但电子质量小,迁移率一般高于离子,因此在靶上容易积累电子,使其表面呈现负偏压,射频电压的负半周期时又吸引正离子轰击靶材,从而中和累积的电子,因此可实现绝缘材料的溅射。

(5) 磁控溅射

磁控溅射与直流溅射和射频溅射相比,在靶材附近增加了与电场方向垂直的正交磁场。在直流溅射中,产生的电子运动方式为直线运动,这样电子与空间气体分子的碰撞概率比较小,产生的入射离子就相对较少,溅射速率较低。而加入正交磁场后,电子在磁场中运动时,将受到洛伦兹力作用,做螺旋线运动,这样电子与空间气体原子的碰撞概率就大大增大,能产生更多的离子参与溅射过程(图 6-19)。因此,相对于直流溅射和射频溅射,磁控溅射沉积速率更快。

(6) 反应溅射原理

通常情况下,在采用化合物靶材制备化合物薄膜时,由于化合物内不同成分的溅射产额不同,所制备的薄膜成分相较于靶材成分往往发生偏离。因此,为了对薄膜成分和性质进行调控,特地在放电气氛中通入活性气体进行溅射,溅射过程中,活性气体与溅射出的原子反应,在基体表面生成目标化合物,这种方法就叫作反应溅射。比如在制备氧化物薄膜时通入氧气,在制备氮化物薄膜时通入氮气,在制备碳化物时通入甲烷等。

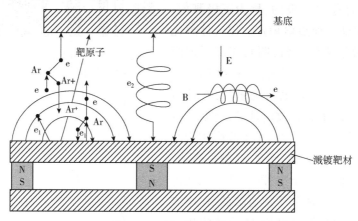

图 6-19 磁控溅射工作原理

一般认为,化合物薄膜是到达基底的溅射原子和活性气体在基底上进行反应而形成的。但是,由于在放电气氛中引入了活性气体,在靶上也会发生反应,依据化合物性质不同,除物理溅射外也可能引起化学溅射,后者在离子的能量较低时也能发生。如果离子能量升高,会加上物理溅射,使溅射率随溅射电压成比例增加。人们以沉积速率与活性气体压力密切关系的试验结果为依据,提出了在靶面上由表面沿厚度方向的反应模型、由吸附原子在靶面上的反应模型、被溅射原子的捕集模型等,试图说明反应溅射的机制,取得了一定的成功。

2) 溅射镀膜的特点

溅射镀膜与真空蒸镀相比,具有以下特点:

(1) 溅射出的粒子的能量远高于蒸发粒子,沉积在基体表面之后,有足够能量在表面迁移,因此成膜质量好,与基体的结合力大。

(2) 任何材料都能在离子轰击下产生溅射现象,任何材料都能溅射镀膜,另外材料溅射特性差别相对于其蒸发特性差别较小,对于合金、化合物材料易制成与靶材组分比例相同的薄膜,因而溅射镀膜应用非常广泛。

(3) 溅射镀膜中的入射离子一般利用气体放电法得到,真空度较低,所以溅射粒子在飞行到基底前容易与真空室内的气体发生过碰撞,运动方向随机改变,而且一般溅射靶表面积较大,因而比真空蒸镀容易得到厚度均匀的膜层,对于具有沟槽、台阶等镀件,能将阴极效应造成的膜厚差别减小到可忽略不计的程度。但是,较高压力下溅射会使薄膜中含有较多的气体分子,因此需要根据实际情况对真空度进行调节。

(4) 溅射镀膜除磁控溅射外,一般沉积速率都较低,设备比真空蒸镀复杂,价格较高,但是操作单纯,工艺重复性好,易实现工艺控制自动化。溅射镀膜已大规模应用于集成电路、磁盘、光盘、大面积高质量镀膜玻璃等高新技术产品生产中。

3) 溅射镀膜技术

(1) 溅射镀膜方式

溅射镀膜有多种方式,各有特点,见表 6-5。

溅射镀膜方式 表 6-5

序号	溅射方式	原理	工艺参数	特点
1	二极溅射	直流二极溅射是利用气体辉光放电来产生轰击靶的正离子,工件与工件架为阳极(通常接地),被溅射材料做成靶作为阴极。射频二极溅与直流二极溅射的主要区别是电源不同,相应的镀膜原理也有所不同	DC:1~7kV,0.15~1.5mA/cm²;RF:0.3~10kW,1~10W/cm²;氩气压力约为1.3Pa	构造简单,在大面积的工件表面上可以制取均匀的薄膜,放电电流随着压力和电压的变化而变化
2	三极或四极溅射	通过热阴极和阳极形成一个与靶电压无关的等离子区,使靶相对于等离子区保持负电位,并通过等离子区的离子轰击靶来进行溅射。有稳定电极的,称为四极溅射;没有稳定电极的,称为三极溅射。稳定电极的作用就是使放电稳定	DC:0~2kV;RF:0~1kW;氩气压力:1×10⁻¹~6×10⁻²Pa	可实现低气压、低电压溅射,放电电流和轰击靶的离子能量可独立调节控制,可自动控制靶的电流,也可进行射频溅射
3	磁控溅射	在靶的背面安装一个环形永久磁铁,使靶上产生环形磁场。以靶为阴极,靶下面接地的罩为阳极。当真空室内充以低压Ar气为1×10⁻¹~1×10⁻²Pa时,在靶的表面附近产生辉光放电。在磁场的作用下,电子被约束在环状空间内,形成高密度的等离子环,其中电子不断地使Ar原子变成Ar离子,它们被加速后打向靶表面,将靶上原子溅射出来,沉积在基片上,形成薄膜	0.2~1kV(高速低温),3~30W/cm²;氩气压力:1×10⁻¹~1×10⁻²Pa	溅射速率高,在溅射过程中基片的温升低
4	对向靶溅射	两个靶对向放置,在垂直于靶的表面方向加上磁场,以此增加溅射的电离过程	用DC或RF,氩气压力:1×10⁻¹~1×10⁻²Pa	可以对磁性材料进行高速低温溅射
5	射频溅射	在靶上加射频电压,电子在被阳极收集之前,能在阳、阴极之间来回荡,有更多机会与气体分子产生碰撞电离,使射频溅射可在低气压(1~1×10⁻¹Pa)下进行。另一方面,当靶电极通过电容耦合加上射频电压后,靶上形成负偏压,使溅射速率提高,并能沉积绝缘体薄膜	RF:0.3~10kW,0~2kV,频率通常为13.56MHz;氩气压力:约1.3Pa	既能沉积绝缘体薄膜,也能沉积金属膜
6	偏压溅射	相对于接地的阳极(例如工件架等)来说,在基底上加适当的偏压,使离子的一部分也流向基底,即在薄膜沉积过程中基底表面也受到离子轰击,从而把沉积膜中吸附的气体轰击出去,提高膜的纯度	在基底上施加0~500V范围内的相对于阳极正或负的电位。氩气压力:约1.3Pa	在镀膜过程中同时清除H₂O、H₂等杂质气体
7	非对称交流溅射	采用交流溅射电源,但正负极性不同的电流波形是非对称的,在振幅大的半周期内对靶进行溅射,在振幅小的半周期内对基底进行较弱的离子轰击,把杂质气体轰击出去,使膜纯化	AC:1~5kV,0.1~2mA/cm²;氩气压力:约1.3Pa	能获得高纯度的薄膜

续上表

序号	溅射方式	原理	工艺参数	特点
8	吸气溅射	备有能形成吸气面的阳极,能捕集活性的杂气体,从而获得洁净的膜层	DC:1~7kV,0.15~1.5mA/cm^2;RF:0.3~10kW,1~10W/cm^2;氩气压力:约1.3Pa	能获得高纯度的薄膜
9	反应溅射	在通入的气体中掺入易与靶材发生反应的气体,因而能沉积靶材的化合物膜	DC:1~7kV;RF:0.3~10kV;在氩气中掺入适量的活性气体	沉积阴极物质的化合物薄膜
10	ECR溅射	当磁场强度一定时,带电粒子回旋运动的频率也一定,而与其速度无关,若施加与此频率相同的变化电场,则带电粒子被接力加速,这称为电子回旋加速,简称ECR。用ECR得到的高能量电子与其他粒子碰撞,虽然制约了本身能量的继续增加,但使真空室内获得更充分的放电气体。靶受ECR等离子体中正离子的溅射作用,被溅射出的原子沉积在基片上	0~数千伏;氩气压力:1.33×10^{-3}Pa	ECR等离子体密度高,即使在1×10^{-3}Pa的低气压下也能维持放电。靶可以做得很小。等离子体由微波引入,且被磁场约束。由于不采用热阴极,不受环境的玷污,因此等离子体纯度高,有利于提高膜层沉积质量
11	自溅射	其电极结构与磁控溅射相似,但对靶表面的磁通密度有更严格的要求,通过试验来确定。磁力线均匀且集中紧贴靶上方的一个狭窄范围内。溅射时不用氩气,沉积速率高达每分钟数微米,被溅射原子(例如Cu)由于不受Ar分子碰撞而以直线且呈束状进入基板微细孔中,一部分原子被离化向靶入,从而发生自溅射	靶表面的磁通密度50mT,7~10A(ϕ100mm 靶);氩气压力≈0(起动时,1.33×10^{-1}Pa)	具有镀入细孔的能力,即优良的孔底涂覆率,特别是压力低时埋入孔底的膜层平坦
12	离子束溅射	从一个与镀室隔开的离子源中引出高能离子束,然后对靶进行溅射。这样,镀膜室真空度可达1×10^{-4}~1×10^{-8}Pa,有利于沉积高纯度、高结合力的膜层。另一方面,靶上放出的电子或负离子不会对基底产生轰击的损伤作用。此外,离子束的入射角、能量、密度都可在较大范围内变化,并可单独调节,因而可对薄膜的结构和性能做较大范围的调控	用DC;氩气压力:约1×10^{-3}Pa	在高真空下离子束溅射镀膜是在非等离子状态下而成膜的。成膜质量高,膜层结构和性能可调节和控制。但束流密度小,成膜速率低,沉积大面积薄膜有困难

(2)溅射镀膜设备

溅射镀膜设备的真空系统与真空蒸镀相比较,除增加充气装置外,主要的工作部件是不同的,即蒸发镀膜机的蒸发源被溅射源所取代。现以目前普遍使用的磁控溅射镀膜机为例,对溅射镀膜设备做扼要的介绍。

磁控溅射的沉积速度快,基片的温升低,膜层的损伤小,因而磁控溅射是一种低温高速溅射方法。磁控溅射镀膜机主要由真空室、真空抽气系统、磁控溅射源系统和控制系统四个部分组成。磁控溅射源是设备的关键部件,常见的有平面磁控溅射源、圆柱面磁控溅射源

(实心柱状靶、空心柱状靶,见图 6-20)、锥面磁控溅射源等三种结构形式,各自具有不同的特点和适用范围,各自磁控溅射源对应不同形状的靶材。尽管不同磁控溅射源在结构上存在差异,但都具备两个条件:①磁场与电场垂直;②磁场方向与阴极(靶)表面平行,并组成环形磁场。

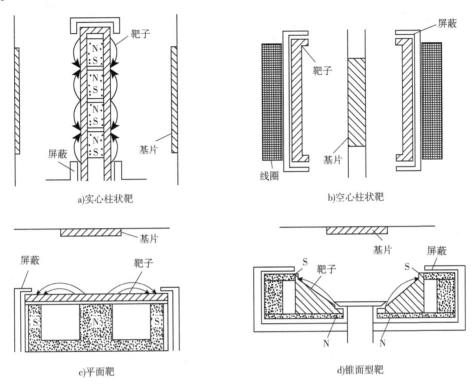

图 6-20 磁控溅射源的类型

①圆柱面磁控溅射源

圆柱靶分为实心柱状靶和空心柱状靶,特点是结构简单,可有效利用空间,在更低的气压下溅射成膜。例如,用空心圆管制作,管内装有圆环形永磁铁,相邻两磁铁同性磁极相对放置,并沿圆管轴线排列,形成所需的磁场。圆柱面磁控溅射源适用于形状复杂的部件镀膜。

②平面磁控溅射源

平面磁控溅射源按靶面形状又分为圆形和矩形两种。在溅射非磁性材料时,磁控靶一般采用高磁阻的锶铁氧体或钕铁硼永磁体作磁体,溅射铁磁材料时则采用低磁阻的铝镍钴永磁铁或电磁铁,保证在靶面外有足够的漏磁,以产生溅射所要求的磁场强度。用平面磁控溅射源制备的膜厚均匀性好,对大面积的平板可连续溅射镀膜,适合于大面积和大规模的工业化生产。

图 6-21 所示为平面磁控溅射靶源基本结构。阴极靶背面安装的磁体,使二极溅射的阴极靶面上建立一个环形的封闭磁场,它具有平行于靶面的横向磁场分量。该横向磁场与垂直于靶面的电场构成正交的电磁场,成为一个平行于靶面的约束二次电子的电子捕集阱。

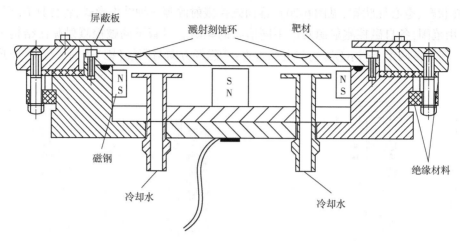

图 6-21 平面磁控溅射靶源基本结构

③锥面磁控溅射源

锥面磁控溅射源采用倒圆锥状靶阴极,阴极中心是圆盘状阳极,阳极上方为行星式夹具,用来固定基片,此种结构又称为 S 枪。基片和阳极完全分开,目的是进一步减少电子和离子对基片的轰击。为使靶面尽可能与磁力线的形状保持相似,在 S 枪结构设计中,将靶面做成倒圆锥形,溅射最强的地方位于靶径向尺寸的 4/5 处,这样靶材的利用率较高,可达 60%~70%。但圆锥形靶制作较为困难,适合于科研用小型设备。

(3)磁控溅射技术的重要改进

传统的磁控溅射技术有着许多优点,获得了广泛的应用,但也存在一些明显的不足。近 30 多年来,科技人员做了大量的研究工作,取得良好的成果,举例如下。

①中频电源的孪生靶磁控溅射

中频电源的孪生靶磁控溅射装置如图 6-22a)所示。所谓孪生靶是采用两个尺寸和外形完全相同的靶(平面靶或圆柱靶)并排配制。中频电源的两个输出端与孪生靶相连。在溅射过程中,当其中一个靶上所加的电压处于负半周时作为阴极,靶面为溅射状态,同时对靶面上可能沉积的介质层进行清理,而另一个靶则处于正电位作为阳极,等离子体中的电子被加速到达靶面,中和了在靶面绝缘层上累积的正电荷。在下半个周期,原来的阴极变为阳极,而原来的阳极变为阴极。两个磁控靶交替地互为阳极与阴极,不但保证了在任何时刻都有一个有效的阳极,消除了"阳极消失"现象,而且还能抑制普通直流反应磁控溅射中的"靶面中毒"(即阴极位降区的电位降减小到零,放电熄灭,溅射停止)和弧光放电现象,使溅射过程得以稳定进行。

这项技术在反应溅射方面有一些突出的优点,如沉积的薄膜质量高,沉积速度快,溅射稳定,中频电源与靶的匹配较容易等,因而在工业生产中得到推广应用。

图 6-22b)所示为中频电源的孪生靶磁控溅射改进型装置。双靶相互倾斜一定角度,彼此靠得很近;在两靶之间增加一个气体入口,使得整个靶面的气体分布均匀;靶的宽度从原来的 120mm 增加到 280mm,进一步改进靶前的磁场分布,使密集的等离子体区域变宽,获得更高的靶材利用率。

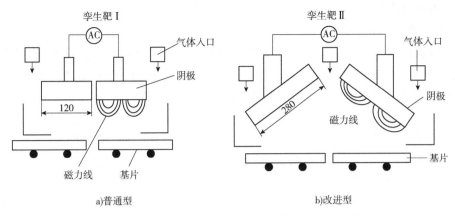

图 6-22 中频电源的孪生靶磁控溅射装置及改进型装置

②非对称脉冲磁控溅射

在溅射镀膜中,脉冲的引入可显著提高工艺的稳定性,提升镀膜质量,而且有效增加粒子轰击基片的能量,提高工作效率。脉冲磁控溅射一般使用矩形波电压,为保持较高的溅射速度,正脉冲的持续时间在脉冲周期中占有很小的比例。正电压一般不高于100V,但也不能过低,否则难以在较短的正脉冲持续时间内完全中和靶面绝缘层上累积的正电荷。由于所用的脉冲波形是非对称的,因此取名为非对称脉冲磁控溅射。

③非平衡磁控溅射

在普通磁控溅射镀膜中,为了形成连续稳定的等离子体区,必须采用平衡磁场来控制等离子体。其结果是电子被靶面平行磁场紧紧约束在靶面附近,辉光放电产生的等离子体也分布在靶面附近,只有中性的粒子不受磁场的束缚而飞向工件,但其能量较低,一般为4~10eV,所以所沉积的薄膜致密度和结合力较差。如果将工件与靶面距离拉近,虽然可改善膜层性能,但是也将导致膜层的不均匀性,也限制了工件的几何形状,难以应用于形状复杂的工件镀膜。为解决这些问题,提出了非平衡磁控溅射方案,通过改变阴极磁场,使内外两个磁极断面的磁通量不相等,一部分磁力线在同一阴极靶面上不形成闭合曲线,可等离子体扩展到远离靶处,将工件浸没在其中,等离子体直接作用于工件表面的成膜过程,从而改善膜层的性能。

建立非平衡磁控溅射系统有多种方法,主要有四种:一是设法使靶的外围磁场强于中心磁场,图6-23所示的是非平衡磁控溅射靶的磁场分布,其心部采用工业纯铁,而周围外圈采用钕铁硼永磁体,该靶所产生的磁场,使靶面附近的一部分磁力线保持封闭性,实现高的溅射速度,另一部分磁力线则指向离子靶面更远的地方;二是依靠附加电磁线圈来增加靶周边的额外磁场;三是在阴极和工件之间增加辅助磁场,用来改变阴极和磁场之间的磁场,并以它来控制沉积过程中离子和原子的比例;四是采用多个溅射靶组成多靶闭合型的非平衡磁控溅射系统。

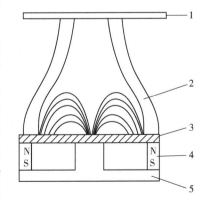

图 6-23 非平衡磁控溅射靶的磁场分布
1-工件;2-磁场分布曲线;3-靶材;4-外圈磁钢;5-磁极靴

4）溅射镀膜应用

(1) 溅射镀膜的应用领域

真空镀膜技术初现于20世纪30年代，20世纪中叶开始出现工业应用，到了20世纪80年代实现大规模生产，以后在电子、宇航、光学、磁学、建筑、机械、包装、装饰等各个领域都得到了广泛的应用。其中，溅射镀膜占有很重要的地位。20世纪60年代初，贝尔实验室和Western Electric公司利用溅射方法制备钽膜集成电路。1965年，IBM公司用射频溅射法实现了绝缘膜的沉积，以后溅射技术进入快速发展时期，尤其是1974年J.Chapin发表有关平面磁控溅装置的文章后，使高速、低温溅射镀膜成为现实。溅射镀膜技术从此以崭新的面貌出现，经过不断改进和完善，凭其操作单纯、工艺重复性好、镀膜种类的多样性、膜层质量以及容易实现精确控制和自动化生产等优点，广泛应用于各类薄膜的制备和工业生产，并且成为许多高新技术产业的核心技术。表6-6列出了溅射镀膜的某些应用领域和典型应用。

溅射镀膜的某些应用领域和典型应用　　　　表6-6

应用分类		用途	薄膜材料
大规模集成电路及电子元器件	导体膜	电阻薄膜、电极引线	Re、Ta_2N、TaN、Ta-Si、Ni-C、Al、Au、Mo、W、$MoSi_2$、WSi_2、$TaSi_2$
		小发热体薄膜	Ta_2N
		隧道器件，电子发射器件	Ag-Al-Ge、$Al-Al_2O_3$-Al、$Al-Al_2O_3$-Au
	介质膜	表面钝化，层间绝缘，LK介质	SiO_2、Si_3N_4、Al_2O_3、FSG、SiOF、SOG、HSQ
		电容，边界层电容 HK介质	$BaTiO_3$、KTN($KTa_{1-x}Nb_xO_3$)、PZT、$PbTiO_3$
		压电体、铁电体	ZnO、AlN、γ-Bi_2O_3、$Bi_{12}GeO_{20}$、$LiNbO_3$、PZT、$Bi_4Ti_3O_{12}$
		热释电体	$LiTaO_3$、$PbTiO_3$、PLZT
	半导体膜	光电器件，太阳能利用	Si、a-Si、$Au-Zn_3$、InP、GaAs、CdS/Cu_2S、CIS、CIGS
		薄膜晶体管	a-Si、LTPS、HTPS、CdSe、CdS、Te、InAs、GaAs、$Pb_{1-x}Sn_xTe$
		电致发光	ZnS:稀土氟化物、In_2O_3-Si_3N_4-ZnS 等
		磁电器件、传感器等	InSb、InAs、GaAs、Ge、Si、$Hg_{1-x}Cd_x$、Te、$Pb_{1-x}Sn_xTe$
	超导膜	约瑟夫森器件	Pb-B/Pb-Au、Nb_3Ge、V_3Si、YBaCuO 等高温超导膜
		超导量子干涉计、记忆器件等	Ph-In-Au、PbO/ln_2O_3、YBaCuO 等高温超导膜
磁性材料及磁记录介质	磁记录	水平磁记录	γ-Fe_2O_3、Co-Ni
		垂直磁记录	Co-Cr、Co-Cr/Fe-Ni 双层膜
	光磁记录	光盘	MnBi、GdCo、GdFe、TbFe、GdTbFe
	磁学器件	磁头材料	Ni-Fe、合金膜、Co-Zr-Nb 非晶膜
		磁泡器件，霍尔器件，磁阻器件	Y_3Fe_5、γ-Fe_2O_3

续上表

应用分类		用途	薄膜材料
CRT 及平板显示器		CRT	ZnS:Ag、C1、ZnS:Au、Cu、Al、Y_2O_2S:Eu、Zn_2SiO_4:Mn、As
		LCD	ITO、用于 TFT-LCD 的 a-Si、LTPS、HTPS、MoTa、SiO、SiN_3
		PDP	ITO、MgO 保护膜、Cr-Cu-Cr、Cr-Al、Ag 汇流电极
		OLED 及 PLED	小分子有机发光材料、HIL、HTL、ETL、EIL、a-Si、LTPS、HTPS、RGB 发光层、ITO 高分子有机发光材料
		LED	三元及四元系化合物半导体薄膜、发蓝光的 SiC 膜、Ⅱ-Ⅵ族化合物半导体膜
		ELD	ZnS:Mn,ZnS:Sm,F、CaS:Eu、Y_2O_3、SiO_2、Si_3N_4、Ba-TiO_3、ITO
		FED	W、Mo、CNT 膜、金刚石薄膜、DCL、Ta_2O_5、Al_2O_3、HfO_2、ITO
光学及光导通信		保护膜、反射膜、增透膜	Si_3N_4、Al、Ag、Au、Cu
		光变频、光开关	TiO_2、ZnO、YIG、GdIG、$BaTiO_3$、PLZT、SnO_2
		光记忆器件、高密度存储器	GdFe、TbFe
		光传感器	InAs、InSb、$Hg_{1-x}Cd_xTe$、PbS
能源科学	太阳能利用	光蓄电池、透明导电膜	Au-ZnS、Ag-ZnS、CdS-Cu_2S、SnO_2、In_2O_3
	第一壁材料	耐热、抗辐射、表面保护	TiB_2/石墨、TiB_2/Mo、TiC/石墨、B_4C/石墨、B/石墨
	核反应堆利用	元件保护,防腐蚀、耐辐射	Al/U
机械应用	耐磨,表面硬化	刀具、模具、机械零件、精密部件	TiN、TiC、TaN、Al_2O_3、BN、HfN、WC、Cr、金刚石薄膜、DCL
	耐热	燃气轮机叶片	Co-Cr-Al-Y、Ni/ZrO_2+Y、Ni-50Cr/ZrO_2+Y
	耐蚀	表面保护	TiN、TiC、Al_2O_3、Al、Cd、Ti、Fe-Ni-Cr-P-B 非晶膜
	润滑	宇航设备、真空工业、原子能工业	$MoSi_2$、聚四氟乙烯、Ag、Cu、Au、Pd、Pd-Sn
塑料工业	装饰、硬化、包装	塑料表面金属化	Cr、Al、Ag、Ni、TiN

（2）溅射镀纯金属膜

溅射镀膜与真空蒸镀相比较,各有优缺点。两种镀膜的沉积粒子虽然都是中性原子,但能量不同,真空蒸镀能量一般为 0.1~1eV,而溅射镀膜能量一般为 1~10eV。溅射镀膜的质量普遍较高。例如镀制铝镜时,溅射铝的晶粒细,密度高,镜面反射率和表面平滑性优于蒸发镀铝。又如在集成电路制作中,溅射铝膜附着力强,晶粒细,台阶覆盖好,电阻率低,焊接性好,因而取代了蒸发镀铝。

溅射镀纯金属膜按产品要求有间歇式和连续式等生产方式。在间歇式生产时,镀膜机可采用双门结构,工件架安装在门上,当一扇门载着工件进行溅射镀膜时,另一扇门上可装卸工件,两扇门上的工件轮换镀膜,显著提高了生产率。溅射膜的靶材是镀膜材料,溅射时无须加热源或坩埚内融化材料,靶可以任意位置和角度安装,并且只要能做成靶材,一般都能溅射镀膜。由于溅射时可以不需要热源,所以对不耐热的柔性材料上连续镀膜来说,溅射镀膜是一个很好的选择。

(3)溅射镀合金膜

溅射镀膜法适宜于镀制合金膜。采用两个或更多的纯金属靶同时对工件进行溅射的多靶溅射法,可以通过调节各靶的电流来控制膜层的合金成分,获得成分连续合金膜。另一种方法是合金靶溅射法,它是按需要的成分比例制成合金靶。还有一种是镶嵌靶溅射法,是将两种或多种纯金属按设定的面积比例镶嵌成一块靶材,同时进行溅射。镶嵌靶的设计是根据膜层成分要求,考虑各种元素的溅射产额,来计算每种金属所占靶面积的份额。

(4)溅射镀化合物膜

过去通常用以下三种方法来溅射镀制化合物膜:

①直流溅射法:采用导电的化合物靶材,如 SnO_2、ITO、$MoSi_2$ 等,它们一般用粉末冶金法制成,价格昂贵。

②射频溅射法:虽然不受靶材是否导电的限制,但是其设备昂贵,还有人身防护问题,故一般只用于镀制绝缘膜。

③反应溅射法:如果采用直流电源,一般容易出现阳极消失、靶面中毒和弧光放电等问题,溅射过程难以稳定进行。中频孪生靶溅射和非对称脉冲溅射等新技术的出现和应用,有力地促进了化合物反应溅射镀膜生产的发展。

6.3.3 离子镀

1)离子镀的原理及特点

(1)离子镀的原理

真空蒸镀具有沉积速度快的特点,但是膜层与基体的结合力较弱;溅射镀膜膜层与基体结合力较好,但沉积速率较低。因此,为结合两种技术各自的优点,发展了离子镀技术。离子镀是在真空条件下,利用气体放电使气体或被蒸发物质部分电离,并在气体离子或被蒸发物质离子的轰击下,将蒸发物质或其反应物沉积在基片上的方法。它是一种将蒸发镀膜与溅射镀膜相结合的镀膜技术,兼具蒸发镀的沉积速度快和溅射镀的离子轰击清洁表面的特点,特别具有膜层附着力强、绕射性好、可镀材料广泛等优点,因此这一技术获得了迅速的发展。

实现离子镀,有两个必要的条件:

①具有一个气体放电的空间;

②将膜料原子(金属原子或非金属原子)引进放电空间,使其部分离化。

相较于蒸发镀膜而言,离子镀设备的主要结构增加了蒸发源与基体材料间的空间放电电场,一般蒸发源接阳极,工件接阴极,空间通入惰性气体,通常为氩气,当通以高压直流电以后,蒸发源与工件之间产生气体弧光放电。在放电电场作用下部分氩气被电离,从而在阴极工件周围形成等离子暗区。带正电荷的氩离子受阴极负高压的吸引,猛烈地轰击工件表面,致使工件表层粒子和玷污等被轰溅抛出,从而可使工件待镀表面得到充分的离子轰击清洗。蒸发源的蒸发方式与蒸镀一样,也可选用不同方式,如电阻、感应、激光、电子束等,将蒸发材料熔化蒸发后,气态蒸发粒子进入辉光放电区并被电离。带正电荷的蒸发料离子,在阴极吸引下,随同氩离子一同冲向工件,沉积与反溅共存,当抛镀于工件表面上的蒸发料离子超过反溅离子的数量时,逐渐堆积形成一层牢固黏附于工件表面的镀层。

离子镀的种类多种多样,膜料的气化方式以及气化分子或原子的离化和激发方式也有许多类型,不同的蒸发源与不同的离化、激发方式又可以有许多种的组合。常见的离子镀有空心阴极放电离子镀(空心阴极蒸镀法)、多弧离子镀(阴极电弧离子镀)、反应离子镀、磁控溅射离子镀等。实际上许多溅射镀从原理上看,可归为离子镀,也称为溅射离子镀,而一般说的离子镀常指采用蒸发源的离子镀。两者镀层质量相当,但溅射离子镀的基底温度要显著低于采用蒸发源的离子镀。

从离子镀技术本身而言,一个重要特征就是在基片上施加负高压,也称为负偏压,用来加速离子,增加沉积离子的能量。负偏压的供电方式有可调式直流偏压和高频脉冲偏压。后者的频率、幅值、占空比可调,有单极脉冲、双极脉冲等。因此,前述的各种真空蒸镀和溅射镀膜中,若能在基片(导电基材)上施加一定的负偏压,就可称为蒸发离子镀和溅射离子镀,归为离子镀范畴。

(2)离子镀的特点

离子镀过程中离子轰击作用对膜层生长过程和所制备膜层质量具有重要作用,具体表现为:

①离子轰击对基体表面的作用

a.溅射清洗:离子轰击可在基体表面产生溅射清洗作用,在镀膜前,可使用惰性气体离子对工件表面进行清洗,漏出新鲜表面,有助于提升膜层结合力。

b.产生缺陷:离子轰击表面,产生级联碰撞等现象,可促使晶格原子离位和迁移而形成空位、间隙原子等点缺陷。

c.结晶系破坏:高能离子轰击表面,可能导致表面结晶结构破坏,甚至导致非晶化。

d.改变表面形貌:溅射作用导致表面粗化。

e.气体渗入:惰性气体离子渗入沉积的膜层中。

f.温度升高:入射离子的大部分能量将转化为热能,使表面温度升高。

g.表面成分变化:溅射及扩散作用使表面成分有异于整体材料成分。

②离子轰击对基体和膜层界面的作用

a.物理混合:反冲注入与级联碰撞引起近表面区的非扩散型混合,形成"伪扩散层"界面,即膜基之间的过滤层,其厚达几微米,甚至会出现新相。这可大大提高膜基附着强度。

b.增强扩散:高缺陷浓度与温升提高了扩散速率,增强沉积原子与基体原子之间的相互扩散。

c.改善形核:即使原来属于非反应性成核模式的情况,经离子轰击表面产生更多缺陷,增大了成核密度,从而更有利于形成扩散-反应型成核模式。

d.减少松散结合原子:反溅作用下,优先去除松散结合原子。

e.改善表面覆盖度,提高绕镀性:首先离子镀真空度较低,镀料原子在沉积之前,经气体的散射作用,会向各个方向飞散,从而蒸发原子也可能沉积到与蒸发源不成直线关系的区域。另外在离子镀的气体放电中,气相成核的粒子将呈现负电性,从而受到处于负电位的基片的排斥作用而散开。

③离子轰击对薄膜生长的作用

a.清除柱状晶、提高致密度,轰击和溅射破坏了柱状晶生长条件,转变成稠密的各向异性结构。

b.对膜层内应力的作用:离子轰击使原子处于非平衡位置而增加应力,或增强扩散和再结晶等松弛应力。

c.改变膜层组织结构:提高沉积粒子的激活能,甚至出现新亚稳相,改变膜的组织结构和性能。

d.有利于形成化合物:高能离子轰击作用激活镀料粒子与反应气体反应,反应物活性提高,有利于在较低温度下形成化合物。

e.对膜层组分的影响:如前所述,离子轰击通过优先溅射掉松散结合的原子,或把原子注入到生长的表面区以形成亚稳相,可以改变沉积材料的组分。在极端的情况下,离子轰击可以把相当高的原子百分比的不溶性气体掺入正在沉积的膜中。

从上述离子镀过程中离子轰击作用来看,离子镀技术具有下列特点:

a.膜层附着力好:这是因为在离子镀过程中沉积离子的能量高,且存在离子轰击,使基片受到了清洗,增加了表面粗糙度,并产生加热效应。

b.膜层组织致密度高:在离子轰击作用下可将吸附不牢固的粒子反溅清除,提升膜层致密度。

c.绕射性能优良,膜层均匀性良好:其原因有两个:一是膜料蒸气粒子在等离子区内被部分离化为正离子,随电力线的方向而终止在基片的各部位;另一个原因是膜料粒子在真空度 $1\sim1\times10^{-1}Pa$ 的情况下经与气体分子多次碰撞后才能到达基片,沉积在基片表面各处。

d.沉积速率快:结合了蒸发镀膜的高速特性。

e.可镀基材广泛:它可在金属、塑料、陶瓷、橡胶等各种材料上镀膜。

表 6-7 为物理气相沉积三种基本方法的比较。

物理气相沉积三种基本方法的比较 表 6-7

项目		真空蒸镀	溅射镀膜	离子镀
沉积粒子能量(eV)	中性原子	0.1~1	1~10	1~10(此外还有高能中性原子)
	入射离子			数百至数千伏
沉积速率(μm/min)		0.1~70	0.01~0.5(磁控溅射可接近真空蒸镀)	0.1~50
膜层特点	密度	低温时密度较小,但表面平滑	密度大	密度大
	气孔	低温时多	气孔少,混入溅射气体多	无气孔,但膜层缺陷较多
	附着力	不太好	较好	很好
	内应力	拉应力	压应力	依据工艺条件而定
	绕射性	差	较好	好

续上表

项目	真空蒸镀	溅射镀膜	离子镀
被沉积物质的气化方式	电阻加热、电子束加热、感应加热、电弧加热、激光加热等	膜料原子不是靠源加热蒸发，而是依靠阴极溅射由靶材获得沉积原子	辉光放电型离子镀有蒸发式、溅射式和化学式，即进入辉光放电空间的原子分别由各种加热蒸发、阴极溅射和化学气体提供。另一类是弧光放电型离子镀，其中空心热阴极放电离子镀时利用空心阴极放电产生等离子电子束，产生热电子电弧；多弧离子镀则为非热电子电弧，冷阴极是蒸发、离化源
镀膜的原理及特点	工件不带电；在真空条件下金属加热蒸发沉积到工件表面，沉积粒子的能量和蒸发时的温度相对应	工件为阳极，靶为阴极，利用氩离子的溅射作用把靶材原子击出而沉积在工件（基片）表面上。沉积原子的能量由被溅射原子的能量分布决定	沉积过程是在低气压气体放电等离子体中进行的，工件表面在受到离子轰击的同时，因有沉积蒸发物或其反应物而形成镀层

2) 离子镀的类型及常用技术

离子镀按离子来源可分为蒸发离子镀和溅射离子镀两大类。

(1) 蒸发离子镀

蒸发离子镀通过各种加热方式使镀膜材料蒸发形成金属蒸气，然后引入气体放电空间，即以某种激励方式使之电离或金属离子，并且到达施加负偏压的基材上沉积成膜。蒸发离子镀的种类是多种多样的，按膜材的蒸发加热方式，有电阻加热、电子束加热、等离子体束加热、感应加热、电弧放电加热等；按气化分子或原子的离化和激励方式，有辉光放电型、电子束型、热电子束型、等离子束型、磁场增强型及各种离子源等。由上述不同的蒸发方式和离化方式进行组合可形成多种蒸发离子镀技术，如直流放电式（二极或三极）离子镀、电子枪蒸发或空阴极蒸发的反应蒸发离子镀、高频电容式离子镀、电弧放电式离子镀（柱形阴极弧源或平面阴极弧源）、热阴极电弧强流离子镀和离化团束离子镀等。

(2) 溅射离子镀

溅射离子镀采用高能离子对膜材表面进行溅射，产生金属粒子，然后在气体放电空间电离成金属离子，并且到达施加负偏压的基材上沉积成膜。例如：磁控溅射离子镀、非平衡磁控溅射离子镀、中频交流磁控溅射离子镀、射频溅射离子镀。

此外，还有其他分类方法。例如：按有无反应气体参与镀膜过程以及沉积产物，可分为真空离子镀和反应离子镀；按基材负偏压的高低和放电方式，可分为辉光放电型和弧光放电型两大类，前者有直流二极型离子镀、活性反应离子镀（直流三极型）、射频离子镀等，后者有空心阴极放电离子镀、真空阴极电弧离子镀等。

常用的离子镀技术有多种，下面介绍其中三种在工业上应用较为广泛的离子镀技术。

(1) 空心阴极离子镀

空心阴极离子镀又称为空心阴极放电离子镀，是在空心热阴极弧光放电技术和离子镀技术的基础上发展起来的一种沉积薄膜技术。空心阴极放电分为冷阴极放电和热阴极放电两种。

图6-24所示为空心阴极离子镀装置示意图。设有聚焦线圈的水冷空心阴极放电枪内的空心薄壁钽管是电子发射源（负极），盛有蒸发材料的水冷坩埚是蒸发源（正极），工件（基板）安置在坩埚上方的工件转架上（施加负偏压）。钽管开口端附近设有起引弧作用的辅助阳极（图中未画出）。镀膜时首先对真空室抽真空至 $1\times10^{-3}\sim1\times10^{-4}$Pa，然后由钽管向镀膜室通入一定流量的氩气，维持 $10\sim1\times10^{-1}$Pa 的真空度，接通引弧电源，钽管与坩埚之间产生异常辉光放电。氩离子不断轰击钽管使其温度达到 $2300\sim2400$K，产生热电子发射，此时异常辉光

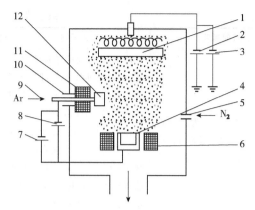

图6-24 空心阴极离子镀装置示意图
1-基板；2-轰击负偏压电源；3-镀膜基板负偏压电源；4-坩埚；5-反应气体进气系统；6-坩埚聚焦线圈；7-主弧电源；8-引弧；9-氩气进气系统；10-钽管；11-第一聚焦线圈；12-偏转磁场

放电立即转变为弧光放电，在电场和聚焦磁场的作用下引出等离子束，经90°偏转到达坩埚，使膜料金属蒸发。空心阴极放电枪发射的等离子电子束的密度很高，其与金属蒸气原子的碰撞概率也很高，因而蒸气原子被大量电离或激活，然后在工件负偏压的作用下沉积到工件表面形成金属膜层；如果向镀膜室通入反应气体，那么可以沉积获得化合物镀层。

空心阴极放电枪产生的等离子体电子束既是膜料气化的热源，又是蒸气粒子的离子源。其束流具有数百安和几十电子伏能量，因此离化率可达22%~40%，是数百甚至数千倍于其他离子镀技术的技术。同时，由于放电气体和蒸气粒子在通过空心阴极产生的等离子区时，与离子发生共振型电荷交换碰撞，使每个粒子平均可带有几电子伏至几十电子伏的能量，因此镀膜室内产生大量的高能中性粒子，在大量离子和高能中性粒子轰击下，即使基片偏压比较低，也能起到良好的溅射清洗效果。再者，高能粒子轰击促进基片与膜层原子间结合和扩散，以及膜层原子的扩散迁移。因此，空心阴极离子镀可获得附着力、致密度均好的镀层。这种镀膜方法还具有绕镀性好、基片温度低、膜层损伤小、设备结构简单和操作安全等优点。

(2) 多弧离子镀

多弧离子镀是把真空弧光放电用于蒸发源的离子镀技术，蒸镀时阴极表面出现许多非常小的弧光辉点，也称为阴极电弧离子镀。

多弧离子镀是一种非热电子电弧，在冷阴极表面上形成阴极电弧斑点。图6-25所示为多弧离子镀设备示意图。实际工业应用中，真空室一般设有多个作为蒸发离化源的阴极。蒸发离化源有自然冷却和强制冷却两种，图6-26所示为一种阴极强制冷却的多弧离子镀蒸发离化源示意图，其由圆板状阴极、圆锥状阳极、引弧电极、电源引线极、固定阴极的座架、绝缘体、磁场线圈、水冷装置等组成。绝缘体起到阳极与阴极隔断绝缘作用。在蒸发离化源周围放磁场线圈，引弧电极安装在有回转轴的永磁铁上。磁场线圈在无电流时，引弧电极被弹簧压向阴极，当线圈通电时，作用于永久磁铁的磁力使轴回转，控制引弧电极从阴极接触和离开，实现引弧；此外，磁场还对弧光蒸发源产生的离子束有增强定向性作用。

第6章 气相沉积技术

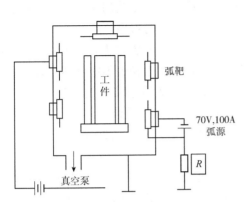
图6-25 多弧离子镀设备示意图

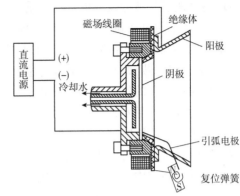
图6-26 阴极强制冷却的多弧离子镀蒸发离化源示意图

电弧被引燃后,低压大电流电源将维持圆板和圆锥状阳极之间弧光放电过程的进行,其电流一般为几安至几百安,工作电压为10~25V。在阴极电弧放电时,可以看到阴极表面有许多高度明亮的阴极斑点。随着电弧放电的进行,阴极斑点随机在阴极上运动,斑点尺寸和形状也随机变化。斑点处产生高度电离的金属等离子体,含有大量离子,向空间扩散,多个斑点发射出的等离子体流在阴极、阳极之间汇合成等离子体云。阴极斑点电流最大值称为斑点的特征电流,特征电流大小取决于阴极材料,从镉特征电流为10A到钨特征电流为300A。当电弧电流加大时,阴极斑点数量将随之增加。一个斑点熄灭时,其他斑点会分裂,以保持电弧放电的总电流。对于每一个肉眼所能分辨的阴极斑点,它们都由若干个小斑点组成。阴极斑点实际上是一团在高温、高压下,具有较小体积的、紧挨阴极表面的、迅速而随机运动的高密度等离子体。从阴极斑点释放出的物质,大部分是离子和熔融粒子,中性原子的比例为1%~2%。通常还在系统中设置磁场,使等离子体加速运动,增加阴极发射原子和离子的数量,提高流的密度和定向性,减小微小团粒(熔滴)的含量,从而提高沉积速率、膜层质量及结合力。如果在工作室中通入所需的反应气体,则能生成致密均匀、附着性能优良的化合物膜层。

多弧离子镀具有以下优点:

①装置结构较为简单,阴极弧源既是蒸发源,又是等离子体源、加热源和预轰击净化源,适用于镀各种形状的工件,弧源可设在任意方位和多源布置;

②离化率高,一般可达60%~80%,沉积速率高;

③入射离子能量高,沉积膜的质量和附着性能好;

④采用低电压电源工作,较为安全。

多弧离子镀虽然有许多优点,但也存在一些突出的问题,其中大颗粒的污染是影响镀层质量的重要因素。阴极弧源在发射大量电子及金属蒸气的同时,由于局部区域过热而伴随着中性粒子团簇和甚至一些直径约为10μm的大金属液滴的喷射,这种大颗粒的污染会使镀层表面粗糙度增大,镀层附着力降低,出现镀层剥落和严重不均匀等现象。这一缺点也使它根本不能用来制作有高质量、高精度要求的纳米功能薄膜和精密电子器件薄膜,严重限制了多弧离子键技术的应用范围。解决这种大颗粒污染的方法主要有两类:①调整镀膜工艺,抑制大颗粒的发射,消除污染源;②从设备结构上,采用大颗粒过滤器,使大颗粒不混入镀层之中。

在镀膜工艺上,可采取多种措施,如降低弧电源、加强阴极冷却、增大反应气体分压、加快阴极弧斑运动速度和脉冲弧放电等。但是,这些措施要顾及正常工艺的实施,避免顾此失彼。近年来,生产中通过在弧源处叠加电磁场等方法取得了良好的效果。

在设备结构上,从阴极等离子流束中把颗粒分离出来的主要解决方法有三个:①高速旋转阴极靶体;②遮挡屏蔽,即在阴极弧源与基片中间安置挡板,使大颗粒不能到达基片,而大部分离子流束通过偏压的作用绕射到基片上;③磁过滤。采用弯曲型磁过滤方法是一种消除大颗粒污染的方法。图6-27所示为一种弯管磁过滤式多弧离子镀装置结构。弯管磁过滤系统由一个等离子体压缩部分和一个等离子磁过滤弯管组成。由于大颗粒一般是电中性的,不能被偏转而被过滤掉,获得高离化度的等离子束,因此所制备的薄膜质量较高。磁过滤器可以设置成多种结构,经过多年研究已趋成熟,可以根据实际需求来合理选择或设计磁过滤器。缺点是采用磁过滤器,设备制造成本会大量增加,且沉积效率也显著下降,因此是否采用磁过滤器要根据薄膜应用领域及其相应的薄膜质量要求来确定。

(3)热阴极强流电弧离子镀

图6-28所示为热阴极强流电弧离子镀装置。在离子镀膜室的顶部安装离化室(热阴极低压电弧放电室)。热阴极用钽丝制成,为外热式热电子发射极。钽丝通电加热至发射热电子,电子与通入离化室的氩气碰撞,发生弧光放电,在放电室内产生高密度的等离子体。在放电室的下部有一气阻孔,与镀膜室相通,放电室与镀膜室之间形成气压差。热阴极与镀膜室下部的辅助阳极(或坩埚)之间施加电压,其中热阴极接负极,辅助阳极(或坩埚)接正极,于是放电室内的等离子体中的电子从气阻孔引出,射向辅助阳极(坩埚),在镀膜室空间形成稳定的、高密度的低能电子束,起着蒸发源和离化源的作用。图6-28中上、下聚焦线圈的作用分别是电子聚束和电子束聚焦,以提高电子束的功率密度,从而达到提高蒸发速率的目的。轴向磁场有利于电子沿镀膜室做圆周运动,提高带电粒子与金属蒸气粒子、反应气体分子之间的碰撞概率。

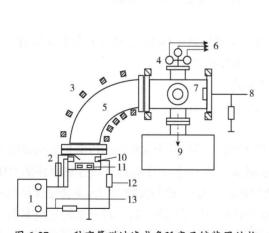

图6-27 一种弯管磁过滤式多弧离子镀装置结构
1-电源;2-触发器;3-电磁线圈;4-真空规;5-过滤弯管;6-接控制与记录系统;7-基底;8-离子流测量;9-真空系统;10-阳极;11-阴极;12-弧电压测量;13-弧电流测量

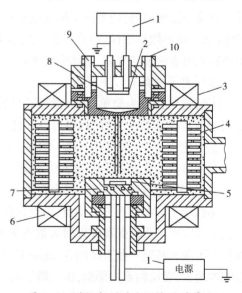

图6-28 热阴极强流电弧离子镀装置
1-热灯丝电源;2-离化室;3-上聚焦线圈;4-基体(工件);5-蒸发源;6-下聚焦线圈;7-阳极(坩埚);8-钽灯丝;9-氩气进气口;10-冷却水

热阴极强流电弧离子镀由于高浓度电子束的轰击清洗和电子碰撞离化效应好,因此镀膜质量非常好,成为工具硬质膜和超硬膜的重要镀制方法之一。这项技术的缺点是可镀区域相对较小,均匀可镀区更小,因此一般用于重要的工具镀膜。

3) 离子镀的应用

(1) 离子镀应用概况

由于离子镀技术具有膜层附着力好、膜层组织致密、绕射性能优良、沉积速度快以及可镀基材广泛等优点,因而获得了非常广泛的应用。表6-8列出了离子镀的部分应用情况,从表中可以看到离子镀技术所制备的各种薄膜在防护(耐磨、减磨、耐蚀、抗高温、核防护)、功能器件、装饰等领域的应用十分广泛,特别是在制备硬质薄膜(或涂层)领域的应用较为突出。

离子镀的部分应用情况　　　　表6-8

镀层材料	基体材料	功能	应用
Al、Zn	碳钢、合金钢	耐蚀	飞机、船舶、一般结构用件
Al、W、Ti、TiC	碳钢、合金钢、不锈钢	耐热	排气管、枪炮、耐热金属
Au、TiN、TiC	不锈钢、黄铜	装饰	手表、装饰物(着色)、汽车外壳等
Al	塑料	装饰	手表、装饰物(着色)、汽车外壳等
Ni、Cu、Cr	ABS树脂	装饰	手表、装饰物(着色)、汽车外壳等
Cr、Cr-N、Cr-C	型钢、低碳钢	装饰	手表、装饰物(着色)、汽车外壳等
TiN、TiC、TiCN、TiSiC、TiAlN、HfN、ZrN、Al_2O_3、Si_3N_4、BN、DLC、GLC、TiHfN	高速钢、硬质合金、模具钢、钛合金等	耐磨	刀具、模具、轴承等易磨损件
Au、Ag、Cu、Ni	半导体材料、高分子材料	电极、导电模、电路板	电子工业
Ag、Pt	铜合金	触点材料	电子工业
Ni-Cr	耐火陶瓷绕线管	电阻	电子工业
SiO_2、Al_2O_3	金属	电容、二极管	电子工业
Be、Al、Ti、TiB_2	金属、塑料、树脂	扬声器振动膜	电子工业
Pt	硅	集成电路	电子工业
Ag	石英	陶瓷-金属焊接	电子工业
In_2O_2-SnO_2	玻璃	液晶显示	电子工业
Al、In(Ca)	Al/CaAs、Tn(Ca)/CdS	半导体材料电接触	电子工业
SiO_2、TiO_2	玻璃	光学	镜片(耐磨保护层)
玻璃	塑料	光学	眼镜片
DLC	硅、镍、玻璃	光学	红外光学窗口(保护膜)
Al、TiSiN	铀、Zr合金	核防护	核反应堆
Mo、Nb	ZrAl合金	核防护	核聚变试验装置
Au	铜壳体	核防护	加速器
MCrAlY	Ni/Co基高温合金	抗氧化	航空航天高温部件
Pb、Au、Mg、MoS_2	金属	润滑	机械零部件
Al、MoS_2、PbSn、石墨	塑料	润滑	机械零部件

(2) 离子镀制备硬质膜

硬质膜的材料通常是一些过渡族金属与非金属构成的化合物,这些化合物一般由金属键、共价键、离子键或离子键与金属键的混合键给以键合。它们除了熔点和硬度高之外,还具有良好的化学稳定性和热稳定性。当膜中添加 Al、Cr 或 Ni 等能够生成致密氧化物的元素时,其高温抗氧化性和高温耐蚀性也会得到显著提高。

硬质膜按化学成分主要有下列几种:①金属氮化物涂层,通常由过渡族金属 Ti、Cr、V、Ta、Nb、Zr、Hf 等与氮原子结合生成的金属氮化物构成;②金属碳化物涂层,由金属 Ti、V、W、Ta、Zr、Mo、Cr 等与碳原子结合生成的金属氮化物构成;③金属氧化物涂层,如 Al_2O_3、ZrO_2、Cr_2O_3、TiO_2 等涂层;④金属硼化物涂层,如 TiB_2、VB_2、TaB_2、W_2B_6、ZrB_2 等涂层;⑤其他金属合金及化合物涂层,如 Fe-Al、Ti-Al、Ni-Al、Ni-Co-Cr-Al-Y、磷化物、硅化物等涂层。

一般来说,上述金属化合物硬质涂层的硬度范围大概在 20~40GPa 之间。近年来,随着气相沉积技术的进步,超硬涂层(硬度在 40GPa 以上)技术得到快速发展。超硬涂层按化学成分主要有下列几类:①金刚石和类金刚石涂层;②硼-碳-氮化合物涂层,如立方氮化硼、氮化碳(晶态 $\beta\text{-}C_3N_4$ 和 CN_x 涂层)、硼碳氮涂层;③利用纳米材料"越薄越强、越小越强"的理论,制备的纳米晶复合涂层和纳米多层结构涂层。

一些典型的硬质涂层及衬底材料的性能数据见表 6-9。

一些典型的硬质涂层及衬底材料的性能数据   表 6-9

材料		熔点 (℃)	显微硬度 (GPa)	密度 (g/cm³)	弹性模量 (GPa)	线膨胀系数 (10^{-6}/K)	热导率 [W/(m·K)]
共价键和离子键化合物	Al_2O_3	2047	21	3.98	400	6.5	约25
	TiO_2	1867	11	4.25	200	9.0	9
	ZrO_2	2710	12	5.76	200	8.0	1.5
	SiO_2	1700	11	2.27	151	0.55	2
	B_4C	2450	约40	2.52	660	5	
	BN	2730	约50	3.48	440		
	SiC	2760	26	3.22	480	5.3	84
	Si_3N_4	1900	17	3.19	310	2.5	17
	AlN	2250	12	3.26	350	5.7	
金属间化合物	TiB_2	3225	30	4.50	560	7.8	30
	TiC	3067	28	4.93	460	8.3	34
	TiN	2950	21	5.40	590	9.3	30
	HfN					6.9	13
	HfC	3928	27	12.3	460	6.6	
	TaC	3985	16	14.5	560	7.1	23
	WC	2776	23	15.7	720	4.0	35
	ZrC	3445	25.09	6.63	400	7.0~7.4	
	ZrN	2982	15.68	7.32	510	7.2	

续上表

材料		熔点(℃)	显微硬度(GPa)	密度(g/cm³)	弹性模量(GPa)	线膨胀系数(10^{-6}/K)	热导率[W/(m·K)]
金属间化合物	ZrB_2	3245	22.54	6.11	540	5.9	
	VC	2648	28.42	5.41	430	7.3	
	VN	2177	15.23	6.11	460	9.2	
	VB_2	2747	21.07	5.05	510	7.6	
	NbC	3613	17.64	7.78	580	7.2	
	NbN	2204	13.72	8.43	480	10.1	
	NbB_2	3036	25.48	6.98	630	8.0	
	Cr_2C_3	1810	21.07	6.68	400	11.7	
	CrN	1700	19.78	6.12	400	约23	
	CrB_2	2188	22.05	5.58	540	10.5	
	TaB_2	3037	20.58	12.58	680	8.2	
	W_2B_5	2365	26.46	13.03	770	7.8	
	Mo_2C	2517	16.27	9.18	540	7.8~9.3	
	Mo_2B_5	2140	2.30	7.45	670	8.6	
衬底材料	高速工具钢	1400	9	7.8	250	14	30
	硬质合金		15		640	5.4	80
	Ti	1667	2.5	4.5	120	11	13
	高温合金	1280		7.9	214	12	62

实际上,制备硬质涂层和超硬涂层的方法很多,有物理气相沉积、化学气相沉积、热喷涂、化学热处理、热反应扩散沉积、化学镀、复合镀、溶胶-凝胶、阳极氧化、微弧氧化等。由于物理气相沉积制备的涂层质量好,结构和涂层厚度易于精确控制等,所以常用来制备硬质涂层和超硬涂层。离子镀是其中一项重要的制备技术。

6.3.4 离子束沉积

1) 离子束在薄膜合成中的应用

离子束与激光束、电子束一起合称为三束,在薄膜沉积、表面改性、表面加工等表面处理技术中有着重要的应用。本小节主要介绍离子束在气相沉积技术中的应用。

离子束沉积法利用离化的粒子作为镀膜物质,在较低的基材温度下能形成具有优良特性的薄膜。在大规模集成电路、传感器等领域的各种薄膜器件的制作中,要求各种不同类型的薄膜具有极好的控制性,因而对薄膜制备技术提出了很高的要求。而且,在材料加工、机械工业的各个领域,对工件表面进行特殊的薄膜处理,可以大大提高制品的使用寿命和使用价值,因此镀膜技术在这方面的应用十分广泛。通过对电参数的控制,可以方便地控制离子束的束流能量密度、方向、束斑直径等参数,这是离子束沉积的独特优点,所以离子束沉积是非常有吸引力的薄膜形成法。

离子束在薄膜合成中的应用大致可分为五类:①直接引出式离子束沉积;②质量分离式

离子束沉积;③离子镀,即部分离化沉积;④团簇离子束沉积;⑤离子束辅助沉积。在所有这些离子束沉积法中,可以变化和调节的参数包括入射离子的种类、入射离子的能量、离子电流的大小、入射角、离子束的束径、沉积粒子中离子所占的百分比、基材温度、沉积室的真空度等。

上述五类方法中,离子镀已在本书前面做了介绍,下面介绍其他四类离子束沉积法。

2) 直接引出式离子束沉积

这是一类非质量分离式离子束沉积,最早(1971年)由 Aisenberg 和 Chabot 用于碳离子制取类金刚石碳膜。用离子源产生碳离子,阴极和阳极的主要部分都是由碳构成。把氩气引入放电室中,加上外部磁场,在低压条件下使其发生辉光放电,依靠离子对电极的溅射作用产生碳离子。碳离子和等离子体中的氩离子同时被引到沉积室中,由于基材上施加负偏压,这些离子加速照射在基材上。根据试验结果,室温下用能量为 50~60eV 的碳离子,在 Si、NaCl、KCl、Ni 等基材上,得到了类金刚石碳膜,电阻率高达 $1\times10^{12}\Omega\cdot cm$,折射率约为 2,不溶于无机酸和有机酸,有很高的硬度。

3) 质量分离式离子束沉积

质量分离式离子束沉积的特点是易于控制沉积离子的能量,可以使离子束偏转,对离子质量进行分离筛选,获得高纯度的膜层。其装置主要由离子源、质量分离器和超高真空沉积室三部分组成。通常,基材和沉积室处于接地的电位,因此照射基材的沉积离子的动能由离子源上所加的正电位(0~3000V)来决定。另一方面,为从离子源引出更多的离子流,对质量分离器和输运所必要的真空管路的一部分施加负高压(-10~-30kV)。为了形成高纯度膜,应尽可能减少沉积室中残留气体在基材上附着,因此需要超高真空环境,常常需要三级抽真空系统。

4) 团簇离子束沉积

团簇离子束沉积是用离子簇束进行镀膜的方法。离子簇束的产生有多种方法。图 6-29 所为一种常用的团簇离子束沉积装置。坩埚中被蒸发的物质由坩埚的喷嘴向高真空沉积喷射,利用由绝热膨胀产生的过饱和现象,形成由数百至数千个原子相互弱结合而成的团簇状原子集团(团簇)。经电子照射使其离化,每个原子集团中只要有一个原子电离,则此团块就带电。在负电压的作用下,这些团簇被加速沉积在基片上。没有被离化的中性集团,也带有一定的动能,其大小与喷嘴喷出时的速度相对应。

由于每一个团簇所带的电量很小,因此在不受空间电荷效应制约的前提下,可向基板大流量地输运沉积原子,得以高速率成膜;

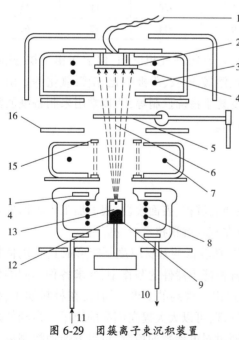

图 6-29 团簇离子束沉积装置
1-热电偶;2-基片支架;3-加热器;4-基片;5-挡板;6-簇团离子及中性粒子束;7-离化用热电子灯丝;8-坩埚加热器;9-坩埚;10-冷却水出口;11-冷却水进口;12-蒸镀;13-喷射口;14-冷却水;15-电离化所用电子引出栅极;16-加速电极

尽管每一个团簇所带电量很小,但基板上的加速电压很高,可达 10kV,因此每一个团簇离子都可以在电场中加速获得相当高的能量。被电离加速的团簇粒子和中性团簇粒子都可以沉积在基片表面,使膜层生长。由于与基板表面的碰撞作用,到达基片表面的团簇粒子会破裂,成为单个的原子而成膜。

团簇离子束沉积可以解决离子束沉积的沉积速率低及离子对膜层容易造成损伤等问题,可以制取金属、化合物、半导体等各种膜,也可采用多蒸发源直接制取复合膜,并且膜层性能可以控制,因而是一种具有实用意义的制膜技术。

5) 离子束辅助沉积

离子束辅助沉积是把离子注入与气相沉积技术相结合的复合表面处理技术。这种复合沉积技术是在离子注入材料表面改性过程中,使膜与基体在界面上由注入离子引发的级联碰撞造成混合,产生过渡层,显著提高膜与基材之间的结合力。离子束辅助沉积方式可以是离子束真空蒸镀,即在蒸镀的同时,用离子束轰击基材,图 6-30 所示离子束辅助沉积方式是离子束与电子束蒸镀的结合。当然,也可以是离子束溅射沉积、分子束外延等。

离子束辅助沉积技术具有下列优点:

(1) 原子沉积和离子注入各参数可以精确地独立调节。

(2) 可在较低的轰击能量下,连续生长几微米厚的、组分一致的薄膜。

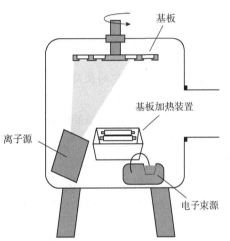

图 6-30　离子束辅助沉积技术原理

(3) 可在室温下生长各种薄膜,避免高温处理对材料及精密零部件尺寸的影响。

(4) 在膜和基材界面形成连续的原子混合区,提高附着力。

6.4 化学气相沉积技术

6.4.1 化学气相沉积技术原理

在前面的正文中,已经涉及化学气相沉积的相关知识,如反应蒸发、反应溅射等。化学气相沉积,简称 CVD,是通过化学反应的方式,利用加热、等离子激励或光辐射等各种能源,在反应器内使气态或蒸汽状态的化学物质在气相或气固界面上经化学反应形成固态沉积物的技术。因此,它与 PVD 的根本区别在于是否涉及化学反应。另外,与 PVD 时的情况不同,CVD 过程多是在相对较高的压力环境下进行的,因为较高的压力有助于提高薄膜的沉积速率。此时,气体的流动状态已处于黏滞流状态。气相分子的运动路径不再是直线,而它在衬底的沉积概率取决于气压、温度、气体组成、气体激发状态、薄膜表面状态等多个复杂因素的组合。这一特性决定了 CVD 薄膜可以被均匀地涂覆在复杂零件的表面上,而较少受到阴影效应的限制。

CVD 建立在化学反应基础上,要制备特定性能材料首先要选择适宜的反应前驱体和一个合理的沉积反应。选择反应前驱体通常应满足下列基本要求:

(1)反应剂在室温或不太高的温度下最好是气态或有较高的蒸气压而易于挥发成蒸气的液态或固态物质,且有很高的纯度。

(2)通过沉积反应易于生成所需要的材料沉积物,而其他副产物均易挥发而留在气相排出或易于分离。

(3)反应易于控制。

化学气相沉积的过程包含反应气体到达基材表面、反应气体分子被基体表面吸附、在基体表面发生化学反应、固体生成物在表面形核并长大、多余副产物从系统中排出这几个步骤。

6.4.2 化学气相沉积的反应方式与反应条件

1)化学气相沉积的反应方式

(1)热分解反应

热分解反应是最简单的沉积反应,其过程通常是首先在真空或惰性气氛下将衬底加热到一定温度,然后导入反应气态源物质使之发生热分解,最后在衬底上沉积出所需的固态材料。热分解反应可应用于制备金属、半导体及绝缘材料等。热分解反应常见的反应有氢化物分解、金属有机化合物的热分解、氢化物和金属有机化合物体系的热分解、其他气态络合物及复合物的热分解。例如利用硅烷热分解制备硅薄膜,反应副产物是氢气,氢气通过真空系统排出反应室($SiH_4 \xrightarrow{\triangle} Si+2H_2$);再例如二碘化钛在一定温度下,热分解为金属钛和碘蒸汽($TiI_2 \xrightarrow{\triangle} Ti+I_2$);等等。

(2)化学合成反应沉积

化学合成反应沉积是由两种或两种以上的反应原料气在沉积反应器中相互作用合成得到所需要的无机薄膜或其他材料形式的方法。这种方法是化学气相沉积中使用最普遍的一种方法。与热分解反应相比,化学合成反应沉积的应用更为广泛。因为可用于热分解沉积的化合物并不很多,而无机材料原则上都可以通过合适的反应合成得到。例如,利用四氯化硅同时通入氮气和氢气,在900℃左右反应,合成氮化硅,($3SiCl_4+N_2+4H_2 \xrightarrow{850\sim 900℃} SiN_4+12HCl$);再例如,利用硅烷与氨气反应,合成氮化硅等($3SiH_4+4NH_3 \xrightarrow{750℃} SiN_4+12H_2$)。

(3)氧化还原反应

一些元素的氢化物、有机烷基化合物常常是气态的或者是易于挥发的液体或固体,便于使用在 CVD 技术中。如果同时通入氧气,在反应器中发生氧化反应时就沉积出相应于该元素的氧化物薄膜。例如,在往沉积室通入硅烷的同时,通入氧气,在一定温度下,氧气与硅烷反应生成二氧化硅。许多金属和半导体的卤化物是气体化合物或具有较高的蒸气压,很适合作为化学气相沉积的原料,要得到相应的该元素薄膜就常常需采用氢还原的方法。氢还原法是制取高纯度金属膜的好方法,工艺温度较低,操作简单,因此有很大的实用价值。例如,利用六氟化钨与氢气反应,制备金属钨等。

(4) 化学输运反应

它把所需要沉积的物质作为源物质，使之与适当的气体介质发生反应并形成一种气态化合物。这种气态化合物经化学迁移或物理载带而输运到与源区温度不同的沉积区，发生逆向反应生成源物质而沉积出来。一般输运反应要设置两个温度不同的区域，例如沉积硫化锌的反应，在 T1 温度区，反应物碘化锌和单质硫为气态，在 T2 温度区，两种物质反应生成硫化锌和碘蒸气。

此外，典型反应还有利用等离子、激光等外加能源激发的反应，在等离子体和激光激发下，反应条件可大幅降低。例如在通常条件下，硅烷和氨气约在 850℃ 反应并沉积氮化硅，但在等离子体增强反应的条件下，只需在 350℃ 左右就可以生成氮化硅。再比如六羰基钨一般在 650℃ 以上发生热分解，生成金属钨，在激光的激发下，分解温度可以降低到 350℃。

2) 化学气相沉积的反应条件

化学气相沉积是一种化学反应过程，必须满足进行化学反应的热力学和动力学条件，同时要符合该技术本身的以下特定要求：

(1) 必须达到所要求的沉积温度（或反应温度）。

(2) 在规定的沉积温度下，参加反应的各种物质必须有足够的蒸气压。

(3) 参加反应的物质都是气态（源物质可以是气态、液态和固态，但参加反应时由液态蒸发或固态升华成气态），而生成物除了所需的薄膜材料为固态外，其余必须是气态，即反应物在反应条件下是气相反应物，沉积在基材表面的薄膜为固相生成物。

从热力学角度分析，一个反应能够进行的条件是其反应的自由焓变 $\Delta G^{\ominus}$ 为负值。根据热力学状态函数的数据，可以计算一些有关反应的标准自由焓变 $\Delta G^{\ominus}$ 随温度变化情况，然后从多种反应中选择最合适的反应来沉积所要求的薄膜。图 6-31 所示为 5 种化学反应的 $\Delta G^{\ominus}$-T 图，由该图可以看出，在同一温度下，$TiCl_4$ 与 NH_3 反应的值比 $TiCl_4$ 与 N_2、H_2 反应的值小，这表明对同一种生成物（如 TiN）来说，采用不同的反应物进行不同的化学反应，其温度条件是不同的。因此，寻找新的反应物质，力求在较低的温度下沉积得到性能良好的薄膜是有可能的。

很多反应源物质为液态或固态，为满足反应物蒸气压条件，需要对源物质进行加热，其气化或升华，将生成的气态反应物质通入反应腔室参与化学反应。对源物质加热时需要根据其蒸发特性严格控制加热温度，以保证适宜的反应蒸气压。另外也应防止在通入反应腔室前，源物质由于温度太高其自身发生改变（主要为分解），导致沉积反应难以进行。

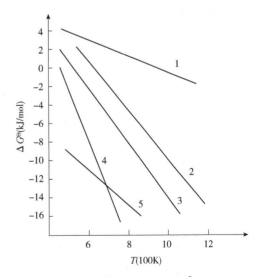

图 6-31　五种化学反应的 $\Delta G^{\ominus}$-T 图

1-$TiCl_4$+1/2N_2+2H_2 = TiN+4HCl；2-$TiCl_3$+1/2N_2+3/2H_2 = TiN+3HCl；3-$TiCl_4$+1/2N_2+NH_3 = TiN+4HCl；4-$TiCl_4$+2NH_3 = TiN+4HCl+H_2+1/2N_2；5-$TiCl_2$+2H_2+1/2N_2 = TiN+2HCl

6.4.3 化学气相沉积的方法与分类

1) 化学气相沉积的方法

化学气相沉积所用的设备主要包括气体的发生、净化、混合及输运装置,反应室,基材加热装置,排气装置等。其中基材加热可采用电阻加热、高频感应加热和红外线加热等。为降低反应条件、加速反应进行或提升膜层质量等,现代 CVD 设备常常附加反应激励装置,常见的反应激励方式有等离子体化学气相沉积、光激发化学气相沉积、激光诱导化学气相沉积等。

为了用化学气相沉积法制备高质量的膜层,必须妥善选择反应体系。对普通的热化学气相沉积来说,主要工艺参数是基材温度、气体组成以及气体的流动状态,它们决定了基材附近温度、反应气体的浓度和速度的分布,从而影响了薄膜的生长速率、均匀性及结晶质量。

反应室是化学气相沉积设备的最基本部件。根据其结构不同,可将化学气相沉积技术分为以下两种基本类型。

(1) 流通式沉积法

其反应室的特点是:反应气体混合物连续补充,而废弃的反应产物不断排出;物料的输运一般靠外加不参与反应的惰性气体来实现。在进入沉积区之前不希望反应气体混合物之间相互反应,否则应予以隔开。由于至少有一种反应产物可以连续地从沉积区排出,这就使反应总是处于非平衡状态,从而有利于形成沉积层。为使废气从系统中排出,流通式沉积法通常是在一个大气压或稍高于一个大气压下进行的。反应室有水平型、垂直型、圆筒型、连续型、管状炉型等类型。反应室的几何形状、结构类型是由该系统的物理、化学性能要求及工艺参数决定的。另外,反应室按加热方式不同可分为冷壁式和热壁式两种。热壁式反应室用直接加热法或其他方式进行加热,反应室壁通常是设备中最热的部分。冷壁式反应室只有基材本身加热,因此基材温度最高。热壁式反应室可防止反应物的冷凝,冷壁式反应室适合于反应物在室温下是气体或者具有较高的蒸气压。

流通式沉积法是化学气相沉积技术中最常用的方法。

(2) 封闭式沉积法

封闭式沉积法:将反应物与基材(工件)分别放置在反应室两端,室内抽真空后充入一定的输运气体,然后封闭;再将反应室置于双温区加热炉内,使反应室内形成一个温度梯度;在温度梯度(或浓度梯度)的推动下,物料的反应室的一端输运到另一端并沉积下来。该方法要求反应室中进行反应的平衡常数接近于1。若平衡常数太大或太小,则输运反应中所涉及的物质至少有一种的浓度会变得很低,从而使反应速度变得缓慢。

封闭式沉积法比较简单,有毒物质也可以沉积,而且无须连续抽气就可以保持室内一定的真空度,对于必须在真空条件下进行的沉积操作十分方便。它还可沉积蒸气压高的材料。该方法的主要缺点是沉积速度慢,不适宜进行大批量生产。还应注意的是,目前其反应室通常用石英管制造,在封闭又不能测定管内压力的情况下,因温度控制失灵而造成压力过大时,就有爆炸的危险。

2) 化学气相沉积的分类

化学气相沉积技术有多种分类方法。按激励方式可分为热化学气相沉积、等离子体化学气相沉积、高密度等离子体化学气相沉积、光激发化学气相沉积、激光(诱导)化学气相沉积等。按反应室压力可分为常压化学气相沉积、低压化学气相沉积、亚常压化学气相沉积、超高真空化学气相沉积等。按反应温度的相对高低可分为超高温化学气相沉积（>1200℃）、高温化学气相沉积（900~1200℃）、中温化学气相沉积（500~800℃）、低温化学气相沉积（<200℃）。有人把常压化学气相沉积称为常规化学气相沉积，而把低压化学气相沉积、等离子体化学气相沉积、激光化学气相沉积等列为非常规化学气相沉积。也有按源物质归类，如金属有机化合物化学气相沉积、氯化物化学气相沉积等、氢化物化学气相沉积等。

近年来，随着芯片技术的发展，又催生了一类超薄薄膜化学气相沉积技术——原子层沉积技术。原子层沉积也称作原子层外延，是通过将气相前驱体脉冲交替地通入反应器并在沉积基体上化学吸附并反应而形成沉积膜的一种方法，可以将物质以单原子膜形式一层一层地镀在基底表面。因此，可以实现薄膜生长的原子级厚度控制，特别适用于大规模集成电路中超薄薄膜的制造。

6.4.4 几类化学气相沉积方法简介

1）热化学气相沉积

热化学气相沉积是利用高温激活化学反应进行气相生长的方法。按其化学形式又可分为三类：化学输运法、热解法、合成反应法。

这些反应过程已在前面介绍的化学气相沉积原理中列出。其中，化学输运法虽然能制备薄膜，但一般用于块状晶体生长；热分解法通常用于沉积薄膜；合成反应法则两种情况都用。

热化学气相沉积应用于半导体和其他材料。广泛应用的化学气相沉积技术，如金属有机化学气相沉积、氢化物化学气相沉积等都属于热化学气相沉积范畴。

表 6-10 和表 6-11 分别列出了一些采用热化学气相沉积技术沉积金属薄膜和化合物薄膜的工艺条件。

热化学气相沉积金属薄膜的工艺条件　　　表 6-10

沉积物	金属反应物	其他反应物	沉积温度（℃）	压力（kPa）	沉积速度（μm/min）
W	WF_6	H_2	250~1200	0.13~101	0.1~50
	WCl_6	H_2	850~1400	0.13~2.7	0.25~35
	WCl_6	—	1400~2000	0.13~2.7	2.5~50
	$W(CO)_6$	—	180~600	0.013~0.13	0.1~1.2
Mo	MoF_6	H_2	700~1200	2.7~46.7	1.2~30
	$MoCl_5$	H_2	650~1200	0.13~2.7	1.2~20
	$MoCl_5$	—	1250~1600	1.3~2.7	2.5~20
	$Mo(CO)_6$	—	150~600	0.013~0.13	0.1~1
Re	ReF_6	H_2	400~1400	0.13~13.3	1~15
	$ReCl_5$	H_2	800~1200	0.13~26.7	1~15
Nb	$NbCl_5$	H_2	800~1200	0.13~101	0.08~25
	$NbCl_5$	—	1880	0.13~2.7	2.5
	$NbBr_5$	H_2	800~1200	0.13~101	0.08~25

续上表

沉积物	金属反应物	其他反应物	沉积温度(℃)	压力(kPa)	沉积速度(μm/min)
Ta	$TaCl_5$	H_2	800~1200	0.13~101	0.08~25
	$TaCl_5$	—	2000	0.13~2.7	2.5
Zr	ZrI_4	—	1200~1600	0.13~2.7	1~2.5
Hf	HfI_4	—	1400~2000	0.13~2.7	1~2.5
Ni	$Ni(CO)_4$	—	150~250	13.3~101	2.5~3.5
Fe	$Fe(CO)_5$	—	150~450	13.3~101	2.5~50
V	VI_2	—	1000~1200	0.13~2.7	1~2.5
Cr	CrI_3	—	1000~1200	0.13~2.7	1~2.5
Ti	TiI_4	—	100~1400	0.13~2.7	1~2.5

热化学气相沉积化合物薄膜的工艺条件　　　　表6-11

化合物类型	涂层	化学混合物	沉积温度(℃)	应用
碳化物	TiC	$TiCl_4$-CH_4-H_2	900~1000	耐磨
	HfC	$HfCl_x$-CH_4-H_2	900~1000	耐磨/抗腐蚀/氧化
	ZrC	$ZrCl_4$-CH_4-H_2	900~1000>900	耐磨/抗腐蚀/氧化
	SiC	CH_3SiCl_3-H_2	100~1400	耐磨/抗腐蚀/氧化
	B_4C	BCl_3-CH_4-H_2	1200~1400	耐磨/抗腐蚀
	W_2C	WF_6-CH_4-H_2	400~700	耐磨
	Cr_7C_3	CiI_2-CH_4-H_2	1000~1200	耐磨
	Cr_3C_2	$Cr(CO)_6$-CH_4-H_2	1000~1200	耐磨
	TaC	$TaCl_5$-Cl_4-H_2	1000~1200	耐磨、导电
	VC	VCl_2-CH_4-H_2	1000~1200	耐磨
	NbC	$NbCl_5$-CCl_4-H_2	1500~1900	耐磨
氮化物	TiN	$TiCl_4$-N_2-H_2	900~1000	耐磨
	HfN	$HfCl_x$-N_4-H_2	900~1000	耐磨、抗腐蚀/氧化
	Si_3N_4	$SiCl_4$-NH_3-H_2	1000~1400	耐磨、抗腐蚀/氧化
	BN	BCl_3-NH_3-H_2	1000~1400	导电、耐磨
		$B_3N_3H_6$-Ar	400~700	
		BF_3NH_3-H_2	1000~1300	
	ZrN	ZiI_4-N_2-H_2	1100~1200	耐磨、抗腐蚀/氧化
		$ZrBr_4$-NH_3-N_2	>800	
	TaN	$TaCl_5$-N_2-H_2	800~1500	耐磨
	AlN	$AlCl_3$-NH_2-H_2	800~1200	导电、耐磨
		$AlBr_3$-NH_2-H_2	800~1200	
		$Al(CH_3)_3$-NH_3-H	900~1100	
	VN	VCl_4-N_2-H_2	900~1200	耐磨
	NbN	$NbCl_5$-N_2-H_2	900~1300	耐腐蚀、导电

续上表

化合物类型	涂层	化学混合物	沉积温度(℃)	应用
氧化物	Al_2O_3	$AlCl_3$-CO_2-H_2	900~1100	耐磨、抗腐蚀/氧化
	TiO_2	$TiCl_4$-H_2O	800~1000、25~700	耐磨、抗腐蚀、导电

2) 低压化学气相沉积

低压化学气相沉积的压力范围一般为 $1\sim4\times10^4$ Pa 由于低压下分子平均自由程的增加,加快了气态分子的运输过程,反应物质在工件表面扩散系数增大,使薄膜均匀性得到了改善。对于表面扩散动力学控制的外延生长,可增大外延层的均匀性,这在大面积大规模外延生长中(例如大规模硅器件工艺中的介质膜外延生长)是必要的。但是对于由质量输送控制的外延生长,上述效应并不明显。低压外延生长对设备要求较高,必须有精确的压力控制系统,提高了设备成本。低压外延有时是必须采用的手段,如当化学反应对压力敏感时,常压下不易进行的反应,在低压下变得容易进行。低压外延有时会影响分凝系数。

3) 等离子体化学气相沉积

等离子体化学气相沉积也称为等离子体增强化学气相沉积。在常规的化学气相沉积中,促使其化学反应的能量来源是热能,而等离子体化学气相沉积除热能外,还借助外部所加电场的作用引起放电,使原料气体成为等离子体状态,变为化学上非常活泼的激发分子、原子、离子和原子团等,促进化学反应,在基材表面形成薄膜。等离子体化学气相沉积由于等离子体参与化学反应,因此基材温度可以降低很多,具有不易损伤基材等特点,并有利于化学反应的进行,使通常从热力学上讲难以发生的反应变为可能,从而开发各种组成比的新材料。

等离子体化学气相沉积法按加给反应室电力的方法可分为以下几类:

(1) 直流法

利用直流电等离子体的激活化学反应进行气相沉积的技术称为直流等离子体化学气相沉积,即直流法。它在阴极侧成膜,此膜会受到阳极附近的空间电荷所产生的强磁场的严重影响。用氩稀释反应气体时膜中会进入氩。为避免这种情况,将电位等于阴极侧基材电位的帘栅放置于阴极前面,这样可以得到优质薄膜。

(2) 射频法

利用射频离子体激活化学反应进行气相沉积的技术称为射频等离子体化学气相沉积,即射频法。

直流等离子体化学气相沉积法只能应用于电极和薄膜都具有良好导电性的场合。射频等离子体化学气相沉积法就可以避免这种限制,可用于沉积绝缘膜。

射频法中供应射频功率的耦合方式大致分为电容耦合方式和电感耦合方式两种。在选用管式反应腔体时,这两种耦合电极均可置于管式反应腔体外。在放电中,电极不会发生腐蚀,也不会有杂质污染,但往往需要调整电极和基材的位置。这种装置结构简单,造价较低,但不宜用于大面积基材的均匀沉积和工业化生产。

较为普遍使用的是在反应室内采用平行圆板形的电容耦合方式,它可获得比较均匀的电场分布。图6-32所示为平板形反应室的截面图。反应室外壳一般用不锈钢制作。圆板电极可选用铝合金,其直径比外壳略小。基材台采用接电电极,两极间距离较小;极间距一一般只要大于离子鞘层,即暗区厚度的 5 倍,能保证充分放电即可。基材台可用红外加热。下电极可旋转,以使膜厚均匀。

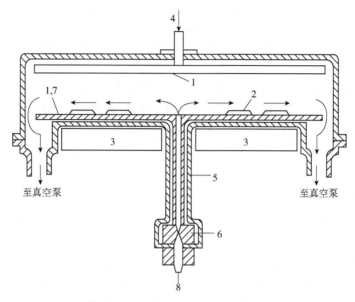

图 6-32 平板形反应室的截面图
1-电极;2-基材;3-加热器;4-RF 输入;5-转轴;6-磁转动装置;7-转动基座;8-气体入口

电源通常采用功率为 50W 至几百瓦,频率为 450kHz 或 13.56MHz 的射频电源。工作时,一般先抽真空至 1×10^{-1}Pa,然后充入反应气体至 10Pa 左右。为提高沉积薄膜的性能,设备上对等离子体施加直流偏压或外部磁场。

电极耦合的等离子体化学气相沉积存在下列缺点:①电极将能量耦合到等离子体过程中,电极表面会产生较高的鞘层电位,在其作用下离子高速撞击基材和阴极,从而会造成阴极的溅射和薄膜的污染;②在功率较高、等离子体密度较大的情况下,辉光放电会转变为弧光放电,损伤放电电极,从而使射频功率以及所产生的等离子体密度受到一定的限制。

无电极耦合的等离子体化学气相沉积技术可以克服上述缺点。图 6-33 所示为电感耦合的射频等离子体化学气相沉积装置。等离子体密度可以达到很高值,例如达到 1×10^{12} 个/cm³ 电子水平;同时,甚至可以在 101325Pa 的高气压下工作,形成高温等离子体射流。但是,这种技术的等离子体均匀性较差,在较大面积的基材上不易实现涂层的均匀沉积。

(3)微波法

用微波等离子体激活化学反应进行气相沉积的技术,称为微波等离子体化学气相沉积,即微波法。

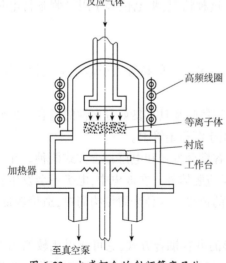

图 6-33 电感耦合的射频等离子体化学气相沉积装置

由于微波等离子体技术的发展,获得各种气体压力下的微波等离子体已不成问题。现在已有多种微波等离子体化学气相沉积装置。例如:用一个低压 CVD 反应管,其上交叉安置共振腔及与之匹配的微波发射器,以 2.45GHz 的微波,通过矩形波导入,使 CVD 反应管中被共振腔包围的气体形成等离子体,并能达到很高的电离度和离解度,再经轴对称约束磁场打到基材上。微波发射功率通常在几百瓦至一千瓦以上,这可根据托盘温度和生长过程满足质量输运限速步骤等条件确定。这项技术具有下列优点:①可进一步降低材料温度,减少因高温生长造成的位错缺陷、组分或杂质的互扩散;②避免了电极污染;③薄膜受等到离子体的破坏小;④更适用于低熔点和高温下不稳定化合物薄膜的制备;⑤由于其频率很高,所以对系统内气体压力的控制可以大大放宽;⑥由于其频率很高,在合成金刚石时更容易获得晶态金刚石。

图 6-34 所示为一种微波等离子体化学气相沉积装置。从微波发生器产生的 2.45GHZ 频率的微波能量耦合到发射天线,再经过模式转换器,最后在反应腔体中激发流经反应腔体的低压气体,形成均匀的等离子体。其微波放电很稳定,从 1×10^{-3}Pa 至大气压的范围内,所产生的等离子体没有与反应室壁接触,非常有利于高质量薄膜的制备。然而,由于微波等离子体放电空间受限制,难以实现大面积均匀放电。近年来,通过改进装置,这个难题已得到较好的解决。

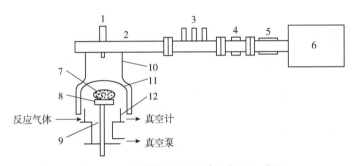

图 6-34 微波等离子体化学气相沉积装置

1-发射天线;2-矩形波导;3-三螺钉调配器;4-定向耦合器;5-环形器;6-微波发生器;7-等离子体球;8-基材;9-样品台;10-模式转换器;11-石英钟罩;12-均流罩

电子回旋共振(即输入的微波频率等于电子回旋频率)等离子体化学气相沉积是微波等离子体化学气相沉积的一种方式。它利用电子回旋产生等离子体,在低温低压条件下沉积各种高质量薄膜。图 6-35 所示为电子回旋共振微波等离子体化学气相沉积装置。该装置使用频率为 2.45GHz 的微波来产生等离子体,即微波能量由波导耦合进入反应室后,诱发反应气体放电击穿而产生等离子体。在装置中设有磁场线圈,产生与微波电场相垂直的磁场,由此促进等离子体中电子从微波场中吸收能量。电子在微波场和磁场的共同作用下发生回旋共振现象,即电子在沿气流方向运动的同时,还按照共振频率发生回旋运动。电子回旋运动时,与气体分子不断碰撞和交换能量,使气体分子发生电离。

电子回旋共振微波等离子体化学气相沉积方法要求真空度较高,为 $1\times10^{-1}\sim1\times10^{-3}$Pa,以使电子在碰撞的间隔时间内从回旋运动中获得足够的能量,气体的电离度已接近 100%,比一般射频等离子体化学气相沉积高出三个能量级以上,因此电子回旋共振装置就是一个离子源产生装置,并且产生的等离子体具有很高的反应活性。其制备的涂层具有较高的致密度和良好的性能,对形状复杂的工件也有较好的覆盖度,并且具有低温沉积、无电极污染、沉积速率高、离子束的可控性好等优点。

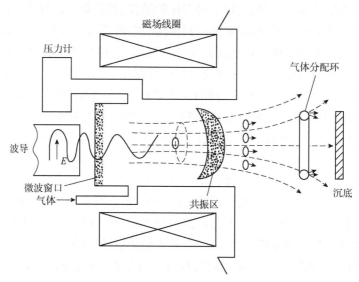

图 6-35　电子回旋共振微波等离子体化学气相沉积装置

(4) 金属有机化合物化学气相沉积

金属有机化合物化学气相沉积是一种利用金属有机化合物热分解反应进行气相外延生长的方法,即把含有外延材料组分的金属有机化合物通过载气输运到反应室,在一定温度下进行外延生长。该方法主要用于化学半导体气相生长上。由于其组分、界面控制精度高,广泛应用于Ⅱ-Ⅵ族化合物半导体超晶格量子阱等低维材料的生长。

金属有机化合物是一类含有碳-金属键物质。它要适用于金属有机化合物化学气相沉积法,应具有易于合成和提纯,在室温下为液体并有适当的蒸气压、较低的热分解温度,对沉积薄膜玷污小和毒性小等特点。目前常用的金属有机化合物(通常称为MO源)主要是Ⅱ-Ⅶ族的烷基衍生物,具体如下。

Ⅱ族:$(C_2H_5)_2Be$、$(C_2H_5)_2Mg$、$(CH_3)_2Zn$、$(C_2H_5)_2Zn$、$(CH_3)_2Cd$、$(CH_3)_2Hg$。

Ⅲ族:$(CH_3)_3Al$、$(C_2H_5)_3Al$、$(CH_3)_3Ga$、$(C_2H_5)_3Ga$、$(CH_3)_3In$、$(C_2H_5)_3In$。

Ⅳ族:$(CH_3)_4Ge$、$(C_2H_5)_4Sn$、$(CH_3)_4Sn$、$(CH_3)_4Pb$、$(C_2H_5)_4Pb$。

Ⅴ族:$(CH_3)_3N$、$(CH_3)_3P$、$(C_2H_5)_3As$、$(CH_3)_3As$、$(C_2H_5)_3Sb$、$(CH_3)_3Sb$。

Ⅶ族:$(C_2H_5)_2Se$、$(CH_3)_2Se$、$(C_2H_5)_2Te$、$(CH_3)_2Te$。

在室温下,除$(C_2H_5)_2Mg$和$(CH_3)_3In$是固体外,其他均为液体。制备这些MO源有多种方法,并且为了适应新的需求和金属有机化合物化学气相沉积工艺的改进,新的MO源被不断地开发出来。

现以生长Ⅲ-Ⅴ族化合物为例。载气高纯氢通过装有Ⅲ族元素有机化合物的鼓泡瓶携带其蒸气与用高纯氢稀释的Ⅴ族元素氢化物分别导入反应室,衬底放在高频加热的石墨基座上,被加热的衬底对金属有机物的热分解具有催化效应,并在其上生成外延层,这是在远离热平衡状态下进行的。在较宽的温度范围内,生长速率与温度无关,而只与到达表面源物质量有关。

金属有机化合物化学气相沉积技术所用的设备包括温度精确控制系统、压力精确控制系统、气体流量精确控制系统、高纯载气处理系统、尾气处理系统等。为了提高异质界面的清晰度,在反应室前通常设有一个高速、无死区的多通道气体转换阀;为了使气体转换顺利进行,一般设有生长气路和辅助气路,两者气体压力保持相等。

根据金属有机化合物化学气相沉积生长压力的不同,又分为常压金属有机化合物化学气相沉积和低压金属有机化合物化学气相沉积。将金属有机化合物化学气相沉积与分子束外延技术结合,发展出金属有机化合物分子束外延和化学束外延等技术。

与常规 CVD 相比,金属有机化合物化学气相沉积的优点是:①沉积温度低;②能沉积单晶、多晶、非晶的多层和超薄层、原子层薄膜;③可以大规模、低成本制备复杂组分的薄膜和化合物半导体材料;④可以在不同基材表面沉积;⑤每一种 MO 源或增加一种 MO 源可以增加沉积材料中的一种组分或一种化合物,使用两种或更多 MO 源可以沉积二元或多元、二层或多层的表面材料,工艺的通用性较广泛。其缺点是:①沉积速度较慢,仅适宜于沉积微米级的表面层;②原料的毒性较大,设备的密封性、可靠性要好,须谨慎管理和操作。

(5) 激光(诱导) 化学气相沉积

这是一种在化学气相沉积过程中利用激光束的光子能量激发和促进化学反应的薄膜沉积方法。所用的设备是在常规的 CVD 设备的基础上添加激光器、光路系统及激光功率测量装置。为了提高沉积薄膜的均匀性,安置基材的基架可在 x、y 方向做程序控制的运动。为使气体分子分解需要高能量光子,通常采用准分子激光器发出的紫外线,波长在 157nm~350nm 之间。另一个重要的工艺参数是激光功率,一般为 $3~10W/cm^2$。

激光(诱导)化学气相沉积与常规 CVD 相比,可以大大降低基材的温度,防止基材中杂质分布受到破坏,可在不能承受高温的基材上合成薄膜。例如:用热化学气相沉积制备 SiO_2、Si_3N_4、AlN 薄膜时基材需加热到 800~1200℃,而用激光(诱导)化学气相沉积则需 380~450℃。

激光(诱导)化学气相沉积与等离子体化学气相沉积相比,可以避免高能粒子辐射在薄膜中造成的损伤。由于给定的分子只吸收特定波长的光子,因此,光子能量的选择决定了什么样的化学键被打断,这样使薄膜的纯度和结构能得到较好的控制。

(6) 原子层沉积技术

原子层沉积技术是一种基于交替式表面化学气相反应的薄膜沉积技术,简称 ALD。在薄膜沉积过程中,反应前驱体交替地通入反应室,利用金属有机物前驱体分子在衬底表面上的饱和化学吸附原理,周期性地发生表面化学反应沉积无机薄膜,同时反应副产物以气体形式排出。

原子层沉积技术沉积一个周期可分解为两个"半化学反应"过程,一个完整的反应周期沉积一个亚单原子层厚度薄膜。具体沉积流程分为四步,即由两个"半表面化学反应"过程和两个清洗过程组成,如图 6-36 所示。第一步,通入前驱体 1,在衬底表面饱和化学吸附[图 6-36a];第二步,停止前驱体 1 的通入,通过抽真空,将过剩前驱体 1 抽走[图 6-36b];第三步,通入前驱体 2,并与表面吸附的前驱体 1 发生化学反应,在衬底上留下所要沉积的薄膜,同时产生气相副产物[图 6-36c];第四步,停止通入前驱体 2,将反应副产物抽走[图 6-36d]。如此反复沉积薄膜,厚度由循环次数决定。

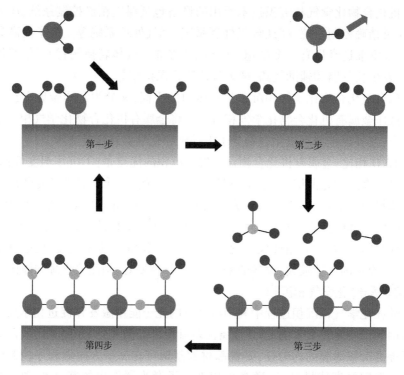

图 6-36 原子层沉积原理示意图

原子层沉积技术从最初只能沉积几种化合物发展至今,已能沉积氧化物、硫化物、氮化物、碲化物、多元化合物、过渡族金属及贵金属等多类物质,促使其应用领域得到很大的扩展。近年来,随着等离子体增强技术在原子层沉积技术中的应用,沉积物质的种类得到了大幅扩展。

原子层沉积技术设备结构如图 6-37 所示,该设备主要由沉积腔、加热系统、真空系统、前驱体气动控制系统及供气系统组成。前驱体气动控制系统为设备核心部件,通过控制高速气动阀门的开启和闭合,实现前驱体物质的分离输送以及满足各前驱体的通入量,从而实现对沉积进程的控制和薄膜沉积速度的精确控制。

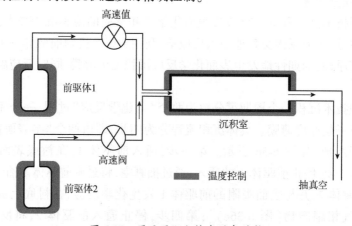

图 6-37 原子层沉积技术设备结构

原子层沉积技术是近年来发展起来的新型薄膜沉积技术，其原理基于表面自限制化学反应，具有沉积温度低、台阶覆盖度和均匀性高、厚度控制在亚纳米级、致密无空洞、易实现多层结构等特点，特别适用于超薄薄膜的制备，对纳米材料进行表面修饰、改性，以纳米结构为模板制备复杂纳米结构。

原子层沉积技术具有极好的保形性特征，可复制纳米结构的复杂形貌，制备出常规方法无法制备的复杂纳米结构。如以制备纳米管阵列为例，首先在 AAO 模板或者纳米线阵列模板上包覆一定厚度的沉积层，然后通过选择性化学腐蚀或者煅烧使模板溶解或挥发燃烧，留下沉积层而形成纳米管阵列。利用原子层沉积技术制备的纳米结构有多孔纳米线、螺旋形纳米线、多层纳米管、三维纳米结构、纳米图案、封闭于纳米管中的纳米颗粒链条等。相较于传统纳米结构制备方法，利用原子层沉积技术制备的纳米结构尺寸可通过调节沉积的薄膜厚度进行灵活且准确调控。利用原子层沉积技术在纳米材料上沉积功能层，可实现纳米材料功能化和器件的集成，较为典型的有：在半导体纳米线上沉积介电层和金属电极，构建传感器和晶体管。利用原子层沉积技术实现了 Al_2O_3 高介电常数层在碳纳米管上的均匀包覆，使碳纳米管在晶体管中的应用得到了突破；在纳米结构上沉积 TiO_2 层或者贵金属元素实现催化功能；在金属纳米结构上包覆 SnO_2、TiO_2 等用作锂离子蓄电池电极；在纳米光学器件上沉积透明导电氧化物薄膜，作为透明电极；等等。纳米材料的性能对表面状态非常敏感，通过表面修饰和改性可显著提升和优化其性能和稳定性。如利用原子层沉积技术沉积 Al_2O_3 对 Si_3N_4 纳米孔分子传感器进行修饰，由于 Al_2O_3 层对非理想表面的修饰作用和 Al_2O_3 高致密性和热稳定性，大大降低了传感器噪声水平，并延长了其使用寿命；半导体纳米材料在发光器件和太阳能蓄电池的应用中，电子和空穴的表面复合是引起效率降低的重要原因，通过表面修饰可有效抑制表面复合，从而提高其能量转换效率。

6.4.5 化学气相沉积的特点与应用

1）化学气相沉积的特点

（1）薄膜的组成和结构可控

由于化学气相沉积是利用气体反应来形成薄膜的，因而可以通过对反应气体成分、流量、压力、反应温度等控制，来制取各种组成和结构的薄膜，包括半导体外延膜、金属膜、氧化物膜、碳化物膜、硅化物膜等，用途广泛。

（2）薄膜内应力较低

薄膜内应力主要来自两个方面：①薄膜沉积过程中，荷能粒子轰击正在生长的薄膜，使薄膜表面原子偏离原有的平衡位置，膜层处于亚稳态，从而产生所谓的本征应力；②高温沉积薄膜冷却到室温时，由于薄膜材料与基体材料的热膨胀系数不同，从而产生热应力。据研究，薄膜内本征应力占主要部分，而热应力占的比例很小。PVD 过程中，尤其是在溅射镀膜和离子镀膜过程中，高能量粒子一直在轰击薄膜，会产生很高的本征应力。正因为 PVD 薄膜存在很大的内应力，因而难以镀厚。化学气相沉积薄膜的内应力主要为热应力，即内应力小，可以镀得较厚，例如化学气相沉积的金刚石薄膜厚度可达 1mm。

（3）薄膜均匀性好

对于薄膜生长过程完全由表面吸附控制的原子层沉积技术来说，所制备的薄膜均匀性非常优异,在工件上的深孔、凹槽、阶梯等复杂的三维形体上,都能获得均匀的沉积薄膜。普通 CVD 方法可以通过控制反应气体的流动状态,也可以获得远优于 PVD 的薄膜均匀性和深镀能力(图 6-38)。

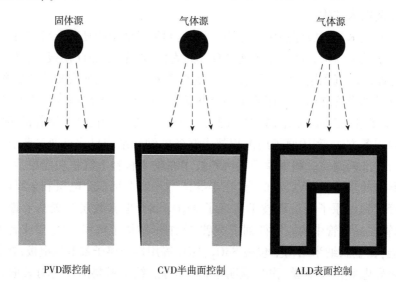

图 6-38　PVD、CVD 和原子层沉积技术薄膜均匀性对比示意图

(4)不需要昂贵的真空设备

CVD 的许多反应可以在大气压下进行,因而系统中不需要真空设备。

(5)沉积温度高

除原子层沉积一般为低温沉积(一般为室温至 300℃)外,一般的 CVD 工艺需在 600~1200℃高温下反应,这样可以提高镀层与基材的结合力,改善结晶完整性,为某些半导体用镀层所必须采用的方法。但是,高温反应使许多基体材料的使用受到很大的限制。例如:许多钢铁材料在高温下发生相变、软化、晶粒长大和变形等,从而不能正常使用或造成失效。

(6)化学气相沉积大多数反应气体有危险性

气源以及化学气相沉积反应后的余气大多有毒,且很多气源化学活性高,在空气中极易燃烧爆炸,必须加强防范。

2)化学气相沉积的应用

(1)在微电子工业上的应用

CVD 技术的应用已经渗透到半导体的外延、钝化、刻蚀、布线和封装等各个工序,成为微电子工业的基础技术之一。值得一提的是,作为 CVD 技术在微电子领域的应用代表,原子层沉积技术已大规模应用于高端芯片介质层的制造中,未来发展前景广阔。

(2)在机械工业中的应用

CVD 技术可用来制备各种硬质镀层,按化学键的特征可分为三类:①金属键型,主要为过渡族金属的碳化物、氮化物、硼化物等镀层,如 TiC、VC、WC、TiN、TiB_2;②共价键型,主要为 Al、Si、B 的碳化物及金刚石等镀层,如 B_4C、SiC、BN、C_3N_4、C;③离子键型,主要为 Al、Zr、Ti、Be 的氧化物等镀层,如 Al_2O_3、ZrO_2、BeO。在 20 世纪 60 年代到 80 年代,CVD 技术曾广泛应用于切削刀具等产品上硬质涂层的制备。在 20 世纪 80 年代后期,由于 PVD 技术迅速发展,使得用 CVD 技术制备硬质涂层已经急剧减少。然而，CVD 技术具有自身的一些特点，在有些硬质涂层产品上仍有良好的应用价值和潜力。

（3）等离子体化学气相沉积的应用

与常规 CVD 相比较，等离子体化学气相沉积有如下特点：①沉积温度较低。由于高活性的等离子体参与化学反应，反应温度相较于普通热 CVD 可大幅降低，一般可降低到 600℃以下，显著减少对基材的影响；②改善膜层厚度的均匀性和提高膜层的质量，包括针孔减少、组织致密、内应力小、不易产生微裂纹，并且低温沉积有利于获得非晶态和微晶薄膜；③可用来制备成分及性能独特的薄膜，一些热平衡态下不能发生的反应在等离子体化学气相沉积系统中可能发生；④可制备一些特殊结构的多层膜，因为低温沉积条件下有些化学反应能否有效进行取决于等离子体是否存在，即把等离子体作为沉积反应的"开关"，从而制备出具有特殊结构的多层膜；⑤低温沉积也会带来某些负面影响，例如反应过程中产生的副产物气体和其他气体的解吸进行得不彻底，故容易残留在膜层中而影响膜层的性能；⑥等离子体中的正离子被电场加速后轰击基材，可能损伤基材表面，在薄膜中产生较多的缺陷，并且等离子体的存在可能使化学反应增多而导致反应产物难以控制，也不易得到纯净的物质。等离子体化学气相沉积有上述优缺点，其中优点是主流，从而得到了推广应用。等离子体化学气相沉积最重要的应用之一是沉积氮化硅、氧化硅或硅的氮氧化物的绝缘薄膜，这对超大规模集成芯片的生产至关重要。此外，在摩擦磨损、腐蚀防护、工具涂层及光学纤维涂层等领域的应用也引人关注。

表 6-12 列出了等离子体化学气相沉积与热化学气相沉积典型的沉积温度范围，由该表可以看出，等离子体化学气相沉积的沉积温度显著低于热化学气相沉积。表 6-13 列出了等离子体化学气相沉积技术沉积的膜层材料，由该表可以看出，采用等离子体化学气相沉积技术，在较低沉积温度下可得到一系列重要的薄膜或涂层。

等离子体化学气相沉积与热化学气相沉积典型的沉积温度范围　　表 6-12

沉积薄膜	沉积温度（K）	
	热化学气相沉积	等离子体化学气相沉积
硅外延膜	1000~1250	750
多晶硅	650	200~400
Si_3N_4	900	300
SiO_2	800~1100	300
TiC	900~1100	500
TiN	900~1100	500
WC	1000	325~525

等离子体化学气相沉积技术沉积的膜层材料　　表 6-13

材料	沉积温度（K）	沉积速度（cm/s）	反应物
非晶硅	523~573	$1×10^{-8} ~ 1×10^{-7}$	SiH_4，SiF_4-H_2，$Si(s)$-H_2
多晶硅	523~673	$1×10^{-8} ~ 1×10^{-7}$	SiH_4-H_2，SiF_4-H_2，$Si(s)$-H_2

续上表

材料	沉积温度(K)	沉积速度(cm/s)	反应物
非晶锗	523~673	$1\times10^{-8} \sim 1\times10^{-7}$	GeH_4
多晶锗	523~673	$1\times10^{-8} \sim 1\times10^{-7}$	$GeH_4\text{-}H_2$,$Ge(s)\text{-}H_2$
非晶硼	673	$1\times10^{-8} \sim 1\times10^{-7}$	B_2H_6,$BCl_3\text{-}H_2$,BBr_3
非晶磷	293~473	$\leqslant 1\times10^{-5}$	$P(s)\text{-}H_2$
As	<373	$\leqslant 1\times10^{-6}$	AsH_3,$As(s)\text{-}H_2$
Se、Te、Sb、Bi	$\leqslant 373$	$1\times10^{-7} \sim 1\times10^{-6}$	$Me\text{-}H_2$
Mo、Ni			$Me(CO)_4$
类金刚石	$\leqslant 523$	$1\times10^{-8} \sim 1\times10^{-5}$	C_nH_m
石墨	1073~1273	$\leqslant 1\times10^{-5}$	$C(s)\text{-}H_2$,$C(s)\text{-}N_2$
CdS	373~573	$\leqslant 1\times10^{-6}$	$Cd\text{-}H_2S$
GaP	473~573	$\leqslant 1\times10^{-8}$	$Ga(CH_3)\text{-}PH_3$
SiO_2	$\leqslant 523$	$1\times10^{-8} \sim 1\times10^{-6}$	$Si(OC_2H_5)_4$,$SiH_4\text{-}O_2$,N_2O
GeO_2	$\leqslant 523$	$1\times10^{-8} \sim 1\times10^{-6}$	$Ge(OC_2H_5)_4$,$GeH_4\text{-}O_2$,N_2O
SiO_2/GeO_2	1273	$\sim 3\times10^{-7}$	$SiCl_4\text{-}GeCl_4\text{-}O_2$
Al_2O_3	523~773	$1\times10^{-8} \sim 1\times10^{-7}$	$AlCl_3\text{-}O_2$
TiO_2	473~673	1×10^{-8}	$TiCl_4\text{-}O_2$,金属有机化合物
B_2O_3			$B(OC_2H_5)_3\text{-}O_2$
Si_3N_4	573~773	$1\times10^{-8} \sim 1\times10^{-7}$	$SiH_4\text{-}H_2$,NH_3
AlN	$\leqslant 1273$	$\leqslant 1\times10^{-6}$	$AlCl_3\text{-}N_2$
GaN	$\leqslant 873$	$1\times10^{-8} \sim 1\times10^{-7}$	$GaCl_4\text{-}N_2$
TiN	523~1273	$1\times10^{-8} \sim 1\times10^{-6}$	$TiCl_4\text{-}H_2+N_2$
BN	673~973		$B_2H_6\text{-}NH_3$
P_3N_5	633~673	$\leqslant 5\times10^{-6}$	$P(s)\text{-}N_2$,$PH_3\text{-}N_2$
SiC	473~773	1×10^{-8}	$SiH_4\text{-}C_nH_m$
TiC	673~873	$1\times10^{-8} \sim 1\times10^{-6}$	$TiCl_4\text{-}CH_4(C_2H_2)+H_2$
GeC	473~573	1×10^{-8}	
B_xC	673	$1\times10^{-8} \sim 1\times10^{-7}$	$B_2H_6\text{-}CH_4$

(4) 金属有机化合物化学气相沉积的应用

金属有机化合物化学气相沉积法可以沉积各种金属、氧化物、氮化物、碳化物等的膜层，也可以制备 GaAs、GaAlAAs、InP、GalnAsP 以及 $III_A\text{-}V_A$ 族、$II_B\text{-}VI_A$ 族化合物半导体膜层，与常规 CVD 相比，更加具有应用的广泛性和通用性。其缺点是沉积速度较慢，并且原料的毒性较大，对设备的密封性、可靠性要求高，所有的原料与设备都较昂贵。因此，只有当要求制备高质量膜层时才考虑采用它。金属有机化合物化学气相沉积法主要用来沉积半导体外延膜层以及电子器件、光器件等用的半导体膜层。某些化合物对聚集的高能光束和粒子束有很好的灵敏度,适合于制备细线条和图形,用作微电子工业中的互连布线和有关元件。

(5)激光(诱导)化学气相沉积的应用

激光(诱导)化学气相沉积技术是一种先进表面沉积技术,虽然目前还主要处于试验研究阶段,但是应用潜力较大。其优点已在前面做了介绍,可望在半导体器件、集成电路、光通信、航天航空、化工、石油工业、能源、机械等领域得到广泛应用。

(6)原子层沉积技术的应用

近年来,原子层沉积技术发展迅速,除在集成电路领域应用外,在纳米材料制备、纳米材料表面修饰、多层膜及多量子阱结构制备、传感器功能薄膜、光电器件等领域的应用取得了巨大进步。

第 7 章　金属材料的表面改性技术

表面改性技术是指使用机械、物理、化学等方法,改变材料表面及近表面形貌、化学成分、相组成、微观结构、缺陷状态或应力状态,以获得某种表面性能的技术。金属材料经表面改性处理后,既能发挥金属材料本身的力学性能,又能使其表面获得各种特殊性能,如耐磨性、耐蚀性、耐高温性及其他物理化学性能。与表面覆盖技术相区别,这里讲的表面改性技术特指利用某些技术使材料自身改变,而不是施加外来覆盖层。

表面改性技术是表面技术的一个重要组成部分。表面改性技术与表面涂(镀)层技术是金属表面处理技术的两大根基。材料的表面改性技术种类很多,发展迅速,应用甚广,具体包括表面形变强化、表面热处理/化学热处理、高能束表面处理等技术。

【教学目标与要求】

(1) 理解金属表面改性技术的含义;
(2) 掌握各种金属表面改性处理技术的各自原理、分类及特点,了解相关应用;
(3) 能针对不同的实际应用场景选择恰当的表面改性处理工艺方法,设计相关试验。

导入案例

我国运-20 机翼是毫米弹丸"打"出来的

作为我国战略投送的新质力量,国产大型运输机运-20 五年首飞、九年列装,创造了世界上同类飞机研制交付的新纪录。飞机的机翼是飞机上的重要零部件,其最主要作用是产生升力。由于飞机在空中的飞行速度非常高,这就要求飞机上的每一个部件都要有很好的强度和刚度,才能够承受巨大的气动载荷,保证飞机的飞行安全。特别是运-20 的超临界机翼壁板对强度、韧性和抗疲劳性能的要求非常高。记者走进运-20 的生产车间,拍摄到了让运-20 机翼更加坚韧的独特加工技术。通过特殊装置,利用高速喷射装置形成高速运动的弹丸流,冲击材料的表面,在机翼表面产生压缩变形,形成压应力表层,并产生高密度位错,使表面形成硬化层,形变硬化层深度可达 0.15~1.5mm,大幅提高了机翼的使用性能,保障了飞行安全。

7.1　金属表面形变强化技术

7.1.1　表面形变强化概述

腐蚀、磨损、断裂是机械零部件的三大失效形式,其中以断裂失效带来的灾难与损失最大,而断裂失效中疲劳失效所占比例最高,民用机器零部件占 40%~50%,而军用和航空飞行的零部件则高达90%。可见,研究疲劳断裂、探索疲劳断裂机制至关重要,表面形变强化处理是提高机器零部件疲劳寿命最为简单有效的手段之一。

金属表面形变强化一般是通过机械方法,在金属表层发生压缩变形,产生一定深度的形变硬化层,其亚晶粒得到很大的细化,位错密度增加,晶格畸变度增大,同时又形成高的残余压应力,从而大幅度提高金属材料的疲劳强度和抗应力腐蚀能力等。表面形变强化在机械制造领域应用广泛,强化效果显著,成本低廉,常用的方法主要有滚压、内挤压和喷丸等。表面形变强化不仅用于强化材料,而且还广泛用于光整加工和工件校形等,喷丸还可用于表面清理。

几种常用的表面形变强化方法简要介绍如下:

1) 滚压与内挤压

滚压与内挤压类似,均为压力表面强化方法,也常作为表面光整加工方法。两种方法只是叫法的不同,根据使用习惯,滚压主要针对外表面进行形变强化,而内挤压一般特指对内孔进行处理,都是利用金属在常温状态的冷塑性特点,利用滚压工具对工件表面施加一定的压力,使工件表层金属产生塑性流动,填入原始残留的低凹波谷中,而使工件表面粗糙值降低。由于被滚压的表层金属塑性变形,使表层组织冷硬化和晶粒变细,形成致密的纤维状,并形成残余应力层,硬度和强度提高,从而改善了工件表面的耐磨性、耐蚀性以及机械配合性。

图 7-1a)所示为表面滚压强化示意图。目前,滚压强化用的滚轮、滚压力大小等尚无标准。对于圆角、沟槽等可通过滚压获得表层形变强化,并能在表面产生约 5mm 深的残余压应力,其分布如图 7-1b)所示。

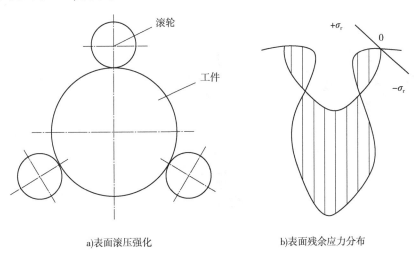

a) 表面滚压强化　　　　　　b) 表面残余应力分布

图 7-1　表面滚压强化及表面残余应力分布

2) 喷丸

喷丸是国内外广泛采用的一种再结晶温度下的表面强化方法,即利用高速弹丸强烈冲击零部件表面,使之产生形变硬化层并引起残余压应力(图 7-2)。喷丸强化已广泛用于弹簧、齿轮、链条、轴、叶片、火车轮等零部件,可显著提高抗弯曲疲劳、抗腐蚀疲劳、抗应力疲劳、抗微动磨损、耐点蚀(孔蚀)的性能。喷丸强化是当前国内外应用最为广泛的表面形变强化方法。

实际上,高速弹丸方式进行表面强化的方法可归为机械喷丸法。近年来,通过改变产生表面形变的产生方式,又陆续衍生出了高压水射流喷丸强化、微粒喷丸、激光喷丸、超声/高能喷丸等新型喷丸表面形变强化技术。

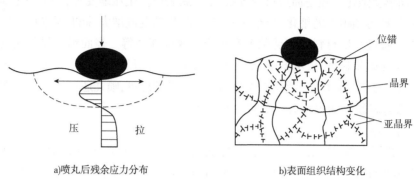

a)喷丸后残余应力分布　　　　　　b)表面组织结构变化

图7-2　表面喷丸强化后表面残余应力分布及组织结构变化

7.1.2　机械喷丸强化

1)喷丸强化用的设备

喷丸采用的专用设备,按驱动弹丸的方式主要有机械离心式喷丸机和气动式喷丸机两大类(图7-3)。喷丸机又有干喷和湿喷之分。干喷式工件条件差;湿喷式是将弹丸混合液态中成悬浮状,然后喷丸,因此工作条件有所改善。

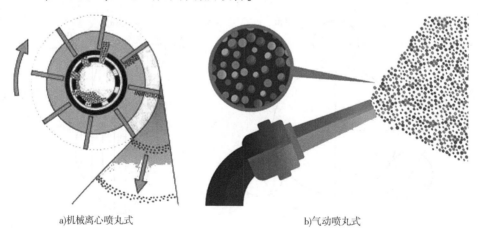

a)机械离心喷丸式　　　　　　b)气动喷丸式

图7-3　抛丸设备原理示意图

(1)机械离心式喷丸机。机械离心式喷丸机又称为叶轮式喷丸机或抛丸机。工作时,弹丸由高速旋转的叶片和叶轮通过离心力加速抛出。弹丸的速度取决于叶轮转速和弹丸的重量。通常,叶轮转速为1500~3000r/min,弹丸离开叶轮的切向速度为45~75m/s。这种喷丸机功率小,生产率高,喷丸质量稳定,但设备制造成本较高,主要适用于喷丸强度高、品种少、批量大、形状简单、尺寸较大的零部件。

(2)气动式喷丸机。气动式喷丸机以压缩空气驱动弹丸达到高速度后撞击工件的表面。这种喷丸机工件室内可以安置多个喷嘴,因其调整方便,能最大限度地适应受喷零件的几何形状,而且可通过调节压缩空气的压力来控制喷丸强度,操作灵活,一台喷丸机可喷多个零件,适用于喷丸强度低、品种多、批量少、形状复杂、尺寸较小的零件。它的缺点是功耗大,生产率低。

2)喷丸材料

喷丸材料大致有以下 7 种:

(1)冷硬铸铁弹丸。冷硬铸铁弹丸是最早使用的金属弹丸。冷硬铸铁弹丸硬度高,冲击韧度低,易破碎;使用中损耗较大,要及时分离排除破碎弹丸,否则会影响零部件的喷丸强化质量,目前已很少使用。

(2)铸钢弹丸。铸钢弹丸的品质与碳含量有很大关系。其碳的质量分数一般为 0.85%~1.20%,锰的质量分数为 0.60%~1.20%。其硬度一般为 40~50HRC,加工硬金属时,通过热处理可把硬度提高到 57~62HRC。铸钢丸的韧性较好,使用广泛,其使用寿命长,为铸铁丸的几倍。

(3)钢丝切割弹丸。钢丝切割弹丸一般由 0.7%的弹簧钢丝(或不锈钢丝)切制成段,经磨圆加工制成。常用钢丝以直径 $d=0.4$~1.2mm、硬度为 45~50HRC 为最佳。钢弹丸的组织最好为回火马氏体或贝氏体。使用寿命比铸铁弹丸高 20 倍左右。

(4)玻璃弹丸:主要用于不锈钢、钛、铝、镁及其他不允许铁质污染的材料,也可在钢、铁丸喷丸后作第二次加工之用,以除去铁质污染和降低零件的表面粗糙度。玻璃弹丸应含质量分数为 67%以下的 SiO_2,直径 $d=0.05$~0.40mm,硬度为 46~50HRC,脆性较大,密度为 2.45~2.55g/cm^3。

(5)陶瓷弹丸。陶瓷弹丸由化学成分为 60%~70%的 ZrO_2、28%~30%的 SiO_2 及 0%~10%的 Al_2O_3 组成,经熔化、雾化、烘干、选圆、筛分制成,硬度相当于 57~63HRC。其突出性能是密度比玻璃高、硬度高,但脆性较大,喷丸后表层可获得较高的残余应力。

(6)聚合塑料弹丸。这是一种新型的喷丸介质,以聚碳酸酯为原料,颗粒硬而耐磨,无粉尘,不污染环境,可连续使用,成本低,而且即使有棱边的新丸也不会损伤工件表面,常用于消除酚醛或金属零件毛刺,产生光亮化效果。

(7)液态喷丸介质。液态喷丸介质包括二氧化硅颗粒和氧化铝颗粒等。二氧化硅颗粒粒度为 40~1700μm,很细的二氧化硅颗粒可用于液态喷丸、抛光模具或其他精密零件的表面,常用水混合二氧化硅颗粒,利用压缩空气喷射。氧化铝颗粒也是一种广泛应用的喷丸介质。电炉生产的氧化铝颗粒粒度为 53~1700μm。其中颗粒小于 180μm 的氧化铝可用于液态喷丸光整加工,但喷射工件中会产生切屑。氧化铝干喷则用于花岗岩和其他石料的雕刻、钢和青铜的清理、玻璃的装饰加工。

应当指出的是,强化用的弹丸与清理、成形、校形用的弹丸不同,必须是圆球形,不能有棱角毛刺,否则会损伤零件表面。一般来说,钢铁材料制件可以用铸铁丸、铸钢丸、钢丝切割丸、玻璃丸和陶瓷丸。有色金属如铝合金、镁合金、钛合金和不锈钢制件表面强化用喷丸则须采用不锈钢丸、玻璃和陶瓷丸。

3)喷丸表面质量及影响因素

(1)喷丸表面的塑性变形和组织变化。金属的塑性变形来源于晶面间滑移、孪生、晶界滑动、扩散性蠕变等晶体运动,其中晶面间滑移最重要。晶面间滑移是通过晶体内位错运动而实现的。金属表面经喷丸后,表面产生大量凹坑形式的塑性变形,表层位错密度大大增加。组织结构将产生变化,由喷丸引起的压稳结构向稳定态转变。例如:渗碳钢层表层存在大量残留奥氏体,喷丸时,这些残留奥氏体可能转变成马氏体而提高零件的疲劳强度;奥氏体不锈钢特别是镍含量偏低的不锈钢喷丸后,表层中部分奥氏体转变为马氏体,从而形成有利于电化学反应的双相组织,使不锈钢的耐蚀性下降。

(2) 弹丸粒度对喷丸表面粗糙度的影响。一般来说,表面粗糙度值随弹丸粒度的增加而增加。但在实际生产中,弹丸往往需要重复使用,常常含有大量细碎粒的弹丸工作混合物,这对受喷表面质量也有重要影响,用工作混合物喷射所得表面粗糙度一般较新弹丸小。

(3) 弹丸硬度对喷丸表面形貌的影响。弹丸硬度提高时,塑性往往下降,弹丸工作时容易保持原有锐边或破碎而产生新的锐边。反之,硬度低而塑性好的弹丸,则能保持圆边或很快重新变圆。因此,不同硬度的弹丸工作时将形成具有各自特征的工作混合物,直接影响受喷工件的表面结构。具有硬锐边的弹丸容易使受喷表面刮削起毛,锐边变圆后,起毛程度变轻,起毛点分布不均匀。

(4) 弹丸形状对喷丸表面形貌的影响。球形弹丸高速喷射工件表面后,将留下直径小于弹丸直径的半球形凹坑,被喷面的理想外形应是大量球坑的包络面。这种表面形貌能消除前道工序残留的痕迹,使外表美观。同时,凹坑起储油作用,可以减少摩擦,提高耐磨性。但实际上,弹丸撞击表面时,凹坑周边材料被挤隆起,凹坑不再是理想半球形。另一方面,部分弹丸撞击工件后破碎(玻璃丸、铸铁丸甚至铸钢丸均可能破碎),弹丸混合物包含大量碎粒,使被喷表面的实际外形比理想情况复杂得多。

锐边弹丸后的表面与球形丸喷射的表面有很大差别,肉眼感觉比用球形弹丸喷射的表面光亮,细小颗粒的锐边弹丸更容易使受喷表面出现所谓的"天鹅绒"式外观。细小颗粒的锐边弹丸对工件表面有均匀轻微的刮削作用,经刮削的表面起毛使光线散射,微微出现银色的闪光。

(5) 喷丸表层的残余应力。喷丸处理能改善零件表层的应力分布。喷丸后的残余应力来源于表层塑性变形和金属的相变,其中以不均匀的塑性变形最重要。工件喷丸后,表层塑性变形量和由此导致的残余应力与材料的强度、硬度关系密切。材料强度高,表层最大残余应力就相应增大。但在相同喷丸条件下,强度和硬度高的材料,压应力层深度较浅;硬度低的材料产生的压应力层则较深。常用的渗碳钢经喷丸后,表层的残留奥氏体有相当大的一部分将转变成马氏体,因相变时体积膨胀而产生压应力,从而使得表层残余应力场向着更大的压应力方向变化。

在相同喷丸压力下,大直径弹丸后的压应力较低,压应力层较深;小直径弹丸后表面压应力较高,压应力层较浅且压应力值随深度下降很快。对于表面有凹坑、凸台、划痕等缺陷或表面脱碳的工件,通常选用较大的弹丸,以获得较深的压应力层,使表面缺陷造成的应力集中减小到最低程度。

喷丸速度对表层残余应力有明显影响。试验表明,当弹丸粒度和硬度不变时,提高压缩空气的压力和喷射速度,不仅增大了受喷表面压应力,而且有利于增加变形层的深度。

7.1.3 其他喷丸强化方式

1) 高压水射流喷丸强化

高压水射流喷丸强化工艺是近 30 年来迅猛发展起来的一项新技术,在 20 世纪 80 年代末,Zafred 首先提出了利用高压水射流进行金属表面喷丸强化的思想。高压水射流喷丸强化机理:将携带巨大能量的高压水射流以某种特定的方式高速喷射到金属零构件表面上,使零构件表层材料在再结晶温度下产生塑性形变(冷作硬化层),呈现理想的组织结构(组织强化)和残余应力分布(应力强化),从而达到提高零构件周期疲劳强度的目的。与传统喷丸强化工艺相比,高压水射流喷丸强化技术具有以下特点:①容易对存在狭窄部位、深槽部位的零件表面及微小零件表面等进行强化;②受喷表面粗糙度值增加很小,减少了应力集中,提高了强化效果;③无固体弹丸废弃物,符合绿色材料选择原则,不因弹丸破损而降低表面可靠性;④低噪声、无尘、无毒、无味、安全、卫生,有利于环境保护和操作者的健康。高压水射流喷丸强化技术先进、优势明显,具有广阔的应用前景。

2) 微粒喷丸

传统机械喷丸工艺通常使用的弹丸直径为 0.4~1.2mm。由于弹丸直径较大,传统喷丸工艺在强化材料表面的一般表面粗糙度较大。而大的表面粗糙度会造成更多的应力集中点,这将使喷丸带来的强化作用大打折扣。尤其是对材料表面性能要求极高的航空航天及能源动力用材需要在提高材料表面性能的同时降低其表面粗糙度。微粒喷丸是在传统喷丸基础上发展起来的一种新表面强化方式,最早由日本学者 Kagaya Chuji 于 2000 年提出该技术。其通过使用比传统喷丸直径更小的丸粒冲击材料表面,使材料表面发生塑性变形,从而产生残余应力层和加工硬化层来提高材料表面强度,同时也能有效降低材料表面粗糙度。该技术自提出至今有大量国内外学者对微粒子喷丸的强化机理和应用进行了研究。与传统喷丸强化相比,微粒冲击方法采用的弹丸直径小(一般为微米级),冲击速度快,硬度提高,处理后工件表面硬度增加的幅度大,表面的粗糙度小,而且通过残余应力分析可知,微粒冲击样品的最大残余应力在表面以下 100μm 处,其存在深度大于微粒冲击。与喷丸相比,微粒冲击工件的表层硬度与普通喷丸处理的工件表面硬度相当,但微粒冲击明显降低了工件表面粗糙度,可使得耐磨特性得到了显著的提高,因此可延长被加工工件的使用寿命。

3) 激光喷丸

激光冲击强化技术,也称激光喷丸技术。激光喷丸技术是一项新技术。20 世纪 70 年代初,美国贝尔实验室就开始研究高密度激光束诱导的冲击波来改善材料的疲劳强度。国内从 20 世纪 90 年代开始研究激光冲击强化技术,主要进行了理论探讨和针对钢材、铝合金材料等的试验研究。

激光喷丸的机理:短脉冲的强激光透过透明的约束层作用于覆盖在金属板材表面的吸收层上,气化后的蒸气急剧吸收激光能量并形成等离子体而爆炸产生冲击波,由它引起在金属零件内部传播的应力波,当应力波峰值超过零件动态屈服强度极限时,板料表面发生了塑性变形,同时由于表面的塑性变形使表层下发生的弹性变形难以恢复,因此在表层产生残余压应力。与传统的机械喷丸相比,激光喷丸具有以下鲜明的特点和优势:①光斑大小可调,可以对狭小的空间进行喷丸,而传统机械喷丸受到弹丸直径等因素的限制则无法进行;②激光脉冲参数和作用区域可以精确控制,参数具有可重复性,可在同一地方通过累计的形式多次喷丸,因而残余压应力的大小和压应力层的深度精确可控;③激光喷丸形成的残余应力比机械喷丸的残余应力大,其深度比机械喷丸形成的要深;④激光喷丸使得零件表面塑性变形形成的冲击坑深度仅为几个微米;⑤适用范围广,对碳钢、合金钢、不锈钢、可锻铸铁、球墨铸铁、铝合金及镍基高温合金等材料均适用。

4) 超声冲击/高能喷丸

超声冲击技术由乌克兰 Paton 焊接研究所在 1972 年最早提出,并由 Paton 焊接研究所和俄罗斯量子研究院共同开发成功,最早用于苏联海军船只降低焊接残余应力,引入有益的压应力。1974 年,Polozky 等人公开发表了将超声冲击技术应用于消除焊缝残余应力的文章。超声冲击技术是一种高效消除部件表面或焊缝区有害残余拉应力、引进有益压应力的方法。超声冲击设备利用大功率的能量推动冲击头以约 2 万次/s 的频率冲击金属物体表面,高频、高效和聚焦下的大能量使金属表层产生较大的压缩塑性变形;同时超声冲击改变了原有的应力场,产生有益的压应力;高能量冲击下金属表面温度极速升高又迅速冷却,使作用区表层金属组织发生变化,冲击部位得以强化。

中国科学院金属研究所开发了高频喷丸和高能喷丸(低频)技术,实现了多种金属材料的表面纳米化,对 304 不锈钢的研究表明,随着高能喷丸处理时间的增加,金属中马氏体的含量增加,到一定时间后达到饱和,金属材料表面纳米化可显著提高材料的表面硬度,还可以明显降低氮化温度,缩短氮化时间。

7.2 金属表面热处理技术

7.2.1 表面热处理概述

表面热处理是指仅对零部件表层加热、冷却,从而改变表层组织和性能而不改变成分的一种工艺,是最基本、应用最广泛的材料表面改性技术之一。当工件表面层快速加热时,工件截面上的温度分布是不均匀的,工件表层温度高且由表及里逐渐降低。如果表面的温度超过相变点以上达到奥氏体状态时,随后的快冷可获得马氏体组织,而心部仍保留原组织状态,从而获得表面硬化层,达到强化工件表面的目的。表面热处理在获得表面高硬度的马氏体组织的同时,可保留心部良好的韧性和塑性,从而可大幅提高工件的综合机械性能。例如,对一些轴类、齿轮和承受变向负荷的零件,可通过表面热处理,使表面具有较高的抗磨损能力的同时,使工件整体的抗疲劳能力大大提高。

目前,工业领域应用较多的表面热处理工艺包括感应淬火、火焰淬火、接触电阻加热淬火、盐浴炉加热表面淬火、电解液淬火、高密度能量的表面淬火及表面光亮热处理等。

7.2.2 感应淬火

1) 感应加热表面处理的基本原理

感应加热原理如图 7-4 所示,当感应线圈通以后,感应线圈内即形成交流磁场,置于感应线圈内的被加热零件引起感应电动势,所以零件内将产生感应电流即涡流,所产生感应电流的频率与感应线圈频率相同,方向相反。由于集肤效应,涡流主要集中在工件的表层。金属零件的电阻一般很小,涡电流很大,由涡流所产生的电阻热可使工件表层被迅速加热到淬火温度,随即向工件喷射冷却介质,即可将工件表层淬硬。

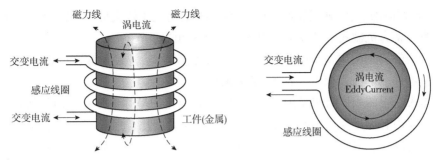

图 7-4 感应加热原理

生产中常用工艺是高频、中频、工频的感应淬火。后来又发展了超音频、双频的感应淬火工艺。其交流电流频率范围见表 7-1。

感应淬火用交流电流频率范围   表 7-1

名称	高频	超音频	中频	工频
频率范围(Hz)	$(100\sim500)\times10^3$	$(20\sim100)\times10^3$	$(1.5\sim10)\times10^3$	50

感应淬火硬化层深度取决于加热层深度、淬火加热温度、冷却速度和材料本身淬透性等。在确定的材料种类和冷却方式情况下,感应淬火硬化层深度与感应电流透入深度密切相关。所谓感应电流透入深度,即从电流密度最大的表面到电流值为表面的 $1/e$($e=2.718$) 处的距离,可用 Δ 表示。Δ 的值(单位为 mm)可根据下式求出:

$$\Delta = 56.386\sqrt{\frac{\rho}{\mu f}} \tag{7-1}$$

式中:f——电流频率(Hz);
　　　μ——材料的磁导率(H/cm);
　　　ρ——材料的电阻率($\Omega\cdot$cm)。

超过失磁点的电流透入深度称为热态电流透入深度($\Delta_{热}$);低于失磁点的电流透入深度称为冷态电流透入深度($\Delta_{冷}$)。热态电流透入深度比冷态电流透入深度大许多倍。对于钢,$\Delta_{热}$ 和 $\Delta_{冷}$ 的值分别为:

$$\begin{cases}\Delta_{冷}\approx\dfrac{20}{\sqrt{f}}\\[2mm]\Delta_{热}\approx\dfrac{500}{\sqrt{f}}\end{cases} \tag{7-2}$$

硬化层深度总小于感应电流透入深度。这是由于工件内部导热能力较大,热量向内部的散失所致。频率越高,涡流分布越陡,接近电流透入深度处的电流越小,发出的热量也就比较小,又以很快的速度将部分热量传入工件内部,因此在电流透入深度处不一定达到奥氏体化温度,所以也不可能硬化。如果延长加热时间,实际硬化层深度可以有所增大。

由以上所列公式可知,感应电流透入深度随电流频率变大而变小。因此,可根据工件的实际工况要求,选择不同频率,以达到不同要求的淬硬层深度。

(1)高频感应加热:淬硬层深度为 1.0~2.5mm,适用于淬硬层较薄的中、小型零件(如轴、齿轮等)。

(2) 中频感应加热：淬硬层深度一般为 2~10mm，适用于较大尺寸的轴和大、中模数的齿轮等。电源设备为机械式中频发电机组或可控硅变频器。

(3) 工频感应加热：电流频率为 50Hz，不需要变频设备，淬硬层深度可达 10~15mm。适用于大直径零件（如轧辊、火车车轮等）的表面淬火。

感应淬火获得的表面组织是细小隐晶马氏体，碳化物呈弥散分布。由于快速加热时在细小的奥氏体内有大量亚结构残留在马氏体内，表面硬度比普通淬火的硬度高 2%~5%，耐磨性也相应提高。表层因马氏体相变体积膨胀而产生压应力，从而降低了缺口敏感性，大大提高了疲劳强度。感应淬火工件表面氧化、脱碳少、变形小、质量稳定。感应淬火的加热速度快，热效率高，生产率高，易实现机械化和自动化。

2) 感应加热方式

感应加热方式有同时加热和连续加热。用同时加热方式淬火时，零件需要淬火的区域整体被感应器包围，通电加热到淬火温度后迅速浸入淬火槽中冷却。此方法适用于大批量生产。用连续加热方式淬火时，零件与感应器相对移动，使加热和冷却连续进行。此方法适用于淬硬区较长，设备功率又达不到同时加热要求的情况。

功率密度要根据零件尺寸及其淬火条件确定。电流频率越低、零件直径越小及所要求的硬化层深度越小，则所选择的功率密度值越大。高频感应淬火常用于零件直径较小、硬化层深度较小的场合，中频感应淬火常用在大直径工件和硬化层深度较大的场合。

3) 超高频感应加热表面处理

(1) 超高频感应淬火

超高频感应淬火又称为超高频冲击淬火或超高频脉冲淬火，是利用 27.12MHz 超高频率的极强的趋肤效应，使 0.05~0.5mm 的零件表层在极短的时间内（1~500ms）加热至上千摄氏度（其能量密度可达 100~1000W/mm^2，仅次于激光和电子束，加热速度为 1×10^4~1×10^6℃/s，自激冷却速度高达 1×10^6℃/s），加热停止后表层主要靠自身散热迅速冷却，达到淬火目的。由于表层加热和冷却极快，故畸变量较小，不必回火，淬火表层与基体之间看不到过渡带。超高频感应淬火主要用于小、薄的零件，如录音器材、照相机械、打印机、钟表的零部件及纺织钩针、安全刀片等，可明显提高质量，降低成本。

(2) 大功率高频脉冲淬火

大功率高频脉冲淬火所用频率一般为 200~300kHz（对于模数小于 1mm 的齿轮使用 1000kHz），振荡功率为 100kW 以上。因为降低了电流频率，增加了电流透入深度（0.4~1.2mm），故可处理的工件较大。其一般采用浸冷或喷冷，以提高冷却速度。大功率高频脉冲淬火在国外已较为普遍地应用于汽车行业，同时在手工工具、仪表耐磨件、中小型模具上的局部硬化也得到应用。

普通高频感应淬火、超高频感应淬火和大功率高频脉冲淬火技术特性的比较见表 7-2。

普通高频感应淬火、超高频感应淬火和大功率高频脉冲淬火技术特性的比较　　表 7-2

技术参数	普通高频感应淬火	超高频感应淬火	大功率高频脉冲淬火
频率(kHz)	200~300	27120	200~1000
发生器功率密度(kW/cm^2)	0.2	10~30	1.0~10

续上表

技术参数	普通高频感应淬火	超高频感应淬火	大功率高频脉冲淬火
最短加热时间(s)	0.1~5	0.001~0.5	0.001~1
稳定淬火最小表面电流穿透深度(mm)	0.5	0.1	
硬化层深度(mm)	0.5~2.5	0.05~0.5	0.1~1
淬火面积(mm²)	取决于连续步进距离	10~100(最宽 3mm/脉冲)	100~1000(最宽 10mm/脉冲)
感应器冷却介质	水	单脉冲加热无须冷却	通水或埋入水中冷却
工件冷却	喷水或其他冷却	自身冷却	埋入水中或自冷
淬火层组织	正常马氏体组织	极细针状马氏体	细马氏体
畸变	不可避免	极小	极小

4) 双频感应淬火和超音频感应淬火

(1) 双频感应淬火

对于凹凸不平的工件(如齿轮等),当间距较小时,无论用什么形状的感应器,都不能保持工件与感应器的施感导体之间的间隙一致。间隙小的地方电流透入深度大,间隙大的地方电流透入深度小,难以获得均匀的硬化层。要使低凹处达到一定深度的硬化层,难免使凸出部过热,反之低凹处得不到硬化层。

双频感应淬火就是采用两种频率交替加热,较高频率加热时,凸出部温度较高;较低频率加热时,则低凹处温度较高。这样凹凸处各点的加热温度趋于一致,达到了均匀硬化的目的。

(2) 超音频感应淬火

使用双频感应淬火,虽然可以获得均匀的硬化层,但设备复杂,成本也较高,所需功率也大。而且对于低淬透钢,高、中频感应淬火都难以获得凹凸零部件均匀分布的硬化层。若采用 20~50kHz 的频率可实现中小模数齿轮($m=3~6mm$)表面均匀硬化层,由于频率大于 20kHz 的波称为超音频波,所以这种处理称为超音频感应热处理。在上述模数范围内一般采用的频率按下式计算:

$$f_1 = \frac{6 \times 10^5}{m^2} \tag{7-3}$$

式中:f_1——齿根硬化频率(Hz);

m——齿轮模数(mm)。

如果模数超过这个范围,最好采用双频感应淬火。齿顶硬化频率 f_2(Hz)由下式确定:

$$f_2 = \frac{2 \times 10^6}{m^2} \tag{7-4}$$

一般 $f_2/f_1 \approx 3.33$。

5) 冷却方式和冷却介质的选择

感应淬火冷却方式和冷却介质,可根据工件材料、形状、尺寸、采用的加热方式以及硬化层深度等综合考虑确定。

感应淬火常用的冷却介质有水、聚乙烯醇水溶液、乳化液、油等,具体见表 7-3。

感应淬火常用的冷却介质　　　　　表 7-3

序号	淬火冷却介质	温度范围(℃)	简要说明
1	水	15~35	用于形状简单的碳钢件,冷速随水温、水压(流速)而变化。水压为 0.10~0.4MPa 时,碳钢喷淋密度为 10~40cm³/(cm²·s),低淬透性钢喷淋密度为 100cm³/(cm²·s)
2	聚乙烯醇水溶液	10~40	常用于低合金钢和形状复杂的碳钢件,常用的质量分数为 0.05%~0.3%,浸冷或喷射冷却
3	乳化液	<50	用切削油或特殊油配成乳化液,质量分数为 0.2%~24%,常用 5%~15%,现逐步淘汰
4	油	40~80	一般用于形状复杂的合金钢件,可浸冷、喷冷或埋油冷却。喷冷时,喷油压力为 0.2~0.6MPa,保证淬火零件不产生火焰

聚乙烯醇水溶液配方(质量分数):聚乙烯醇≥10%,三乙醇胺(防锈剂)≥1%,苯甲酸钠(防腐剂)≥0.2%,消泡剂≥0.02%,余量为水。

感应淬火常用的冷却方法有浸液冷却法和喷射冷却法。合金钢制作的零件有些采用浸液冷却法,碳钢及低合金钢制作的零件大多数采用喷射冷却法,而有些合金钢制作的零件采用浸液冷却法。喷射冷却法可以通过调节冷却介质的压力、温度及喷射时间来控制冷却速度。为避免零件淬火变形、开裂,可以采用零件预冷后淬火或间断冷却。在连续加热淬火时,可以改变喷孔与零件轴向间的夹角或改变喷孔与零件之间的距离、零件移动速度等来调整预冷时间。对细长、薄壁零件或合金钢制作的齿轮,为减少变形、开裂可将感应器与零件同时放入油槽中加热,断电后冷却,这种淬火方法称为埋油淬火法。

7.2.3 火焰淬火

如图 7-5 所示,火焰淬火是应用氧乙炔或其他可燃气体对零件表面加热,随后淬火冷却的工艺。与感应淬火等方法相比,火焰淬火具有设备简单、操作灵活、适用钢种广泛、零件表面清洁、一般无氧化和脱碳、畸变小等优点,常用于大尺寸和重量大的工件,尤其适用于批量少、品种多的零件或局部区域的表面淬火,如大型齿轮、轴、轧辊和导轨等。但加热温度不易控制,噪声大,劳动条件差,混合气体不够安全,不易获得薄的表面淬火层。火焰淬火方法可分为同时加热方法和连续加热方法,见表 7-4。

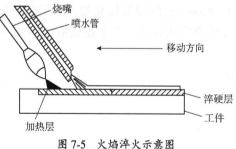

图 7-5　火焰淬火示意图

火焰淬火方法　　　　　表 7-4

淬火方法	操作方法	工艺特点	适用范围
同时加热	固定法(静止法)	工件和喷嘴固定,当工件被加热到淬火温度后喷射冷却或浸入冷却	用于淬火部位不大的工件
	快速旋转法	一个或几个固定喷嘴对旋转(75~150r/min)的工件表面加热一定时间后冷却(常用喷冷)	适用于处理直径和宽度不大的齿轮、轴颈、滚轮等

续上表

淬火方法	操作方法	工艺特点	适用范围
连续加热	平面前进法	工件相对喷嘴做50~300mm/min直线运动,喷嘴上距火孔10~30mm处设有冷却介质喷射孔,使工件淬火	可淬硬各种尺寸平面型工件表面
连续加热	旋转前进法	工件以50~300mm/min速度围绕固定喷嘴旋转,喷嘴上距火孔10~30mm处有孔喷射冷却介质	用于制动轮、滚轮、轴承圈直径大、表面窄的工件
连续加热	螺旋前进法	工件以一定速度旋转,喷嘴以轴向配合运动,得到螺旋状淬硬层	获得螺旋状淬硬层
连续加热	快速旋转前进法	一个或几个喷嘴沿旋转(75~150r/min)工件定速移动,加热和冷却工件表面	用于轴、锤杆和轧辊等

7.2.4 接触电阻加热淬火

接触电阻加热淬火是利用触头(铜滚轮或碳棒)和工件间的接触电阻使工件表面加热,并依靠自身热传导来实现冷却淬火。将一低压交流电源的一极接到工件上,而把另一极接到一个特制的电极上,在电极与工件的表面接触时会产生很大的短路电流。由于电极与工件接触处存在接触电阻,因此在接触面处产生很大的热量,从而快速加热金属表面。这种方法设备简单,操作灵活,工件变形小,淬火后不需回火。接触电阻加热淬火能显著提高工件的耐磨性和抗擦伤能力,但淬硬层较薄(0.15~0.30mm),金相组织及硬度的均匀性都较差,目前多用于机床铸铁导轨的表面淬火,也用于汽缸套、曲轴、工模具等的淬火。

7.2.5 盐浴炉加热表面淬火

将工件浸入高温盐浴(或金属浴)中,短时加热,使表层达到规定淬火温度,然后激冷的方法称为浴炉加热表面淬火。所用浴盐一般为氯化钡、氯化钾、氯化钠等单盐或按一定比例混合而成的复合盐浴。盐浴炉的热源可分为燃料式、电阻式、电极式及感应式等。此方法不需添置特殊设备,操作简便,特别适合于单件小批量生产。所有可淬硬的钢种均可进行盐浴炉加热表面淬火,但以中碳钢和高碳钢为宜,高合金钢加热前需预热。

盐浴炉加热表面淬火加热速度比高频感应淬火和火焰淬火低,采用的浸液冷效果没有喷射强烈,所以淬硬层较深,表面硬度较低。

7.2.6 电解液淬火

电解液淬火原理如图7-6所示。工件淬火部分置于电解液中为阴极,金属电解槽为阳极。电路接通,电解液产生电离,阳极放出氧,阴极工件放出氢。氢围绕阴极工件形成气膜,产生很大的电阻,通过的电流转化为热能,将工件表面迅速加热到临界点以上温度。电路断开,气膜消失,加热的工件在电解液中实现淬火冷却。此方法

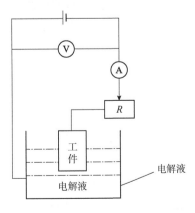

图7-6 电解液淬火原理

设备简单,淬火变形小,适用于形状简单的小件批量生产。

电解液可用酸、碱或盐的水溶液,质量分数为 5%~15% 的 Na_2CO_3 溶液效果较好。电解液温度不可超过 60℃,否则影响气膜的稳定性和加速溶液蒸发。常用电压为 160~180V,电流密度为 4~10A/cm^2。加热时间由试验确定。

7.2.7 高密度能量的表面淬火

高密度能量包括激光、电子束、等离子体和电火花等,其原理和应用分别参见有关章节。

7.2.8 表面光亮热处理

对高精度零件进行光亮热处理有两种方法,即真空热处理和保护热处理。表面光亮热处理最先进的方法是真空热处理。真空热处理设备投资大,维护困难,操作技术比较复杂。保护热处理分为涂层保护和气氛保护。气氛保护热处理的工艺多种多样,有的设备投资大,气体消耗多,成本高,因此常采用保护气体箱。涂层保护热处理投资少,操作简便,虽然目前我国研制的涂层的自剥性和保护效果还不能令人满意,价格也较贵,但涂料品种多,工艺成熟,应用广泛。表面光亮热处理在各种钢材的淬火、固溶、时效、中间退火、锻造加热或热成型时均可应用。

1)涂层保护光亮热处理

(1)涂层的一般要求。涂料应耐高温、抗氧化、稳定、不与零件表面反应,并能防止零件表面加热时烧损、脱碳或形成氧化皮。涂料应安全无毒,成本低,操作简单;涂层在室温下具有一定强度,操作过程中不易脱落,但在一次处理后能自行脱落。

(2)涂层成分。一般处理涂层多数采用有机材料与无机材料混合配制的涂料。这类涂料在常温下可以通过有机黏结剂组成均匀完整的涂层。在热处理时,涂层中的有机组分被分解或炭化,而其余的组分如玻璃、陶瓷等材料则转变为一层均匀致密的无机涂层,能隔绝周围气氛对金属的作用,冷却后,由于涂层与金属的热膨胀系数不同,涂层能自行脱落,从而起到保护被处理金属表面的作用。表 7-5~表 7-7 分别列出了英国、美国和中国的主要热处理涂料配方。

我国热处理涂料有定型产品,除表 7-7 所列三种涂料外,常用的还有 1306 号涂料,其成分(质量分数)为:Al 为 23.67%,C 为 6.47%,K 为 5.52%,Na 为 0.16%,S 为 25.3%,其余为氧及其他微量元素。

英国主要热处理涂料配方　　　　　表 7-5

牌号	各组成物的质量(kg)												物理性质		
	膨润土	滑石粉	高岭土	云母粉	丙烯酸树脂	染料	甲苯	三氧乙烯	20A玻璃料	2B玻璃料	钾玻璃	钠玻璃	氧化硅	氧化铝	颜色	密度(g/cm^3)	剥落性	使用温度(℃)
B-12	7.5	3.0	1.0		8.0	0.5	410L								红	0.9~0.95		600~1100

续上表

牌号	各组成物的质量(kg)													物理性质		
	膨润土	滑石粉	高岭土	云母粉	丙烯酸树脂	染料	甲苯	三氧乙烯	20A玻璃料	2B玻璃料	钾玻璃	钠玻璃	氧化硅	氧化铝	颜色	密度(g/cm^3)	剥落性	使用温度(℃)
B-22	12.0	7.0		7.0	11.0	0.5		380L								1.32~1.46		600~1100
B-104	12.0		6.1	4.0	3.5	0.5	196L		9.3	9.3	5.1	7.0	4.6	2.9	黄	0.05~1.02	自剥	1000~1250
B-204	2.0		6.1	4.0	3.5	0.5	190L		9.3	9.3	5.1	7.0	4.6	2.9	蓝紫	1.49~1.55	自剥	1000~1250

美国主要热处理涂料配方　　表7-6

编号		各组成物的质量(kg)														使用温度(℃)
		膨润土	黏土	水	BaO	K_2O	MgO	U_2O	CaO	ZnO	Sb_2O_3	B_2O_3	Al_2O_3	SiO_2	TiO_2	P_2O_5	
1	底层	0.5	9.0	30.0		2.0	24.0		1.0				23.0	50.0			870~1100
	面层	0.5	9.0	30.0	8.5		3.8		5.4	1.5	2.5	3.2	1.0	37.4	19.9	2.5	565~705
2	底层	0.5	9.0	30.0		8.0	19.0						18.0	55.0			870~1100
	面层	0.5	9.0	30.0	5.1	30.0			5.8			25.8	4.5	23.6	1.9		565~705

我国主要热处理涂料配方　　表7-7

编号	各组成物的质量分数(%)										用途
	03玻璃料	04玻璃料	11玻璃料	氧化铬	氧化铝	云母氧化铁	钛白粉	滑石粉	膨润土	质量分数为30%虫胶液	质量分数为80%乙醇+质量分数为20%丁醇	
3		20	15	4		8		10	3	20	20	30CrMnSiA中温处理
4	10	10	26	2	6			4	2	20	20	用于12Cr18Ni9及GH1140等
5	3	6	25				11		3	21	21	

(3)熔覆工艺。应用熔覆工艺主要注意以下四点：①涂料必须存放在10~20℃环境中，并有一定有效期，使用前搅匀并用铜网过滤，再用溶剂调节涂料黏度；②零件表面必须清除

铁锈、氧化皮、油脂和油漆等污物,且存放时间不宜超过 20~24h,操作时戴干净手套;③涂层应致密、厚度均匀,最好在通风的恒温间进行,可采用浸涂、刷涂和喷涂;④按规定进行热处理。

(4)涂料的应用。涂料可用于保护零件处理表面质量,防止和减少表面脱碳。1306 号涂料用于镍基高温合金时,热处理后涂层能完全自剥,表面呈灰白氧化色,不产生氧化皮。表 7-7 中 3 号涂料涂于 30CrMnSiA 上,进行 900℃ 热处理,加热时间为 60min,处理后涂层自剥,材料表面为银灰色,无腐蚀现象。4 号涂料用于国产不锈钢 12Cr18Ni9 和高温合金 GH1140,在 1050℃ 加热 15~20min,无论空冷或水冷,涂层均能自剥。水冷的零件表面呈银灰色,局部有轻微氧化色。空冷的零件表面为蓝氧化色,无腐蚀现象。

涂料可减少热处理中零件尺寸和质量的变化。3 号涂料涂于 30CrMnSiA 上,进行 900℃ 热处理,一般在保温 1~3h 时,其热处理损耗只有不涂涂层材料的 1/6~1/5。在上述试验条件下,无论涂何种涂层,大多数情况下,零件尺寸膨胀 0.005~0.01mm;少数情况下,尺寸减小不超过 0.005mm。而不涂涂层的材料尺寸减小 0.05~0.5mm。

金相检验表明,涂层不产生晶间腐蚀,使用 1306 号涂料晶界氧化深度为 0.0069~0.0138 mm,而未涂涂层的氧化深度为 0.020~0.035mm。未发现元素渗入问题。研究还表明,涂层不影响材料淬透性,也不影响材料常规力学性能和高温疲劳性能。

2)惰性气体保护光亮热处理

常用惰性气体有 Ar、He。由于 N_2 与钢几乎不发生反应,所以 N_2 相对于钢来说是惰性气体。用惰性气体保护在光亮状态下加热,应特别注意气体中杂质的种类及含量,氧的体积分数应低于 $(1~2) \times 10^{-4}\%$,水分量在露点 -70℃ 以下。

3)真空热处理

真空热处理的最大优点是能得到良好的光亮面。把金属放在真空中加热时,将产生脱氧、油脂分解、氧化物的离解现象。真空热处理后可得到光亮的金属表面,但要注意合金元素蒸发的影响,如不锈钢真空热处理时会产生脱铬现象,使耐蚀性明显下降。

7.3 金属表面化学热处理技术

7.3.1 金属表面化学热处理概述

1)金属表面化学热处理基本原理

化学热处理是将工件置于适当的活性介质中加热、保温,使一种或几种元素渗入它的表层,以改变其化学成分、组织和性能的热处理工艺。表面化学热处理改变的主要是金属表层的化学成分,以及由于成分变化导致的表层组织变化,使同一金属零件的表面和心部具备不同的成分和性能。表面化学热处理主要有表面渗碳、氮化、碳氮共渗、渗硼、渗硫、渗金属等。

表面化学热处理过程包括化学活性介质的分解、吸收以及扩散三个基本过程:

(1)化学活性介质的分解

在一定温度下,化学活性介质可发生化学分解,生成活性原子。例如在渗碳时(温度 920~930℃),含碳介质会发生如下分解反应:

$$2CO \longleftrightarrow CO_2 + [C] = c^2 \tag{7-5}$$

$$2C_nH_{2n} \longleftrightarrow nH_2 + n[C] \tag{7-6}$$

$$2C_nH_{2n+2} \longleftrightarrow (n+1)H_2 + n[C] \tag{7-7}$$

氮化时,氨发生分解,即:

$$2NH_3 \longleftrightarrow 3H_2 + 2[N] \tag{7-8}$$

通常为了增加化学介质的活性,还需加入适量催化剂或催渗剂,来加速反应过程,降低反应温度,缩短反应时间。

(2) 活性原子的吸收

介质分解生成活性原子,如[C]、[N]等,为钢的表面所吸附,然后溶入基体金属铁的晶格中。碳、氮等原子半径较小的非金属元素容易溶入 γ-Fe 中形成间隙固溶体。碳也可与钢中强碳化物元素直接形成碳化物。氮可溶于 α-Fe 中形成过饱和固溶体,然后再形成氮化物。

(3) 原子的扩散

钢表面吸收活性原子后,该种元素的浓度大大提高,形成了显著的浓度梯度。在一定的温度条件下,原子就能沿着浓度梯度下降的方向做定向的扩散,得到一定厚度的扩散层。

表征扩散过程速度的一个重要参数是扩散系数 D。它的物理意义是在浓度梯度为 1 的情况下,在单位时间内通过单位面积的扩散物质量。扩散系数越大,则扩散速度越快。影响扩散速度的主要因素是温度和时间。

化学热处理过程中,活性物质的分解、吸收和扩散是彼此配合并相互交叉进行的三个过程。其中,渗剂的分解是前提,通过渗剂的分解为工件表面提供充足的活性原子。如果活性原子太少,吸收后的表面浓度低,渗层的浓度梯度小,则扩散速度较慢;如果活性原子太多,则多余的活性原子将在工件表面结合成分子,阻碍工件表面继续吸收活性原子。同时,吸收和扩散的速度也应协调:如果吸收太慢,供不应求,会使扩散速度下降;如果吸收太快,来不及扩散,对渗层的组织结构和深度也有不利的影响。

2) 金属表面化学热处理的目的

(1) 提高金属表面的强度、硬度和耐磨性。例如:渗氮可使金属表面硬度达到 950~1200HV,渗硼可使金属表面硬度达到 1400~2000HV 等,因而工件表面具有极高的耐磨性。

(2) 提高材料疲劳强度。例如:渗碳、渗氮、渗铬等渗层中由于相变使体积发生变化,使表层产生很大的残余压应力,从而提高疲劳强度。

(3) 使金属表面具有良好的抗黏着、抗咬合的能力和降低摩擦因数,如渗硫等。

(4) 提高金属表面的耐蚀性,如渗氮、渗铝等。

3) 化学热处理渗层的基本组织类型

(1) 形成单相固溶体,如渗碳层中的 α 铁素体相等。

(2) 形成化合物,如渗氮层中的 ε 相($Fe_{2-3}N$),渗硼层中 Fe_2B 等。

(3) 化学热处理后,一般可同时存在固溶体、化合物的多相渗层。

4) 化学热处理的性能

化学热处理后的金属表层、过渡层与心部在成分、组织和性能上有很大差别。强化效果不仅与各层的性能有关,而且与各层之间的相互联系有关,如渗碳的表面层碳含量及其分布、渗碳层深度和组织等均可影响材料渗碳后的性能。

5) 化学热处理种类

化学热处理有多种分类方法,比较常见的分类有以下几种。

按渗入元素分为渗碳、渗氮、渗硼、渗铝、碳氮共渗、渗铝、渗铬等。

按渗入元素的种类和先后顺序分为:渗入一种元素的称为单元渗;同时渗入两种或两种以上元素的,称为二元或多元共渗;先后渗入两种或两种以上元素的,称为二元或多元复合渗。

按渗入元素的活性介质所处状态不同可分为:

①气体法。气体法所用渗剂的原始状态可以是气体,也可以是液体(如渗碳时将煤油滴入炉内),但在化学热处理炉内均为气态。气体渗所用渗剂要求易于分解为活性原子,经济且易于控制,无污染,渗层具有较好的性能。气体法包括固体气体法、间接气体法、流动粒子炉法、真空法等。

②液体法。液体法所用的渗剂一般是熔融的盐类或其他化合物,它由供渗剂和中性盐组成。液体法包括盐浴法、电解盐浴法、水溶液电解法等。

③固体法。固体法所用的渗剂是具有一定粒度的固态物质。固体法包括粉末填充法、膏剂熔覆法、电热旋流法、覆盖层(电镀层、喷镀层等)扩散法等。

④等离子法。等离子法是在真空状态下将活性物质离化,产生等离子体。等离子法包括离子渗碳、离子渗氮、离子渗硫、离子渗金属等。由于等离子体的活化作用,渗入温度相较于前几种大幅降低,在现代工业领域应用广泛,等离子法将在第 8 章 8.1.9 节中专门讲述。

7.3.2 渗碳

将工件置于渗碳介质中加热并保温,使碳原子渗入工件表层的化学热处理称为渗碳。这是金属材料常见的一种热处理工艺,它可以使渗过碳的工件表面获得很高的硬度,提高其耐磨性和疲劳强度。渗碳工艺广泛用于齿轮、轴、凸轮轴等结构钢、合金钢(主要是一些高铬钢、工具钢等)机械零件的表面处理。

1) 渗碳方法

常用的渗碳方法如下:

一是气体渗碳。它是生产中应用最为广泛的一种渗碳方法,即在含碳的气体介质(通入气体渗剂如甲烷、乙烷等或液体渗剂如煤油或苯、酒精、丙酮等,在高温下分解出活性碳原子)中通过调节气体渗碳气氛来实现渗碳目的,一般有井式炉滴注式渗碳和贯通式气体渗碳两种。图 7-7 为一种井式渗碳炉结构示意图,采用电阻丝加热方式。气体渗碳生产效率高,劳动条件好,对环境基本无污染,渗碳过程易于控制,渗碳层的质量和机械性能良好。

二是盐浴渗碳。它是将被处理的零件浸入盐浴渗碳剂中,通过加热使碳剂分解出活性的碳原子来进行渗碳,如一种熔融的渗碳盐浴配方(质量分数):Na_2CO_3 为 75%～85%,NaCl 为 10%～15%,SiC 为 8%～15%,10 钢在 950℃保温 3h 后,可获得总厚度为 1.2mm 的渗碳层。

三是固体渗碳。它是一种传统的渗碳方法,使用固体渗碳剂,其中的膏剂渗碳具有工艺简单方便的特点,主要用于单件生产、局部渗碳或返修零件。固体渗碳是一种使用最早的渗碳方法。

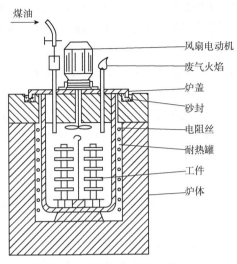

图 7-7 一种井式渗碳炉结构示意图

由于固体渗碳生产效率低、质量不易控制,液体渗碳环境污染大、劳动条件差,因此它们在生产中很少采用。目前使用最广泛的是气体渗碳。

2) 渗碳的应用

高碳钢一般不采用渗碳处理,一方面是由于材料本身含碳量已较高、难以渗入,另一方面是由于渗碳时的高温容易引起工件表面脱碳。渗碳用钢一般为低碳钢和低碳合金钢,其碳质量分数要求为 0.1%~0.2%,以保证工件心部有足够的强度和韧性。渗碳钢中加入 Cr、Ni、Mn、Ti、Mo 等合金元素的目的是提高淬透性、细化晶粒、防止过热、提高心部韧性。

(1) 结构钢的渗碳。结构钢经渗碳后,能使工件表面获得高的硬度、耐磨性、耐侵蚀磨损性、接触疲劳强度和弯曲疲劳强度,而心部具有一定强度、塑性、韧性。

为了提高渗碳速度和质量引入了快速加热渗碳法,真空、离子束、流态层渗碳等先进的工艺方法。

(2) 高合金钢的渗碳。目前高合金钢(主要是一些高铬钢、工具钢等)的渗碳越来越受到重视。工具钢经渗碳后,其表面具有高强度、高耐磨性和高热硬性。与传统的模具钢制造的工具相比,寿命可得到提高。

工件渗碳后常常要进行后续热处理,目的是进一步提高渗层表面的强度、硬度和耐磨性,提高心部的强度和韧性,细化晶粒,消除网状渗碳体和减少残留奥氏体量。热处理方式主要是淬火+低温回火处理。

7.3.3 渗氮

渗氮俗称氮化,是指在一定温度下使活性氮原子渗入工件表面,形成含氮硬化层的化学热处理工艺。

1) 渗氮处理的优缺点

(1) 优点:渗碳层中形成了硬度高的弥散分布的化合物(氮溶入铁素体和奥氏体中,与铁形成 γ' 相 Fe_4N 和 ε 相 $Fe_{2-3}N$ 等),使层具有高硬度(如 38CrMoAl 氮化后表面硬度为

1000~1100HV)和高耐磨性(这种性能可保持至600℃左右而不下降);由于渗氮层表面压应力和弥散分布的氮化物对晶格滑移的阻碍,工件经渗氮后疲劳极限显著提高(提高15%~35%),同时降低了工件的缺口敏感性;由于氮化温度低,一般为500~590℃,零件心部无组织转变,所以氮化变形小,工件尺寸精度更高;氮化后零件表面形成一层致密的、化学稳定性较高的氮化物层,所以耐蚀性好,在自来水、过热蒸汽以及碱性溶液中较为稳定。

(2)缺点:一般使用氨气作为氮源,由于氨气分解温度较低,故通常的渗氮温度在500~580℃之间,在这种较低的处理温度下,氮原子在钢中扩散速度很慢,因此渗氮速度比其他化学热处理低得多,生产周期长,渗氮层较薄,例如38CrMoAl钢制造的轴类零件,要获得0.4~0.6mm的渗氮层深度,渗氮保温时间需50h以上。另外,氮化处理一般只适用于某些特定成分的钢种,如含Cr、Mo、Al、W、V、Ti等合金元素的钢种,否则难以达到性能指标。

2)渗氮的应用

渗氮常用于高速柴油机的曲轴、汽缸套、床的锋杆、螺杆、精密主轴、丝杆、套筒、蜗杆、较大模数的精密齿轮、阀门以及量具、模具等零部件的表面处理。

结构钢渗氮:任何珠光体类、铁素体类、奥氏体类以及碳化物类的结构钢都可以渗氮。为了获得具有高耐磨、高强度的零件,可采用渗氮专用钢种(38CrMoAlA)。后来出现了不采用含铝的结构钢的渗氮强化。结构钢渗氮温度一般为500~550℃,渗氮后可明显提高疲劳强度。

高铬钢渗氮:工件经酸洗、喷砂去除氧化膜后才能进行渗氮。为了获得耐磨的渗层,高铬铁素体钢常在560~600℃进行渗氮。渗氮层深度一般不大于0.15mm。

工具钢渗氮:高速工具钢切削刀具短时渗氮可提高寿命0.5~1倍。推荐渗层深度为0.01~0.025mm,渗氮温度为510~520℃。对于小型工具($<\phi15mm$)渗氮时间为15~20min,对较大型工具($\phi16~\phi30mm$)渗氮时间为25~30min,对大型工具渗氮时间为60min。上述条件可得到高硬度(1340~1460HV),热硬性为700℃时仍可保持700HV的硬度。Cr12模具钢经150~520℃、8~12h的渗氮后可得到0.08~0.12mm的渗层,硬度可达1100~1200HV,热硬性较高,耐磨性比渗氮高速工具钢还要高。

铸铁渗氮:除白口铸铁、灰铸铁、不含Al与Cr等的合金铸铁外均可渗氮,尤其是球墨铸铁的渗氮应用更为广泛。

难溶合金渗氮:用于提高硬度、耐磨性和热强性。

钛及钛合金渗氮:一般使用离子渗氮,经850℃、8h的渗氮后可得到TiN,渗层深度为0.028mm,硬度可达800~1200HV。

钼及钼合金渗氮:一般使用离子渗氮,经1150℃以上温度渗氮1h,渗层深度为150μm,硬度达300~800HV。

铌及铌合金渗氮:在1200℃渗氮可得到硬度大于2000HV的渗氮层。

7.3.4 碳氮共渗

1)碳氮共渗基本原理

碳氮共渗处理是将工件放在能产生碳、氮活性原子的介质中加热并保温,使工件表面同时渗入碳和氮原子的化学热处理工艺,俗称氰化。碳氮共渗零件的性能介于渗碳与渗氮零件之间。目前中温(780~880℃)气体碳氮共渗和低温(500~600℃)气体氮碳共渗(即气体软氮化)的应用较为广泛。前者主要以渗碳为主,用于提高结构件(如齿轮、蜗轮、轴类件)的硬度、耐磨性和疲劳性;后者以渗氮为主,主要用于提高工模具的表面硬度、耐磨性和抗咬合性,同时保证零件的尺寸精度。

碳氮共渗件常选用低碳或中碳钢及中碳合金钢,共渗后可直接淬火和低温回火,其渗层组织为细片(针)回火马氏体加少量粒状碳氮化合物和残余奥氏体,硬度为58~63HRC,心部组织和硬度取决于钢的成分和淬透性。

2) 碳氮共渗的特点

由于氮的加入,碳氮共渗与渗碳相比具有以下特点:

(1) 渗层相变温度降低,因此碳氮共渗能在较低的温度下进行,共渗后奥氏体晶粒不致长大,工件不易过热,便于直接淬火,淬火变形小。

(2) 渗层深度与渗入速度增加,在相同的温度和时间条件下,碳氮共渗层的深度远大于渗碳层的深度。即在相同的温度条件下,碳氮共渗的速度远大于渗碳速度,缩短了处理时间。但碳氮共渗的渗层较渗碳层薄,在 0.25~0.6mm。

(3) 降低了渗层的马氏体相变温度,致使淬火后残余奥氏体较多,硬度有所下降,但一般具有高耐磨性。

(4) 降低了渗层的临界冷却速度,提高了渗层的透性,使工件能在更低的冷却速度下淬硬表层,并减小淬火变形和开裂倾向。

3) 碳氮共渗工艺

按所用化学介质状态不同,碳氮共渗工艺可分为气体碳氮共渗、液体碳氮共渗、固体碳氮共渗。

(1) 气体碳氮共渗

气体碳氮共渗具有无毒、质量易于控制、生产过程易于实现自动化等特点,已成为碳氮共渗的主要工艺方法。气体碳氮共渗工艺对设备的要求与气体渗碳基本相同,因此各种渗碳炉略加改造,就可适用于碳氮共渗。

气体碳氮共渗常用的介质可分为三类:

① 滴入的液体渗碳剂加氨气,其中有煤油+氨、甲醇+丙酮+氨等;

② 滴入含碳及氮的有机液体,其中有三乙醇胺、三乙醇胺+尿素、甲醇+三乙醇胺、甲醇+三乙醇胺+尿素、甲醇+甲酰胺、三乙醇胺+乙醇、醋酸乙酯+甲醇+甲烷+氨;

③ 气体渗碳剂+氨,其中有吸热式气氛+甲烷+氨。

前两类多用于周期作业的井式炉,第三类多用于连续作业的贯通式炉。碳氮共渗也像渗碳一样,改变共渗气氛后,可用离子轰击加热、高频加热、流动粒子炉加热等方法实现。

(2) 液体碳氮共渗

液体碳氮共渗通常是利用化物盐(氰化钠、氰化钾、黄血盐等)分解产生活性碳氮原子渗入钢件表面而得到碳氮共渗层,所以也称为液体氰化。液体碳氮共渗加热速度快,易于控制,过去采用较为普遍,但由于氰盐剧毒,现正在逐步淘汰。液体碳氮共渗的优点是:可准确控制渗层厚度,工件质量稳定,特别适合于处理小型和薄壁零件,盐浴流动性好,温度均匀,活性碳氮原子在盐浴中均匀分布;出炉淬火后,表面保持金属光泽,无氧化。液体碳氮共渗存在的主要问题是:氰化物盐有剧毒,因此,存在着废盐处理、环境污染、劳动保护等一系列问题,对氰化物盐的运输、储存、使用、保管都必须采取严格的措施。

为了改善劳动条件,可用无毒液体碳氮共渗。例如 60%~76%碳酸钠,9%~12%氯化钠,6%~9%氯化铁和9%~10%碳化硅的盐浴。

(3)固体碳氮共渗

固体碳氮共渗生产效率低,操作条件差,氰盐有剧毒,目前已很少采用。

7.3.5 渗硼

1)渗硼原理

渗硼就是把工件置于含有硼原子的介质中加热到一定温度,保温一段时间后,在工件表面形成一层坚硬的渗硼层。硼化层主要由 Fe_2B 或 $FeB+Fe_2B$ 组成,呈针状楔入基体中,其中 Fe_2B 为 1300~1800HV,FeB 为 1600~2200HV,FeB 脆性大,两相混合硼化层脆性和剥落倾向较大,为此,一般希望得到单相 Fe_2B 的渗硼层。渗硼主要是为了提高金属表面的硬度、耐磨性和耐蚀性,可用于钢铁材料、金属陶瓷和某些有色金属材料,如钛、钽和镍基合金。

在高温下,供硼剂与介质中 SiC 发生反应:

$$Na_2B_4O_7+SiC \longrightarrow Na_2O \cdot SiO_2+CO_2+O_2+4[B] \tag{7-9}$$

若供硼剂为 B_4C,活性剂为 KBF_4,则有以下反应:

$$KBF_4 \xrightarrow{加热} KF+BF_3$$

$$4BF_3+3SiC+1.5O_2 \longrightarrow 3SiF_4+3CO+4B+3SiF_4+B_4C+1.5O_2 \longrightarrow$$

$$4BF_3+SiO_2+CO+2Si \tag{7-10}$$

$$B_4C+3SiC+3O_2 \xrightarrow[BF_3]{SiF_4} 4B+2Si+SiO_2+4CO \tag{7-11}$$

2)渗硼层组织

硼原子在 γ 相或 α 相的溶解度很小,当硼含量超过其溶解度时,就会产生硼的化合物 Fe_2B(ε 相)。当硼的质量分数大于 8.83%时,会产生 FeB(η'相)。当硼的质量分数为 6%~16%时,会产生 FeB 与 Fe_2B 白色针状的混合物。铁-硼相图如图 7-8 所示。

钢中的合金元素大多数可溶于硼化物层中(例如铬和锰),因此认为硼化物是指 $(Fe,M)_2B$ 或 $(Fe,M)B$ 更为恰当(其中 M 表示一种或多种金属元素)。碳和硅不溶于硼化物层,被硼从表面推向硼化物前方而进入基材。这些元素在碳钢的硼化物层中的分布如图 7-9 所示。硅在硼化物层前方的富集量可达百分之几。这会使低碳铬合金钢硼化物层前方形成软的铁素体层。只有降低钢的硅含量才能解决这一问题。碳的富集会析出渗碳体或硼渗碳体(例如 $Fe_3B_{0.8}C_{0.2}$)。

3)渗硼层的性能

(1)渗硼层的硬度很高,可达 2200HV。由于 FeB 脆性大,一般希望得到单相的、厚度为 0.07~0.15mm 的 Fe_2B 层。如果合金元素含量较高,由于合金元素有阻碍硼在钢中的扩散作用,则渗硼层厚度较薄。硼化铁的物理性能见表 7-8。

第7章 金属材料的表面改性技术

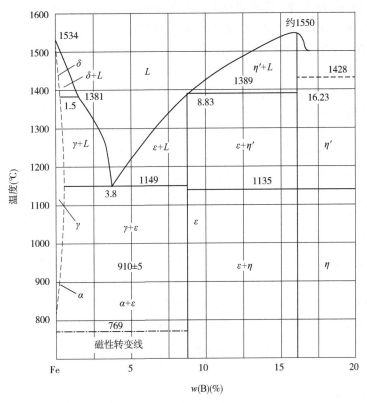

图 7-8 铁-硼相图(部分)

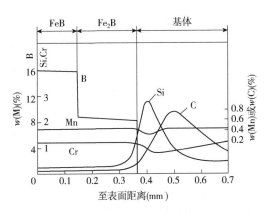

图 7-9 渗硼层元素分布

硼化铁的物理性能　　　　　　　　　　　　　　　　　　　表 7-8

硼化铁类型	$w(B)$(%)	晶格常数	密度 (g/cm^3)	线胀系数 $(200\sim600℃)(10^{-6}/℃)$	弹性模量 (MPa)	硼在铁中的扩散系数(950℃时)(cm^2/s)
Fe_2B	8.83	正方($a=5.078, c=4.249$)	7.43	7.85	3×10^5	1.53×10^{-7}(扩散区)
FeB	16.23	正交($a=4.053, b=5.495, c=2.946$)	6.75	23	6×10^5	1.82×10^{-8}(硼化物层)

(2)渗硼层在盐酸、硫酸、磷酸和碱中具有良好的耐蚀性,但不耐硝酸。

(3)渗硼层热硬性高。在800℃时仍保持高的硬度。

(4)渗硼层在600℃以下抗氧化性能较好。

4)渗硼方法

渗硼方法有固体渗硼、气体渗硼、液体渗硼、等离子渗硼等。

(1)固体渗硼。它在本质上属于气态催化反应的气相渗硼。供硼剂在高温和活化剂的作用下形成气态硼化物(BF_2、BF_3),在工件表面不断化合与分解,释放出活性硼原子,不断被工件表面吸附并向工件内扩散,形成稳定的铁的硼化物层。

固体渗硼是将工件置于含硼的粉末或膏剂中,装箱密封,放入加热炉中加热到950~1050℃保温一定时间后,工件表面上获得一定厚度的渗硼层的方法。这种方法设备简单,操作方便,适应性强,但劳动强度大,成本高。欧美国家多采用固体渗硼。常用的固体渗硼剂有粉末渗硼与膏剂渗硼两类。

粉末渗硼是由供硼剂(硼铁、碳化硼、脱水硼砂等)、活性剂(氟硼酸钾、碳化硅、氯化物、氟化物等)、填充剂(木炭或碳化硅)等组成。其配方(质量分数)有:5%B_4C(供硼剂)+5%KBF_4(活性剂)+90%SiC。各成分所占比例与被渗硼的材料有关。对于铬含量最高的钢种,建议在渗硼粉中加入适量铬粉。部分固体渗硼的具体配方和渗硼效果见表7-9。

部分固体渗硼的具体配方和渗硼效果 表7-9

编号	渗硼材料组成物的质量分数(%)								渗硼工艺		渗硼层	
	B_4C	B-Fe	$Na_2B_4O_7$	KBF_4	NH_4HCO_3	SiC	Al_2O_3	木炭	活性炭	温度(℃)	时间(h)	组织	厚度(μm)
1		7		6	2	余量		20		850	4	双相	140
2		5		7		余量		8	2	900	5	单相	95
3		10		7		余量		8	2	900	5	单相	95
4	1			7		余量		8	2	900	5	单相	90
5	2			5		余量	MnFe:10			850	4	单相	110
6		20		5	5		70			850	4	单相	85
7	5			5		余量	Fe_2O_3:3			850	4	单相	120
8		25		5		余量				850	4	单相	55
9			30		Na_2CO_3:3	Si:7		石墨:60		950	4	单相	160

膏剂渗硼是将供硼剂加一定比例的黏结剂组成一定黏稠膏状物涂在工件表面上进行加热渗硼处理。膏剂渗硼的配方(质量分数)有两种:①由碳化硼粉末(0.063~0.056mm)50%和冰晶石50%组成,用水解四乙氧基甲硅烷作黏结剂组成膏状物质,渗硼前,先在200℃干燥1h后再进行渗硼;②B_4C(0.100mm)(5%~50%)+冰晶石(粉末状)(5%~50%)+氟化钙(0.154mm)(40%~49%),混合后用松香30%+酒精70%调成糊状,涂在工件上,获得厚度大于2mm的涂层,然后晾干密封装箱,最后装入加热炉中进行渗硼。如果膏剂渗硼在高频感应加热条件下进行,则可以得到与炉加热条件下相同的渗硼层,而且可大大缩短渗硼时间。

(2)气体渗硼。与固体渗硼的区别是供硼剂为气体。气体渗硼需用易爆的乙硼烷或有毒的氯化硼,故没有用于工业生产。

(3)液体渗硼(也叫作盐浴渗硼)。它主要是使用由硼砂+还原剂(碳酸钠、碳酸钾、氟硅酸钠等)组成的盐浴进行渗硼。生产中常用的配方(质量分数)有 $Na_2B_4O_7$ 80%+SiC 20% 或 $Na_2B_4O_7$ 80%+Al 10%+NaF 10%等。这种方法应用广泛。

(4)等离子渗硼。等离子渗硼可以用与气体渗硼类似的介质。对等离子渗硼已进行研究,但还没有工业应用的处理工艺。

5)渗硼的应用

渗硼适用的钢种为中碳钢及中碳合金钢。渗硼后,为了改善基体的力学性能,需要进行淬火+回火处理,但应注意以下几点:①渗硼件应尽量减少加热次数并用缓冷;②渗硼温度高于钢的淬火温度时,渗硼后应降温到淬火温度后再进行淬火;③渗硼温度低于钢的淬火温度时,渗硼后升温到淬火温度后再进行淬火;④淬火冷却介质仍使用原淬火冷却介质,但不宜用硝盐分级与等温处理;⑤渗硼粉中 B_4C 含量对不同钢种的硼化物层中 FeB 相的影响见表7-10。

渗硼粉中 B_4C 含量对不同钢种的硼化物层中 FeB 相的影响(900℃渗硼5h)   表7-10

钢种	$w(B_4C)$(%)			
	2.5	5	7.5	10
15钢	A	A	B	C
45钢	A	A	B	C
42CrMo4	A	B	C	D
61CiSiV5	A	B	C	E
钢种	$w(B_4C)$(%)			
	2.5	5	7.5	10
XC100(法国弹簧钢)	A	B	c	E
10006	A	C	D	E
145Cr6	B	D	E	E
奥氏体不锈钢	E	E	E	E

注:A-不含 FeB;B-仅边角处有 FeB;C-个别锯齿有 FeB;D-FeB 未形成封闭层;E-FeB 形成封闭层。

渗硼在生产中的应用实例见表7-11。

渗硼在生产中的应用实例   表7-11

模具名称	模具材料	被加工材料	处理工艺	寿命/(万件/模)
冷镦六方螺母凹模	Cr12MoV	Q235	原处理工艺	0.3~0.5
			渗硼	5~6
冲模	CrWMn	25钢	淬火+回火	30~50
			渗硼	0.5~1
冷轧顶头凸模	65Mn	Q235螺母	淬火+回火	0.3~0.4
			渗硼	2
热锻模	5CrMnMo	$40Mn_2$(齿轮)	淬火+回火	0.03~0.05
			渗硼	0.06~0.07

有色金属渗硼通常是在非晶态硼中进行的。某些有色金属(如钛及钛合金)必须在高纯氩或高真空中进行,且必须在渗硼前对非晶硼进行除氧。大多数难熔金属都能渗硼。

钛及钛合金的渗硼最好在1000~1200℃进行。在1000℃处理8h可得12μm厚致密的TiB_2层,15h后为20μm厚TiB_2层。硼化物层与基体结合良好。

钽的渗硼也用类似条件,获得单相硼化钽层。在1000℃处理8h可得12μm厚的渗层。镍合金IN-100(美国牌号)在940℃渗硼8h,获得60μm厚的硼化物层。

7.3.6 渗金属

渗金属是使工件表面形成一层金属碳化物的一种工艺方法,即渗入元素与工件表层中的碳结合形成金属碳化物的化合物层,如$(Cr、Fe)_7C_3$、VC、NbC、TaC等,次层为过渡层。此类工艺方法适用于高碳钢,渗入元素主要有Al、Zn等,能够与Fe形成金属间化合物的元素以及W、Mo、Ta、V、Nb、Cr等碳化物形成元素。

渗金属形成的化合物层一般很薄,一般为0.005~0.02mm。层厚的增长速率符合抛物线定则$x^2=kt$。式中,x为层厚;k为与温度有关的常数;t为时间。经过液体介质扩渗的渗层组织光滑而致密,呈白亮色。当工件的碳的质量分数为0.45%时,除碳化物层外还有一层极薄的贫碳α层。当工件的碳的质量分数大于1%时,只有碳化物层。为了获得碳化物层,基材的碳的质量分数必须超过0.45%。

1)渗金属层的性能

渗金属层的硬度极高,耐磨性好,摩擦因数小,耐热性、抗氧化性、抗咬合和抗擦伤能力高等优点。渗金属的硬度HV0.1见表7-12。

渗金属的硬度HV0.1 表7-12

渗层	Cr12	GCr15	T12	T8	45
铬碳化物层	1765~1877	1404~1665	1404~1482	1404~1482	1331~1404
钒碳化物层	2136~3380	2422~3259	2422~3380	2136~2280	1580~1870
铌碳化物层	3254~3784	2897~3784	2897~3784	2400~2665	1812~2665
钽碳化物层	1981~2397	2397	2397~2838	1981	

2)渗金属方法

(1)气相渗金属法

气相渗金属有两种常用的方法:①在适当温度下,可以挥发的金属化合物(如金属卤化物)中析出活性原子,并沉积在金属表面上与碳形成化合物,其工艺过程是将工件置于含有渗入金属卤化物的容器中,通入H_2或Cl_2进行置换还原反应,使之析出活性原子,然后进行渗金属操作;②使用羰基化合物在低温下分解的方法进行表面沉积,例如$W(CO)_6$在150℃条件下能分解出W的活性原子,然后渗入金属表面形成钨的化合物层。

(2)固相渗金属法

固相渗金属法中应用较广泛的是膏剂渗金属法。它是将渗金属膏剂涂在金属表面上,加热到一定温度后,使渗入元素渗入工件表面层。一般膏剂由活性剂、溶剂和黏结剂组成:活性剂多数是纯金属粉末,尺寸为0.050~0.071mm;溶剂的作用是与渗金属粉末相互作用后形成相应化合物的卤化物(被渗原子的载体);黏结剂一般用四乙氧基甲硅烷制备,它起黏结作用并形成膏剂。

3)渗金属的应用

(1)渗铬

中碳钢渗铬层有两层,外层为铬的碳化物层,内层为 α 固溶体。高碳钢渗铬在表面形成铬的碳化物层,如$(Cr、Fe)_7C_3$、$(Cr、Fe)_{23}C_{63}$、$(Fe、Cr)_3C$ 等。渗铬层厚仅有 0.01~0.04mm,硬度为 1500HV。

工件渗铬后可显著改善在强烈磨损条件下以及在常温、高温腐蚀介质中工作的物理、化学、力学性能。中碳钢、高碳钢渗铬层性能均优于渗碳层和渗氮层,但略低于渗硼层。特别是高碳钢渗铬后,不仅能提高硬度,而且还能提高热硬性,在加热到 850℃ 后,仍能保持 1200HV 左右的高硬度,超过高速工具钢。同时渗铬层也具有较高的耐蚀性,对碱、硝酸、盐水、过热空气、淡水等介质均有良好的耐蚀性,但不耐盐酸。渗铬件能在 750℃ 以下长期工作,有良好的抗氧化性,但在 750℃ 以上工作时不如渗铝件。

(2)渗钛

其目的是提高钢的耐磨性和气蚀性,同时也可提高中、高碳钢的表面硬度和耐磨性。常见的渗钛方法有气体渗钛(包括气相渗钛和蒸气渗钛)、活性膏剂渗钛和液体渗钛三种。

①气体渗钛

a.气相渗钛

如工业纯钛在 $TiCl_4$ 蒸气和纯氩气中发生置换反应,产生活性钛原子,高温下向工件表面吸附与扩散:

$$TiCl_4 + 2Fe \longrightarrow 2FeCl_2 + [Ti] \qquad (7-12)$$

若此过程采用电加热,可缩短渗钛时间。若渗钛温度为 950~1200℃,$TiCl_4$ 蒸气与氩气体积比为 1/9 时,炉内加热速度为 1℃/S,保温时间为 9min,无渗钛层。若采用电加热,加热速度为 100~1000℃/s,保温时间为 3~8min,可得到 20~70μm 厚的渗钛层。由此可见,快速加热可缩短渗钛时间。

b.蒸气渗钛

它是在 $TiCl_4$ 和 Mg 蒸气混合物中进行渗钛。Mg 起还原剂的作用,载气是用净化过的氩气。把 $TiCl_4$ 带进放置有熔化金属 Mg 的反应中,则 $TiCl_4$ 与 Mg 的蒸气相互作用获得原子钛[Ti]:

$$TiCl_4 + 2Mg \longrightarrow 2MgCl_2 + [Ti] \qquad (7-13)$$

在 1150℃ 下用 $TiCl_4$+Ar 的混合气渗钛,1h 后才见到渗钛层。而在同一温度下用 $TiCl_4$+Ar+Mg 进行渗钛,1h 后可见到 20~80μm 厚的渗钛层。

②活性膏剂渗钛

活性膏剂渗钛是一种固体渗钛法。在活性膏剂中,主要成分是活性钛源(主要元素质量分数分别为:Ti30.05%,Si5.16%,Al17.08%),其质量分数为 70%~95%。此外,还加入冰晶石,其主要作用是去除工件表面的氧化物,促使氟化钛的形成,而氟化钛是原子钛的供应源。实践证明,使用成分(质量分数)为 Ti95%+NaF5% 或用(Fe-Ti)40%+Ti55%+NaF5% 的膏剂效果最好。同样,快速加热能缩短渗钛时间。

③液体渗钛

液体渗钛是使用电解或电解质方法进行渗钛。电解时采用可溶性钛做阳极,电解液为 KCl+NaCl+TiCl$_2$。电解在氩气中进行。最佳电流密度视过程的温度不同而在 $0.1 \sim 0.3 A/cm^2$ 的范围内变化,温度为 800~900℃时,渗钛层可达几十微米,扩散层仅几微米。

(3) 渗铝

渗铝是指铝在金属或合金表面扩散渗入的过程。渗铝层最外层是不易腐蚀的铝铁金属间化合物,主要是 Fe_2Al_5,往里是由针状组织组成的一个薄层,是铁铝化合物与固溶体两相混合物,再往里是柱状晶的含铝的固溶体,里面是基体。许多金属材料,如合金钢、铸铁、热强钢和耐热合金、难熔金属和以难熔金属为基体的合金、钛、铜等材料都可渗铝。渗铝的主要目的在于提高材料的热稳定性、耐磨性和耐蚀性,适用于石油、化工、冶金等工业管道和容器、炉底板、热电偶套管、盐浴坩埚和叶片等零件。

当钢中铝的质量分数大于 8% 时,其表面能形成致密的铝氧化膜。当铝含量过高时,钢的脆性增加。低碳钢渗铝后能在 780℃ 以下长期工作;低于 900℃ 以下能较长期工作;900~980℃,仍可比未渗铝的工件寿命提高 20 倍。因此,渗铝的抗高温氧化性能很好。此外,渗铝件还能抵抗 H_2S、SO_2、CO_2、H_2CO_3、液氮、水煤气等的腐蚀,尤其是抵抗 H_2S 腐蚀能力最强。

工业上获得应用的渗铝方法主要有以下三种:

一是固体粉末渗铝,即用粉末状混合物进行,其主要成分为铝粉、铝铁合金或铝钼合金粉末、氯化物或其活性剂、氧化铝(惰性添加剂)等。固体粉末渗铝是在专用的、易熔合金密封的料罐中进行的。在固体渗铝中,常用的方法之一是活性膏剂渗铝。活性膏剂是一种由铝粉、冰晶石和不同比例的其他组分的粉末组成的混合剂,并用水解乙醇硅酸乙酯作为黏结剂涂在工件表面,厚度为 3~5mm,在 70~100℃温度下烘干 20~30min。为了防止氧化,可用特殊涂料覆盖层作为保护剂涂在活性膏剂层的外面。膏剂渗铝的最佳成分(质量分数)为 Fe-Al88%、石英粉 10%、$NH_4C12\%$(活化剂)。

二是在铝浴中渗铝。工件在铝浴或铝合金浴中于 700~850℃保温一段时间后,就可在表面得到一层渗铝层。这种方法的优点是渗入时间较短,温度不高,但坩埚寿命短,工件上易黏附熔融物和氧化膜,形成脆性的金属化合物。为降低脆性,往往在渗铝后进行扩散退火。

三是表面喷镀铝再扩散退火的渗铝法:在经过喷丸处理或喷砂处理的构件表面,使用喷镀专用的金属喷镀装置(电弧喷镀/火焰喷镀等)按规定的工艺规程喷镀铝,铝层厚度为 0.7~1.2mm;为防止铝喷镀层熔化、流散和氧化,应在扩散退火前采用保护涂料,然后于 920~950℃进行约 6h 扩散退火。

(4) 渗钒

渗钒是在粉末混合物(供钒剂钒铁、活化剂 NH_4Cl 和稀释剂 Al_2O_3 的混合物)或硼砂盐浴中进行的,获得 VC 型单相碳化钒层。渗钒的目的主要是改善耐磨性。渗钒层硬度可达 3000~3300HV,且有良好的延展性。

7.3.7 渗其他元素

1) 渗硅

渗硅是将含硅的化合物通过置换、还原和加热分解得到活性硅,被材料表面吸附并向内扩散,从而形成含硅的表层。渗硅的主要目的是提高工件的耐蚀性、稳定性、硬度和耐磨性。

特别是,渗硅是提高钢铁零件在硫酸、硝酸、海水及大多数的盐、稀碱溶液中工件的抗蚀性的有效方法。渗硅层表面的组织为白色、均匀、略带孔隙的含硅的α-Fe固溶体。渗硅层的硬度为175~230HV。若把多孔的渗硅层工件置入170~220℃油中浸煮后,则其有良好的减摩性。渗硅层具有一定的抗氧化和抗还原性酸类的性质,但高温抗氧化性不如渗铝、渗铬,它只能在750℃以下工作。由于渗硅层的多孔性,使其应用受到了限制。常用的渗硅方法有以下几种:

(1) 气体渗硅。气体渗硅是用碳化硅为渗硅剂,通入1000℃高温的氯气形成四氯化硅,然后再与工件表层产生置换反应,使工件表面获得渗硅层。

(2) 电解渗硅。电解渗硅是将工件放入碳酸盐、硅酸盐氟化物和熔剂的电解液中,在950~1100℃的温度下加热电解后,就可在工件上获得一层渗硅层。

(3) 粉末渗硅。粉末渗硅是将含硅的粉末状渗硅剂(硅、硅铁、硅钙合金等)、填充剂(氧化铝、氧化镁等)、活化剂(卤化物,如NH_4Cl、NH_4F、NaF等)按一定比例混合装箱并将工件埋入混合物中,加热到高温下进行渗硅的方法。

2) 渗硫

渗硫的目的是在钢铁零件表面生成FeS薄膜,由于硫化物是具有密排六方晶格的层片状结构,摩擦因数低,可有效提高抗咬合性能。

渗硫可分低温渗硫和高温渗硫。为了保证渗硫不影响基体的力学性能,渗硫温度一般采用略低于工件的回火温度,低温渗硫温度为170~205℃,高温渗硫温度为520~600℃。低温渗硫常用液体法,也有固体法、气体法。液体法又有一般液体法和电解法之分。渗硫工业上应用较多的是在150~250℃进行的低温电解渗硫。电解渗硫周期短,渗层质量较稳定,但熔盐极易老化。低温电解渗硫主要用于经渗碳淬火、渗氮后淬火或调质的工件。渗层FeS膜厚度为5~15μm。若处理不当,除FeS外,可出现FeS_2、$FeSO_3$相,使减摩性能明显降低。渗硫剂成分和工艺参数见表7-13。

渗硫剂成分和工艺参数 表7-13

序号	渗硫剂成分 (质量分数)	工艺参数			备注
		温度 (℃)	时间 (min)	电流密度 (A/dm³)	
1	75%KCN+25%NaCNS	180~200	10~20	1.5~3.5	零件为阳极,盐槽为阴极,到温度后计时。因FeS膜生成速度快,保温10min后增厚甚微,故无须超过15min
2	75%KCN+25%NaCNS+0.1%K_4Fe(CN)$_6$+0.9%K_3Fe(CN)$_6$	180~200	10~20	1.5~2.5	
3	73%KCNS+24%NaCNS+2%K_4Fe(CN)$_6$+0.07%KCN+0.03%NaCN,通氨气搅拌,流量为59m³/h	180~200	10~20	2.5~4.5	
4	60%~80%KCNS+20%~40%NaCNS+1%~4%K_4Fe(CN)$_6$+S_x添加剂	180~250	10~20	2.5~4.5	
5	30%~70%NH_4CNS+70%~30%KCNS	180~200	10~20	3~6	

3) 多元共渗与复合渗

多元共渗与复合渗的目的是吸收各种单元渗的优点,弥补其不足,使零件表面达到更高的综合性能指标。除前面所述碳氮共渗外,还有硫碳氮共渗三元共渗,以及含铝、铬、硼等元素的二元及多元共渗等。

(1) 多元渗硼。多元渗硼是硼和另一种或多种金属元素按顺序进行扩散的化学热处理。这种处理分两步进行:先用常规方法渗硼,获得厚度至少为 30μm 的致密层,允许出现 FeB;然后在粉末混合物(例如渗铬时用铁铬粉、活化剂 NH_4Cl 和稀释剂 Al_2O_3 的混合物)或硼砂盐中进行其他元素的扩散。采用粉末混合物时,在反应室中通入氩气或氢气可防止粉末烧结。

(2) 氧氮共渗。氧氮共渗又称为氧氮化,是一种加氧的渗氮工艺。氧氮共渗所采用的介质有氨水(氨最高质量分数可达 35.28%)、水蒸气加氨气、甲酰胺水溶液或氨加氧。氧氮共渗后钢材表面形成氧化膜和氮的扩散层。氧化膜为多孔的 Fe_3O_4,有减摩作用,抗黏着性能好。扩散层提高了表层硬度,也提高了耐磨性。因此,氧氮共渗兼有蒸汽处理和渗氮的双重性能,能明显提高刀具和某些结构件的使用寿命。目前,氧氮共渗主要用于高速工具钢切削刀具的表面处理。

7.3.8 电化学处理

大多数化学热处理具有时间长、局部防渗困难、能耗大、设备和材料消耗严重和污染环境等不足。电化学热处理,采用感应、电接触、电解、电阻等直接加热进行化学热处理,能改善上述问题。

1) 电化学热处理的特点

一般认为,电化学热处理之所以比普通化学热处理优越,主要有以下原因:

(1) 电化学热处理比一般化学热处理的温度高得多,使渗剂的分解和吸附加速,而且随着温度的升高,工件表面附着物易挥发或与介质反应,工件表面更清洁、更有活性,也促进了渗剂的吸附。

(2) 快速电加热大都是先加热工件,渗剂可直接镀或涂在工件表面,由于加热从工件开始,加热速度快,保温时间短,渗剂不易挥发和烧损,有利于元素渗入扩散。

(3) 电化学热处理特殊的物理化学现象加速渗剂分解和吸附。

(4) 由于电化学热处理比一般化学热处理的温度高得多,大大提高了渗入元素的扩散速度。

(5) 快速电加热在工件内部和介质中形成大的温度梯度,不但有利于界面上介质的分解,而且外层介质温度低、不会氧化或分解,因此有利于渗剂的利用。

2) 电化学渗金属

常用的电化学渗金属的元素有 Cr、Al、Ti、Ni、V、W、Zn 等。

(1) 钢铁电化学渗铬。工业纯铁(碳的质量分数小于 0.02%)表面镀铬时,通交流电,以不同速度加热,加热到相应温度后保温 2min。加热速度和温度对纯铁渗铬层深度的影响见表 7-14。由表 7-14 可见,随着加热速度提高,渗层厚度明显增加。

加热速度和温度对纯铁渗铬层深度的影响　　　　表 7-14

加热速度 (℃/s)	渗铬层深度(μm)							
	915℃	930℃	950℃	1000℃	1050℃	1100℃	1150℃	1200℃
0.15	1.5	1.5	2	4	12	23	40	61
50	3	4	5	8	18	31	56	94
3000	6	7	9	14	23	42	104	130

涂膏法电加热渗铬也是一种有效渗铬方法。在需要渗铬的表面刷涂或喷涂或浸渍一层渗铬膏剂。膏剂成分(质量分数)为75%铬粉(粒度为0.063~0.080mm)+25%冰晶石(Na_3AlF_6)。涂膏剂时可用硅酸乙酯黏结剂黏结。工件用2kW的3MHz高频电源感应加热,渗铬温度为1250℃,从膏剂干燥到渗铬完成的时间约为75s,渗层深度约为0.05mm。工件可直接在空气中冷却,也可在水中淬火。这种渗铬方法比普通渗铬方法所用时间少得多。

(2)钢的电加热化学渗铝。传统的渗铝工艺温度高(1100℃以上)、时间长(30h以上)、工件变形大。渗铝后工件心部性能变差,须重新热处理。电加热化学渗铝可克服上述缺点。

快速电加热化学渗铝的方法主要有粉末法、膏剂法、气体法、液体法和喷铝后高频加热复合处理法。粉末法是将铝粉与特制的氯化物混合,在600~650℃化合成铝的氯化物;也可使用FeAl与NH_4Cl或$FeAl+Al_2O_3+NH_4Cl$等物质。35CrMoA钢在800~1000℃电加热25s,可获得20μm渗层;纯铁在1200~1300℃电加热8s,可获得300μm的渗层。

常用膏剂渗铝的配方(质量分数)有80%FeAl+20%Na_3AlF_6、68%FeAl+20%Na_3AlF_6+10%SiO_2+2%NH_4Cl、75%Al+25%Na_3AlF_6等,一般认为88%FeAl+10%SiO_2+2%NH_4Cl配方较好。黏结剂可用亚硝酸纸浆溶液,以50℃/s的速度加热至1000℃,渗层达22~28μm。

喷铝的4Cr9Si2和4Cr10Si2Mo钢用高频感应加热至700℃,保温10~20s,渗层达15~20μm;加热至900℃,渗层达130μm。

7.3.9 电解化学热处理

1)电解渗碳

电解渗碳是把低碳零件置于盐浴中加热,利用电化学反应使碳原子渗入工件表层。这是一种新型的渗碳方法。渗碳介质以碱土金属碳酸盐为主,加一些调整熔点和稳定盐浴成分的溶剂。阳极为石墨,工件为阴极,通以直流电后盐浴电解产生CO,CO分解产生活性碳原子渗入工件表层。

2)电解渗硼

电解渗硼是在渗盐浴中进行的。工件为阴极,用耐热钢或不锈钢坩埚作阳极。这种方法设备简单,速度快,可利用便宜的渗剂。渗层的相组成和厚度可通过调整电流密度进行控制。电解渗硼常用于工模具和要求耐磨性和耐蚀性强的零件。

3)电解渗氮

电解渗氮又称为电解气相催化渗氮。电解液是含盐酸的氯化钠水溶液。石墨为阳极,工件为阴极。这种方法设备简单、成本低廉、操作方便、催渗效果好,并具备大规模渗氮的生产条件。

7.3.10 真空化学热处理

真空化学热处理是在真空条件下加热工件,渗入金属或非金属元素,从而改变材料表面化学成分、组织结构和性能的热处理方法。

1) 真空化学热处理的物理和化学过程

真空化学热处理由三个基本的物理和化学过程所组成。

(1) 活性介质在真空加热条件下,可防止氧化,分解、蒸发形成的活性分子活性更强、数量更多。

(2) 真空中,材料表面光亮无氧化,有利于活性原子的吸收。

(3) 在真空条件下,由于表面吸收的活性原子的浓度高,与内层形成更大的浓度差,有利于表层原子向内部扩散。

2) 真空化学热处理的优缺点

真空化学热处理可用于渗碳、氮、硼等各种非金属和金属元素,优点:工件不氧化、不脱碳、表面光亮、变形小、质量好;渗入速度快,生产率高,节省能源;环境污染少,劳动条件好。缺点是设备费用大,操作技术要求高。

7.4 等离子体表面化学热处理技术

7.4.1 等离子体表面化学热处理概述

等离子体是一种电离度超过0.1%的气体,是由离子、电子和中性粒子(原子和分子)所组成的集合体。等离子体整体呈中性,但含有相当数量的电子和离子,表现出相应的电磁学等性能,如等离子体中有带电粒子的热运动和扩散,也有电场作用下的迁移。利用粒子热运动、电子碰撞、电磁波能量以及高能粒子等方法可获得等离子体,低温产生等离子体的主要方法是利用气体放电。

离子轰击阴极表面时将发生一系列物理、化学现象,包括中性原子或分子从阴极表面分离出来的阴极溅射现象(也可看作蒸发过程)、阴极溅射出来的粒子与靠近阴极表面等离子体中活性原子结合的产物吸附在阴极表面的凝附现象、阴极二次电子的发射现象,以及局部区域原子扩散和离子注入等现象。等离子体相关内容已在第6章中有所涉及,除可用于气相沉积薄膜外,还广泛应用于金属的表面化学热处理。

与一般的气体渗相比,离子渗的优点包括:

① 由于离子的轰击和活化作用,工作温度显著降低,渗入速度大大加快,生产效率大幅提高;

② 离子渗过程在真空下进行,且工作温度低,因此可节约能源,减少渗入元素介质的消耗量;

③ 对不需要渗入的部分可屏蔽起来,实现局部渗入;

④ 离子击有净化表面作用,能去除工件表面的钝化膜,可使不锈钢、耐热钢工件直接进行扩渗处理;

⑤ 设备自动化程度高,通过调整工艺参数控制渗层厚度和组织;

⑥ 工作环境清洁,污染物、有毒物质排放少。

离子渗的缺点是设备投资高,操作要求严格等。

7.4.2 离子渗氮

1) 离子渗氮的概述

离子渗氮,又称为辉光离子渗氮,是一种在压力低于 $1×10^5$ Pa 的渗氮气氛中,利用工件(阴极)和阳极间稀薄的含氮气体产生直流辉光放电进行渗氮的工艺。离子渗氮工艺较为成熟,已用于结构钢、不锈钢、耐热钢的渗氮,并已发展到有色金属渗氮,特别在钛合金渗氮中取得了良好效果。

图 7-10 所示为一种直流离子渗氮装置结构示意图,主要由炉体(真空容器)、直流电源、真空泵、渗氮气体调节装置等组成,工件加热一般由等离子体轰击工件加热,有些设备也附带有辅助加热设施。

离子渗氮的过程为:把金属工件作为阴极放入通有含氮介质的负压容器中,通电后介质中的氮氢原子被电离,在阴阳极之间形成等离子区(图 7-11)。在等离子区强电场作用下,氮和氢的正离子以高速向工件表面轰击。离子的高动能转变为热能,加热工件表面至所需温度。由于离子的轰击,工件表面产生原子溅射因而得到净化,同时由于吸附和扩散作用,氮遂渗入工件表面。

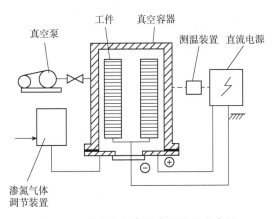

图 7-10 直流离子渗氮装置结构示意图

图 7-11 离子渗氮产生的等离子辉光

离子渗氮的工艺参数见表 7-15。

离子渗氮的工艺参数 表 7-15

工艺参数	选择范围	备注
辉光电压	一般保温阶段保持在 500~700V	与气体电离电压、炉内真空度以及工件与阳极间距离有关
电流密度	0.5~15mA/cm²	电流密度大,加热速度快。但电流密度过大,辉光不稳定,易打弧
炉内真空度	133.322~1333.22Pa,常用 266~533Pa(辉光层厚度为 5~0.5mm)	当炉内压力低于 133.322Pa 时达不到加热目的;当炉内压力高于 1333.22Pa 时,辉光将受到破坏而产生打弧现象,造成工件局部烧熔
渗氮气体	液氨挥发气,热分解氨或氮、氢混合气	液氨使用简单,但渗层脆性大;体积比为 1:3 的氮、氢混合气可改善渗层性能;调整氮、氢混合气氮势,可控制渗层相组成

续上表

工艺参数	选择范围	备注
渗氮温度	通常为450~650℃	一般不含铝的钢采用500~550℃的一段渗氮工艺;含铝的钢采用二段渗氮法。第一阶段(一段)渗氮温度520~530℃,第二阶段(二段)渗氮温度560~580℃
渗氮时间	渗氮层深度为0.2~0.6mm时,渗氮时间一般为8~30h	渗层深度可用公式计算$\delta = k\sqrt{D\tau}$。式中,δ为渗层深度;k为常数;D为扩散系数;τ为渗氮时间

随着对离子氮化技术研究的深入,又出现了一些新型离子镀设备,例如。活性屏离子渗氮技术的出现解决了传统直流离子渗氮技术工件打弧、空心阴极效应、温度测量困难、大小工件不能混装和对操作人员要求高等一些技术难题,而且可以获得和直流离子渗氮一样好的渗氮效果。活性屏离子渗氮是将直流负高压接在铁制的笼子上,被处理工件罩在笼子中间,处于电悬浮状态或接负偏压,在离子的轰击作用下,笼子被加热,同时溅射下来一些纳米颗粒沉积在工件的表面进行渗氮。因此,在活性屏离子渗氮过程中,笼子同时起到加热工件和提供渗氮载体的两个作用。

我国也基于活性屏技术开发了新型离子渗氮设备,例如丰东热处理有限公司开发的大型双控温式活性屏离子渗氮设备,在工业应用中取得了良好效果[图7-12a)]。该设备用靠近活性屏的热电偶测量并控制活性屏的温度,用与工件接触的热电偶测量并控制工件的温度[图7-12b)],实现炉内空间温度和工件温度互补、互制的控制模式,进一步提高炉内空间的温度均匀性。

a)双控温式活性屏离子渗氮设备

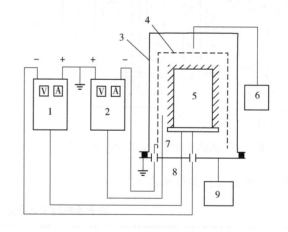
b)双测温控温系统示意图

图7-12 新型离子渗氮设备及双测温控温系统
1-偏压电源;2-主电源;3-炉体;4-活性屏;5-工件;6-供气系统;7-活性屏热电偶;8-工件热电偶;9-真空系统

2) 离子渗氮理论

(1)溅射和沉积理论。这一理论由J.Kolbel于1965年提出的。如图7-13所示,J.Kolbel认为,离子渗氮时渗氮层是通过反应阴极溅射形成的。在真空炉内,稀薄气体在阴极、阳极间的直流高压下形成等离子体,N^+、H^+、NH_3^+等正离子轰击阴极工件表面,轰击的能量可加热阴极,使工件产生二次电子发射,同时产生阴极溅射,从工件上打出C、N、O、Fe等。Fe能与阴极附近的活性氮原子形成 FeN,由于背散射又沉积到阴极表面,FeN 分解,分解过程为 FeN→Fe$_2$N→Fe$_3$N→Fe$_4$N,分解出的氮原子大部分渗入工件表面内,一部分返回等离子区。

(2)氮氢分子离子化理论。M. Hudis 在 1973 年提出了分子离子化理论。他对 40CrNiMo 钢进行离子渗氮研究得出,溅射虽然明显,但不是离子渗氮的主要控制因素。他认为对渗氮起决定作用的是氮氢分子离子化的结果,并认为氮离子也可以渗氮,只不过渗层不那么硬,深度较浅。

(3)中性原子轰击理论。1974 年,Gary.G. Tibbetts 在 N$_2$-H$_2$ 混合气中对纯铁和 20 钢进行渗氮,他在距离试样 1.5mm 处加一网状栅极,其间加 200V 反偏压进行试验,得出对离子渗氮起作用的实质上是中性原子,NH$_3$ 分子离子化的作用是次要的。但他未指出活性的中性氮原子是如何产生的。

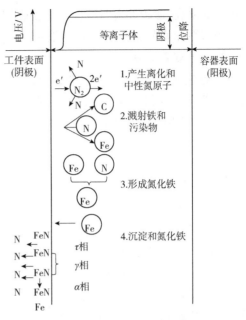

图 7-13 离子渗氮原理示意图

(4)碰撞离析理论。我国科学家认为,在 NH$_3$、N$_2$-H$_2$ 或纯 N$_2$ 中,只要满足离子能量条件,就可以通过碰撞裂解产生大量活性氮原子进行渗氮。

显然,上述四种理论都有一定的实验和理论分析基础,氮从气相转移到工件表层可能并不限于一种模式,哪种模式起主要作用可能与辉光放电的具体条件,如气体种类、成分、压力、电压等有关。

7.4.3 离子渗碳、离子碳氮共渗

离子渗碳及离子碳氮共渗,和离子渗氮相似,是在压力低于 1×10^5Pa 的渗碳或碳氮混合气氛中,利用工件(阴极)和阳极间产生辉光放电进行渗碳或同时渗碳氮的工艺。

1)离子渗碳

离子渗碳是渗碳领域较先进的工艺,是快速、优质、低能耗及无污染的工艺。离子渗碳原理与离子渗氮相似,工件渗碳所需活性碳原子或离子可以从热分解反应或通过工作气体电离获得。以渗碳气丙烷为例,等离子体渗碳反应如下:

$$C_3H_8 \xrightarrow[900\sim1000℃]{辉光放电} [C]+C_2H_6+H_2 \tag{7-14}$$

$$C_2H_8 \xrightarrow[900\sim1000℃]{辉光放电} [C]+CH_4+H_2 \tag{7-15}$$

$$CH_4 \xrightarrow[900\sim1000℃]{辉光放电} [C]+2H_2 \tag{7-16}$$

式中:[C]——活性碳原子和离子。

离子渗碳具有高浓度渗碳、深渗层渗碳以及对于烧结件和不锈钢等难渗碳件进行渗碳的能力。离子渗碳特点包括:渗碳速度快,渗层碳浓度和深度容易控制,渗层致密性好;渗剂

的渗碳效率高,渗碳件表面不会产生脱碳层,无晶界氧化,表面清洁光亮,畸变小;处理后工件的耐磨性和疲劳强度比常规渗碳件高。

2) 离子碳氮共渗

其基本原理与离子渗碳相似,只是通入气体中含有氮原子。离子碳氮共渗速度比普通碳氮共渗快 2~4 倍。在一定设备条件下,可采用碳氮复合离子渗,即渗碳-渗氮或渗氮-渗碳交替进行,获得的渗层组织是碳化物+氮化物的共层。这种共渗工艺,不仅时间短,而且性能好。

7.4.4 离子渗金属

1) 离子渗金属的特点

它是将待渗金属在真空中电离成金属离子,然后在电场的加速下轰击工件表面,并渗入其中。离子渗金属这类技术具有渗速快、渗层均匀以及劳动条件好等特点,但成本较高。

2) 离子渗金属的方法

要实现离子渗金属,必须使待渗金属在真空中电离成金属离子,目前主要有气相电离、溅射电离和弧光电离等方法,因而相应有下列几种离子渗金属方法:

(1) 气相辉光离子渗金属法。向真空室有控制地适量通入待渗元素的氯化物蒸发气体,如离子渗钛时通入 $TiCl_4$,离子渗硼时通入 BCl_3,离子渗铝时通入 $AlCl_3$,离子渗硅时通入 $SiCl_4$ 蒸气,通过调节蒸发器的温度和蒸发面积,控制输入真空室的流量。同时,按一定比例向真空室通入工作气体(氢或氢与氩的混合气体)。以工件为阴极,炉壁为阳极,在阴极与阳极之间施加直流电压,形成稳定的辉光放电及产生待渗金属的离子。这些金属离子在电场的加速下轰击工件表面,并且在高温下向工件内部扩散而形成辉光离子渗金属层。例如离子渗铝,将 $AlCl_3$ 热分解成气体后输入真空室,在高压电场的作用下,电离成铝离子和氯离子:

$$AlCl_3 \longrightarrow Al^{3+} + 3Cl^- \tag{7-17}$$

然后在电场的作用下,铝离子轰击工件表面而获得电子,成为活性铝原子:

$$Al^{3+} + 3e \longrightarrow [Al] \tag{7-18}$$

而氯离子在阳极失去电子,还原成氯气,排出真空室。这项技术的优点是只需配备热分解制气的装置,就可以利用常规离子渗氮炉进行离子渗金属,但是氯气会引起设备的腐蚀和对大气的污染。

(2) 双层辉光离子渗金属法。它是在离子扩渗炉的阴极与阳极之间插入一个用待渗元素金属丝制成的栅极,栅极与阴极的电压差为 80~200V,相对阳极而言,它也是一个阴极。离子渗金属时,在阴极和栅极附近同时出现辉光,故取名为双层辉光。氩离子轰击工件表面,使其温度升高到 1000℃ 左右,同时氩离子轰击栅极,使待渗金属原子溅射出来,并且电离成金属离子,在电场加速下轰击工件表面,经吸附和扩散进入工件而形成渗金属层。用这项技术可实现金属单元渗和多元渗,渗层厚度可达数百微米。如果待渗金属为高熔点金属,如 W、Mo、Cr、V、Ti 等,可将它们制成栅极,并且利用它们自身电阻进行加热,即栅极在辉光放电加热和自身电阻加热的双重作用下升温到白炽化程度,显著促进待渗金属的汽化和电离,从而加大渗金属速度。

（3）多弧离子渗金属法。它是在多弧离子镀（阴极电弧离子镀）的基础上发展而成的。将待渗金属或合金做成阴极靶，引弧点燃后，待渗金属迅速在弧斑处汽化和电离，所形成的金属离子流在偏压作用下轰击工件表面使其加热到高温，经吸收和扩散而形成渗金属层。这项技术具有放电电压低（20~70V）、电流密度大（>100A/cm^2）的特点，因而渗金属的效率较高。例如，08钢在1050℃进行20min多弧离子渗铝，可获得深度为7μm的渗铝层；在1050℃进行13min离子渗铬，可获得深度为60μm的渗铬层。目前，离子渗金属的处理温度一般高达1000~1050℃，不仅生产成本高，而且工件材料也受到很大的限制。因此，如何降低处理温度，是该技术发展的重要课题。

7.5 金属表面的高能束表面处理技术

高能束通常指激光束、电子束和离子束，即所谓的三束。高能束表面改性是指采用激光束、电子束和离子束等高密度能量源，照射或注入材料表面，使材料表层发生成分、组织及结构变化，从而改变材料的物理、化学与力学等性能的一项先进制造技术。高能束表面改性技术共同的特点是：能源的能量密度特别高，加热速度快，采用非接触式加热，热影响区小，对工件基材的性能及尺寸影响小，工艺可控性强，便于实现计算机控制，环境清洁，污染小。由于高能束具有以上独特优点，近几十年来有力地促进了表面工程技术发展，并使微电子工业取得了前所未有的进步和突破。

高能束表面改性主要包括两个方面：一是，利用激光束、电子束可获得极高的加热和冷却速度，从而可制成非晶、微晶及其他一些奇特的、热平衡相图上不存在的高度过饱和固溶体和亚稳合金，从而赋予材料表面以特殊的性能。二是，利用离子注入技术可把异类原子直接引入表面层中进行表面合金化，引入的原子种类和数量不受任何常规合金化热力学条件的限制。

高能束表面处理除在表面改性领域得到广泛应用和大量研究之外，还在气相沉积、涂层制备、表面加工、机械制造等领域具有重要应用。

7.5.1 激光表面处理技术

激光表面处理是高密度表面处理技术中的一种主要手段。在一定条件下它具有传统表面处理技术或其他高能密度表面处理技术不能或不易达到的特点，这使得激光表面处理技术在表面处理领域内占据了一定的地位。目前，国内外对激光表面处理技术进行了大量的试验研究，有的已用在生产上，有的正逐步为实际生产所采用，获得了良好技术经济效果。研究和应用已表明，激光表面处理技术已成为高能粒子束表面处理方法中主要的手段。

激光表面处理的目的是改变表面层的成分和显微结构，从而提高表面性能，以适应基体材料的需要。激光表面处理工艺包括激光相变硬化、激光熔覆、激光合金化、激光非晶化和激光冲击硬化等。激光表面处理的许多效果是与快速加热和随后的急速冷却分不开的，加热和冷却速度可达 $1\times10^6 \sim 1\times10^8$ ℃/s。激光表面处理设备包括激光器、功率计、导光聚焦系统、工作台、数控系统和软件编程系统。目前，激光表面处理技术已用于汽车、冶金、石油、机车、机床、军工、轻工、农机以及刀具、模具等领域,并正显示出越来越广泛的工业应用前景。

激光表面处理技术如图 7-14 所示。

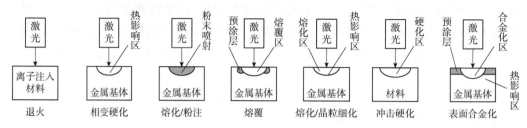

图 7-14 激光表面处理技术

1) 激光概述

某些具有亚稳态能级结构的物质受外界能量激发时,可能处于亚稳态能级的原子数目大于处于低能级的原子数目,此物质称为激活介质,处于粒子数反转状态。如果这时用能量恰好与此物质亚稳态和低能态的能量差相等的一束光照射此物质,则会产生受激辐射,输出大量频率、位相、传播和振动方向都与外来光完全一致的光,这种光称为激光。激光具有高亮度性、高单色性和高方向性三大特点。

(1) 高亮度性

所谓亮度是指光源在单位面积上某一方向的单位立体角内发射的光功率,即:

$$B = \frac{P}{S \cdot \Omega} \tag{7-19}$$

式中,B 的单位为 $W/(cm^2 \cdot Sr)$,Sr 为立体发散角球面度。太阳光的亮度约为 $2 \times 10^3 W/(cm^2 \cdot Sr)$,而输出功率仅为 1mW 的 He-Ne 激光器输出的激光,经过透镜聚焦后其亮度比太阳的亮度高 10 万倍。激光器发射出来的光束非常强,通过聚焦集中到一个极小的范围内,可以获得极高的能量密度或功率密度,聚集后的功率密度可达 $1 \times 10^{14} W/cm^2$,焦斑中心温度可达几千摄氏度到几万摄氏度,只有电子束的功率密度才能和激光相比拟。

(2) 高单色性

普通光源发出的光均包含较宽的波长范围,即谱线宽度大,如太阳就包含所有可见光波长,而激光为单一波长,谱线宽度窄,通常在数百纳米至几微米,与普通光源相比,谱线宽度窄了几个数量级,激光的单色性非常好。激光的频率范围非常窄,比过去认为单色性最好的光源,如 Kr^{86} 灯的谱线宽度还小几个数量级。

(3) 高方向性

激光束的高方向性要指其光束的发散角小。激光光束的发散角可以为 1mrad 到几个毫弧度,可以认为光束基本上是平行的。一般的平行平面型谐振腔的激光发射角 θ 由下式表示:

$$\theta = 2.44 \frac{\lambda}{d} \tag{7-20}$$

式中:d——工作物质直径;

λ——激光波长。

一般工业用高功率激光器输出光束的发散角为毫弧度(mrad),如果将激光束射向月球,则在月球表面的光斑直径不超过 2km。

设激光束在透镜焦平面上汇聚的光斑直径为 D_0,透镜焦距为 F,发射角为 θ,则有 $D_0 = F\theta$。此光斑的功率密度 $P_0 = 4P/[\pi(F\theta)^2]$。式中,$P$ 为激光器的输出功率。激光光斑越大,光斑上功率密度越小。因此,选择透镜的焦距和调节工件表面离开透镜的位置对功率密度有重要影响。

2)激光器

(1)激光器简介

激光由激光发生器产生。1960 年 T.H.梅曼等人制成了第一台红宝石激光器。1961 年 A.贾文等人制成了氦氖激光器。1962 年 R.N.霍耳等人创制了砷化镓半导体激光器。以后,激光器的种类越来越多。我国也于 1963 年研制成功了首台气体激光器。此后,国内外开始大力发展高功率 CO_2 激光器,并于 1971 年出现了第一台商用 $1kWCO_2$ 激光器。随着激光技术的不断发展,开发了各种各样的激光器,功率也不断提高。按工作介质分,激光器可分为气体激光器、固体激光器、半导体激光器和染料激光器 4 大类。近来还发展了自由电子激光器,大功率激光器通常都是脉冲式输出。

激活物质(也称为工作物质)、激活能源和谐振器三者结合在一起称为激光器。现已有几百种激光器,常用的主要有以下五种:

①固体激光器,包括晶体固体激光器(如红宝石激光器、钕-钇铝石激光器等)和玻璃激光器(如钕离子玻璃激光器)。

②气体激光器,包括中性原子气体激光器(如 He-Ne 激光器)、离子激光器(如 Ar^+ 激光器,Sn、Pb、Zn 等金属蒸气激光器)、分子气体激光器(如 CO_2、N_2、He、CO 以及它们的混合物激光器)、准分子激光器(如 Xe 激光器)。

③液体激光器,包括螯合物激光器、无机液体激光器、染料激光器。

④半导体激光器(砷化镓激光器)。

⑤化学激光器。

这些激光器发生的激光波长有几千种,最短的为 21nm,位于远紫外区;最长的为 4mm,已和微波相衔接。

(2)几种常用激光器

①固体激光器

固体激光器主要有两种:

a.红宝石激光器,为最早投入运行的激光器,至今还是最重要的激光器之一。作为激光材料通常是由 Cr_2O_3(质量分数约为 0.05%)与 Al_2O_3 的熔融混合物中用晶体生长方式获得,呈棒状,直径为 10mm 或再粗些,长几毫米到几十毫米。红宝石采用光泵浦激发方式,输出方式通常为脉冲式,激光波长为 $0.69\mu m$,脉冲 Xe 灯可以作为光泵浦灯。

b.钕-钇铝石激光器,又称为 YAG 激光器,工作物质是钇铝石榴石 $Y_3Al_5O_{12}$ 晶体中掺入质量分数为 1.5% 左右的钕而制成,其激光是近红外不可见光,保密性好,工作方式可以是连续的,也可以是脉冲式的,激光波长为 $1.06\mu m$,不易变形零件的表面处理应选用连续 YAG 激光器,否则应选用脉冲输出的激光器。固体激光器输出功率高,广泛用于工业加工方面,且可以做得小而耐用,适用于野外作业。

②CO_2气体激光器

目前工业上用来进行表面处理的激光器大多为大功率的 CO_2 气体激光器,效率高达 33%,比较实用的功率多为 2.5~5kW,还有 6~20kW 和更大功率的 CO_2 体激光器。

CO_2 气体激光器是以气体为激活媒质,发射的是中红外波段激光,波长为 10.6μm。一般是连续波(简称 CW),但也可以脉冲式工作。其特点有以下四个方面:①电-光转换功率高,理论值可达 40%,一般为 10%~20%,其他类型的激光器如红宝石的仅为 2%;②单位输出功率的投资低;③能在工业环境下长时间连续稳定地工作;④易于控制,有利于自动化。CO_2 是一种三原子气体。C 原子在中间,两个 O 原子各在一边呈直线排列。虽然分子的能态系由电子能态 E_0、振动能态 E_N 及转动能态 E_R 组成,但在发射激光的过程中,CO_2 分子的电子能态并不改变,仅振动能态起主要作用。其振动形态有:两个 O 原子均同时接近和远离 C 原子的对称振动能态,称为 100 能级;两个 O 原子同时一个接近一个远离的非对称振动能态,称为 001 能级。此外还有做弯曲振动的形态,但和发射 CO_2 激光没有关系。CO_2 气体激光器中的工作气体还有 N_2、He 等,以提高输出功率。CO_2 与 N_2、He 的体积比为 1:1.5:6。其中,CO_2 是激活媒质;He 有使整个气体冷却及促进下能级空化的作用;N_2 的作用为放电的电子首先冲击它,使它从基态激发到第一激发能级上。由于氮分子只有两个原子,故只有一个振动模。其能量为 0.29eV,和 CO_2 分子的非对称振动 001 能级(0.31eV)很接近。由于氮分子多于 CO_2 分子,就很容易使 CO_2 分子激发到 001 能级。这样,CO_2 001 能级就对对称振动 100 能级(0.19eV)形成了"粒子数反转"。当 CO_2 分子从 001 能级跃迁到 100 能级时,辐射出波长为 10.6μm 的激光。

工业用大功率 CO_2 气体激光器主要有以下两种类型:

a.直管型(纵向流动)激光器

直管型 CO_2 气体激光器的构造如图 7-15 所示。其结构主体是由石英玻璃制成的放电管,管中充入 CO_2、N_2 和 He 作为工作物质。放电管两侧放置的两块平面反射镜,称为光学谐振腔。这两块反射镜严格同轴平行,其中一个是反射率为 100% 的全反射镜,另一个是反射率为 50%~90% 的半反射镜。当两电极间加上直流高压电时,通过混合气体的辉光放电,激励 CO_2 分子产生受激辐射光子。由于谐振腔的作用,使得平行于谐振腔光轴方向的光束在两个镜面间来回反射放大,而其他方向上的光经两块反射镜有限次的反射后,总会逸向腔外而消失,所以在粒子系统中出现一个平行于光轴的强光。当光达到一定强度时,就会通过半反射镜输出激光束。激光束经过光学系统聚焦后,其光斑直径仅 0.1~1mm,功率密度高达 $1×10^4 \sim 1×10^{15} W/cm^2$。

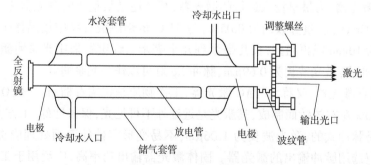

图 7-15 直管型 CO_2 气体激光器的结构示意图

b. 横流型 CO_2 气体激光器

横流型 CO_2 气体激光器的主要特点是放电方向、气体流动方向均与光轴垂直。其构造如图 7-16 所示。阴极为管型，阳极为许多小块状拼成的板形物。放电距离仅为 100～150mm，所以放电电压低，仅 1000V 左右。由于气体在放电区停留时间短，可以注入的电功率更高，因而较小的体积可获得更大的输出功率。表 7-16 列出美国、英国和日本等生产的大功率横流型 CO_2 气体激光器。我国已生产 1～5kW 以及更大功率的横流型激光器。

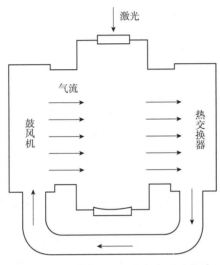

图 7-16　横流型 CO_2 气体激光器的构造

表 7-16　美国、英国和日本等生产的大功率横流型 CO_2 气体激光器

制造厂	功率(kW)	放电腔形式	光束模式
AVCO	10	三轴相互垂直型（电子束预电离式）	环形模
	15		环形模
Spectra-Physics	1.2	三轴相互垂直型	多模
	2.5		
	5.0		
Coherent	0.525	低速轴流	单模
Control Laser	0.5	高速轴流型	单模
	2.0		
三菱电机	1.0	三轴相互垂直型	多模
	3.0		
	5.0		
	10.0		
松下电器	0.5	低速轴流	准单模
	1.2		

续上表

制造厂	功率(kW)	放电腔形式	光束模式
日立制作所	2.5	高速轴流型	多模
	5.0		
东京芝浦电气	1.5(1.0)	二轴相互垂直型	准单模
	1.2		准单模
	3.0(1.5)		多模
	5.0		多模
大阪变压器厂	2.0	高速轴流型	准单型
	5.0		

输出光口是激光器向外发射激光的出口,应对激光(CO_2气体激光器来说为 $10.6\mu m$)透明。对它的要求是必须能承受大功率激光通过,对激光光能吸收少,导热好,热膨胀小,运行中不过热、不破碎。反射镜用于谐振腔的非输出光口,做全反射用。在高功率激光器中多用铜合金制成,背部可全部水冷。

③准分子激光器

准分子激光是指受到电子束激发的惰性气体和卤素气体结合的混合气体形成的分子向其基态跃迁时发射所产生的激光。之所以产生称为准分子,是因为它不是稳定的分子,是在激光混合气体受到外来能量的激发所引起的一系列物理及化学反应中曾经形成但转瞬即逝的分子,其寿命仅为几十毫微秒。准分子激光属于冷激光,无热效应,是方向性强、波长纯度高、输出功率大的脉冲激光,光子能量波长范围为 157～353nm,寿命为几十毫微秒,属于紫外光。

准分子激光器的单光子能量高达 7.9eV,比大部分分子的化学键能高,因此能深入材料表面内部进行加工。CO_2激光和 YAG 激光的红外能量是通过热传递方式耦合进入材料内部的,而准分子激光不同。准分子的短波长易于聚焦,有良好的空间分辨率,可使材料表面的化学键发生变化,而且大多数材料对它的吸收率特别高,所以可用于半导体工业、金属、陶瓷、玻璃和天然钻石的高清晰度无损标记、光刻等精密冷加工。在表面重熔、固态相变、合金化、熔覆、化学气相沉积等表面处理方面也有应用。

④激光表面处理的外围装置

利用激光对材料表面进行处理,还必须附设一些外围装置,用于表面处理过程中的激光校准、聚焦、自动化控制、冷却、防护等。

a.光学装置

光学装置包括转折反射镜、聚焦镜和光学系统。

激光器输出的激光大多是水平的。为了将激光传输到工作台上,至少需要一个平面反射镜使它转折90°,有时则需要数个能达到目的。一般都使用铜合金镀金的反射镜。短时间使用时可以不必水冷,但长时间工作必须强制水冷。

聚焦镜的作用是将激光器的光束(一般直径数十毫米)集聚成直径为数毫米的光斑,以提高功率密度。聚焦镜可分为透射型和反射型两种。透射型透射镜的材料目前多为 ZnSe

和 GaAs，形状为平凸形或新月形，双面镀增透膜。GaAs 可承受 2kV 左右的功率，只能透过 0.6μm 的激光。而 ZnSe 可受 5kV 左右的功率，除能透过 10.6μm 的激光外，还能透过可见光，所以附加的 He-Ne 激光（红色）对准光路较方便，焦距多为 50~500mm。短焦距多用于小功率及切割、焊接，中长焦距则用于焊接及表面强化。反射型聚焦镜简单地用铜合金镀金凹面镜即可，焦距多为 1000~2000mm，光斑较大，可用于激光表面强化。它常与转折平面反射镜组合使用。为节约安装空间，也有使用反射望远镜的，如图 7-17 所示。

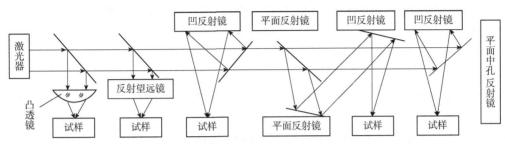

图 7-17 转折反射镜与聚焦镜的几种组合使用示意图

为充分发挥激光束的效用，必须采用光学系统，如振动学系统、集成光学系统、转镜光学系统等。

b.机械装置

机械装置有三种类型：光束不动（包括焦点位置不动），零件按要求移动的机械系统；零件不动，光束按要求移动（包括焦点位置移动）的机械系统；光束和零件同时按要求移动的机械系统。

c.辅助装置

它包括的范围很广，有遮蔽连续激光工作间断式的遮光装置、防止激光造成人身伤害屏蔽装置、喷气和排气装置、冷却水加温装置、激光功率和模式的监控装置以及激光对准装置等。

3）激光与材料的相互作用

激光与材料的相互作用主要是通过电子激发实现的。只有一部分激光被材料所吸收而转化为热能，另一部分激光则从材料的表面反射。不同材料对不同波长激光的反射率是不同的。一般情况下，电导率高的金属材是不同的。一般情况下，电导率高的金属材料对激光的反射率也高，表面粗糙度值小反射率也高。

实际上，激光束向金属表面层的热传递，也就是金属吸收激光能量的方式是通过逆韧辐射效应实现的。金属表层和其所吸收的激光进行光-热转换。当光子和金属的自由电子相碰撞时，金属导带电子的能级提高，并将其吸收的能量转化为晶格的热振荡。由于光子能穿过金属的能力极低（仅为 10^{-4}mm 的数量级），故仅能使其最表面的一薄层温度升高。由于导带电子的平均自由时间只有 1×10^{-3}s 左右，因此这种热交换和热平衡的建立是非常迅速的。从理论上分析，在激光加热过程中，金属表面极薄层的温度可在微秒（10^{-6}s）级，甚至纳秒（10^{-9}s）级或皮秒（10^{-12}s）级内就能达到相变或熔化温度。这样，形成热层的时间远小于激光实际辐照的时间，其厚度明显远低于硬化层的深度。

材料的反射系数和所吸收的光能取决于激光辐射的波长。激光波长越短，金属的反射系数越小,所吸收的光能也就越多。由于大多数金属表面对波长为 10.6μm 的 CO_2 激光的反射率高达 90% 以上,严重影响了激光处理的效率,而且金属表面状态对反射率极为敏感,如表面粗糙度、涂层、杂质等都会极大改变金属表面对激光的反射率。而反射率变化 1%,吸收能量密度将会变化 10%,因此在激光处理前,必须对工件表面进行涂层或其他预处理。常用的预处理方法有磷化、黑化和熔覆红外能量吸收材料(如胶体石墨、含炭黑和硅酸钠或硅酸钾的涂料等)。磷化处理后对 CO_2 激光吸收率约为 88%,但预处理工序烦琐,不易清除。黑化方法简单,黑化溶液(如胶体石墨和含炭黑的涂料)可直接刷涂或喷涂到工件表面,激光吸收率高达 90% 以上。

4)激光表面处理技术及应用

(1)激光表面淬火

激光表面淬火,又称为激光相变硬化,是将激光束照射到工件表面,使工件表面迅速升温到钢的临界点以上,然后停止或移开激光束。热量从工件表面向基体内部快速传导,表面得以急剧冷却(冷却速度可达 $1×10^4$ ℃/s,甚至可达 $1×10^{10}$ ℃/s),实现自冷淬火。

激光淬火有如下优点:

①表面硬化层硬度高,耐磨性好;

②工件变形极小,特别适合于长件、薄件及精细零件的表面强化;

③运用适当的光学装置,可对其他方法难以处理的工件局部表面如沟槽、孔腔的侧面等进行表面处理;

④可仅对工件的关键部位做局部处理,大大节约能源;

⑤实行自冷淬火,无需淬火液,无公害,劳动条件好。

激光淬火工艺参数主要与激光功率 P、激光扫描速度 v 和作用在材料表面上光斑尺寸 D 有关。激光硬化层深度 H 与以上三个主要参数有以下关系:

$$H = \frac{P}{D \times v} \tag{7-21}$$

因此,激光淬火深度正比于激光功率,反比于光斑尺寸和激光扫描速度,三者可以相互补偿,经过适当的选择和调整可获得相近的硬化效果。在制定激光淬火工艺时,必须先确定以上参数。

激光淬火可以在工件表面获得硬化深度达 0.1~2.0mm,对工件表面无破坏、工件变形量小,同常规热处理技术相比,硬度可提高 3~5HRC,耐磨性可提高 2 倍以上,使用寿命可提高 3~8 倍。因此,激光淬火技术正广泛应用于模具、机械制造、石油、化工与轻工等行业,并取得了较大的经济效益和社会效益。其中,典型的工件有齿轮、瓦楞辊、油管螺纹、发动机缸套、轴承圈、汽车模具、锯片、导轨以及炮管内壁等军工产品。

(2)激光表面合金化

它是一种既改变表层的物理状态,又改变其化学成分的激光表面处理技术。方法是用镀膜或喷涂等技术把所需合金元素熔覆在金属表面(预先或与激光照射同时进行),这样激光照射时使熔覆层合金元素和基体表面薄层熔化、混合,而形成物理状态、组织结构和化学成分不同的新表层,从而提高表层的耐磨性、耐蚀性和高温抗氧化性等。

通常按合金元素的加入方式将其分为三大类,即预置式激光合金化、同步送粉式激光合金化和气体式激光合金化。

①预置式激光合金化就是把要添加的合金元素预先置于基材表面,当激光扫描时预置层和基材表面发生熔化共熔,激光扫描过后快速冷却并凝固形成合金化层。预置合金元素的方法主要有热喷涂法、化学黏结法、电镀法、溅射法、注入法等。

②同步送粉式激光合金化是采用送粉装置将添加的合金粉末直接送入基材表面的激光熔池内,使添加的合金元素和激光熔化同步完成。其原理如图 7-18 所示。

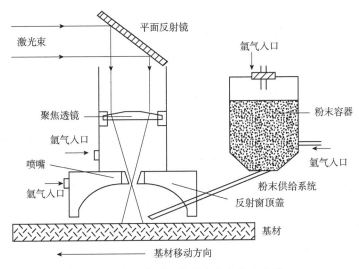

图 7-18　同步送粉式激光合金化示意图

③气体式激光合金化通常是在基材表面熔化条件下进行,但有时也可在基材表面仅被加热到一定温度而不使其熔化条件下进行。它的基本原理是将基材置于适当的气氛中,使激光辐射的部位从气氛中吸收碳、氮等并与之反应,实现表面合金化。

激光表面合金化可提高碳钢、铸铁的耐磨性和耐蚀性,也能使非相变硬化材料(如 Al、Cu、Ni 等)表面得到强化。20 钢基体用 Ni-Cr-B-Si-Mo 合金粉末进行激光合金化处理后,表面硬度可达 1600HV,既保持了工件的高韧性,又提高了耐磨性。钢或铸铁制造的排气阀座用 Ni 基或 Co 基合金粉末进行激光合金化,可耐燃气腐蚀下的磨损。

美国通用汽车公司在汽车发动机的铝汽缸组的活门座上熔化一层耐磨材料,选用激光表面合金化工艺获得性能理想、成本较低的活门座零件。在 Ti 基体表面先沉积 15nm 的 Pb 膜,再进行激光处理,形成几百纳米深的 Pb、摩尔分数为 4% 的表面合金层,该合金层具有较高的耐蚀性能。由 Cr-Cu 相图可知,用一般冶金方法不可能产生出 Cr 的摩尔分数大于 1% 的单相 Cu 合金,但用激光表面合金化工艺可获得铬的平均摩尔分数为 8% 的深约 240nm 的表面合金层,在电化学试验时表面出现薄的氧化铬膜,保护 Cu 合金不发生阳极溶解,耐蚀性显著提高。

(3) 激光表面熔覆

激光表面熔覆是通过激光加热,将预先施加在材料表面的涂层(常用喷涂方法获得)或使用同步送粉法输送的粉末与基体表面一起熔化,之后迅速凝固得到成分与预置涂层或输送粉末基本一致的熔覆层的技术。激光表面熔覆与激光表面合金化的不同在于,激光表面合金化是使添加的合金元素和基材表面全部混合,得到新的合金层,而激光表面熔覆是预覆层全部熔化而基体表面微熔,预覆合金层的成分基本不变,只是与基材结合处受到稀释。激光表面熔覆层也可通过激光加热熔化预置涂层基材形成浅熔池,同时送入合金粉末一起熔化迅速凝固的方法获得。

该工艺主要用于激光熔覆陶瓷层和有色金属激光熔覆。虽然热喷涂技术在以上涂层的制备中得到大量研究,但由于热喷涂技术获得的涂层含有过多的气孔、熔渣夹杂和微观裂纹,而且涂层结合强度低、易脱落,容易导致高温时由于内部硫化、剥落、机械应变降低、坑蚀、渗盐和渗氧,而使涂层早期变质和破坏。使用激光进行陶瓷熔覆,可避免产生上述缺陷,提高涂层质量,延长使用寿命。

激光表面熔覆可以从根本上改善工件的表面性能,很少受基体材料的限制。这对于表面耐磨性、耐蚀性和抗疲劳性都很差的铝合金来说意义尤为重要。但是,有色金属特别是铝合金表面实现激光熔覆比钢铁材料困难得多。铝合金与熔覆材料的熔点相差很大,而且铝合金表面存在高熔点、高表面张力、高致密度的 Al_2O_3 氧化膜,所以涂层易脱落、开裂、产生气孔或与铝合金混合生成新合金,难以获得合格的涂层。研究表明,避免涂层开裂的简单方法是工件预热。一般铝合金预热温度为 300~500℃;钛合金预热温度为 400~700℃。西安交通大学等对 ZL101 铝合金发动机缸体内壁进行激光熔覆硅粉和 MoS_2,获得 0.1~0.2mm 的硬化层,其硬度可达基体的 3.5 倍。

(4) 激光表面非晶态处理

激光表面非晶态处理,又称为激光上釉,是利用激光将金属表面加热至熔融状态后,以大于一定临界冷却速度激冷至低于某一特征温度,以防止晶体成核和生长,从而获得非晶态结构(也称为金属玻璃)。与急冷法制取的非晶态合金相比,激光法制取非晶态合金的优点是:冷却速度高,达到 $1\times10^{12}\sim1\times10^{13}$K/s,而急冷法的冷却速度只能达到 $1\times10^{6}\sim1\times10^{7}$K/s,激光非晶态处理可减少表层分偏析,消除表层的缺陷和可能存在的裂纹。非晶态金属具有高的力学性能,在保持良好韧性的情况下具有高的屈服强度和非常好的耐蚀性、耐磨性,以及特别优异的磁性和电学性能,受到材料界的广泛关注。

纺纱机钢令跑道表面硬度低,易生锈,造成钢令使用寿命短,纺纱断头率高。用激光非晶化处理后,钢令跑道表面的硬度提高到 1000HV 以上,耐磨性提高 1~3 倍,纺纱断头率下降 75%,经济效益显著。汽车凸轮轴和柴油机铸钢套外壁经激光表面非晶态处理后,强度和耐蚀性均明显提高。激光表面非晶态处理对消除奥氏体不锈钢焊缝的晶界腐蚀也有明显效果,还可用来改善变形镍基合金的疲劳性能等。

(5) 激光气相沉积

利用激光可进行蒸发镀膜等物理气相沉积技术和诱导化学气相沉积技术,相关内容详见第 6 章内容。

7.5.2 电子束表面处理技术

1) 电子束表面处理概述

电子束表面改性技术是利用空间高速定向运动的电子束,在撞击工件后将部分动能转化为热能,对工件进行表面处理的技术。电子束与激光束一样都属于高能量密度的热源,所不同的是射束的性质,激光束由光子所组成,而电子束则由高能电子流组成。

当电子枪发射出的高速电子轰击金属表面时电子能深入金属表面一定深度,与基体金属的原子核及电子发生相互作用。电子与原子核的碰撞可看作为弹性碰撞,所以能量传递主要是通过电子与金属表层电子的非弹性碰撞而完成的。所传递的能量立即以热能形式传给金属表层电子,从而使金属被轰击区域在几分之一微秒内升高到几千摄氏度,在如此短的时间内热量来不及扩散,就可使局部材料瞬时熔化和气化。当电子束远离加热区时,所吸收的热量由于加热材料的热传导而快速向冷态基体扩散,冷却速度也可达到 $1\times10^6 \sim 1\times10^8$ ℃/s。因此电子表面改性与光束一样,具有快热和快冷的特点。两者不同处是电子束加热时,其入射电子束的动能大约有75%可以直接转化为热能。而激光束加热时,其入射光子束的能量大约仅有1%~8%可被金属表面直接吸收而转化为热能,其余部分基本上被完全反射掉了。而且电子束功率可比激光大一个数量级,目前,电子束加速电压可达125kV,输出功率达150kW,能量密度达 $1\times10^3 MW/m^2$,这是激光器无法比的,因此电子束加热的深度和尺寸比激光大。

2)电子束表面处理主要特点

(1)加热和冷却速度快。将金属材料表面由室温加热至奥氏体化温度或熔化温度仅几分之一秒到千分之一秒,其冷却速度可达 $1\times10^6 \sim 1\times10^8$ ℃/s。

(2)与激光相比使用成本低。电子束处理设备一次性投资比激光少(约为激光的1/3),每瓦约8美元,而大功率激光器每瓦约30美元;电子束实际使用成本也只有激光处理的一半。

(3)结构简单。电子束靠磁偏转动、扫描,而不需要工件转动、移动和光传输机构。

(4)电子束与金属表面耦合性好。电子束所射表面的角度除3°~4°特小角度外,电子束与表面的耦合不受反射的影响,能量利用率远高于激光。因此,电子束处理工件前,工件表面不需加吸收涂层。

(5)电子束是在真空中工作的,以保证在处理中工件表面不被氧化,但带来许多不便。

(6)电子束能量的控制比激光束方便,通过灯丝电流和加速电压很容易实施准确控制,根据工艺要求,很早就开发了计算机控制电子束处理系统(图7-19)。

(7)电子束辐照与激光辐照的主要区别在于产生最高温度的位置和最小熔化层的厚度不同。电子束加热时熔化层至少几个微米厚,这会影响冷却阶段固-液相界面的推进速度。电子束加热时能量沉积范围较宽,而且约有一半电子作用区几乎同时熔化。电子束加

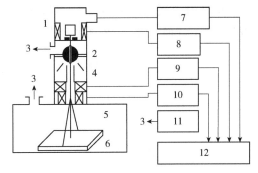

图7-19 计算机控制电子束处理系统示意图
1-电子枪;2-真空阀;3-真空泵系统;4-光学观察系统;5-工作室;6-工件;7-高压电源;8-调节线圈;9-磁透镜;10-偏转线圈;11-真空泵系统控制单元;12-操作面板

热的液相温度低于激光,因而温度梯度较小,激光加热温度梯度高且能保持较长时间。

(8)电子束表面激发X射线,使用过程中应注意防护。

3) 电子束表面处理技术及应用

电子束表面改性方法与激光束一样,也可用于表面淬火、表面合金化、表面非晶化、熔覆等,只是所用的热源不同,这里不再赘述。

7.5.3 离子束表面处理技术

1) 离子注入技术概述

离子注入是在室温或较低温度及真空条件下,将所需物质的离子在电场中加速后高速轰击工件表面,使离子注入工件一定深度的表面改性技术。其中离子的来源有两种:①由离子枪发射一定浓度的离子束流来提供,这样的离子注入可称为离子束注入技术;②由工件表面周围的等离子体来提供,采用等离子体的离子注入技术与此有关。本小节所介绍的离子注入表面改性技术主要是离子束注入技术。

在离子轰击材料表面所引起的各种效应中,溅射镀膜和离子镀利用的是低能离子的溅射和清洗、混合、增强扩散等效应,而离子注入则利用的是高能离子的注入等效应。离子注入自20世纪60年代被应用于半导体材料的掺杂后,极大促进了微电子技术的发展;此后,离子注入在表面非晶化、表面冶金、表面改性以及离子与材料表面相互作用等方面取得了大量研究成果。用离子注入方法可在金属表面获得高度过饱和固溶体、亚稳定相、非晶态和平衡合金等不同组织结构形式,以及难以用通常方法获得的新相及化合物。

金属蒸发真空弧离子源和其他金属离子源的问世为离子束材料改性提供了强金属离子源。离子注入与各种沉积技术、扩渗技术结合形成复合表面处理新工艺,如离子束增强沉积、等离子体源离子注入以及等离子体源离子注入-离子束混合等,为离子注入技术开拓了更广阔的前景。

离子注入装置一般由离子源(图7-20)、质量分析器(分选装置)、加速聚焦系统、离子束扫描系统、试样室(靶室)和排气系统等组成。离子注入基本过程:首先从离子发生器产生离子束,离子束经几万伏电压加速器加速引出,进入质量分析器,将一定的质量/电荷比的离子选出,对离子束进行聚焦、偏转后,通过扫描机构扫描轰击工件表面。离子进入工件表面后,与工件内原子和电子发生一系列碰撞。这一系列碰撞是能量传递的主要过程,主要包括三个独立的过程:

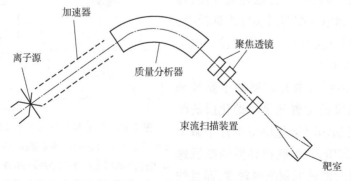

图7-20 离子注入装置(局部)

(1)核碰撞。入射离子与工件原子核发生弹性碰撞,碰撞结果使固体中产生离子大角度散射和晶体中产生辐射损伤等。

(2) 电子碰撞。入射离子与工件内电子发生非弹性碰撞,其结果可能引起离子激发原子中的电子或使原子获得电子,发生电离或 X 射线发射等。

(3) 离子与工件内原子做电荷交换。

离子的动能几乎全部转化为被轰击材料的热能,可能引起材料的结构损伤、结构相变、局部熔化、气化等现象,这些现象在表面改性中的应用具有重要意义。无论哪种碰撞都会损失离子自身的能量,离子经多次碰撞后能量耗尽而停止运动,作为一种杂质原子留在固体中。离子进入工件后所经过的路线称为射程。入射离子的能量、离子和工件的种类、晶体取向、温度等因素都影响射程及其分布。离子的射程通常决定离子注入层的深度,而射程分布决定着浓度分布。研究表明,离子注入元素的分布,根据不同的情况有高斯分布、埃奇沃思分布、皮尔逊分布和泊松分布。具有相同初始能量的离子在工件内的投影程(即射程在离子入射方向上的投影)符合高斯函数分布(图 7-21),注入元素在深度为 x 处的浓度 $N(x)$ 可描述为:

$$N(x) = N_{max} e^{-\frac{1}{2}x^2} \tag{7-22}$$

式中,N_{max}——峰值浓度;

$x = (X - R_P)/\Delta R_P$,如图 7-22 所示,入射离子射程 (R) 为一个入射离子从固体表面到其停留点的路程。射程在入射方向的投影长度称为投影射程 (R_P)。射程在垂直于入射方向的平面内的透射长度,称为射程的横向分量,用 R_L 表示。实际上关心的是其投影射程 R_P,它可以直接测量。

对于大量入射离子而言,R_P 为 N_{max} 的投影射统计均值,ΔR_P 为标准偏差,表征入射离子的投影射程的分散特性。R_P 和 ΔR_P 决定了高斯曲线的位置和形状(即图 7-22 中曲线)。高斯分布曲线是围绕 R_P 对称分布的,注入元素浓度在 R_P 两侧对称减少。

平均投影射程的最大峰值浓度 N_{max} 与入射离子的注入剂量 D 成正比,可由下式求解:

$$N_{max} = \frac{D}{\Delta R_P \sqrt{2\pi}} \approx 0.4 \frac{D}{\Delta R_P} \tag{7-23}$$

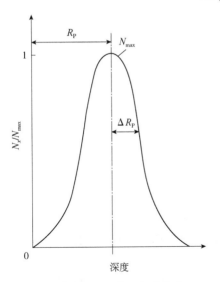

图 7-21 注入元素沿深度分布

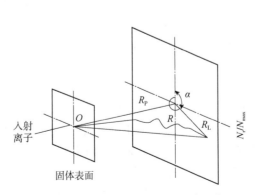

图 7-22 离子注入后离子在固体中的射程

实际上,在注入剂量较低时,上述注入元素沿深度的高斯分布与实际情况比较相符。但在高注入计量情况下,造成表面晶体结构损伤加剧,高注入剂量会使浓度分布变为不对称,随着注入剂量的增高,浓度的峰值移向表面。离子注入的能量一般常为 20~400keV,注入层的深度一般为 0.01~1μm。

2) 离子注入表面改性机理及主要特点

(1) 离子注入金属材料表面改性的机理

离子注入技术可以向金属表面注入各种离子,显著改善各种表面性能,如摩擦因数、耐磨性、疲劳强度、硬度、塑性、导电性、耐蚀性、抗氧化性等。对于表面强化应用而言,其基本改性机理有辐照损伤强化、固溶强化、弥散强化、产生残余压应力等。

① 辐照损伤强化

高能离子注入工件表面后,所产生的辐照损伤增加了各种缺陷的密度,改变正常晶格原子的排列,可使金属表面的原子结构从长程有序变为短程有序,甚至形成非晶态,使性能发生大幅度改变。所产生的大量空位在注入热效应作用下会集结在位错周围,对位错产生钉扎作用而把该区强化。一般而言,注入离子半径越大则晶格的畸变越明显,注入剂量增加,则缺陷浓度增高,其强化效应也随之增强。

② 固溶强化

离子注入可以获得过饱和度很大的固溶体。随着注入剂量的增大,过饱和程度也增大,其固溶强化效果越明显。

③ 弥散强化

如 N、B、C 等元素被注入金属后,它们会与金属形成 FeN、Fe_2N、CrN、TiN、TiC、BeB 等化合物,这些化合物呈星点状于基体材料中构成硬质合金的弥散相,使基体强化。

④ 产生残余压应力

离子注入可产生很高的残余压应力,有利于提高材料表层的耐磨性和抗疲劳性能。

⑤ 表面氧化膜的作用

离子注入可使温度升高、元素增加,使氧化膜增厚和改性,从而降低摩擦因数。通过改变注入离子的种类可改变氧化膜的性质,如氧化膜的致密性、塑性和导电性等。

(2) 离子注入的特点

① 注入离子浓度不受平衡相图的限制,可获得过饱和固溶体、化合物和非晶态等非平衡结构的特殊物质。原则上,周期表上的任何元素均可注入任何基体材料。

② 通过控制电参数,可以自由支配注入离子的能量和剂量,能精确地控制注入元素的数量和深度。通过扫描机构不仅可实现大面积均匀化,而且在小范围内可进行材料表面改性。

③ 离子注入是一个无热过程,一般在常温真空中进行。加工后的工件表面无形变、无氧化,可保证尺寸精度和表面粗糙度,特别适于高精密部件的表面强化。

④ 离子注入的直进性、横向扩散小,特别适合集成电路微加工的技术要求。

⑤ 离子注入层相对于基体材料无明显的界面,可获得两层或两层以上性能不同的复材料,不存在注入层脱落问题。

离子注入技术的缺点是设备昂贵,成本较高,目前还主要用于重要的精密部件。另外离子注入层较薄(<1μm),离子注绕射性差,不能用来处理具有复杂凹腔表面的零件。

3) 离子注入设备

(1) 离子注入设备的分类

①按能量大小分类,可分为低能注入机(5~50keV)、中能注入机(50~20keV)和高能注入机(0.3~5MeV)。

②按束流强度大小分类,可分为低、中束流注入机(几微安到几毫安)和强束流注入机(几毫安到几十毫安),后者适用于金属离子注入。

③按束流状态分类,可分为稳流注入机和脉冲注入机。

④按用途特点分类,可分为质量分析注入机、工业用氮注入机、气体-金属离子注入机、多组元的金属和非金属元素混合注入的离子注入机、等离子源离子注入机(主要从注入靶室中的等离子体产生离子束)等。

质量分析注入机附带质量分析器,用于对入射离子进行筛选,主要用于对离子注入元素种类、计量、深度等要求非常高的半导体集成电路的生产和研究。由于对注入离子的纯度没有很高的要求,并且为了提高束流密度、缩短注入所需时间,所以在这类注入机中往往没有质量分析器。另外,用于材料表面改性,常需要大的离子注入剂量以及各种气体和多样化的离子。

(2) 离子源的结构和种类

离子源是决定离子注入机主要用途的关键部件。它主要由两部分组成:①放电室,气体及固体蒸气或汽化成分在此处电离;②输出装置,用于将离子形成离子束,输送到聚焦和加速系统中。

金属材料表面改性用的离子源有多种类型,各有特点和主要用途,其中较为典型的有弗利曼和金属蒸发真空弧两种离子源。

① 弗利曼离子源

图7-23所示为弗利曼离子源结构。其放电室用石墨制作,并作为阳极。在阳极上开出长条形引出小孔。放电室内接近小孔处安放钨丝阴极,直径为1~2mm。放电室外有钼片做热屏蔽,以提高放电室温度。先对放电室抽真空,然后将气体或固体蒸气输入放电室进行电离,形成等离子体,经过引出小孔形成长条形离子束。这种离子源可以引出气体离子和各种固体离子,因此它是用途最广的离子源之一。由于长条形引出小孔与阴极的位置很接近,再配合强的阴极辉光电流(约100A)以及磁场方向垂直于离子输出方向的磁场作用(图7-23中的 B 方向),因而在小孔对面获得了最大等离子体密度。

除了上述的弗利曼离子源外,伯纳斯、尼尔逊等其他低压放电型离子源也经常使用。还有一种具有电子振荡的潘宁源也很有特色。其中,最有名的是希德尼斯源,可以获得密集的等离子体和较高的离化效率。

② 金属蒸发真空弧离子源

1986年,美国加州大学布朗等人发明的金属蒸发真空弧离子源能提供几十种金属离子束,并且能使大面积、高速率的金属离子注入变得较为简单易行。图7-24所示为金属蒸发真空弧离子源原理和结构。在放电室中有阴极(由注入金属制造)、阳极和触发极。离子引出系统是普通的三电极系统。金属蒸发真空弧离子源为脉冲工作方式。在每个脉冲循环加上一个脉冲触发电压,使阴极和触发极之间产生放电火花,引燃阴极与阳极之间的主弧,从而将阴极材料蒸发到放电室中,被蒸发的原子在等离子放电过程中电离成为等离子状态。等离子受磁场的约束以减少离子在室壁上的损失。当等离子体向真空中扩散时,大部分流过阳极中心孔,到达引出栅极,使离子从中被引出,形成离子束。其束流达安培级,束斑大且相当均匀,离子的纯度也相当好。1993年,我国北京师范大学低能核物理研究所也研制出这种带 MEWA 金属蒸发真空弧离子源的注入机,并且在改善金属部件的耐磨等性能上取得很大的成功。

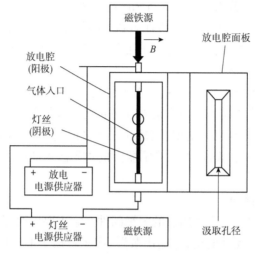

图 7-23 弗里曼离子源结构

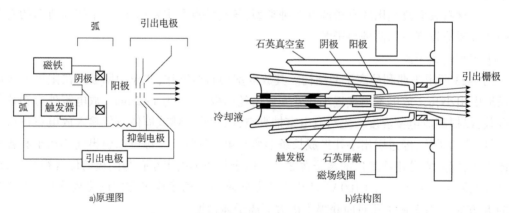

a) 原理图　　　　　　　　　　b) 结构图

图 7-24　金属蒸发真空弧离子源原理和结构

(3) 强束流离子注入机实例简介

① 工业用强束流氮离子注入机。弗利曼等人研制出的强束流离子注入机采用的是弗利曼离子源,束流强度可达 50mA。通入离子源的气体为高纯氮,引出的是高纯离子束。引出的束流由多条束构成,束流直径可达到 1m,因此也省略了偏转扫描系统。由于设备简单,所以能实现多个离子源多方位注入,而注入机的靶室可以做得很大。

② 丹物 1090 型离子注入机。丹麦丹物公司制造的丹物 1090 型离子注入机采用尼尔逊离子源,可以用气体和各种固体物质作为工作物质,引出相应的离子,束流强度可以达到 5~40mA。注入机先加速电压为 50kV,后加速电压为 200kV。有 90°的分析磁铁,分辨率为

250。用电磁铁对引出、分析和聚焦的离子束进行偏转扫描,而后进行离子注入,注入面积为 40cm×40cm,靶室体积尺寸为 0.7m×0.7m×0.7m,工件可做平移和双向转动。

③金属离子注入机。图 7-25 所示为美国 ISM 公司制造的金属蒸发真空弧离子注入机结构。在真空靶室顶端排列四个离子源,距离源 1.6m 外形成 2m×1m 的离子加工面积。每个源有六个阴极,可旋转更换。加速电压为 80kV。可引出 75mA 的束流,总束流达 300mA。每个源有六个阴极,可旋转更换。加速电压为 80kV。

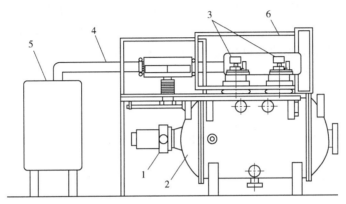

图 7-25 美国 ISM 公司制造的金属蒸发真空弧离子注入机结构
1-真空靶室;2-抽气口;3-离子源;4-高压电缆;5-高压电源;6-X 射线屏蔽罩

4) 离子注入工艺

(1) 离子注入的工艺参数

工艺参数有离子种类、离子能量、离子注入剂量、束流(靶流)、离子束流均匀性、束斑大小、基体材料、基体温度等。现将部分工艺参数说明如下:

①离子能量。它为离子源的加速电压。多数注入的能量为 30~200keV。一般情况下,离子能量越高,离子注入深度越大;注入离子和基体原子越轻,则注入深度越大。

②离子注入剂量。它是以样品表面上被撞击的离子数来计量的。在表面改性应用中,注入剂量通常为 $1×10^{15} \sim 1×10^{20}/cm^2$。

③束流。注入过程的速率取决于束流电流 $I(mA)$ 或束流密度 $j(mA/cm^2)$。设注入时间为 $t(s)$,D 为注入剂量(cm^{-2}),q 是一个离子所带的电荷$(1.6×10^{-19}C)$,注入面积为 $S(cm^2)$,则 $t=qDS/I$。I 越大,t 就越小。

(2) 离子注入的工艺

根据应用需要,离子注入工艺大致分为三类:

①普通离子注入

它是用离子束入射方式将离子直接注入工件表面,一般应用于无预镀覆材料的表面合金化,合金元素所占质量分数为 10%~20%。注入离子大致有三类:①非金属离子,如 N、P、B 等;②金属离子,如 Cr、Ta、Ag、Pb、Sn 等;③复合离子,如 Ti+C、Cr+C、Cr+Mn、Cr+P 等。普通离子注入是人们最早使用、研究最多的离子注入工艺。

②反冲离子注入

它是由惰性气体离子轰击材料表面的薄膜来完成的。薄膜用物理气相沉积或化学气相沉积等技术预镀而成。薄膜中原子在惰性气体离子的轰击下获得合适的能量,使膜层与基底之间,或者膜层与膜层之间,通过原子的碰撞而相互混合,显著提高膜层的结合力。反冲离子注入的工艺参数要恰当选择。同时,利用这个工艺还可使薄膜中的原子进入基底表面,注入水平可高达50%,但此时离子能量一般要超过150eV,束流为0.01~100mA,注入时间为0~100s/cm²。普通离子注入的能量通常不到60keV。

③离子束动态混合注入

它采用了一种离子混合方式,其混合过程既可发生在基材同时被两个或更多离子束注入期间,也可发生在镀膜过程中(详见第6章内容)。这种工艺不仅显著提高膜层与基材之间的结合力,还改善了薄膜的微观结构,因而是一种先进的工艺。

图7-26所示为几种离子注入过程。

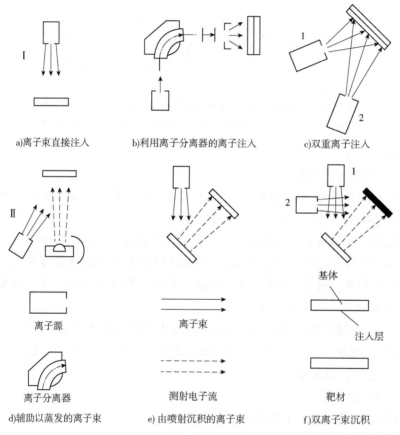

图7-26 几种离子注入过程

1-第一离子源;2-第二离子源;Ⅰ-初级或第二级离子注入;Ⅱ-离子束混合,离子束辅助用PVD方法的涂层沉积

5) 离子注入的应用

(1) 离子注入在微电子领域的应用

离子注入在微电子工业中的应用主要集中在集成电路和微电子加工上。所谓集成电路就是采用一定的工艺,把若干个二极管、三极管、电阻和电容等元器件及布线互连在一起,集成到一块半导体单晶(例如Si、Ge或GaAs等)或陶瓷等基片上,使之成为一个整体并完成某

一特定功能的电路元件。离子注入可实现对硅半导体的精细掺杂和定量掺杂,从而改变硅半导体的载流子浓度和导电类型,已成为现代大规模、超大规模集成电路制作过程中的一种重要掺杂技术。如前所述,离子注入层是极薄的,同时,离子束的直进性保证了注入离子几乎是垂直地向内掺杂,横向扩散极其微小,这样就使电路的线条更加纤细,线条间距进一步缩短,从而大幅度提高芯片的集成度和存储能力。此外,离子注入技术的高精度和高均匀性,可以大幅度提高集成电路的成品率。

(2)离子注入在表面改性中的应用

应用对象主要是金属材料,如钢、硬质合金、钛合金、铬和铝等材料。应用最广泛的金属材料是钢铁材料和钛合金。但是,用离子注入方法强化面心立方晶格材料是困难的。注入的离子有 Ni、Ti、Cr、Ta、Cd、B、N、He 等。

离子注入技术可显著地提高金属材料表面的耐磨性、耐蚀性、抗氧化性和疲劳强度等如碳钢、轴承钢、不锈钢、铝等材料注入 N^+、C^+ 离子后,耐磨性可提高几倍甚至上百倍。各类冲模和压制模一般寿命为 2000~5000 次,而经过离子注入后寿命达 50000 次以上。有的钢铁材料经离子注入后耐磨性提高 100 倍以上。用作人工关节的钛合金 Ti-6Al-4V 耐磨性差,用离子注入 N^+ 后,耐磨性提高 1000 倍,生物性能也得到改善。铝、不锈钢中注入 He^+,铜中注入 B^+、He^+、Al^+ 和 Cr^+,金属或合金耐大气腐蚀性明显提高。其机理是离子注入的金属表面上形成了注入元素的饱和层,阻止金属表面吸附其他气体,从而提高金属耐大气腐蚀性能。在低温下向工件注入氢或氖离子可提高韧脆转变温度,并改善薄膜的超导性能。在钢表面注入氮和稀土,可获得异乎寻常的高耐磨性。如在 En58B 不锈钢表面注入低剂量的 Y^+($5\times10^{15}/cm^2$)或其他稀土元素,同时又注入 $2\times10^{17}/cm^2$ 的氮离子,磨损率起初阶段减少到原来的 0.11%,5h 后磨损率为原来的 3.3%。铂离子注入钛合金涡轮叶片中,在模拟高温发动机运行条件下进行试验,结果表明疲劳寿命提高 100 倍以上。

第8章 表面加工技术

表面加工制造,尤其是表面微细加工,是表面技术的一个重要组成部分。随着经济建设的不断发展和先进产品的大量涌现,在"制造强国""中国制造2025""新基建"等国家远景布局与政策纲领的引导下,实际工程用材对表面加工制造的要求越来越高,在精细化上已从微米级、亚微米级发展到纳米级甚至亚纳米级,对材料进行表面加工制造的重要性日益凸显。

例如,微电子工业的发展在很大程度上取决于微细加工技术的发展。集成电路的制作,从晶片、掩模制备开始,经历多次氧化、光刻、腐蚀、外延、掺杂等复杂工序,以后还包括划片、引线焊接、封装、检测等一系列工序,最后得到产品。在这些繁杂的工序中,表面的微细加工起了核心作用。对于微电子工业来说,所谓的微细加工是一种加工尺度从微米到纳米量级的元器件或薄膜图形的先进制造技术。微电子工业的发展,是电子元器件从宏观单体元器件向结构尺寸达到几十纳米的、包含极大量元器件的过程,不仅使人类进入信息化的时代,而且也使微细加工技术得到迅速的发展。目前,几何尺寸达到以微米和纳米计量的微细加工又称为微纳加工,其应用领域已远超微电子技术的范围,涵盖了许多技术领域,如集成光学、微机电系统、微传感、微流体、纳米工艺、生物芯片、精密机械加工等,并有不断扩大的趋势。

本章先简略介绍一些表面加工技术,包括微细加工和非微细加工,然后分别介绍微电子工业和微机电系统的微细加工制造。

【教学目标与要求】

(1) 理解表面加工技术的基本原理与分类;
(2) 掌握不同表面加工技术的特点及其应用;
(3) 能针对不同的实际应用场景选择恰当的表面加工技术,设计相关试验。

导入案例

航空发动机叶片:超声波加工雕琢微观精密世界

航空发动机是飞机"心脏",叶片则是关键"瓣膜"。如某先进喷气式发动机叶片,在高温、高压、高速且恶劣的工况下工作。叶片采用高温合金制造,其表面微观结构优化对性能提升极为关键,需借助超声波加工技术。在车间,将叶片固定于特制高精度定位与减振平台。超声换能器把电能转成高频机械振动(20~50kHz),经变幅杆放大传至工具头(如金刚石材质)。加工时,工具头与叶片间的磨料悬浮液(含碳化硅等微小磨粒)在超声波作用下剧烈搅动并冲击叶片,这些磨粒如微型"雕刻刀",在叶片关键部位(进气边、出气边等)雕琢出微米甚至纳米级沟槽、鱼鳞状纹理等微观结构,还能形成强化层提升表面硬度与抗疲劳性。借助显微镜与高精度测量仪实时监测加工质量,观测微观结构形成并精确测量相关参数,反馈给控制系统以调整参数,确保符合设计要求。经超声波加工优化后的叶片,特殊微观纹理使气流更顺畅,减少能量损失,提高发动机推力与燃油效率,强化表面可抵御恶劣环境,延长叶片寿命,保障发动机可靠运行,让飞机翱翔蓝天。

第8章 表面加工技术

8.1 表面加工技术简介

8.1.1 超声波加工

超声波表面加工利用金属在常温状态下冷塑性的特点,运用超声波对金属零件表面进行无研磨剂的研磨、强化和微小形变处理,使金属零件表面达到更理想的表面粗糙度要求,也可以形象地说是利用超声波将零件的表面熨平;同时在零件表面产生压应力,提高零件表面的显微硬度、耐磨性及耐腐蚀性,延长疲劳寿命。超声波通常指频率高于16kHz以上,即高于人工听觉频率上限的一种振动波。超声波的上限频率范围主要取决于发生器,实际使用的在5000MHz以内。超声波与声波一样,可以在气体、液体和固体介质中传播,但由于频率高、波长短、能量大,所以传播时反射、折射、共振及损耗等现象很显著。超声波具有下列主要性质:①能传递很强的能量,其能量密度可达100W/m^2以上;②具有空化作用,即超声波在液体介质传播时局部会产生极大的冲击力、瞬时高温、物质的分散、破碎及各种物理化学作用;③通过不同介质时会在界面发生波速突变,产生波的反射、透射和折射现象;④具有尖锐的指向性,即超声波换能器设为小圆片时,其中心法线方向上声强极大,而偏离这个方向时,声强就会减弱;⑤在一定条件下,会产生波的干涉和共振现象。

超声波加工又称为超声加工,不仅能加工脆硬金属材料,而且适合于加工半导体以及玻璃、陶瓷等非导体。同时,它还可应用于焊接、清洗等方面。超声波加工原理如图8-1所示。

由超声波发生器产生的16kHz以上的高频电流作用于超声换能器上,产生机械振动,经变幅杆放大后可在工具端面(变幅杆的终端与工具相连接)产生纵向振幅0.01~0.1mm的超声波振动。工具的形状和尺寸取决于被加工面的形状和尺寸,常用韧性材料制成,如未淬火的碳素钢。工具与工件之间充满磨料悬浮液(通常是在水或煤油中混有碳化硼、氧

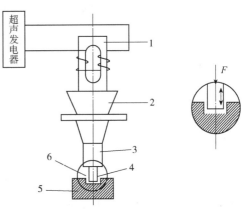

图8-1 超声波加工原理
1-换能器;2、3-变幅杆;4-工作液;5-工件;6-工具

化铝等磨料的悬浮液),称为工作液。加工时,由超声换能器引起的工具端部的振动传送给工作液,使磨料获得巨大的加速度,猛烈地冲击工件表面,再加上超声波在工作液中的空化作用,可实现磨料对工件的冲击破碎,完成切削功能。通过选择不同工具端部形状和不同的运动方法,可进行不同的微细加工。

超声波加工适合于加工各种硬脆材料,尤其是不导电的非金属硬脆材料,如玻璃、陶瓷、石英、铁氧体、硅、锗、玛瑙、宝石、金刚石等。对于导电的硬质金属材料如淬火钢、硬质合金等,也能进行加工,但加工效率较低。加工的尺寸精度可达±0.01mm,表面粗糙度$Ra=0.08$~$0.63μm$。超声波加工主要用于加工硬脆材料的圆孔、弯曲孔、型孔、型腔;可进行套料切割、雕刻以及研磨金刚石拉丝模等,也可加工薄壁、窄缝和低刚度零件。

超声波加工在焊接、清洗等方面有许多应用。超声波焊接是两焊件在压力作用下，利用超声波的高频振荡，使焊件接触面产生强烈的摩擦作用，表面得到清理，并且局部被加热升温而实现焊接的一种压焊方法。用于塑料焊接时，超声振动与静压力方向一致，而在金属焊接时超声振动与静压力方向垂直。振动方式有纵向振动、弯曲振动、扭转振动等。接头可以是焊点，相互重叠焊点形成连续焊缝。用线状声极一次焊成直线焊缝，用环状声极一次焊成圆环形、方框形等封闭焊缝。相应的焊接机有超声波点焊机、缝焊机、线焊机、环焊机。超声波焊接适于焊接高导电、高导热性金属，以及焊接异种金属、金属与非金属、塑料等，也可焊接薄至 2μm 的金箔，广泛用于微电子器件、微电机、铝制品工业以及航空、航天领域。

超声波清洗是表面技术中对材料表面常用的清洗方法之一。其原理主要是基于超声波振动在液体中产生的交变冲击波和空化作用。图 8-2 所示为超声波清洗装置。清洗液通常使用汽油、煤油、酒精、丙酮、水等液体。超声波在清洗液中传播时，液体分子高频振动产生正负交变的冲击波，声强达到一定数值后液体中急剧生长微小空化气泡并瞬时强烈闭合，产生微冲击波，使材料表面的污物遭到破坏，并从材料表面脱落下来，即使是窄缝、细小深孔、弯孔中的污物，也很容易被清洗干净。

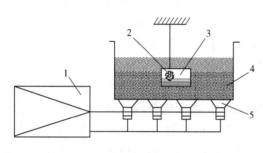

图 8-2　超声波清洗装置

1-超声波发生器；2-被清洗工件；3-清洗篮；4-清洗槽；5-换能器

8.1.2　磨料加工

磨料加工是采用一定的方法使磨料作用于材料表面而进行加工的技术。下面介绍几种在表面技术中使用的磨料加工技术。

1) 磨料喷射加工

磨料喷射加工是利用磨料细粉与压缩气体混合后经过喷嘴形成的高速束流，通过高速冲击和抛磨作用来去除工件表面毛刺等多余材料或进行工件的切割。图 8-3 所示为磨料喷射加工示意图。磨料室往往利用一个振动器进行激励，以使磨料均匀混合。压气瓶装有一氧化碳或氯气，气体必须干燥和洁净，并具有适当的压力。喷嘴靠近工件表面，并具有一个很小的角度。喷射是在一个封闭的防尘罩内进行的，并安置了能排风的收集器，以防止粉尘对人体的危害。不能用氧作为运载气体，以避免氧与工件屑或磨料混合时可能发生的强烈化学反应。

磨料喷射加工有不少用途，如脆硬材料的切割、去毛刺、清理和刻蚀，小型精密零件和一些塑料零件的去毛刺，不规则表面的清理，磨砂玻璃、微调电路板、半导体表面的清理，混合电路电阻器和微调电容的制造等。

2) 磁性磨料加工

磁性磨料加工在精密仪器制造业中使用日益广泛，适用于对精密零件进行抛光和去毛刺。目前这类加工主要有两种方式：①磁性磨料研磨加工，其原理在本质上与机械研磨相似，只是磨料是导磁的，磨料作用于工作表面的研磨力是由磁场形成的；②磁性磨料电解研磨加工,它是在普通的磁性磨料研磨的基础上,增加了电解加工的阳极溶解作用,以加速阳极工件表面的整平过程,提高工艺效果。

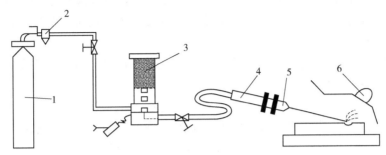

图 8-3 磨料喷射加工示意图
1-压气瓶;2-过滤器;3-磨料室;4-手柄;5-喷嘴;6-收集器

图 8-4 所示为磁性磨料研磨加工示意图。它以圆柱面磁性磨料研磨加工为例,在垂直于工件圆柱面轴线方向加磁场,工件处于一对磁极 N、S 所形成的磁场中间;磁性磨料吸附在磁极和工件表面上,并沿磁力线方向排列成有一定柔性的磨料刷,或称为磁刷。旋转工件,使磁刷与工件产生相对运动,磁性磨粒在工件表面上的运动状态通常有滑动、滚动和切削三种形式。当磁性磨粒受到的磁场力大于切削阻力时,磁性磨粒处于正常的切削状态,从而将工件表面上很薄的一层金属及毛刺去除掉使表面逐步整平。

图 8-5 所示为磁性磨料电解研磨加工示意图。它对工件表面的整平效果是在三重因素作用下产生的:①电化学阳极溶解作用,即阳极工件表面原子失去电子成为金属离子而溶入电解液,或在工件表面形成氧化膜、钝化膜;②磁性磨料的切削作用,若工件表面形成氧化膜、钝化膜,则切削除去这些膜,使外露的新金属原子不断发生阳极溶解;③磁场的加速和强化作用,即电解液中的正、负离子在磁场中受到洛仑兹力的作用,使离子运动轨迹复杂化,增加了运动长度,提高了电解液的电离度,促进电化学反应和降低浓差极化。

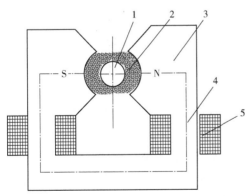

图 8-4 磁性磨料研磨加工示意图
1-工件;2-磁性磨料;3-磁极;4-铁心;5-励磁线圈

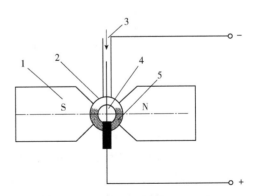

图 8-5 磁性磨料电解研磨加工示意图
1-磁极;2-阴极及喷嘴;3-电解液;4-工件;5-磁性磨料

磁性磨料既有对磁场的感应能力,又有对工件的切削能力。常用的原料包括两种类型:①铁粉或铁合金,如硼铁、锰铁、硅铁;②陶瓷磨料,如 Al_2O_3、SiC、WC 等。磁性磨料的一般制造方法是将一定粒度的 Al_2O_3 或 SiC 与铁粉混合、烧结,然后粉碎、筛选,制成一定尺寸的磁性磨料;也有将两种原料混合后用环氧树脂等黏结成块,然后粉碎和筛选成不同粒度。

磁性磨料加工的特点是只要将磁极形状大体与加工表面形状吻合,就可精磨有曲面的工件表面,因而适用于一般研磨加工难以胜任的复杂形状零件表面的光滑加工。

3) 挤压珩磨

挤压珩磨又称为磨料流动加工,最初主要用于去除零件内部通道或隐蔽部分的毛刺,后来扩大应用到零件表面的抛光。

挤压珩磨原理如图 8-6 所示。工件用夹具夹持在上、下料缸之间,黏弹性流体磨料密封在由上、下料缸及夹具、工件构成的密闭空间中。加工时,磨料先填充在下料缸中,在外力(通常为液压)的作用下,料缸活塞挤压磨料通过工件中的通道,到达上料缸,而工件中的通道表面就是要加工的表面,这一加工过程类似于珩磨。当下料缸活塞到达顶部后,上料缸活塞开始向下挤压磨料再经工件中的通道回到下料缸,完成一个加工循环。在实际加工过程中,上、下活塞是同步移动的,使磨料反复通过被加工表面。通常加工需经过几个循环完成。

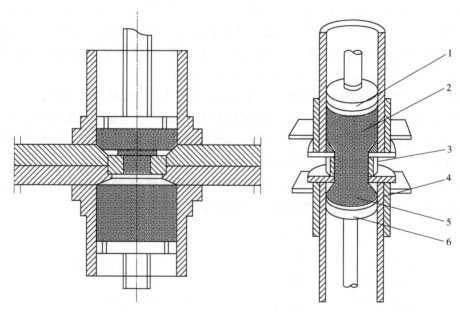

图 8-6 挤压珩磨原理

1-上活塞;2-上部磨料室和黏性磨料;3-工件;4-夹具;5-下部磨料室和黏性磨料;6-下活塞

流动磨料是由具有黏弹性的高分子聚合物与磨料以一定比例混合组成的半固态物质,磨料可采用氧化铝、碳化硅、碳化硼、金刚石粉等。黏弹性高分子聚合物是磨料的载体,可以与磨料均匀黏结,而与金属工件不发生黏附,且不挥发,主要用来传递压力,保证磨料均匀流动,同时起到润滑作用。流动磨料根据实际需要还可加入一定量的添加剂,如减黏剂、增塑剂、润滑剂等。

挤压珩磨适用于各种复杂表面的抛光和去毛刺,有良好的抛光效果,可以去除在 0.025mm 深度的表面残余应力以及一些表面变质层等。它的另一个突出优点是抛光均匀,现已广泛应用于航天、航空、机械、汽车制造领域。

8.1.3 化学加工

化学加工是指在材料工业中,用化学试剂腐蚀金属、玻璃等工件,或辅以腐蚀和研磨,以获得一定形状、尺寸和表面光洁度的方法。例如用强酸腐蚀刻划线条,用氧化铬化学软膏研磨工件表面等。详细地说,化学加工就是利用酸、碱、盐等化学溶液对金属的化学反应,使金属腐蚀溶解而改变工件尺寸、形状或表面性能的一种加工方法。化学加工的种类较多,主要有化学蚀刻、化学抛光、化学镀膜、化学气相沉积和光化学腐蚀加工等。本节对化学蚀刻(或称为化学铣切)和化学抛光做简单介绍,而化学镀膜和化学气相沉积已在前面做了介绍,本节不再重复。光化学腐蚀加工简称光化学加工是光学照相制版和光刻(化学腐蚀)相结合的一种微细加工技术,它与化学蚀刻的主要区别是不靠样板人工刻形和划线,而是用照相感光来确定工件表面要蚀除的图形和线条,因此可以加工出非常精细的图形,这种加工方法在表面微细加工领域占有非常重要的地位,将在后面做单独介绍。

1) 化学蚀刻

化学蚀刻加工又称为化学铣切,其原理如图 8-7 所示。先把工件非加工表面用耐蚀涂层保护起来,将需要加工的表面暴露出来,浸入化学溶液中进行腐蚀,使金属特定的部位溶解去除,达到加工的目的。

金属的溶解不仅沿工件表面垂直深度方向进行,而且在保护层下面的侧向也进行,并呈圆弧状,成为"钻蚀",如图 8-7 中的 H、R,其中 $H \approx R$。

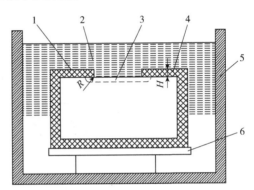

图 8-7 化学蚀刻加工原理
1-工件材料;2-化学溶液;3-化学腐蚀部分;
4-保护层;5-溶液箱;6-工作台

化学蚀刻主要用于较大工件金属表面的厚度减薄加工,适宜于对大面积或不利于机械加工的薄壁、内表层的金属蚀刻,蚀刻厚度一般小于 13mm,也可以在厚度小于 1.5mm 的薄壁零件上加工复杂的型孔。

化学蚀刻的主要工序有三个:①在工件表面涂覆耐蚀保护层,厚度约为 0.2mm;②刻形或划线,一般用手术刀沿样板轮廓切开保护层,把不要的部分剥掉;③化学腐蚀,按要求选定溶液配方和腐蚀规范进行加工。

2) 化学抛光

化学抛光是通过抛光溶液对样品表面凹、凸不平区域的选择性溶解作用消除磨痕、浸蚀整平的一种方法,用来改善工件的表面质量,使表面平滑化、光泽化。抛光溶液一般采用硝酸或磷酸等氧化剂溶液,在一定条件下使工件表面氧化,形成的氧化层又能逐渐溶入抛光溶液,表面微凸处被氧化得较快且多,微凹处则被氧化得较慢且少。同样,凸起处的氧化层比凹处扩散快,更多地溶解到溶液中,从而使工件表面逐渐被整平。

金属材料化学抛光时,有时在酸性溶液中加入明胶或甘油等添加剂。溶液的温度和时间要根据工件材料和溶液成分经试验后确定最佳值,然后严格控制。除金属材料外,硅、锗等半导体基片经机械研磨平整后,最终用化学抛光去除表面杂质和变质层,所用的抛光溶液常采用氢氟酸和硝酸、硫酸的混合溶液,或过氧化氢和氢氧化铵的水溶液。

化学抛光可以大面积地或多件地对薄壁、低刚度零件进行抛光,精度较高,抛光产生的破坏深度较浅,可以抛光内表面和形状复杂的零件,不需外加电源,操作简单,成本低;缺点是抛光速度慢,抛光质量不如电解抛光好,对环境污染严重。

8.1.4 电化学加工

电化学加工是指在电解液中利用金属工件做阳极所发生的电化学溶蚀或金属离子在阴极沉积进行加工的方法。它按作用原理可以分为三类:①利用电化学阳极溶解来进行加工,主要有电解加工和电解抛光;②利用电化学阴极涂覆(沉积)进行加工,主要有电镀和电铸;③利用电化学加工与其他加工方法相结合的方法进行电化学复合加工,如电解磨削(包括电解珩磨、电解研磨)、电解电火花复合加工、电化学阳极加工等。这些复合加工都是阳极溶解与其他加工(机械刮除、电火花蚀除)的复合。本节扼要介绍电化学抛光、电解加工和电铸。

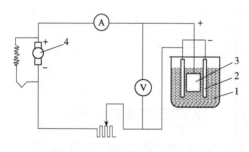

图 8-8 电化学抛光加工示意图
1-电解液;2-阴极;3-阳极;4-发电机

1)电化学抛光

电化学抛光是指在一定电解液中对金属工件做阳极溶解,使工件的表面粗糙度值下降,并且产生一定金属光泽的一种方法。图 8-8 所示为电化学抛光加工示意图。它是将工件放在电解液中,并使工件与电源正极连接,接通工件与阴极之间的电流,在一定条件下使零件表层溶解,表面不平处变得平衡。

电化学抛光时,工件(阳极)表面上可能发生以下一种或几种反应:

(1)金属氧化成金属离子溶入电解液中:

$$Me \longrightarrow Me^{n+} + ne^-$$

(2)阳极表面生成钝化膜:

$$Me + nOH^- \longrightarrow \frac{1}{2}Me_2O_n + \frac{n}{2}H_2O + ne^-$$

(3)气态氧的析出:

$$4OH^- \longrightarrow O_2 + 2H_2O + 4e^-$$

(4)电解液中各组分在阳极表面的氧化。

电解液有酸性、中性和碱性三种,具体种类较多,通用性较好的酸性电解液为磷酸-硫酸系抛光液。在抛光液中加入少量添加剂可显著改善溶液的抛光效果。通常采用的有机添加剂有三类:含羟基、羧基类添加剂,主要起缓蚀作用;含氨基、环烷烃类添加剂,主要起整平作用;糖类及其他杂环类添加剂,主要起光亮剂作用。这些添加剂相互匹配可发挥多功能的作用。

电化学抛光的工艺主要由三部分组成:

(1)预处理:先使工件表面粗糙度达到抛光前的基本要求,即 Ra 达到 $0.08 \sim 0.16 \mu m$,然后进行化学处理,去除工件表面上的油脂、氧化皮、腐蚀产物等。

(2) 电化学抛光:先将抛光液加热到规定温度,把夹具带工件放入抛光液中,工件上部距离电解液表面不小于 15~20mm,接通电源,控制好电流密度和通电时间,同时加强搅拌,到预定时间后切断电源,用流动水冲洗取出的工件 3~5min,然后及时干燥。

(3) 后处理:要保持清洁和干燥,对于钢件,为了显著提高表面耐蚀性,在冷水清洗后,再放入质量分数为 10% 的 NaOH 溶液中,再于 70~95℃ 进行 15~20min 的处理,以加强钢件表面钝化膜的紧密性。工件经此处理后,先在 70~90℃ 的热水中清洗,然后用冷水清洗干净并及时干燥。

电化学抛光后,材料表层的一些性能会发生变化,如摩擦因数降低,可见光反射率增大,耐蚀性显著提高,变压器钢的磁导率可增大 10%~20%,而磁滞损失降低,强度几乎不变。电化学抛光能消除冷作硬化层,这一方面会降低工件的疲劳极限,另一方面表面光滑化能提高疲劳极限,因此工件的疲劳极限是提高还是降低,由综合因素来决定。

电化学抛光有机械抛光及其他表面精加工无法比拟的高效率,能消除加工硬化层,材料耐蚀性等性能得到提高,表面光滑、美观,并且适用于几乎所有的金属材料,因而得到了广泛的应用。

2) 电解加工

电解加工是利用电化学阳极溶解的原理对工件进行加工,已广泛用于打孔、切槽、雕模、去毛刺等。

电解加工的优点:加工不受金属材料本身硬度和强度的限制;加工效率一般为电火花加工的 5~10 倍;可达到 $Ra=1.25~0.2\mu m$ 的表面粗糙度和 ±0.1mm 的平均加工精度;不受切削力影响,无残余应力和变形。其主要缺点是难以达到更高的加工精度和稳定性,并且不适宜小批量生产,电解液有腐蚀性。

电解加工时,把按照预先规定的形状制成的工具电极与工件相对放置在电解液中,两者距离一般为 0.02~1mm,工具电极为负极,工件接电源正极,两级间的直流电压为 5~20V,电解液以 5~20m/s 的速度从电极间隙中流过,被加工面上的电流密度为 $25~150A/cm^2$。加工开始时,工具与工件相距较近的地方通过的电流密度较大,电解液的流速也较高,工件(正极)溶解速度也就较快。在工件表面不断被溶解(溶解产物随即被高速流动的电解液冲走)的同时,工具电极(负极)以 0.5~3.0mm/min 的速度向工件方向推进,工件被不断溶解,直到与工具电极工作面基本相符的加工形状形成和达到所需尺寸时为止。

电解液通常采用 NaCl、$NaNO_3$、NaBr、NaF、NaOH 等,电解液要根据加工材料的具体情况来配置。

电解加工除上述用途外,还可用于抛光。例如,将电解与其他加工方法复合在一起,构成复合抛光技术,显著提高了生产率与抛光质量。而电解研磨复合抛光是把工件置于 $NaNO_3$ 水溶液($NaNO_3$ 与水的质量比为 1/10~1/5)等"钝化性电解液"中产生阳极溶解,同时借助分布在透水黏弹性体上(无纺布之类的透水黏弹性体覆盖在工具表面)的磨粒,刮擦工件表面波峰上随着电解过程产生的钝化膜。如图 8-9 所示,工件接在直流电源的正极上,电解液经透水黏弹性体流至加工区,磨料含在透水黏弹性体中或浮游在电解液中。这种抛光技术能以很少的工时使钢、铝、钛等金属表面成为镜面,甚至可以降低波纹度,改善几何形状精度。

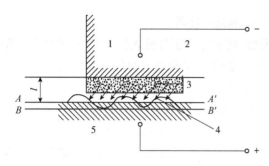

图 8-9 电解研磨复合抛光原理
AA'-起始加工位置；BB'-最终加工位置；
1-工具电极；2-黏弹性体；3-电解液；4-钝化膜；5-工件

目前，传统的电解加工技术已引入计算机控制等先进技术，开发出不少新工艺和新设备，从而使电解加工的应用有了扩展。例如：用周期间歇脉冲供电代替连续直流供电的脉冲电流电解加工技术，从根本上改善了电解加工间隙的流场、电场及电化学过程，从而可以较小的加工间隙（如小于 0.1mm），得到较高的集中蚀除能力，在保证加工效率的前提下大幅度提高电解加工精度。又如精密电解加工技术，代表了新的发展方向。它具有下列特点：

(1) 阴极工具进行 30~50Hz 的机械振动。
(2) 脉冲电流的脉宽与频率可通过编程控制。
(3) 可按需要，实现正负脉冲的组合。
(4) 可随时从传统电解加工模式切换到精密电解加工模式。
(5) 是可识别电流波形的异常变化，实现自动断电，短路保护时间为 200ns。
(6) 工艺参数控制系统智能化。精密电解加工的成型精度一般为 0.03~0.05mm，最高为 0.003~0.005mm，而传统电解加工的一般成型精度为 0.25~0.45mm，最高为 0.08~0.1mm。

3) 电铸

电铸的原理与电镀相同，即利用金属离子阴极电沉积原理。但电镀仅满足于在工件表面镀覆金属薄层，以达到防护或具有某种使用性能，而电铸则是在芯模表面镀上一层与之密合的、有一定厚度但附着不牢固的金属层，镀覆后再将镀层与芯模分离，获得与芯模型面凹凸相反的电铸件。

电铸的主要特点有：

(1) 能精密复制复杂型面和细微纹路。
(2) 能获得尺寸精度高、表面粗糙度 $Ra \leq 0.1\mu m$ 的复制品，生产一致性好。
(3) 芯模材料可以是铝、钢、石膏、环氧树脂等，使用范围广，但用非金属芯模时，需对表面做导电化处理。
(4) 能简化加工步骤，可以一步成型，而且需要精加工的量很少。
(5) 主要缺点是加工时间长，如电铸 1mm 厚的制品，简单形状的需 3~4h，复杂形状的则需几十个小时。电铸镍的沉积速度一般为 0.02~0.5mm/h，电铸铜的沉积速度为 0.04~0.05mm/h。另外，在制造芯模时，需要精密加工和照相制版等技术。电铸件的脱模也是一种难度较大的技术，因此与其他加工相比电铸件的制造费用较高。

电铸加工的主要工艺过程：芯模制造及芯模的表面处理→电镀至规定厚度→脱模、加固和修饰→成品。

芯模制造前要根据电铸件的形状、结构、尺寸精度、表面粗糙度、生产量、机械加工工艺等因素来设计芯模。芯模分永久性的和消耗性的两大类。前者用在长期制造的产品上；后者用在电铸后不能用机械方法脱模的情况下，因而要求选用的芯模材料可以通过加热熔化、分解或用化学方法溶解掉。为使金属芯模电铸后能够顺利脱模,通常要用化学或电化学方法使芯模表面形成一层不影响导电的剥离膜,而对于非金属芯模则需用气相沉积和涂覆等方法使芯模表面形成一层导电膜。

从电镀角度考虑,凡能电镀的金属均可电铸,然而顾及性能和成本,实际上只有少数金属如铜、镍、铁、镍钴合金等的电铸才有实用价值。根据用途和产品要求来选择电镀材料和工艺。

电镀后,除了较薄电铸层外,一般电铸层的外表面都很粗糙,两端和棱角处有结瘤和树枝状沉积层,故要进行适当的机械加工,然后脱模。常用的脱模方法有机械法、化学法、熔化法、热胀或冷缩法等。对某些电铸件如模具,往往在电铸成型后需要加固处理。为赋予电铸制品某些物理、化学性能或为其提高防护与装饰性能,还要对电铸制品进行抛光、电镀喷漆等修饰加工。

电铸制品包括分离电铸和包覆电镀两种。前者是在芯膜上电镀后再分离,后者则在电镀后不分离而直接制成电镀制品。目前电镀制品的应用主要有以下四个方面:

(1) 复制品,如原版录音片及其压模、印模,以及美术工艺制品等。

(2) 模具,如冲模、塑料或橡胶成型模、挤压模等。

(3) 金属箔与金属网。电铸金属箔是将不同的金属电镀在不锈钢的滚筒上,连续一片地剥离而成,如印制电路板上用的电铸铜箔片;电铸金属网的应用较广,如电动剃须刀的刀片和网罩,食品加工器中的过滤帘网,各种穿孔的金属箍带,印花滚筒等。

(4) 其他。如雷达和激光器上用的波导管、调谐器,可弯曲无缝波导管,火箭发动机用喷射管等。

电铸与其他表面加工一样,可积极引入一些先进技术,来提高电铸质量和效率,扩展应用范围。例如,在芯模设计和制造上,开发了现代快速成型技术,它是由CAD模型设计程序直接驱动的快速制造各种复杂形状三维实体技术的总称。具体方法较多,直接得到芯模的方法有光固化成型、融丝堆积成型、激光选择性烧结、激光分层成型等;间接得到芯模的方法有三维印刷、无模铸型制造等。又如微型电铸与微蚀技术相结合,现在已发展成为微细制造中的一项重要的加工技术。

8.1.5 电火花加工

电火花加工是20世纪40年代开始研究并逐步应用于生产的一种利用电能、热能进行加工的方法。电火花加工是指在一定的介质中,通过工件和工具电极间的脉冲火花放电,使工件材料熔化、汽化而被去除或在工件表面进行材料沉积的加工方法。电火花加工与一般切削加工的区别在于,电火花加工时工具与工件并不接触,而是靠工具与工件间不断产生的脉冲性火花放电,利用放电时产生局部、瞬时的高温把金属材料逐步蚀除下来。由于在放电过程中有可见火花产生,故称为电火花加工。电火花表面涂覆已在第1章1.2.2节中做了介绍,这里仅简略介绍电火花加工去除材料的过程、特点和工艺。

1) 电火花加工过程

电火花加工是基于工件电极与工具电极之间产生脉冲性的火花放电。这种放电必须在有一害绝缘性能的液体介质中进行,通常是低黏度的煤油或煤油与全损耗系统油、变压器油的混合液等。此类液体介质的主要作用是：在达到击穿电压之前为非导电性，达到击穿电压时电击穿瞬间完成，在放完电后迅速熄灭火花，火花间隙就能消除电离，具有较好的冷却作用，并会带走悬浮的切削粒子。火花放电有脉冲性和间歇性两种，放电延续时间一般为 $1\times10^{-7} \sim 1\times10^{-4}$ s，使放电所产生的热量不会有效扩散到工件的其他部分，避免烧伤表面。电火花加工采用了脉冲电源。

工件电极与工具电极之间的间隙一般为 0.01～0.02mm，视加工电压和加工量而定。当放电点的电流密度达到 $1\times10^{4} \sim 1\times10^{7}$ A/mm² 时，将产生 5000℃ 以上的高温。间隙过大，则不发生电击穿；间隙过小，则容易形成短路接触。因此，在电火花加工过程中，工具电极应能自动进送调节间隙。经实验分析，每次电火花蚀除材料的微观过程是电力、磁力、热力和流体动力等综合作用的过程，连续经历了电离击穿、通道放电、熔化、汽化热膨胀、抛出金属、消除电离、恢复绝缘及介电强度等阶段。

2）电火花加工的特点

（1）脉冲放电的能量密度较高，可加工任何硬、脆、韧、软、高熔点的导电材料。

（2）用电热效应实现加工，无残余应力和变形，同时脉冲放电时间为 $1\times10^{-6} \sim 1\times10^{-3}$ s，因而工件受热的影响很小。

（3）自动化程度高，操作方便，成本低。

（4）在进行电火花通孔和切割加工中，通常采用线电极结构方式，因此把这种电火花加工方式称为无型电极加工或称为线切割加工。

（5）主要缺点是加工时间长，所需的加工时间随工件材料及对表面粗糙度的要求不同而有很大的差异。此外，工件表面往往由于电解质液体分解物的黏附等原因而变黑。

3）电火花加工工艺

在电火花加工设备中，工具电极为直流电源的负极（成形电极），工件为正极，两极间充满液体电解质。当正极与负极靠得很近时（几微米到几十微米），液体电介质的绝缘被破坏而发生火花放电，电流密度达 $1\times10^{4} \sim 1\times10^{7}$ A/cm²，然而电源供给的是放电持续时间为 $1\times10^{-7} \sim 1\times10^{-4}$ s 的脉冲电流，电火花在很短时间内就消失，因而其瞬间产生的热来不及传导出去，使放电点附近的微小区域达到很高的温度，金属材料局部蒸发而被蚀除，形成一个小坑。如果这个过程不断进行下去，便可加工出所需形状的工件。使用液体电解质的目的是提高能量密度，减小蚀斑尺寸，加速灭弧和清除电离作用，并用能加强散热和排除电蚀渣等。电火花加工可将成型电极按原样复制在工件上，因此加工所用的电极材料应选择耐消耗的材料，如钨、钼等。

对于线切割加工，工具电极通常为直径 0.03～0.04mm 的钨丝或钼丝，有时也用直径 0.08～0.15mm 的铜丝或黄铜丝。切割加工时，线电极一边切割，一边又以 6～15mm/s 的速度通过加工区域，以保证加工精度。切割的轨迹控制可采用靠模仿形、光电跟踪、数字程控、计算机程序控制等。这种方法的加工精度为 0.002～0.004mm，表面粗糙度 Ra 达 0.4～1.6μm，生产速率达 2～10mm/min，加工孔的直径可小到孔深度为孔径的 5 倍为宜，过高则加工困难。

电化学加工已获得广泛应用，除加工各种形状工件、切割材料以及刻写、打印铭牌和标记等，还可用于涂覆强化，即通过电火花放电作用把电极材料涂覆于工件表面上。

8.1.6 电子束加工

电子束加工是利用阴极发射电子,经加速、聚焦成电子束,直接射到放置于真空室中的工件上,按规定要求进行加工的。这种技术具有小束径、易控制、精度高以及对各种材料均可加工等优点,因而应用广泛。目前主要有两类加工方法:

(1) 高能量密度加工,即电子束经加速和聚焦后能量密度高达 $1 \times 10^6 \sim 1 \times 10^9 \mathrm{W/cm^2}$,当冲击到工件表面很小的面积上时,于几分之一微秒内将大部分能量转变为热能,使受冲击部分到达几千摄氏度高温而熔化和汽化。

(2) 低能量密度加工,即用低能量电子束轰击高分子材料,使之发生化学反应,然后进行加工。

1) 电子束加工装置

电子束加工装置通常由电子枪、真空系统、控制系统和电源等部分所组成。电子枪产生一定强度的电子束,可利用静电透镜或磁透镜将电子束进一步聚成极细的束径。其束径大小随应用要求而确定,如用于微细加工时约为 $10\mu m$ 或更小,用于电子束曝光的微小束径是平行度好的电子束中央部分,仅有 $1\mu m$ 量级。

2) 电子束高能量密度加工

电子束高能量密度加工有热处理、区域精炼、熔化、蒸发、穿孔、切槽、焊接等。在各种材料上加工圆孔、异形孔和切槽时,最小孔径或缝宽可达 $0.02 \sim 0.03 \mathrm{mm}$。在用电子束进行热加工时,材料表面受电子束轰击,局部温度急剧上升,其中处于束斑中心处的温度最高,而偏离中心的温度急剧下降。图 8-10 所示为在电子束轰击下半无限大工件表面的温度分布。图中 θ_0 表示电子束轰击时间 $t \to \infty$ 时平衡态下的表面中心温度,称为饱和温度。t_e 表示表面中心温度为 $0.84\theta_0$ 所需的时间,称为基准时间,有:

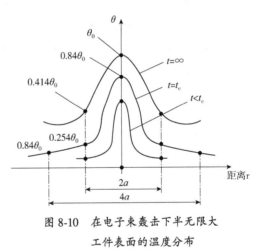

图 8-10 在电子束轰击下半无限大工件表面的温度分布

$$t_e = \pi\alpha^2\frac{\rho c}{\lambda}$$

$$\theta_0 = \frac{\theta}{\pi\alpha\lambda}$$

式中:α——电子束斑半径;
ρ——材料密度;
c——材料比热容;
λ——材料的热导率;
θ——电子束输入的热流量。

由图 8-10 可以看出,电子束轰击时间达 t_e 后,中心处的温度为 $0.84\theta_0$,离中心约 α 处的

温度为 $0.25\theta_0$,两者相差很大。因此,在电子束热加工中,可以做到局部区域蒸发,其他区域则温度低得多。若反复进行多脉冲电子束轰击,可以形成急陡的温度分布,用于打孔、切槽等。

3) 电子束低能量密度加工

它的重要应用是电子束曝光,即利用电子束轰击涂在晶片上的高分子感光胶,发生化学反应,制作精密图形。电子束曝光分为两类:

(1) 扫描曝光,它是将聚焦到小于 $1\mu m$ 的电子束斑在 $0.5\sim5mm$ 的范围内自由扫描,可曝光出任意图形,特点是分辨率高,但生产率低。

(2) 投影曝光,是使电子束通过原版,这种原版是用别的方法制成的,它比加工目标的图形大几倍,然后以 $1/10\sim1/5$ 的比例缩小投影到电子抗蚀剂上进行大规模集成电路图形的曝光,既保证了所需的分辨率,又使生产率大幅度提高,可以在几毫米见方的硅片上安排十万个晶体管或类似的元件。

为说明电子束曝光的工作原理,图 8-11 给出了典型的扫描电子束曝光系统框图。电子枪阴极发射的电子经阳极加速汇聚后,穿过阳极孔,由聚光镜聚成极细的电子束,对工件进行扫描。完成一次扫描后,由计算机控制工件台移动一个距离。经许多次扫描后,完成对整个工件面的曝光。工件台移动时由激光干涉仪实时检测,分辨率可达到 0.6nm。计算机在比较工件台理想位置与激光干涉仪实测位置后,计算出位置误差,再通过束偏转器移动电子束斑位置,对工件台位置误差进行实时修正。电子检测器通常用于电子光学参数检测和图形的套刻对准。

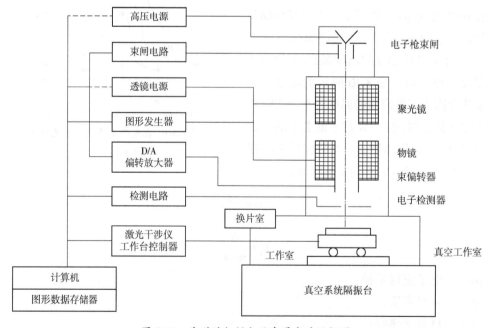

图 8-11 典型的扫描电子束曝光系统框图

电子束曝光技术主要用于掩膜版制造,微电子机械、电子器件的制造,全息图形的制作,以及利用电子束曝光技术直接产生纳米微结构(称为电子束诱导表面沉积技术)等。

8.1.7 离子束加工

离子束加工是利用离子源中电离产生的离子,引出后经加速、聚焦形成离子束,向真空室的工件表面进行冲击,以其动能进行加工。它主要用于离子束注入、刻蚀、曝光、清洁和镀膜等方面。关于离子源以及离子束注入、清洁和镀膜的应用都在前两章中做了介绍。本小节对离子束加工的特点和离子束刻蚀、离子束曝光进行简单介绍。

1) 离子束加工的特点

(1) 离子束可以通过电子光学系统进行聚焦扫描,而离子束流密度及离子能量可以精确控制,因此离子束加工是一种最精密、最微细的加工方法。

(2) 离子束加工是在高真空中进行的,污染少,适宜于易氧化的金属材料和高纯度半导体材料的加工。

(3) 离子束加工所造成的加工应力和热变形很小,适合于对各种材料和低刚度零件的加工。

(4) 设备费用很高,加工效率低,因此应用范围受到限制。

2) 离子束蚀刻

离子束蚀刻又称为离子束铣、离子束研磨、离子束溅射刻蚀或离子刻蚀,是离子束轰击工件表面,入射离子的动量传递到表面原子,当传递能量超过原子间的键合力时,原子就从工件表面溅射出来,从而达到刻蚀目的的一种加工方法。为了避免入射离子与工件材料发生化学反应,必须采用惰性元素的离子。其中,氩的原子序数大,并且价格便宜,所以通常用氩离子进行轰击刻蚀。由于离子直径很小,约十分之几个纳米,可以认为刻蚀的过程是逐个原子剥离的过程,刻蚀的分辨率可达微米甚至亚微米级,但刻蚀速度很低,剥离速度大约每秒剥离一层到几层原子。例如:在 $1000eV$、$1mA/cm^2$ 垂直入射条件下,Si、Ag、Ni、Ti 的刻蚀率(单位为 nm/min)分别是 36、200、54、10。

蚀刻加工时,主要工艺参数如离子入射能量、束流大小、离子入射到工件上的角度、工作室气压等,都能分别调节控制。用氩离子蚀刻工件时,其效率取决于离子能量和入射角度。离子能量升到 $1000eV$,刻蚀率随离子能量增加而迅速提高,而后速率逐渐减慢。离子刻蚀率起初随入射角 θ 增加而提高,一般在 $\theta=40°\sim60°$ 时刻蚀效率最高,θ 再增加则会使表面有效束流减小。

离子刻蚀在表面微细加工中有许多重要应用,如用于固体器件的超精细图形刻蚀、材料与器件的减薄、表面修琢与抛光及清洗等,因而成为研究和制作新材料、新器件的有力手段。

3) 离子束曝光

离子束曝光又称为离子束光刻,是利用原子被离化后形成的离子束流作为光源,可对耐蚀剂进行曝光,从而获得微细线条图形的一种加工方法。

离子束曝光与电子束曝光相比,主要有四个特点:

(1) 有更高的分辨率,原因是离子的质量比电子大得多,而离子射线的波长又比电子射线的波长短得多。

(2) 可以制作十分精细的图形线条,这是因为离子束曝光克服了电子散射引起的邻近效应。

(3) 曝光速度快,对于相同的抗蚀剂,它的灵敏度比电子束曝光灵敏度高出 1~2 个数量级。

(4) 可以不用任何有机抗蚀剂而直接曝光,并且可以使许多材料在离子束照射下产生增强性腐蚀。

离子束曝光技术相对于较为完善的电子束曝光技术,是一项正在积极发展的图形曝光技术,出现了与电子束曝光相对应的聚焦离子束曝光与投影离子束曝光。聚焦离子束曝光的效率较低,难于在生产上应用,因此投影离子束曝光技术的发展受到重视。

8.1.8 激光束加工

激光束加工是利用激光束具有高亮度(输出功率高)、方向性好、相干性、单色性强,可在空间和时间上将能量高度集中起来等优点,对工件进行材料去除、变形、改性、沉积、连接等的一种加工方法。当激光束聚焦在工件上时,焦点处功率密度可达 $1×10^7 \sim 1×10^{11} W/cm^2$,温度可超过1000℃。

1) 激光束加工的优点

(1) 不需要工具,适合于自动化连续操作。

(2) 不受切削力影响,容易保证加工精度。

(3) 能加工所有材料。

(4) 加工速度快、效率高,热影响区小。

(5) 可加工深孔和窄缝,直径或宽度可小到几微米,深度可达直径或宽度的10倍以上。

(6) 可透过玻璃对工件进行加工。

(7) 工件可不放在真空室中,也不需要对X射线进行防护,装置较为简单。

(8) 激光束传递方便,容易控制。

目前用于激光束加工的激光器多为固体激光器和气体激光器。固体激光器通常为多模输出,以高频率的掺钕钇铝石榴石激光器为最常使用;气体激光器一般用大功率的二氧化碳激光器。

2) 激光束加工技术的主要应用

(1) 激光打孔,如用于喷丝头打孔,发动机和燃料喷嘴加工,钟表和仪表中的宝石轴承打孔,金刚石拉丝模加工等。

(2) 激光切割或划片,如用于集成电路基板的划片和微型切割等。

(3) 激光焊接,目前主要用于薄片和丝等工件的装配,如微波器件中速调管内的钽片和钼片的焊接,集成电路中薄膜的焊接,功能元器件外壳密封焊接等。

(4) 激光热处理,如用于表面淬火,激光合金化等。

实际上激光加工有着广泛应用。从光与物质相互作用的机理看,激光加工大致可以分为热效应加工和光化学反应加工两大类。

激光热效应加工是指用高功率密度激光束照射到金属或非金属材料上,使其产生基于快速热效应的各种加工过程,如切割、打孔、焊接、去重、表面处理等。

光化学反应加工主要是指高功率密度激光与物质发生作用时,可以诱发或控制物质的化学反应来完成各种加工过程,如半导体工业中的光化学气相沉积、激光刻蚀、退火、掺杂和氧化,以及某些非金属材料的切割、打孔和标记等。这种加工过程的热效应处于次要地位,故又称为激光冷加工。

3) 准分子激光技术及其在微细加工中应用

如前所述,掺钕钇铝石榴石和二氧化碳两种激光器,大量应用于打孔、切割、焊接、热处理等方面。另有一种激光器叫作准分子激光器,则在表面微细加工方面发挥了很大的作用。

准分子是一种在激发态能暂时结合成不稳定分子,而在基态又迅速离解成原子的缔合物,因而又称为受激准分子。其激光跃迁发生在低激发态与排斥的基态(或弱束缚)之间,荧光谱为一连续带,可实现波长可调谐运转。由于准分子激光跃迁的下能级(基态)的粒子迅速离解,激光下能级基本为空的,极易实现粒子数反转,因此量子效率接近100%,且可以高重复频率运转。准分子激光器输出波长主要在紫外线可见光区,具有波长短、频率高、能量大、焦斑小、加工分辨率高的特点,所以更适用于高质量的激光加工。

准分子激光器按准分子的种类不同可分为以下几类(*表示准分子):

(1) 惰性气体准分子,如氙(Xe_2^*)、氩(Ar_2^*)等。

(2) 惰性气体原子和卤素原子结合成准分子,如氟化氙(XeF^*)、氟化氩(ArF^*)、氯化氙($XeCl^*$)等。

(3) 金属原子和卤素原子结合成准分子,如氯化汞($HgCl^*$)、溴化汞($HgBr^*$)等。

准分子激光器上能级的寿命很短,如KrF^*上能级的寿命为9ns,$XeCl^*$为40ns,不适宜存储能量。因此,准分子激光器一般输出脉宽为10~100ns的脉冲激光。输出能量可达百焦耳量级,峰值功率达千兆瓦以上,平均功率高于200W,重复频率高达1kHz。

准分子激光技术在医学、半导体、微机械、微光学、微电子等领域已有许多应用,尤其对脆性材料和高分子材料的加工更显示其优越性。准分子激光在表面微细加工上有一系列应用。例如:在多芯片组件中用于钻孔;在微电子工业中用于掩模、电路和芯片缺陷修补,选择性去除金属膜和有机膜,刻蚀、掺杂、退火、标记、直接图形写入,深紫外线曝光等;液晶显示器薄膜晶体管的低温退火;低温等离子化学气相沉积;微型激光标记、光致变色标记等;三维微结构制作;生物医学元件、探针、导管、传感器、滤网等。

8.1.9 等离子体加工

在现代加工或特种加工领域中,等离子体加工通常是指等离子弧加工,即利用电弧放电,使气体电离成过热的等离子气体流束,靠局部熔化及汽化来去除多余材料。目前,在工业中广泛采用压缩电弧的方法来形成等离子弧,即把钨极缩入喷嘴内部,并且在水冷喷嘴中通以一定压力和流量的离子气,强迫电弧通过喷嘴孔道,以形成高温、高能量密度的等离子弧,此时电弧受到机械、热收缩和电磁三种压缩作用,直径变小,温度升高,气体的离子化程度提高,能量密度增大,最后与电弧的热扩散作用相平衡,形成稳定的压缩电弧。这种工业中的等离子弧作为热源,广泛应用于等离子弧焊接、切割、堆焊和喷涂等。

在表面技术中,等离子加工有着广泛的含义,即利用等离子体的性质和特点,对材料表面进行各种非微细加工和微细加工,尤其是将等离子体化学与真空技术、等离子体诊断技术和放电技术等结合,实现低温等离子体及其应用。

关于辉光放电等离子体技术与应用、微波放电等离子体技术与应用、放电等离子体技术及其在薄膜制备中的应用,以及等离子体表面处理等已在前面两章中做过介绍,下面简单介绍等离子体蚀刻技术概况。

1) 等离子体溅射蚀刻和离子束蚀刻

蚀刻是通过腐蚀等物理、化学手段,有选择性地去除表面薄层的物质,以形成某种薄膜微细结构的一种加工方法。早在20世纪60年代等离子刻蚀(干法)已开始逐步取代化学腐蚀(湿法)刻蚀。目前,这仍是一种最成功、最广泛应用的微刻蚀技术。湿法刻蚀在很大程度上被干法刻蚀所取代,主要原因之一是湿法刻蚀难以实现垂直向下的各向异性刻蚀。等离子溅射刻蚀是干法刻蚀中的一个重要方法。其刻蚀时,等离子体内的离子在电场加速作用下轰击被刻蚀的工件。在导体表面附近电场近似垂直表面,离子轰击表面也近似于垂直,形成纵向刻蚀,以最大程度减少蚀刻的误差和钻刻的发生,从而提高微细加工的质量,同时在等离子体产生的物质组分具有更大的化学活性。等离子体溅射蚀刻的过程可以用气体放电的电参数控制,均匀度达到±1%～±2%,重复性也较好。此外,这种蚀刻方法不存在液相腐蚀的废液和废渣等问题,对大规模集成电路的制作非常重要。等离子体溅射刻蚀的主要缺点是蚀刻选择性较差。

另一种干法蚀刻方法是离子束蚀刻,离子束由一个离子源和加速-聚焦系统产生,再将其注入高真空度的工作室内。这种蚀刻加工有时又被称为离子铣,即利用离子束的溅射作用,精确定位对工件表面原子一层一层地进行剥离加工,形成立体的微细结构;工作时,可以不使用掩模。如果工件表面的物质是非导体,可在工作室内设辅助电子枪,轰击电子的负电荷可以中和离子轰击的充电正电荷。离子束蚀刻是纯粹的轰击溅射,具有非常好的蚀刻纵向方向性。

2) 基于化学作用的等离子体蚀刻

蚀刻按物理和化学作用可以分为三类:

(1) 化学作用型蚀刻,即利用液体腐蚀剂或气体腐蚀剂进行蚀刻,特点是可按工件物质的不同来选择腐蚀剂,具有多样性和选择性,缺点是缺乏纵向蚀刻的各向异性。

(2) 物理作用型蚀刻,主要利用低气压等离子体中高能量离子轰击工件表面引起的溅射作用,特点是具有高度的纵向蚀刻各向异性,但缺乏必要的选择性。

(3) 混合型蚀刻,既利用气体放电等离子体中具有特殊化学性质的增强腐蚀剂的腐蚀作用,又利用等离子体中的电子和离子轰击增强腐蚀剂的化学腐蚀作用。其蚀刻的选择性与纵向蚀刻的各向异性,介于前面两种类型之间。

基于物理作用的离子溅射蚀刻缺乏选择性,即不同物质溅射去除的速率相差不大,对实现多种工艺的目标很不利,而依靠化学反应的等离子体蚀刻,在许多情况下,不仅蚀刻速率显著提高,而且不同物质排射去除的速率存在很大的差异。基于化学作用的等离子体蚀刻有高压强等离子体蚀刻、反应离子蚀刻和高密度等离子体蚀刻。

高压强等离子体蚀刻是使用较多的蚀刻方法,其气体放电的工作气体不是惰性气体,而是具有化学活性的气体。通常是把 CF_4 类的气体导入反应器,放电产生等离子体。在大约 50Pa 的压强下,CF_4 的密度大约为 $3×10^{16}\mathrm{cm}^{-3}$。单纯的 CF_4 不能腐蚀硅(Si),Si—Si 的化学键非常强。但在等离子体中,能量较高的电子的碰撞,使部分 CH_4 分子离解,因而除 CH_4 之外,还有 CF_3、CF_2、C 和 F 等原子和分子及其电离后的离子,可称为化学基,具有很高的化学活性,其中以 CF_3^+ 的丰度最高。这种高化学活性的化学基与 Si 反应,达到蚀刻目的。CH_4 等离子体的蚀刻作用是选择性的,在室温下它对 Si 及 SiO_2 的蚀刻速率比值为 50∶1,在 -30℃ 时达到 100∶1,加入一定量的 O_2、H_2、H_2O 等气体还可使这种选择性得到增强或减弱。

8.1.10 光刻加工

光刻加工的最初含义是照相制版印刷。在微电子和光电子工艺中,光刻加工是一种复印图像与蚀刻相结合的综合技术,其利用光学等方法,将设计的图形转换到芯片表面上。

光刻加工的基本原理是利用光刻胶在曝光后性能发生变化这一特性。光刻胶又称为光致抗蚀剂,是一类经光照可发生溶解度变化并有抗化学腐蚀能力的光敏聚合物。光刻工艺按技术要求不同而有所不同,但基本过程通常包括涂胶、曝光、显影、坚膜、蚀刻、去胶等步骤。在制造大规模、超大规模集成电路等场合,需采用电子计算机辅助设计技术,把集成电路的设计和制版结合起来,进行自动制版。图 8-12 所示为一个光刻加工实例。硅片氧化,表面形成一层 SiO_2 [图 8-12a)]→涂胶,即在 SiO_2 层表面涂覆一层光刻胶[图 8-12b)]→曝光,它是在光刻胶层上面加掩模,然后利用紫外光进行曝光[图 8-12c)]→显影,即曝光部分经显影而被溶解除去[图 8-12d)]→蚀刻,使未被光刻胶覆盖的 SiO_2 这部分被腐蚀掉[图 8-12e)]→去胶,使剩下的光刻被全部去除[图 8-12f)]→扩散,即向需要杂质的部分扩散杂质[图 8-12g)]。

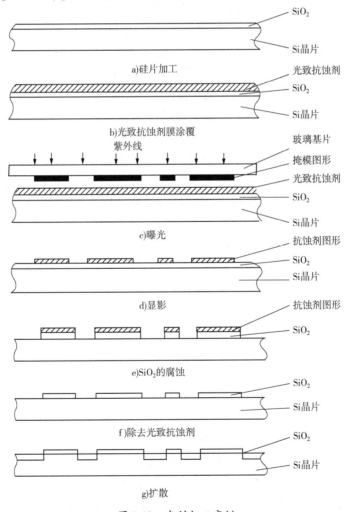

图 8-12 光刻加工实例

为实现复杂的器件功能和各元件之间的互联,现代集成电路设计通常要分成若干工艺层,通过多次光刻加工。每一个工艺层对应于一个平面图形,不同层相互对应的几何位置须通过对准套刻来实现。光刻是微电子工艺中最复杂和关键的工艺,其加工成本约占集成电(IC)总制造成本的1/3或更多。光刻加工主要由光刻和蚀刻两个步骤组成,前面有关电子束、离子束、激光束、等离子体加工的介绍中,已涉及光刻或蚀刻的内容,下面将对光刻和蚀刻技术做一较完整的介绍。

1) 光刻胶

光刻胶又称光致抗蚀剂,是涂覆在硅片或金属等基片表面上的感光性耐蚀涂层材料。光刻胶最早用于印刷制版,后来应用到集成电路、全息照相、光盘制备与复制、光化学加工等领域。在微细加工中,光刻过程是光子被光刻胶吸收,通过光化学作用,使光刻胶发生一定的化学变化,形成了与曝光物一致的"潜像",再经过显影等过程,获得由稳定的剩余光刻胶构成的微细图形结构。显然,其中所包含的光化学过程与照相的光化学过程有着实质上的区别。

光刻胶可分为两大类:①正型光刻胶,以邻重氮萘醌感光剂——酚醛树脂型为主,其特点是光照后发生光分解、光降解反应,使溶解度增大;②负型光刻胶,以环化橡胶——双叠氮化合物、聚乙烯醇肉桂酸酯及其衍生物等为主,特点是光照后发生交联、光聚合,使溶解度减小。正型光刻胶中被曝光的部分将会在显影溶液里基本上是不溶解的,以后能够充分地保留其抗腐蚀的掩模能力。对于负型光刻胶,情况恰好相反,即曝光部分的光刻胶在显影溶液中基本上不溶解,而未曝光的部分则在显影溶液中迅速溶解掉。通常正型光刻胶比负型光刻胶有更高的分辨率,因而在集成电路的光刻工艺中较多使用。

为了提高分辨率,以制造更高密度的超大规模集成电路,可采用其他方法。例如:从光学上采用相位移技术,在化学上可使用反差增强技术。光刻胶的主要技术指标有两个:①曝光的灵敏度,即光刻胶充分完成曝光过程所需的单位面积的光能量(mJ/cm^2),这意味着灵敏度越高,曝光时间越短;②分辨率,即光刻胶曝光和显影等工艺过程限定的、通过光刻工艺能够再现的微细结构的最小特征尺寸。科学工作者为提高光刻胶的性能做了很大的努力,并且取得了一定的成效。近来,为了提高光刻胶曝光的灵敏度,化学增幅光刻胶成为研究热点之一。

2) 光刻

根据曝光时所用辐照源波长的不同,光刻可分为光学光刻法、电子束光刻法、离子束光刻法、X射线光刻法等。

(1) 光学光刻法

目前大规模集成电路制造中,主要使用电子束曝光光刻技术来制备掩模,而使用紫外线光学曝光光刻技术来实现半导体芯片的生产制造。通常用水银蒸气灯做紫外线光源,其光波波长为435nm(G线)、405nm(H线)和365nm(I线)。后来开始使用工作波长为248nm(KrF)或193nm(ArF)的激光,以得到更高的曝光精度。因光刻胶对黄光不敏感,为避免误曝光,光刻车间的照明通常采用黄色光源,这一区域也通常被称为黄光区。

光学光刻的基本工艺包括掩模的制造、晶片表面光刻胶的涂覆、预烘烤、曝光、显影、后烘、刻蚀以及光刻胶的去除等工艺,工艺步骤说明如下:

①掩模的制造。形成光刻所需要的掩模。它是利用电子束曝光法将计算机 CAD 设计图形转换到镀铬的石英板上。

②光刻胶的涂覆。在晶片表面上均匀涂覆一层光刻胶,以便曝光中形成图形。涂覆光刻胶前应将洗净的晶片表面涂上附着性增强剂或将基片放在惰性气体中进行热处理,以增加光刻胶与晶片间的黏附能力,防止显影时光刻图形脱落及湿法刻蚀时产生侧面刻蚀。光刻胶的涂覆是用转速和旋转时间可自由设定的甩胶机来进行的,利用离心力的作用将滴状的光刻胶均匀展开,通过控制转速和时间来得到一定厚度的涂覆层。

③预烘。在 80℃ 左右的烘箱中惰性气氛下预烘 15~30min,以去除光刻胶中的溶剂。

④曝光。将高压汞灯的 G 线或 I 线通过掩模照射在光刻胶上,使其得到与掩模图形同样的感光图案。

⑤显影。将曝光后的基片在显影液中浸泡数十秒钟时间,则正性光刻胶的曝光部分(或者负性光刻胶的未曝光部分)将被溶解,而掩模上的图形就被完整地转移到光刻胶上。

⑥后烘。为使残留在光刻胶中的有机溶液完全挥发,提高光刻胶与晶片的粘接能力及光刻胶的蚀刻能力,通常将基片在 120~200℃ 的温度下烘干 20~30min,这一工序称为后烘。

⑦蚀刻。经过上述工序后,以复制到光刻胶上的图形作为掩模,对下层的材料进行蚀刻,这样就将图形复制到下层的材料上。

⑧光刻胶的去除。在蚀刻完成后,再用剥离液或等离子蚀刻去除光刻胶,完成整个光刻工序。

根据曝光时掩模与光刻胶之间的位置关系,可分为接触式曝光、接近式曝光及投影式曝光。在接触式曝光中,掩模与晶片紧密叠放在一起,曝光后得到尺寸比例为 1:1 的图形,分解率较好。但如果掩模与晶片之间进入了粉尘粒子,就会导致掩模上的缺陷,这种缺陷会影响后续的每次曝光过程。接触式曝光的另一个问题是光刻胶层如果有微小的不均匀现象,会影响整个晶片表面的理想接触,从而导致晶片上图形分辨率随接触状态的变化而变化。不仅如此,这个问题随后续过程的进行还会变得更加严重,而且会影响晶片上的已有结构。

在接近式曝光中,掩模与晶片间有 10~50μm 的微小间隙,这样可以防止微粒进入而导致掩模损伤。然而由于光的波动性,这种曝光法不能得到与掩模完全一致的图形。同时,由于衍射作用,分辨率也不太高。采用波长为 435nm 的 G 线,接近距离为 20μm 曝光时,最小分辨率约为 3μm。而利用接触式曝光,使用 1μm 厚的光刻胶,分辨率则为 0.7μm。

由于上述问题,两种方法均不适合现代半导体生产线。然而在微技术领域,对最小结构宽度要求较少,所以这些方法仍然有重要意义。在现代集成电路制造中用到的主要是采用成像系统的投影式曝光法。该方法又分为等倍投影曝光和缩小投影曝光,其中缩小投影曝光的分辨率最高,适合做精细加工,而且对掩模无损伤,它一般是将掩模上的图形缩小为原图形的 1/10~1/5 复制到光刻胶上。

缩小投影曝光系统主要由高分辨率、高度校正的透镜组成,透镜只在约 $1cm^2$ 的成像区域内,焦距为 1μm 或更小的情况下才具备要求的性能。因此,这种光刻过程中,整个晶片是一步一步、一个区域接一个区域地被曝光的。每步曝光完成后,工作台都必须精确地移动到下一个曝光位置。为保证焦距正确,每部分应单独聚焦。完成上述重复曝光的曝光系统称为步进机。

在缩小投影曝光中一个值得关注的问题是,成像时的分辨率和焦深。由光学知识可知,波长的减小和数值孔径的增大均可以提高图形的分辨率,但同时也可能导致焦深的减小。当焦深过小时,晶片的不均匀性、光刻胶厚度变化及设备误差等很容易导致不能聚焦。因此,必须在高分辨率和大焦深中寻找合适的值以优化工艺。调制传递函数规定了投影设备的成像质量,通过对衍射透镜系统 MTF 的计算可以知道,为了得到较高的分辨率,使用相干光比非相干光更有利。

(2)电子束光刻法

它是利用聚焦后的电子束在感光膜上准确地扫描出所需要的图案的方法。最早的电子束曝光系统是用扫描式电子显微镜修改而制成的,该系统中电子波长约 0.005～0.02nm,可分辨的几何尺寸小于 0.1μm,因而可以得到极高的加工精度,对于光学掩模的生产具有重要的意义。在工业领域内,电子束光刻法是目前制造出纳米级尺寸任意图形的重要途径。

电子束在电磁场或静电场的作用下会发生偏转,因此可以通过调节电磁场或静电场来控制电子束的直径和移动方式,使其在对电子束敏感的光刻胶表面刻写出定义好的图形。根据电子束为圆形波束(高斯波束)或矩形波束可分为投影扫描或矢量扫描方式,这些系统都以光点尺寸交叠的方式刻写图形,因而刻写速度较慢。

为生成尽可能精细的图形,不仅需要电子束直径达到最小,而且与电子能量、光刻胶及光刻胶下层物质有很大的关系。电子在进入光刻胶后,会发生弹性和非弹性的散射,并因此而改变其运动方向直到运动停止。这种偏离跟入射电子能量和光刻胶的原子质量有很大的关系。当光刻胶较厚时,在入射初期电子因能量较高运动方向基本不变,但随能量降低,散射将使其运动方向发生改变,最后电子在光刻胶内形成上窄下宽的"烧瓶"状实体。为得到垂直的侧壁,需要利用高能量的电子对厚光刻胶进行曝光,以增大"烧瓶"的垂直部分,如图 8-13a)所示。

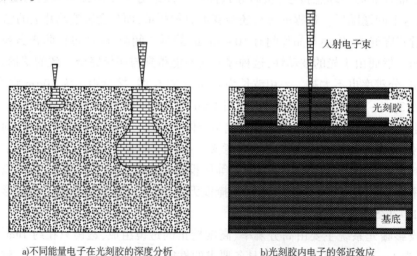

a)不同能量电子在光刻胶的深度分析　　b)光刻胶内电子的邻近效应

图 8-13　电子能量对曝光的影响

然而,随着入射电子束能量的加大,往往产生一种被称为邻近效应的负面结果。在掩模刻写过程中,过高的能量可能导致电子完全穿透光刻胶而到达下面的基片。由于基片材料的原子质量较大,导致电子散射的角度也很大,甚至可能超过 90°。因此光刻胶上未被照射的部分被来自下方的散射电子束曝光,这种现象称为邻近效应。当邻近区域存在微细结构时,这种效应可能导致部分细结构无法辨认,见图 8-13b)。

邻近效应是限制电子束光刻分辨率的一个因素,它受入射电子的能量、基片材料、光刻胶材料及其厚度、对比度和光刻胶成像条件等的影响,通过改变这些参数或材料可以降低影响。另外,还可将刻写结构分区,不同的区域依其背景剂量采用相应的参数,如采用不同的电子流密度或不同的曝光方法等来补偿邻近效应的影响。

采用电子束光刻法时,因其焦深比较大,故对被加工表面的平坦度没有苛刻的要求。除此之外,相对于光学光刻法电子束光刻法还具有如下特点:

① 电子束波长短,衍射现象可忽略,因此分辨率高。
② 能在计算机控制下不用掩模直接在硅晶片上生成特征尺寸在亚微米范围内的图案。
③ 可用计算机进行不同图案的套准,精度很高。电子束光刻法没有普遍应用在生产中的原因:邻近效应降低了其分辨率;与光学方法相比,曝光速度较慢。

(3) 离子束光刻法

除离子源外,离子束曝光系统和电子束曝光系统的主要结构是相同的。它的基本工作原理是,通过计算机来控制离子束使其按照设定好的方式运动,利用被加速和被聚焦的离子直接在对离子敏感的光刻胶上形成图形而无须掩模。

离子束光刻法的主要优点:

① 邻近效应很小,这是因为离子的质量较大,不大可能出现如同电子般发生大于 90°的散射而运动到邻近光刻胶区域的现象。
② 光敏性高,这是由于离子在单位距离上聚集的能量比电子束要高得多。
③ 分辨率高,特征尺寸可以小于 10nm。
④ 可修复光学掩模(将掩模上多余的铬去掉)。
⑤ 直接离子刻蚀(无须掩模),甚至不需要光刻胶。

虽然有众多优点,但离子束光刻法在工业上大规模推广应用困难,主要在于难以得到稳定的离子源。此外,能量在 1MeV 以下的重离子的穿入深度仅 30~500nm,并且离子能穿过的最大深度是固定的,因此离子光刻法只能在很薄的层上形成图形。离子束光刻法的另一局限性表现为,尽管光刻胶的感光度很高,但由于重离子不能像电子那样被有效地偏转,离子束光设备很可能不能解决连续刻写系统的通过量问题。

离子束光刻法最有吸引力之处是它可以同时进行刻蚀,因而有可能把曝光和刻蚀在同一工序中完成,但离子束的聚焦技术还没有电子束的成熟。

(4) X 射线光刻法

X 射线的波长比紫外线短 2~3 个数量级,用作曝光源时可提高光刻图形的分辨率,因此,X 射线曝光技术也成为人们研究的新课题。但由于没有可以在 X 射线波长范围内成像的光学元件,X 射线光刻法一般采用简单的接近式曝光法来进行。

产生可利用的 X 射线源包括高效能 X 射线管、等离子源、同步加速器等。采用 X 射线管产生 X 射线曝光的基本原理是,采用一束电子流轰击靶使其辐射 X 射线,并在 X 射线投射的路程中放置掩模版,透过掩模的 X 射线照射到硅晶片的光刻胶上并引起曝光。而等离子源 X 射线是利用高能激光脉冲聚射靶电极产生放电现象,结果靶材料蒸发形成极热的等离子体,离子通过释放 X 射线进行重组。

X 射线的掩模材料包括非常薄的载体薄片和吸收体。载体薄片一般由原子数较少的材料,如铍、硅、硅氮化合物、硼氮化合物、硅碳化合物和钛等构成,以使穿过的 X 射线的损失最小化。塑料膜由于形状稳定性和 X 射线耐久性差,不适合使用。吸收体材料一般采用电镀金,也可以使用钨和钽。为了使照射过程中掩模内的变形最小,掩模的尺寸一般不超过 50mm×50mm,所以晶片的曝光应采用分步重复法完成。

对简单的接近曝光法而言,X 射线的衍射可忽略不计,影响分辨率的主要原因是产生半阴影和几何畸变。其中,半阴影大小跟靶上斑的尺寸、靶与光刻胶的距离及掩模与光刻胶的距离有关;而因入射 X 射线跟光刻胶表面法线不平行所导致的几何畸变,则跟曝光位置偏离 X 射线光源到晶片表面垂直点的距离有关,距离越大,畸变越大。

除了波束不平行容易导致几何畸变外,采用 X 射线管和等离子源的最大缺点还在于,X 射线产生和曝光的效率低,在工业应用中还不够经济。而采用同步加速器辐射产生的 X 射线则具备下列优点:①连续光谱分布;②方向性强,平行度高;③亮度高;④时间精度在 1×10^{-12}s 范围内;⑤偏振;⑥长时间的高稳定性;⑦可精确计算等。就亮度和平行度而言,这种光源完全能够满足光刻法要求的边界条件。

多年来,人们一直在讨论 X 射线光刻法在半导体制造业中的应用,目前存在的主要技术问题是如何提高掩模载体薄片的稳定性以及校正的精确性。近年来,由于光学光刻领域取得了显著成就,使得可制造的最小结构尺寸不断缩小,因此推迟了 X 射线光刻技术的应用。但采用同步加速辐射 X 射线光刻法,以其独特的光谱特性在制作微光学和微机械结构中发挥了重要的作用。

3) 蚀刻

蚀刻是紧随光刻之后的微细加工技术,是指将基底薄膜上没有被光刻胶覆盖的部分,以化学反应或者物理轰击的方式加以去除,将掩模图案转移到薄膜上的一种加工方法。蚀刻类似于光刻工序中的显影过程,区别在于显影是通过显影液将光刻胶中未曝光的洗掉,而蚀刻去掉的则是未被覆盖住的薄膜,这样在经过随后的去胶工艺后即可在薄膜上得到加工精细的图形。最初的微细加工是对硅或薄膜的局部湿化学蚀刻,加工的微元件包括悬臂梁、横梁和膜片,至今,这些微元件还在压力传感器和加速度计中使用。

根据采用的蚀刻剂不同,蚀刻可分为湿法蚀刻和干法蚀刻。湿法蚀刻是指采用化学溶液腐蚀的方法,其机理是使溶液内的物质与薄膜材料发生化学反应生成易溶物。通常硝酸与氢氟酸的混合溶液可以蚀刻各向同性的材料,而碱性溶液可以蚀刻各向异性的材料。干法蚀刻则是利用气体或等离子体进行的,在离子对薄膜表面进行轰击的同时,气体活性原子或原子团与薄膜材料反应,生成挥发性的物质被真空系统带走,从而达到蚀刻的目的。理想的蚀刻结果是在薄膜上精确地重现光刻胶上的图形,形成垂直的沟槽或孔洞。然而,由于实际蚀刻过程中往往产生侧向的蚀刻,会造成图形的失真。为尽可能得到符合要求的图形,蚀刻工艺通常要着重考虑一些技术参数:蚀刻的各向异性、选择比、均匀性等。

蚀刻的各向异性中的"方向"包含两重含义。一是指有不同晶面指数的晶面,通常用在半导体芯片以外的微机械加工中。对晶体进行蚀刻处理时,某些晶面的蚀刻速度比其他晶面要快得多,例如:采用某些氢氧化物溶液和胺的有机酸溶液蚀刻时,(111)晶面比(100)和(110)晶面要慢得多。这种各向异性在微细加工中有重要意义,它使微结构表面处于稳定的(111)晶面。另一种含义是指蚀刻中的"横向"和"纵向",通常用在半导体加工中。在要求形成垂直的侧面时,应采用合适的蚀刻剂和蚀刻方法,使垂直蚀刻速度最大而侧向蚀刻速度最小,从而形成各向异性蚀刻。此时,若采用各向同性蚀刻,侧向的蚀刻会导致线条尺寸比设计的要宽,达不到要求的精度。蚀刻方向性如图 8-14 所示。

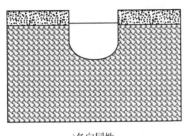
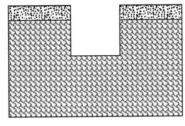

a)各向同性　　　　　　　　　　b)各向异性

图 8-14　蚀刻方向性

在蚀刻过程中,同时暴露于蚀刻环境下的两种物质被蚀刻的速率是不同的,这种差异往往用选择比来度量。一般将同一蚀刻环境下物质 A 的蚀刻速率和物质 B 的蚀刻速率之比称为 A 对 B 的选择比。例如,除了裸露的基底薄膜被蚀刻去除外,光刻胶也被蚀刻剂减薄了,尤其对于干法蚀刻,离子轰击导致光刻胶被蚀刻得更加明显,此时,薄膜的蚀刻速率与光刻蚀刻速率之比被称为薄膜对光刻胶的选择比。一般而言,选择比越大越好,在采用湿法蚀刻时选择比甚至可以接近无穷大。

蚀刻均匀性是衡量同一加工过程中蚀刻形成的沟槽或孔洞蚀刻速率差异的重要指标。在晶片不同位置接触到的蚀刻剂浓度、蚀刻等离子体活性原子、离子轰击强度不同是造成蚀刻速率差异的主要原因。此外,蚀刻孔洞的纵横比(深度和直径之比)不同也是造成蚀刻速率差异的重要原因。

(1) 湿法蚀刻

湿法蚀刻的反应过程与一般的化学反应相同,反应速率与温度、溶液浓度等有很大关系。例如,在采用氢氟酸来蚀刻二氧化硅时,发生的是各向同性蚀刻,典型的生成物是气态的 SiF_4 和水。在现代半导体加工中这种蚀刻往往是各向同性的,因侧壁的腐蚀可能会导致线宽增大,当线宽度要求小于 $3\mu m$ 时通常要被干法蚀刻所代替。而在硅的微机械加工中,由于具有操作简单、设备价格低廉等优点,湿法蚀刻仍有广泛的用途。在硅的湿法蚀刻技术使用至今 30 多年的时间内,生产出大量的微结构产品,如由硅制造或者建立在硅基础上的膜片、支撑和悬臂,光学或流体中使用的槽、弹簧、筛网等,至今仍被广泛应用于各种微系统中。

在半导体加工领域,湿法蚀刻具有如下特点:

①反应产物必须是气体或能溶于蚀刻液的物质,否则会造成反应产物的沉淀,从而影响蚀刻过程的正常进行。

②一般而言,湿法蚀刻是各向同性的,因而产生的图形结构是倒八字形而非理想的垂直墙。

③反应过程通常伴有放热和放气。放热造成蚀刻区局部温度升高,引起反应速率增大;反过来温度会继续升高,从而使反应处于不可控的恶劣环境中。放气会造成蚀刻区局部地方因气泡使反应中断,形成局部缺陷及均匀性不够好等问题。可通过对溶液进行搅拌、使用恒温反应容器等解决上述问题。

根据不同的加工要求,微机械领域通常使用的蚀刻剂包括 HNA 溶液(HF 溶液+NHO_3 溶液+CH_3COOH 溶液+H_2O 的混合液)、碱性氢氧化物溶液(以 KOH 溶液最普遍)、氢氧化铵溶液(如 NH_4OH、氢氧化四乙胺、氢氧化四甲基铵的水溶液,后两者可分别缩写为 TEAH 和 TMAH)、乙烯二胺-邻苯二酚溶液(通常称为 EDP 或 EDW)等,分别具有不同的蚀刻特性,可用于不同材料的蚀刻。其中,除 HNA 溶液为各向同性的蚀刻剂外,其他几种溶液均为各向异性蚀刻剂,对不同晶面有不同的蚀刻速率。

采用各向异性的蚀刻剂可制造出各种类型的微结构,在相同的掩模图案下,它们的形状由被蚀刻的基体硅晶面位置和蚀刻速度决定。(111)晶面蚀刻很慢,而(100)晶面和其他晶面蚀刻相当快。(122)晶面和(133)晶面上的凸起部分因为速度快而被切掉了。利用这些特性可以制造出凹槽、薄膜、台地、悬臂梁、桥梁和更复杂的结构。

蚀刻的结果主要通过控制时间来进行,在蚀刻速率已知的情况下,调整蚀刻时间可得到预定的蚀刻深度。此外,采用阻挡层是半导体加工中常用的方法,即在被蚀刻薄膜下所需深度处预先沉积一层对被加工薄膜选择比足够大的材料作为阻挡层,当薄膜被蚀刻到这一位置时将因蚀刻速率过低而基本停止,这样可以得到所要求的蚀刻深度。

(2)干法蚀刻

它是以等离子体来进行薄膜蚀刻的一种技术。因为蚀刻反应不涉及溶液,所以称为干法蚀刻。在半导体制造中,采用干法蚀刻避免了湿法蚀刻容易引起重离子污染的缺点,更重要的是它能够进行各向异性蚀刻,在薄膜上蚀刻出纵横比很大、精度很高的图形。

干法蚀刻的基本原理是,对处于适当低压状态下的气体施加电压使其放电,这些原本中性的气体分子将被激发或离解成各种不同的带电离子、活性原子或原子团、分子、电子等,这些粒子的组成称为等离子体。等离子体是气体分子处于电离状态下的一种现象,因此,等离子体中有带正电的离子和带负电的电子,在电场的作用下可以被加速。若将被加工的基片置于阴极,其表面的原子将被入射的离子轰击,形成蚀刻。这种蚀刻方法以物理轰击为主,因此具备极佳的各向异性,可以得到侧面接近90°垂直的图形,但缺点是选择性差,光刻胶容易被蚀刻。另一种蚀刻方法是利用等离子体中的活性原子或原子团,与暴露在等离子体下的薄膜发生化学反应,形成挥发性物质的原理,与湿法蚀刻类似,因此具有较高的选择比,但蚀刻的速率比较低,也容易形成各向同性蚀刻。

现代半导体加工中使用的是结合了上述两种方法优点的反应离子蚀刻法。它是一种介于溅射蚀刻与等离子体蚀刻之间的蚀刻技术,同时使用物理和化学的方法去除薄膜。采用反应离子蚀刻法可以得到各向异性蚀刻结果的原因在于,选用合适的蚀刻气体,能使化学反应的生成物是一种高分子聚合物。这种聚合物将附着在被蚀刻图形的侧壁和底部,导致反应停止。但由于离子的垂直轰击作用,底部的聚合物被去除并被真空系统抽离,因此反应可继续进行,而侧壁则因没有离子轰击而不能被蚀刻。这样可以得到一种兼具各向异性蚀刻优点和较高选择比与蚀刻速率的满意结果。

对硅等物质的蚀刻气体,通常为含卤素类的气体(如 CF_4、CHF_3)和惰性气体(如 Ar、XeF_2 等)。其中,C 用来形成以—$[CF_2]$—为基的聚合物,F 等活性原子或原子团用来产生蚀刻反应,而惰性气体则用来形成轰击及稳定等离子体等。

干法蚀刻的终点检测通常使用光发射分光仪来进行,当到达蚀刻终点后,激发态的反应生成物或反应物的特征谱线会发生变化,用单色仪和光电倍增器来监测这些特征谱线的强度变化就可以分析薄膜被蚀刻的情况,从而控制蚀刻过程。

干法蚀刻在半导体微细加工中具有重要地位,主要存在的问题包括:①离子轰击导致的微粒污染问题;②整个晶片中的均匀性问题,包括所谓的微负载效应(被蚀刻图形分布的疏密不同导致蚀刻状态的差异);③等离子体引起的损伤,包括蚀刻过程中的静电积累损伤栅极绝缘层等。

8.1.11 LIGA 加工

为了克服光刻法制作的零件厚度过薄的不足,20 世纪 70 年代末德国卡尔斯鲁厄原子研究中心提出了一种进行三维微细加工颇有前途的方法——LIGA 法。它是在一种生产微型槽分离喷嘴工艺的基础上发展起来的。LIGA 一词源于德文缩写,代表了该工艺的加工步骤。其中,LI 表示 X 射线光刻,G 表示金属电镀,A 表示注塑成型。

自 LIGA 工艺问世以来,德国、日本、美国、法国等相继投入巨资进行开发研究,我国也逐步开始了在 LIGA 技术领域的探索应用。上海交通大学在 1995 年利用 LIGA 技术成功地研制出直径为 2mm 的电磁微马达的原理性样机。上海冶金所采用深紫外线曝光的准 LIGA 技术,电铸后得到了 $10\mu m$ 的 Ni 微结构,且零件表面性能优良。由此可见,LIGA 技术在微细加工领域具有巨大的潜力。

LIGA 工艺具有适用多种材料、图形纵横比高、任意侧面成型等众多优点,可用于制造各种领域的元件,如微结构、微光学、传感器和执行元件技术领域中的元件。这些元件在自动化技术、加工技术、常规机械、分析技术、通信技术和化学、生物、医学技术等领域得到了广泛的应用。

1) LIGA 的工艺过程

(1) X 射线光刻。这是 LIGA 工艺的第一步,包括:①将厚度约为几百微米的塑料可塑层涂于一个金属基底或一个带有导电涂覆层的绝缘板上作为基底,X 射线敏感塑料(X 射线抗蚀剂)直接被聚合或黏合在基底上;②由同步加速器产生的平行、高强度 X 射线辐射,通过掩模后照射到 X 射线抗蚀剂上进行曝光,完成掩模图案转移;③将未曝光部分(对正性抗蚀剂而言)通过显影液溶解,形成塑料的微结构。

(2) 金属电镀。这是指在显影处理后用微电镀的方法由已形成的抗蚀剂结构形成一个互补的金属结构,如铜、镍或金等被沉积在不导电的抗蚀剂的空隙中,与导电的金属底板相连形成金属模板。在去除抗蚀剂后,这一金属结构既可作为最终产品,也可以作为继续加工的模具。

(3) 注塑成型。这是将电镀得到的模具用于喷射模塑法、活性树脂铸造或热模压印中,几乎任何复杂的复制品均可以相当低的成本生产。由于用同步 X 射线光刻及其掩模成本较高,也可采用此塑料结构进行再次电镀填充金属,或者作为陶瓷微结构生产的一次性模型。

LIGA 工艺基本过程如图 8-15 所示。

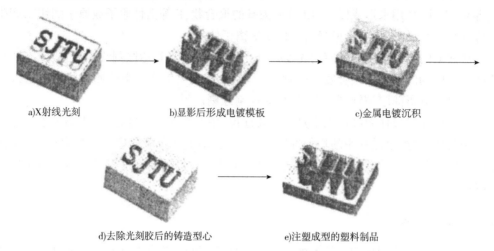

a)X 射线光刻　　　　b)显影后形成电镀模板　　　　c)金属电镀沉积

d)去除光刻胶后的铸造型心　　　　e)注塑成型的塑料制品

图 8-15　LIGA 工艺基本过程

2) LIGA 加工的特点

LIGA 加工是一种超微细加工技术。由于 X 射线平行性很高,使微细图形的感光聚焦深度远比光刻法为深,一般可达 25 倍以上,因而蚀刻的图形厚度较大,使制造出的零件具有较大的实用性。此外,X 射线波长小于 1nm,可以得到精度极高、表面光洁的零件。对那些降低要求后不妨碍精度和小型化的结构而言,X 射线光刻也可用光学光刻法来代替,同时也应采用相应的光刻胶。但由于光的衍射效应,获得的微结构在垂直度、最小线宽、边角圆化方面均有不同程度的损失。采用直接电子束光刻也可完成这一步骤,其优缺点见本章关于电子束光刻的叙述。

综上所述,采用 LIGA 技术进行微细加工具有如下特点:

(1) 制作的图形结构纵横比高(可达 100∶1)。

(2) 适用于各种材料,如金属、陶瓷、塑料、玻璃等。

(3) 可重复制作,可大批量生产,成本低。

(4) 适合制造高精度、低表面粗糙度要求的精密零件。

3) LIGA 技术的发展

为最大限度地覆盖所有可能的应用范围,由标准的 LIGA 工艺又衍生出了很多工艺和附加步骤,比较典型的如牺牲层技术、三维结构附加技术等。

如果采用传统的微机械加工方法来制造微机械传感器和微机械执行装置,那么在许多情况下必须设计静止微结构和运动微结构。通常,运动微结构和静止微结构都是集成的,难以混合装配,即使能混合装配也往往受到所需尺寸公差的限制。此时,通过引入牺牲层,也可以用 LIGA 工艺来生产运动微结构。因此,对运动传感器和执行装置的生产而言,有很多材料可以使用,同时可以生产没有侧面成型限制的结构。

牺牲层一般采用与基底和抗蚀剂都有良好附着力的材料,其与其他被使用的材料一样均有良好的选择蚀刻的能力和良好的图案形成能力等。牺牲层参与整个 LIGA 过程,在形成构件后被特定的蚀刻剂全部腐蚀掉。钛层由于具备上述优良的综合性能,通常被选作 LiGA

工艺中的牺牲层材料。

尽管标准的 LIGA 工艺难以生产复杂的三维结构,但通过附加的其他技术,如阶梯、倾斜、二次辐射等技术,就可以生产出结构多变的立体结构。例如,通过在不同的平面上成型,将掩模和基底相对于 X 射线偏转一定角度,有效利用来自薄片边缘的荧光辐射,就可以分别加工出台阶状、倾斜、圆锥形等结构。

由于需要昂贵的同步辐射 X 光源和制作复杂的 X 射线掩模,LIGA 加工技术的推广应用并不容易,并且与 IC 技术不兼容。因此,1993 年人们提出了采用深紫外线曝光、光敏聚酰亚胺代替 X 射线光刻胶的准 LIGA 工艺。

除了光刻和 LIGA 加工以外,采用微细机械加工和电加工技术来制造微型结构的例子也并不少见。这些方法包括机械微细加工、放电微细加工、激光微细加工等,它们往往是几种技术的结合体,能够完成一些非常规的加工工艺。

8.1.12 机械微细加工

用来进行机械微细加工的机床,除了要求有更加精密的金刚石刀具外,还需要满足一系列苛刻的限制条件,主要包括:各轴须有足够小的微量移动、低摩擦的传动系统、高灵敏高精度的伺服进给系统、高精度定位和重复定位能力、抗外界振动和抗干扰能力,以及敏感的监控系统等。虽然各部件的尺寸在毫米或厘米量级,但机械微细加工的最小尺寸却可以达到几个微米。

金属薄片式结构和其他凸形(外)表面的切削,大多可以用单晶金刚石微车刀或微铣刀两种精密刀具来加工完成。典型的金刚石微刀具的切削宽度是 $100\mu m$,头部楔形角为 $20°$,切削深度为 $500\mu m$。金属薄片微结构体可以应用于各种场合。除此之外,微结构也可以使用非常小的钻头和平底铣刀加工。在加工凹形(内)表面时,最小的加工尺寸受刀具尺寸的限制,如用麻花钻可加工小至 $500\mu m$ 的孔,更小的则无麻花钻商品,可采用扁钻。

机械微细加工中精确的刀具姿态和工件位置是保证微小切除量的前提条件。其中,最关键的问题是刀具安装后的姿态及其与主轴轴线的同轴度是否和坐标一致。为此,可在同一机床上制作刀具后再进行加工,使刀具的制作和微细加工采用同一工作条件,避免装夹的误差。如果在机床上采用线放电磨削制作铣刀,这样的铣刀可以铣出 $50\mu m$ 宽的槽。

机械微细加工为钢模的三维制造提供了一种选择,除此以外还可以获得较高的表面质量。使用前述的光刻,蚀刻等微结构制造技术进行轮廓加工是很困难的,因此机械微细加工是对这些传统微结构制造技术的补充,特别是当加工比较大的复杂结构(大于 $10\mu m$)时,机械微细加工更为有效。

采用机械微细加工生产的产品,很多已投入实际的应用中。以德国 FZK 研究中心的成果为例,在航空、生物、化工、医疗等领域获得广泛应用的机械微细加工产品,包括微型热交换器、微型反应器、细胞培养的微型容器、微型泵、X 射线强化屏等。随着与其他微细加工机械相结合,机械微细加工产品必然会应用于更加广泛的领域。

8.2 微电子工业和微机电系统的微细加工

8.2.1 微电子工业的微细加工

1）微细加工技术对微电子技术发展的重大影响

近50多年来，微电子技术的迅速发展，使人们的生产和生活发生了很大的变化。所谓微电子技术，就是制造和使用微型电子器件、元件和电路而实现电子系统功能的技术。它具有尺寸小、重量轻、可靠性高、成本低等特点，使电子系统的功能大为提高。这项高技术是以大规模集成电路为基础发展起来的，而集成电路又是以微细加工技术的发展作为前提条件的。在一块陶瓷衬底上可包封单个或若干个芯片，组成超小型计算机或其他多功能电子系统。同时，可与系统设计、芯片设计自动化、系统测试等其他现代科学技术相结合，组成微电子技术整体。它还能与其他技术互相渗透，逐步演变成极其复杂的系统。

自1958年世界上出现第一块平面集成电路以来，集成电路的集成度不断提高：一个芯片包含几个到几十个晶体管的小规模集成电路（SSI）→包含几千个、几万个晶体管的大规模集成电路（LSL）→包含几十万个、几百万个、几千万个晶体管的超大规模集成电路（VLSL），然后又从特大规模集成电路（VLSI）向吉规模集成电路（GSI 或称吉集成）进军，可在一个芯片上集成几亿个、数十亿个元器件。由上可见，一个芯片上的集成度有了高速度发展，而这样巨大的变化首先应归功于高速发展的微细图形加工技术。

微电子技术的发展除了不断提高集成度之外，另一个方向就是不断提高器件的运行速度。要发展更高速度集成电路，一是把集成电路做得小，二是使载流子在半导体内运动更快。提高电子运动速度的基本途径是选用电子迁移率高的半导体材料，如砷化镓等材料，它们的电子迁移率比硅高得多。另一类引人注目的材料是超晶格材料。其通过材料内部晶体结构的改变而使电子迁移率显著提高。如果把一种材料与另一种材料周期性地放在一起，比如把砷化镓和镓铝砷一层一层"夹心饼干"似地结合在一起，并且每一层做得很薄，达到几个原子厚度，就会使材料的横向性能和纵向性能不一样，形成很高的电子迁移率。原来认为工业生产这种超晶格材料很难，但是由于分子束外延和有机化学气相沉积等生产超薄层表面技术的发展，在制作工艺上取得了重大突破。

当晶体管本身的速度上去了，在许多情况下集成电路延迟时间的主要矛盾会落在晶体管与晶体管之间的引线（互联线）上。要降低引线的延迟时间，可采用多层布线，减小线间电容。据估计，多层布线达8~10层，才能使引线对延迟时间的影响不起主要作用。多层布线是一项重要的微细加工技术，人们关注它的发展，不仅在于它的功能、质量，还在于它的成本。

人们为满足不同领域的应用需要，生产了许多标准通用集成电路。目前全世界集成电路（IC）的品种多达数万种，但是仍然不能满足用户的广泛需要。用标准IC组合起来很难满足各种不同的用途，同时增加了IC块数、器件的体积和重量，并且可能降低器件的性能和可靠性，于是专门集成电路（ASIC）便应运而生。例如，ASIC的生产，采用门阵列的方式，把门阵列预先设计制作在半导体内,有的把第一次布线也布好了;然后根据需要进行第二次布线,做成需要的品种。这种方法能做到多品种、小批量生产,周期短,成本低,使超大规模集成电路的应用范围大大扩展。

综上所述,表面微细加工技术是微电子技术的工艺基础,并且对微电子技术的发展有着重大的影响。

2) 微电子微细加工技术的分类和内容

从目前的研究和生产情况来归纳,微电子微细加工技术主要由微细图形加工技术、精密控制掺杂技术和超薄层晶体及薄膜生成技术三部分组成,见表8-1。

微电子微细加工技术　　　　　　表 8-1

类别	含义	内容
微细图形加工技术	在基板表面上微细加工成所要求的薄膜图形,具体方法有反向蚀刻法、一般光刻法和掩模法等。目前,通常采用掩模法,包括光掩模制作技术(简称制版)和芯片集成电路图形曝光蚀刻技术(简称光刻)	(1) 掩模制作技术,包括计算机辅助设计、计算机辅助制版、中间掩模版制作技术、工作掩模制作技术、掩模缺陷检查技术、掩模缺陷修补技术; (2) 图形曝光技术,包括遮蔽式复印曝光技术、投影成像曝光技术、扫描成像技术; (3) 图形蚀刻技术,包括湿法蚀刻技术、干法蚀刻技术
精密控制掺杂技术	应用离子掺杂技术,精密地控制掺杂层的杂质浓度、深度及掺杂图形几何尺寸	(1) 离子注入技术; (2) 离子束直接注入成像技术
超薄层晶体及薄膜生成技术	在集成电路生产过程中,半导体基板表面上生长或沉积各种外延膜、绝缘膜或金属膜的工艺技术	(1) 离子注入成膜技术; (2) 离子束外延技术; (3) 分子束外延技术; (4) 低温化学气相沉积技术; (5) 热生长技术

3) 集成电路的制作

图 8-16 所示为集成电路制作过程。其中,芯片的制造是整个集成电路制作过程的核心,它所用到的技术很多,如掩模生长和沉积(如氧化、CVD)、图形生成(如光刻)、掺杂(如扩散、离子注入)、隔离(如介质隔离、PN 结隔离、等平面隔离等)、金属化互连(如蒸镀、溅射、合金镀、剥离、蚀刻、多金属化)、钝化(如低压 CVD、溅射、阳极氧化),以及工艺检测和监控技术等。

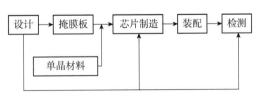

图 8-16　集成电路制作过程

下面以 CMOS 集成电路为例,对集成电路的制作过程做简要的介绍。

先说明 MOS 晶体管的概念。它是一个有代表性的有源器件,是金属-氧化物-半导体场效应晶体管(MOSFET)的简称。其有四个电极(图 8-17):源(S)、漏(D)、栅(G)、衬底(B)。源和漏是 P 型硅表面高浓度磷元素形成的两个 N^+ 扩散区;栅是用真空蒸镀法在绝缘体 SiO_2 上形成的金属电极。通常,衬底与源是通过把硅表面上的金属连接起来使用的,故此时 MOS 晶体管可看作三电极器件。

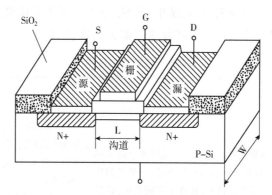

图 8-17　MOS 晶体管的基本结构图

MOS 晶体管有多种分类方法。按沟道类型可分为 N 沟道增强型、N 沟道耗尽型、P 沟道增强型和 P 沟道耗尽型四种。所谓增强型,是指在零栅压下源-漏之间基本上无电流通过,只有当源-漏电压超过阈电压时才有明显的电流。所谓耗尽型是指在零栅极下已有明显电流,只有外加适当大小的负栅压时才能使电流消失。

互补金属-氧化物-半导体(CMOS)集成电路由 NMOS 和 PMOS(即 N 沟道 MOS 管和 P 沟道 MOS 管)两种类型器件组成。它的基本电路单元是倒相器和传输门。前者,PMOS 和 NMOS 器件相串联;后者,PMOS 和 NMOS 器件相并联。由它们或它们的变型,可组成各种 CMOS 电路。CMOS 是一种适合于超大规模集成电路的结构,实现 CMOS 电路的工艺技术有多种。图 8-18 所示为 CMOS 单元复合图和等效电路。图 8-19 所示为 CMOS 集成电路的制作过程实例。

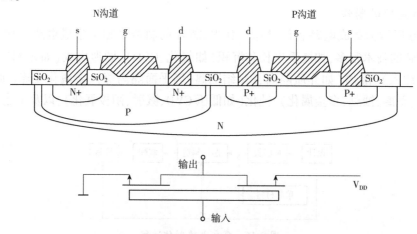

图 8-18　CMOS 单元复合图和等效电路

第8章 表面加工技术

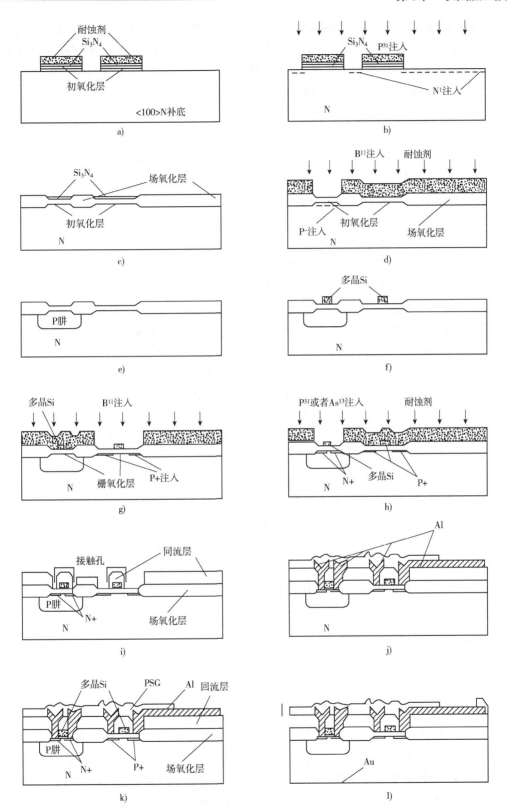

图 8-19 CMOS 集成电路的制作过程实例

图 8-19a)所示为原始基片准备:硅圆片直径 76~100mm,其电阻率 $\rho=2~4\Omega\cdot cm$;对硅片表面进行高温氧化(初氧化),900~1050℃,形成厚度为 80~150nm 的 SiO_2 薄膜;采用 LPCVD(低压 CVD)方法在 SiO_2 表面生长一层厚度为 80~150nm 的 Si_3N_4 薄膜;第一次光刻,形成图中所示的场区;采用等离子蚀刻法,将露出的 Si_3N_4 和 SiO_2 去除。

图 8-19b)所示为场区磷注入:离子注入能量 $E=100~150keV$;注入剂量 $D=6\times10^{12}~6\times10^{13}/cm^2$。

图 8-19c)所示为场氧化:950~1050℃,水汽氧化时间为 6~15h,厚度 $d_{SiO_2}=1~7\mu m$。

图 8-19d)所示为第二次光刻:对 P 肼进行光刻,先腐蚀 SiO_2,然后用等离子蚀刻 Si_3N_4;P 肼注入硼,离子注入能量 $E=40~80keV$,注入剂量 $D=1\times10^{12}~2\times10^{12}/cm^2$。

图 8-19e)所示为去胶和 P 肼推进:将光刻胶去除后,在 1150~1200℃、N_2 气氛中推进 P 肼,扩散时间为 12~24h。

图 8-19f)所示为腐蚀 SiO_2 和栅氧化:先腐蚀掉有源区上的 SiO_2,然后进行栅氧化,工艺为 900~1000℃下形成厚度 $d_{SiO_2}=60~90nm$ 的氧化层;用 LPCVD 法沉积多晶硅,厚度为 400~600nm;掺磷方块电阻 $\rho=30~45\Omega/\square$;进行第三次光刻,蚀刻多晶硅,形成多晶硅引线图案。

图 8-19g)所示为第四次光刻:蚀刻 P 管源漏区,并对 P 管源漏进行硼注入掺杂,离子注入能量 $E=40~60keV$,注入剂量 $D=4\times10^{14}~10^{15}/cm^2$。

图 8-19h)所示为第五次光刻:蚀刻 N 管源漏区,并对 N 管源漏进行磷注入掺杂,离子注入能量 $E=80~150keV$,注入剂量 $D=8\times10^{14}~4\times10^{15}/cm^2$。

图 8-19i)所示为第六次光刻:用 LPCVD 法沉积 PSG(硅酸磷玻璃)绝缘膜,其中磷的质量分数为 7%~9%,绝缘膜的厚度为 400~800nm;对绝缘膜进行光刻,刻出接触孔和腐蚀接触孔。

图 8-19j)所示为第七次光刻:在蒸镀 Al 前,用 $H_2SO_4+H_2O_2$ 溶液加质量分数为 5% 的 HF 对表面进行漂洗;蒸镀 Al,膜厚 0.6~0.8μm;然后进行第七次光刻,蚀刻 Al 膜,形成导电层。

图 8-19k)所示为第八次光刻:400~500℃,在含 H_2(质量分数为 30%)的 N_2 气氛中测试;用等离子体化学气相沉积(PECVD)法沉积一层钝化膜 SiO_2-PSG-SiO_2;进行第八次光刻,形成压焊焊盘。

图 8-19l)所示为背面减薄:最后在背面蒸镀一层厚度 $d_{Au}=0.2~0.4\mu m$ 的金膜。工艺条件为:380~420℃,在 N_2 气氛中。

8.2.2 微机电系统的微细加工

1) 微机电系统的现状与发展

微机电系统器件的研制始于 20 世纪 80 年代后期。1987 年,美国研制出转子直径为 60~120μm 的硅微静电电动机,执行器直径约为 100μm,转子与定子的间隙为 1~2μm,工作电压为 35V 时,转速达 15000r/min。这是主要用刻蚀等微细加工技术在硅材料上制作三维可动机电系统。1993 年,美国 ADI 公司将微型加速度计商品化,大量用于汽车防撞气囊。近 20 多年来,微机电系统技术与产品在全世界获得了迅速的发展,主要表现在以下方面:

(1) 微型传感器。例如微型压力传感器、微型加速度计、喷墨打印机的微喷嘴、数字显微镜的显示器件等已实现产业化。

（2）微型执行器。微型电动机是典型的微型执行器,其他有微开关、微谐振器、微阀、微泵等。

（3）微型燃料蓄电池。例如,先在硅晶圆上用 4 次光刻工序做成互连结构;然后用干法蚀刻,在硅晶圆上开孔,制成燃料 H_2 的供应口;最后,用光刻技术形成高 $100\mu m$ 左右的同心圆状筒结构,形成三维电极,并在筒内充满聚苯乙烯(PS)微粒的胶体溶液,使其干燥,以形成 PS 微粒堆积物。

（4）微型机器人。

2）微机电系统加工制造的特点

微机电系统是微电子技术与微型机械技术相结合制造的微型机电系统。它是集微型机构、微型传感器、微型执行器、信号处理与控制的电路、接口、通信、电源等组成于一体的微型器件。

微机电系统的产品设计包括器件、电路、系统、封装四部分。它的加工技术有硅的表面加工、体硅微细加工、LIGA 加工、紫外线光刻的准 LIGA 加工、微细电火花加工、超声波加工、等离子体加工、电子束加工、离子束加工、激光束加工、机械微细加工、立体光刻成形、微机电系统的封装等。虽然,这些加工技术包括非微细加工和微细加工两类,但是微机电系统的加工核心是微细加工。

微机电系统的制造过程可有两条途径:①"由大到小",即用微细加工的方法,将大的材料割小,形成结构或器件,并与电路集成,实现系统微型化;②"由小到大",即采用分子、原子组装技术,把具有特定性质的分子、原子,精细地组成纳米尺度的线、膜和其他结构,进而集成为微系统。

微机电系统具有体积小、重量轻、能耗低、惯性小、谐振频率高、响应时间短等优点,同时能把不同的功能和不同的敏感方向形成的微传感器阵列、微执行器阵列等集成起来,形成一个智能集成的微系统。

微机电系统涉及电子、机械、光学、材料、信息、物理、化学、生物学等众多学科或领域。它既能充分利用微电子工艺发展起来的微纳米加工和器件处理技术,又不需要微电子工业那样巨大的规模和投资,因此今后会取得巨大的进展。目前,半导体加工尺度为几十到几百纳米,印制电路板加工尺度为几十到几百微米,两者之间有未覆盖的空白区,而微机电系统的加工尺度一般为几微米至几十微米,正好填补这个空白区,因而将会产生新的元件功能和加工技术。微机电系统通过特有的微型化和集成化,可以探索出一些具有新原理、新功能的元器件与集成系统,开创一个新的高技术产业。

第 9 章 表面技术的综合运用与设计

表面技术在工农业和国防建设等领域中发挥了巨大作用,同时对节能、节水、节材和保护环境具有重要的意义。表面技术的实施必须有科学的设计,在技术上要满足材料或产品的性能及质量要求,在经济上要以最少的投入获得最大的效益,而且必须满足资源、能源和环境三方面的实际要求。这对表面技术设计提出了更高、更严格的要求。反过来,表面技术设计的不断改进和完善,对表面技术项目的实施起着关键的引领作用。

表面技术是一门涉及力学、物理、化学、数学、生物、计算机、材料科学、工程科学等的边缘性学科,而它的应用又遍及冶金、机械、电子、建筑、宇航、兵器、能源、化工、轻工、仪表等各个工业部门,乃至农业、生物、医药和人们日常生活中,包括耐蚀、耐磨、修复、强化、装饰、光、电、磁、声、热、化学、特殊力学性能等方面的性能要求。在表面技术长期发展过程中积累了丰富的试验,归纳了众多的试验,总结了科学的理论,形成了演绎的方法。

当前,一方面,表面技术设计主要是根据经验和试验的归纳分析进行的,需要花费较多的人力、物力和时间,并且会受到各种条件的限制而难以获得最佳的结果;另一方面,由于近代物理和化学等基础学科的发展和各种先进分析仪器的诞生,使人们能够对材料表层或表面做深入到原子或更小物质尺度的研究,并且随着计算技术的长足进步,特别是人工智能、数据库和知识库、计算机模拟等技术的发展,使一种完全不同于传统设计的计算设计正在逐步形成,尽管离目标尚有很长路程,但是它代表了一种重要的发展方向。本章主要阐述表面技术设计的基本原则、基本方法,以及复合表面处理技术。

【教学目标与要求】

(1)理解表面技术的综合运用与设计;
(2)了解不同的复合表面处理技术。

> **导入案例**
>
> **海洋钻井平台桩腿:复合镀铸就深海"定海神针"**
>
> 海洋钻井平台的桩腿作为支撑整个庞大结构的关键部分,承受着超乎想象的巨大压力与恶劣环境的严峻考验。以我国某大型海洋钻井平台为例,其桩腿采用高强度合金钢制造,不仅要扎入深海海底,为平台提供稳固的锚固力,还要抵御海水的强烈腐蚀、海流的不断冲刷以及海洋生物的附着侵蚀。工程师们决定采用一种先进的复合镀表面处理技术,首先对桩腿基体进行了严格的预处理工序,再采用电镀镍-磷合金与微纳米陶瓷颗粒共沉积的复合镀技术,在桩腿表面构建起一层独特的防护涂层。电镀镍-磷合金具有良好的耐腐蚀性、耐磨性和可焊性,能够为桩腿提供基础的防护性能。而在电镀过程中,均匀分散在镀液中的微纳米陶瓷颗粒,如氧化铝、二氧化钛等,随着镍-磷合金的沉积一同被镶嵌在镀层之中,形成了一种具有复合结构的强化涂层。这些微纳米陶瓷颗粒犹如无数微小

而坚固的"盾牌",显著提高了镀层的硬度、抗磨损能力和耐高温性能。在复合镀过程中,精确控制电镀工艺参数,如电流密度、镀液温度、搅拌速度以及陶瓷颗粒的浓度与粒径等,是确保镀层质量的关键。工程师们借助先进的自动化控制系统和在线监测设备,对每一个工艺环节进行实时监控和精准调整,使得镀层的厚度均匀性、成分比例以及组织结构都达到了最优状态。经过复合镀处理后的海洋钻井平台桩腿,表面呈现出一层银灰色的金属光泽,质地坚硬且光滑。复合镀涂层有效地阻挡了海水的腐蚀,防止了海生物的附着,减少了海流冲刷造成的磨损。

9.1 表面技术设计的基本原则

9.1.1 表面技术设计的要素

1) 性能

表面技术设计首先要保证设计的设备和工艺能使工件和产品达到所要求的性能指标。如第3章所述,材料表面的性能包含使用性能和工艺性能两方面。使用性能是指材料表面在使用条件下所表现出来的性能,包括力学、物理和化学性能。工艺性能是指材料表面在加工处理过程中的适应加工处理的性能。

质量是表示工件或产品的优劣程度。实际上质量指标就是性能指标。材料表面质量又常指表面缺陷、表面粗糙度、尺寸公差等,而这些质量问题直接影响材料的性能,如果工件或产品达不到性能指标,就成为废品。

2) 经济

表面技术设计必须进行成本分析和经济核算。一般情况下,以最少的投入获得最大的经济效益,是表面技术设计所追求的目标。同时,对表面技术项目进行成本分析,从中找出降低成本的环节,进而改进设计。

3) 资源

表面技术项目的实施,必然涉及资源的使用。由于地球资源的有限性,特别是有些资源属于国家战略性资源或者是国内稀缺资源,故表面技术设计要力求做到单位工件或产品所用的资源尽可能少或由尽量多的可再生资源构成,有的稀缺资源尽可能用较丰富的资源来代替。

4) 能源

能源种类和能源消耗,涉及一些重大的问题,尤其涉及污染物的排放和经济可持续发展。因此,表面技术设计要严格审核所需要能源的种类,以及如何节约使用能源。

5) 环境

表面技术项目的实施往往对周围环境的影响很大,有的还对地球自然环境和气候产生不利的影响。因此,表面技术设计,尤其是重大项目设计,必须做严格的环保评估,不仅要重视生产的排污评价工作,还要对项目中使用的材料,从开采、加工、使用到废弃等过程做出全面评估。表面技术项目要尽可能采用清洁生产方式。

9.1.2 表面技术设计的特征

1) 作为一个系统进行优化设计

应把各类表面技术和基体材料,以及经济核算、资源选择、能源使用、环境保护等作为一个系统来进行优化设计,以最佳的方式满足工程需要。

2) 十分重视表面技术优化组合的设计

表面技术大致可分为表面覆盖、表面改性和表面加工三大类。将两种或两种以上的表面技术应用于同一工件或产品,不仅可以发挥各种表面技术的特点,而且能显示组合使用的突出效果。这种优化组合的复合表面技术在现代表面技术中得到越来越广泛应用。因此,应十分重视表面技术优化组合设计。

3) 在局部设计上可以实现计算设计

表面技术设计大致可分为三种类型的设计:选用设计、计算设计,以及兼有选用和计算的混合设计。其中,计算设计是高层次的设计,要在总体设计上做到这一点是十分困难的,但在局部设计上却有可能实现。

9.2 表面技术设计的基本方法

9.2.1 表面技术设计的类型

1) 总体设计与局部设计

(1) 总体设计主要包括下列内容:

①材料或产品的技术、经济指标。

②表层或表面的化学成分、组织结构、处理层或涂镀层厚度、性能要求。

③基本材料的化学成分、组织结构和加工状态等。

④实施表面技术的流程、设备、工艺、质量监控和检验等设计。

⑤环境评估与环保设计。

⑥资源和能源的分析和设计。

⑦生产管理和经济成本的设计。

⑧厂房、场地等设计。

(2) 局部设计,它是对总设计中某一部分的内容进行设计,或对表面技术中某种要求进行设计。

2) 选用设计、计算设计和混合设计

(1) 选用设计:表面技术设计包含多方面内容。在技术方面,它包括从原材料到应用的全过程。通常要经历原料准备、外界条件的确定、试样制备、组织结构分析、各种性能测试、评价、改进等过程,从小型试验到中间试验,一直到用户确认,最后完成技术设计。表面技术经过长期的发展,积累了丰富的经验和研究成果,为合理选用和优化设计提供了良好的条件。选用设计不完全是经验设计,它可以借助现代计算机技术,通过数据库、知识库等工具,从分析比较中选择最佳的方案或参数;同时,可在已积累的经验、归纳的实验规律和总结的科学原理的基础上,制订几套方案或参数,经过严格的试验研究,从中选择最佳的方案或参数。选用设计是当前表面技术设计的主导。

(2)计算设计:它对表面技术设计来说,主要是通过理论模型和模拟分析的建立,用数学计算来完成设计。表面技术计算设计的形成,得益于物理、化学、力学、数学和计算机学科的发展,但其主要依据还在于材料科学。材料表层或表面结构决定了性能,外界条件通过结构的变化来改变性能。定量描述材料表层或表面的结构、性能和外界条件三者关系是表面技术计算设计的基本原理。计算设计的重要意义在于,可以使表面技术的选用设计逐步走向科学预测的新阶段,为新技术、新材料、新产品的研制和工程实施指明方向和提供依据,并且节省大量的人力和物力。当前,计算设计尚处在初级阶段,但它是一个重要发展方向。

(3)混合设计:它是兼有选用设计和计算设计的一种设计类型。

9.2.2 表面技术设计的方法

1)全寿命成本及其控制方法

材料的全寿命成本及其控制是影响社会发展的重大课题。人们在面临技术、经济、能源、资源、环境等重大挑战时,材料设计必须充分考虑其全寿命成本,既要实现技术、经济目标,又要减少能源、资源的消耗,以及尽量避免对环境的污染和破坏。材料的全寿命成本是材料寿命周期中对资源、能源、人力、环境等消耗的叠加,包括原料成本、制造成本、加工成本、组装成本、检测成本、维护成本、修复成本,以及循环使用成本或废弃处置成本等。这种全寿命成本及其控制的理念和方法,对表面技术设计是同样重要的。

2)从结构或性能着手进行技术设计

材料表面的性能取决于材料表面的结构,要全面描述材料表面结构,阐明和利用各种性能,须从宏观到微观逐层次对表面进行研究,包括表面形貌和显微组织结构、表面成分、表面原子排列结构、表面原子动态和受激态、表面的电子结构(表面电子能级分布和空间分布)。通过电子结构层次的研究和计算,可以分析材料的部分物理性能,如光学、磁学性能;而对于力学等一些性能,则往往与宏观组织结构多层次结构密切相关,需要多层次的联合模拟来进行研究和计算,这是很复杂的情况,目前往往要利用一些经验和半经验以及试验研究的数据或模型来进行计算设计。

当前,表面技术设计一般都为选用设计。如果设计对象的结构与性能的因果关系明确,那么除了从性能着手外,也可从结构或者从结构-性能同时着手进行选用设计,有的还要从几套方案或参数中,经过试验研究和分析比较,选择最佳方案参数。如果设计对象的结构-性能因果不明确,尤其是复合表面技术等新兴技术,则更多地从所要求的性能着手,进行优化设计。

在表面技术设计时,必须清楚了解工件或产品的整体要求和有关情况,如工件的技术要求、工件的特点、工况条件、工件的失效机理、工件的制造工艺过程等。同时,对所选择的表面技术要有深刻的理解,如技术原理、工艺过程、设备特点、前后处理、表面性能等。对于具体的工件,从众多可用的表面技术中选择一种或多种技术进行复合,达到规定的技术、经济指标,符合资源、能源、环保要求,是表面技术设计中运用各种方法的根本目的。

3) 数据库和知识库

数据库和知识库都是随着计算机技术的发展而出现的新兴技术。现在建立了许多类型的数据库和知识库。例如,材料数据库和知识库是以存取材料知识和数据为主要内容的数值数据库。材料数据库一般包括材料成分、性能、处理工艺、试验条件、应用、评价等内容。材料知识库通常包括材料成分、结构、工艺、性能间的关系以及有关理论研究成果。数据库中存储的是具体数据,而知识库存储的是规则、规律,通过推理运算,以一定的可信度给出所需的性能等数据。在有些场合下,两者没有严格划分而统称为数据库。当前,表面技术已陆续出现多种形式的数据库和设计软件,发挥了较大的作用,但较为分散,期望由表面技术、材料、物理、化学、生物、计算机等领域的科学工作者和技术人员通力合作,逐步建立信息收集齐全、权威的表面技术数据库和知识库。这不仅对选用设计很有帮助,而且有利于计算设计的发展。

4) 表面技术设计的专家系统

表面技术设计的专家系统是指具有丰富的与表面技术有关的各种背景知识,并有能运用这些知识解决表面技术设计中有关问题的计算机程序系统。它主要有三类:

(1) 以知识检索、简单计算和推理为基础的专家系统。

(2) 以模式识别和人工神经网络为基础的智能专家网络系统,主要依据表面结构-外界条件-性能三者关系,从已知实验模拟和计算数据归纳总结出数学模型,预测材料的表面性能及相应的组成配比和工艺。

(3) 以计算机为基础的表面技术设计系统,即在对材料表面性能已经了解的前提下,对材料的结构与性能关系进行计算机模拟或用相关的理论进行计算,预测表面性能和工艺规范。

目前,专家系统的设计结果只是初步方案,尚须进行试验验证,并须对初步方案进行修正,然后将修正后的试验结果输入数据库系统,不断丰富和完善专家设计系统。

5) 表面技术设计的模拟与设计

(1) 计算设计与模拟设计:这两种设计实际上有着不同的含义。例如,材料的计算设计有第一性原理计算、相图计算、专家系统设计等。模拟设计通常有物理模拟和数值模拟,但是,相对于选用设计来说,本书将模拟设计归入计算设计。

(2) 第一性原理:按照材料所起的作用,材料大致分为结构材料和功能材料两大类。这样的分类反映了电子结构特性的分类。在本质上,电子结构特性决定了材料的特性。从电子结构的角度来看,结构材料的基础是大量电子的集团,而功能材料则是基于少量电子的集团,可分别称为多子和少子。多子与少子的运动应该遵循第一性原理,即万物运动服从的基本原理。用第一性原理计算,或从头算起,基本方法有固体量子理论和量子化学理论。这一理论特别适用原子级、纳米级工程的材料,超小型器件用材料,电子器件材料等方面的计算设计。

(3) 多尺度关联模型:材料的性能取决于结构,要全面描述材料的结构,须从宏观到微观逐层次进行研究,而量化预测结构与性能的变化关系显得十分困难,所以有必要采用各种模型的模拟方法进行研究,尤其对不能给出严格解析或不易在试验上进行研究的问题,应用模型和模拟方法更为重要。模型和模拟实质上具有相同的含义。

(4)表面技术设计的计算机模拟:计算机模拟是介于试验与理论之间的一种方法;与试验相比,需要建立一定的数学模型,依赖于有关的科学定律,通过模拟可以很快确定结构与性能的关系,并且能完成苛刻条件下一般试验难以进行的工作。与理论方法相比,计算机模拟更接近实际情况,虽然一些经验方程缺少理论根据,但却是非常实用的。

6)仿生表面的设计

仿生表面是仿制天然生物的材料表面,包括仿制天然生物结构或功能的材料表面及制备有生物活性的材料表面,主要应用于工程和医学。仿生表面除了具有某种生物结构或功能的材料表面之外,还有将生物体组装所具有的刺激响应功能引入工业材料中,并开发成智能材料表面,有的还有自组装、自诊断、自修复等功能,在许多工程或产品中起着重要的作用。

9.3 复合表面处理技术

单一的表面技术往往具有一定的局限性,不能满足人们对材料越来越高的使用要求,因此综合运用两种或两种以上的表面技术进行复合处理的方法得到了迅速发展。将两种或两种以上的表面技术用于同一工件的表面处理,不仅可以发挥各种表面技术的特点,而且更能显示组合使用的突出效果。这种优化组合的表面处理方法称为复合表面处理或复合表面技术。

复合表面技术还有另一层含义,就是指用于制备高性能复合膜层(涂层)的现代表面技术。这里所说的高性能复合膜层与一般材料膜层的简单混合有本质的区别,其既能保留原组成材料的主要特性,又通过复合效应获得原组分所不具备的优越性能。尤其是近20多年来迅速发展的在纳米尺度上形成的无机-无机、无机-有机及纳米薄膜交替叠加的复合膜层,由于纳米结构和界面效应可产生许多特异的效能,如较好的力学、电学、热学、磁学、光学、化学性能,以及良好的生物活性、生物相容性和可降解性等,从而使现代表面技术进一步拓宽了应用领域和上升到新的高度。

复合表面技术把各种表面技术及基体材料作为一个系统进行优化设计和优化组合,多年来通过深入研究和不断实践,取得了突出的效果,有了许多成功的范例,并且发现了一些重要规律。本章通过某些典型实例的介绍和分析,介绍复合表面技术的重要意义和发展趋势。

9.3.1 复合镀

复合镀的概念和分类 复合镀是将不溶性的固体微粒添加在镀液中,通过搅拌使固体微粒均匀地悬浮于镀液,用电镀、电刷镀和化学镀等方法,与镀液中某种单金属或合金成分在阴极上实现共沉积的一种工艺过程。复合镀得到固体微粒均匀地分散在金属或合金的基质中的镀层,故又称为分散镀或弥散镀。其中,用电镀方法制备复合镀层的称为复合电镀,而用电刷镀方法制备复合镀层的称为复合电刷镀,两者合称电化学复合镀;用化学镀方法制备复合镀层的,则称为化学复合镀。

复合镀的特点主要有下列几个方面：

(1) 保持普通电镀、电刷镀和化学镀的优点，仍使用原有基本设备和工艺，但要配制复合镀溶液并对工艺做适当调整或改进。

(2) 复合镀层由基质金属与弥散分布的固体微粒构成。

(3) 在同一基质金属的复合镀层中，固体微粒的成分、尺寸和数量可在较宽的范围内变化，从而得到不同性能的镀层材料。

(4) 固体微粒的尺寸有微米级和纳米级的，它们的复合镀工艺、机理和镀层性能往往存在一定的差异。

9.3.2 表面热处理与表面化学热处理的复合

表面热处理与表面化学热处理的复合强化处理在工业上的应用实例较多，例如：

(1) 液体碳氮共渗与高频感应淬火的复合强化。液体碳氮共渗可提高工件的表面硬度、耐磨性和疲劳性能，但该工艺有渗层浅、硬度不理想等缺点。若将液体碳氮共渗后的工件再进行高频感应淬火，则表面硬度可达 60~65HRC，硬化层深度达 1.2~2.0mm，零件的疲劳强度也比单纯高频感应淬火的零件明显增加，其弯曲疲劳强度提高 10%~15%，接触疲劳强度提高 15%~20%。

(2) 渗碳与高频感应淬火的复合强化。一般渗碳后经过整体淬火和回火，虽然渗层深，其硬度也能满足要求，但仍有变形大、需要重复加热等缺点。使用该项工艺的复合处理方法，不仅能使表面达到高硬度，而且可减少热处理变形。

9.3.3 表面热处理与表面形变强化处理复合

普通淬火、回火与喷丸处理的复合处理工艺在生产中应用很广泛，如齿轮、弹簧、曲轴等重要受力件经过淬火、回火后再经喷丸表面形变处理，其疲劳强度、耐磨性和使用寿命都有明显提高。表面热处理与表面形变强化的复合，同样有良好的效果，例如：

(1) 复合表面热处理与喷丸处理的复合工艺 离子渗氮后经过高频感应淬火后再进行喷丸处理，不仅使组织细致，而且还可以获得具有较高硬度和疲劳强度的表面。

(2) 表面形变处理与表面热处理的复合强化工艺 工件经喷丸处理后再经过离子渗氮，虽然工件的表面硬度提高不明显，但能明显增加渗层深度，缩短化学热处理的处理时间，具有较大的工程实际意义。

9.3.4 激光束表面处理与等离子喷涂复合

等离子喷涂是热喷涂的一种方法，它是利用等离子弧发生器(喷枪)将通入喷嘴内的气体(常用氩、氮和氢等气体)加热和电离，形成高温高速等离子射流，熔化和雾化喷涂材料，使其以很高速度喷射到工件表面上形成涂层的方法。等离子弧焰温度高达 10000℃ 以上，几乎可喷涂所有固态材料，包括各种金属和合金、陶瓷、非金属矿物及复合粉末材料等。喷涂材料经加热熔化或雾化后，在高速等离子焰流引导下高速撞击工件表面，并沉积在经过粗糙处理的工件表面形成很薄的涂层。其与基材表面的结合主要是机械结合，在某些微区形成冶金结合和其他结合。等离子弧流速度高达 1000m/s 以上，喷出的粉粒速度可达 180~600m/s。得到的涂层氧化物夹杂少,气孔率低,致密性和结合强度均比一般的热喷涂方法高。等离子弧喷涂工件不带电,受热少,表面温度不超过 250℃,基材组织性能无变化,涂层厚度可严格控制到几微米到 1mm 左右。因此,在表面工程中,可利用等离子喷涂的方法,先在工件表面形成所需的含有合金化元素的涂层,然后用激光加热的方法,使它快速熔化,最终冷却形成符合性能要求、经过改性的优质表面层。

9.3.5 电化学技术与表面热扩散处理复合

电镀后的工件再经过适当的表面热扩散处理,使镀覆层金属原子向基体扩散,不仅增强镀覆层与基体的结合强度,而且也能改变表面镀层本身的成分,防止镀覆层剥落并获得较高的强韧性,提高表面抗擦伤性、耐磨性和耐蚀性。现举例如下:

(1) 在钢铁工件表面电镀 20μm 左右含铜(铜的质量分数约为 30%)的 Cu-Sn 合金,然后在氮气保护下进行热扩散处理。升温到 200℃ 左右,保温 4h,再加热到 580~600℃,保温 4~6h,处理后表层是 1~2μm 厚的锡基含铜固溶体,硬度约为 170HV,有减摩和抗咬合作用。其下为 15~20μm 厚的金属间化合物 Cu_4Sn,硬度约为 550HV。这样,钢铁表面覆盖了一层具有高耐磨性和高抗咬合能力的青铜镀层。

(2) 铜合金先镀 7~10μm 锡合金,然后加热到 400℃ 左右(铝青铜加热到 450℃ 左右)保温扩散,最表层是抗咬合性能良好的锡基固溶体,其下是 Cu_3Sn 和 Cu_4Sn,硬度为 450HV(锡青铜) 或 600HV(含铅黄铜) 左右,可提高铜合金工件的抗咬合、抗擦伤、抗磨料磨损和黏着磨损性能,以及表面接触疲劳强度和耐蚀性。

9.3.6 真空镀膜与离子束技术复合

所述的离子束技术,是指利用离子源中电离产生的离子,引出后经加速、聚焦形成离子束后,向真空室中的工件表面进行轰击或注入。真空镀膜与离子束技术的复合主要发生在下面四种情况下:

(1) 真空镀膜过程中伴随着离子束轰击,增加了沉积原子的能量,包括纵向与横向的运动能量,并产生其他一些效应,从而减少膜层内空洞的形成,显著改善沉积膜层的质量;

(2) 真空镀膜过程中,由于离子束轰击,离子束中的一些离子成分也成为沉积膜层的组分,因而形成新的、高质量的薄膜;

(3) 先用离子束轰击基材表面,将离子注入表面,改变表面成分和结构,形成过渡层,然后再进行真空镀膜,结果增加了薄膜与基材表面的结合力,改善了使用性能;

(4) 先在基材表面沉积薄膜(真空镀膜),然后用离子束轰击薄膜,将离子注入薄膜,达到表面改性的目的。

真空镀膜与离子束技术的复合,使真空镀膜技术得到迅速发展,出现了许多新设备和新工艺,特别是拓展了在高技术和工业中的应用领域。

9.3.7 表面镀覆与纳米技术复合

在表面技术中,镀(涂)覆与纳米技术的复合表面处理是众多学者、工程技术人员所关注和研究的热点之一,不少研究成果已用于生产,呈现出良好的发展前景。其涉及的领域较广

泛,目前主要有:

(1) 复合电镀、复合电刷镀和复合化学镀;

(2) 纳米材料改性涂料与涂膜;

(3) 纳米黏结、黏涂;

(4) 纳米晶粒薄膜和纳米多层薄膜;

(5) 纳米热喷涂;

(6) 纳米固体润滑膜与纳米润滑自修复膜。

第 10 章　表面分析测试技术

表面测试分析在表面技术中起着十分重要的作用,对材料表面性能的各种测试和对表面结构从宏观到微观的不同层次的表征是表面技术的重要组成部分。通过表面测试,正确客观地评价各个表面技术实施后以及实施过程中的表层或表面质量,不仅可以用于技术的改进、复合和创新,以获得优质或具有新性质的表面层,还可以对所得的材料和零部件的使用性能做出预测,对服役中的材料和零件的失效原因进行科学分析。因此,掌握各种表面分析方法和测试技术并结合各种表面的特点,对其正确应用非常重要。另一方面,表面分析还能对加工进程本身进行观察、监测和分析,这对微细加工具有特别重要的意义。

【教学目标与要求】

(1) 理解表面测试分析的含义与主要技术类别；
(2) 掌握常用表面分析仪器和测试技术的原理及特点；
(3) 能针对不同的场景选择恰当的表面测试分析方法。

【导入案例】

跨海大桥钢索:材料表面防护的极致挑战与突破

在波涛汹涌的大海之上,一座宏伟的跨海大桥横跨海面。其钢索作为关键承重与抗风抗浪部件,面临严峻考验。某著名跨海大桥的钢索采用高强度合金钢,长数千米、直径数十厘米,由众多钢丝捻制。长期处于海洋环境,要承受拉力、海水浸泡、盐分侵蚀、海浪冲刷与温差应力。工程师采用多层防护体系处理钢索表面。先抛丸预处理,清除铁锈、氧化皮与油污,使表面粗糙以增涂层附着力。接着喷富锌底漆,锌的活泼性可形成氧化锌保护膜,牺牲阳极保护钢索基体。再涂环氧中间漆,其良好附着力、耐腐蚀性与机械强度,能填孔隙、隔绝介质并增强涂层稳定性,承受海浪冲击。最后涂聚氨酯面漆,优异的耐候性、耐磨性与自清洁性能,抗紫外线、降风阻、减磨损且保持表面清洁。大桥建成后,科研人员用多种技术评估钢索表面性能。如电化学阻抗谱技术测涂层电化学阻抗,监控防护性能；三维轮廓仪量表面磨损程度与速率。多年运行,大桥钢索在恶劣海洋环境中状态良好,表面防护体系成功抵御腐蚀与磨损,保障大桥安全稳定运行,是材料表面处理技术于极端环境应用的典范,为海洋工程建设提供宝贵经验。

10.1　表面形貌、成分和结构分析

10.1.1　表面形貌分析

材料在经历各种表面加工处理或在外界条件下使用一段时间之后,其表面或表层的几

何轮廓及显微组织上会有一定的变化,可以通过肉眼、显微镜等各种表征手段分析加工处理的质量以及失效的原因。表面形貌分析,包括表面宏观形貌和显微组织形貌分析,主要是通过各类能将微细物象放大成像的显微镜来完成,各类显微镜具有不同的分辨率,以适应各种不同的使用要求。随着显微技术的发展,目前有些显微镜可达到原子分辨能力,可直接在显微镜下观察到表面原子的排列,这样不但能获得表面形貌的信息,而且可进行晶格分析。

10.1.2 表面成分分析

表面成分分析的内容包括测定表面元素,组成表面元素的化学态以及元素沿表面的横向分布和纵向深度分布等。目前已有许多物理和化学分析方法可以测定材料的成分,如利用各种物质特征吸收光谱和利用各种物质特征发射光谱,都能正确快速地分析材料成分。选择表面成分分析方法时,应该考虑该方法能否测定元素的范围、能否判断元素的化学态、能否进行横向分布与纵向深度剖析、检测灵敏度、谱峰分辨率、对表面有无破坏性等问题。用于表面成分分析的主要方法有电子探针 X 射线显微分析、俄歇电子能谱、X 射线光电子谱等。

10.1.3 表面结构分析

固体表面结构分析主要用来探知表面晶体,如原子排列晶胞大小、晶体取向、结晶对称性、原子在晶胞中的位置等晶体结构信息。此外,外来原子在表面的吸附、表面化学反应、偏析和扩散等物理和化学变化也会引起表面结构的变化,如吸附原子的位置、吸附模式等信息也是表面结构分析的内容。表面结构分析目前仍以衍射方法为主,主要有 X 射线衍射、电子衍射、中子衍射等。

10.2 常用表面分析仪器和测试技术

10.2.1 电子显微镜

肉眼和放大镜的辨别能力很低,远远不能满足表面分析的需要。为此,相继出现了一系列高分辨率的显微分析仪器:以电子束特性为技术基础的电子显微镜,如透射电子显微镜、扫描电子显微镜等;以电子隧道效应为技术基础的扫描隧道显微镜、原子力显微镜等;以场离子发射为技术基础的场离子显微镜;以场电子发射为技术基础的场发射显微镜等;以声学为技术基础的声学显微镜等。其中有的显微镜,分辨率可以达到原子尺度水平。下面重点介绍几种常用且重要的电子显微镜。

1)扫描电子显微镜

利用聚焦的很窄的高能电子束来扫描样品,通过光束与物质间的相互作用,来激发各种物理信息,对这些信息收集、放大、再成像,以达到表征物质微观形貌的目的。扫描电子显微镜主要有以下优势:可以对表面形貌进行立体观察和分析;对相组织进行鉴定和观察;放大倍数连续可变,能实时跟踪观察;对局部微区进行结晶学分析和成分分析;样品无特殊要求,包括形状和厚度等。

2)透射电子显微镜

如图 10-1 所示,透射电镜把经加速和聚集的电子束投射到非常薄的样品上,电子与样品中的原子碰撞而改变方向,从而产生立体角散射。散射角的大小与样品的密度、厚度相关,因此可以形成明暗不同的影像,影像经放大、聚焦后在成像器件(如荧光屏、胶片、感光耦合组件)上显示出来。单独利用透射电子束或衍射电子束成像,可获得反映材料微观组织和结构的明场像或暗场像;同时利用透射电子束和衍射电子束成像,可获得材料内部原子尺度微观结构的高分辨结构。其构造原理与光学显微镜相似,也由照明系统和成像系统构成,只是把照明源由光束改为电子束,把成像系统的光学透镜改为电磁透镜,放大倍数为 $100\sim1\times10^6$,最大分辨率达 $0.2\sim0.3$nm,样品为厚度小于 200nm 的薄膜或覆膜。

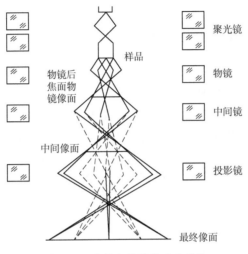

图 10-1　透射电镜的构造及光路

10.2.2　原子力显微镜

原子力显微镜通过使用一个一端固定而另一端装有针尖的弹性微悬臂来检测样品表面形貌。当样品在针尖扫描时,同距离有关的针尖与样品之间微弱的相互作用力,如范德华力、静电力等,就会引起微悬臂的形变,即微悬臂的形变是对样品与针尖相互作用的直接测量值,这种相互作用力是随样品表面形貌而变化的。AFM 有三种不同的操作模式:接触模式、非接触模式,以及介于这两者之间的轻敲模式。图 10-2 给出了各模式在针尖和样品相互作用力曲线中的工作区间。如果用激光束探测微悬臂位移的方法来探测该原子力,就能得到原子分辨率的样品形貌图像。AFM 不需要加偏压,故适用于所有材料,应用更为广泛。

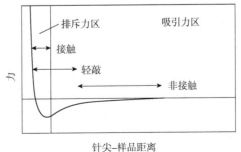

图 10-2　AFM 中针尖与样品互相作用力随距离变化的曲线

10.2.3　X射线衍射仪

当一束单色X射线入射到晶体时,由于晶体是由原子规则排列成的晶胞组成,这些规则排列的原子间距离与入射X射线波长有相同数量级,故由不同原子散射的X射线相互干涉,在某些特殊方向上产生强X射线衍射,衍射线在空间分布的方位和强度与晶体结构密切相关,这就是X射线衍射的基本原理。X射线衍射仪主要用于对目标材料进行物相分析、结晶度测定和精密测定点阵参数。此技术制样简单、分析结果可靠,是常用的材料分析方法之一。

10.2.4　电子探针X射线显微分析仪

该仪器运用电子所形成的探测针(细电子束)作为X射线的激发源,来进行显微X射线光谱分析。电子探针基本原理(图10-3)是电子束经过电子光学系统如静电或电磁透镜聚焦到样品中约$1\mu m^2$的区域,样品经电子束的轰击,辐射出X射线;通过X射线谱仪,对待测元素X射线谱的波长和强度进行测量,逐点地定性和定量分析。通过电子扫描同步系统和电子显示,可使样品中各种组成的分布情况,以放大的图像直接显示于荧光屏上。因此,电子探针X射线显微分析仪是研究工作中既能进行微观观察,又能同时分析微区成分的精密仪器。

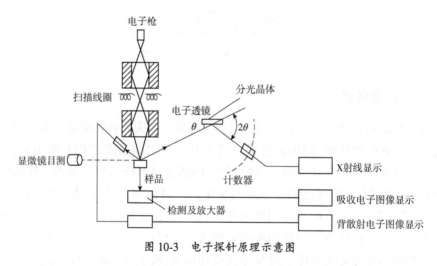

图10-3　电子探针原理示意图

10.2.5　电子能谱仪

电子能谱仪是利用光电效应测出光电子的动能及其数量的关系,由此来判断样品表面各种元素含量的仪器。电子能谱仪可分析固、液、气样品中除氢以外的一切元素,还可研究原子的状态、原子周围的状况及分子结构。电子能谱仪的类型有许多种,其中光电子能谱仪和俄歇电子能谱仪应用较为广泛,它们对样品表面浅层元素的组成能做出比较精确的分析,有时还能进行在线测量,如膜形成成长过程中成分的分布、变化的探测等,使监测制备高质量的薄膜器件成为可能。

光电子谱仪分析样品成分的基本方法,就是用已知光子照射样品,然后检测从样品上发射的电子所带有关于样品成分的信息。试验中,作为探针的光子的参量是已知的,而检测电子所带的信息包括其能量分布、角度分布和自旋特性,确定这些信息与样品成分的关系就可以分析样品的成分。

电子束轰击材料表面,会产生表征元素种类及其化学价态的二次电子,这种二次电子称为俄歇电子。俄歇电子的穿透能力弱,故可以用来分析表面1nm以内几个原子层的成分。如配上溅射离子枪可对试样进行逐层分析。扫描电镜可以附加俄歇电子能谱仪(图10-4),以便对微小区域进行分析。俄歇电子能谱仪(AES)可以对包括轻元素在内的几乎所有元素进行分析,故它对表面轻元素分析研究具有重要意义。

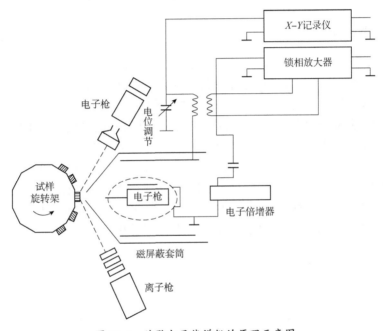

图 10-4 俄歇电子能谱仪的原理示意图

10.2.6 红外光谱仪

红外光谱仪是在20世纪70年代开始出现第三代干涉型分光光度计。其光源发出的光首先经过迈克尔逊干涉仪变成干涉光,再让干涉光照射样品。检测器仅获得干涉图而得不到红外吸收光谱。实际吸收光谱是由计算机对于干涉图进行傅立叶变换得到的。

图10-5为常见傅立叶变换红外光谱仪的组成示意图,主要组成有光源、干涉仪、检测器和计算机等。其中干涉仪是光学系统的核心部分。从红外光源发出的红外光经干涉仪变成干涉光,接着照射样品得到干涉图:单色光在理想状态下,其干涉图是一条余弦曲线,不同波长的单色光,干涉图的周期和振幅有所不同;复色光因各种波长的单色光在零光程差处都发生相长干涉而光强最强,随着光程差的增大,各种波长的干涉光因发生很大程度的相互抵消而强度降低,因此复色光的干涉图为一条中心具有极大值、两侧迅速衰减的对称型干涉图。在复色光干涉图的每一点上,都包含各种单色光的光谱信息,通过傅立叶变换的计算机处理,可以把干涉图变换成光谱形式。

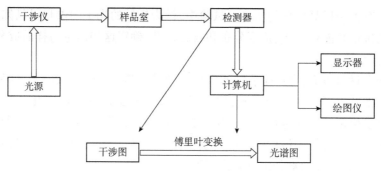

图 10-5　傅立叶变换红外光谱仪的组成示意图

10.2.7　拉曼光谱仪

拉曼光谱仪是通过利用光子与分子之间发生非弹性碰撞得到的散射光谱来研究分子或物质微观结构的光谱技术。激光拉曼光谱仪组成示意图如图 10-6 所示。它是在印度物理学家拉曼于 1928 年发现的拉曼散射基础上发展起来的。当用波长比试样粒径小得多的单色光通过试样时,大部分的光按原来的方向透射,而一小部分的光则会按不同的角度进行散射,即物质的分子会发生散射的现象;如果这种散射是光子与物质分子发生能量交换的,则不仅光子的运动方向发生变化,而且它的能量也发生变化,该现象称为拉曼散射。拉曼散射光的频率与入射光的频率不同,称为拉曼位移。拉曼光谱图的横坐标为拉曼位移,不同的分子振动、不同的晶体结构具有不同特征的拉曼位移,据此可以对物质结构做定性分析;用光谱的相对强度可以确定某一指定组分的含量,用作定量分析。

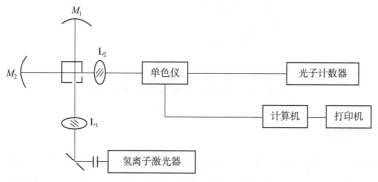

图 10-6　激光拉曼光谱仪组成示意图

10.3　膜/基结合力测试方法

10.3.1　划痕法

划痕法是一种"定量"测量涂层膜基结合强度和失效形式的标准试验方法,用一个加有金刚石圆球状的针头在涂层表面连续划行,同时在针头上逐渐增加载荷,当涂层被完全划穿或者涂层出现明显剥落那一刻所加载的载荷力就是涂层的结合力。简单表述为,通过在显微镜下观察划痕的图像,标记出 LC1 和 LC2 甚至 LC3 的点,计算出这些点的位置所施加的载荷大小。通常 LC1 指划痕边缘开始出现裂纹,说明涂层开始失效;LC2 指划痕开始出现剥落,说明涂层已经完全失效。一般我们用 LC2 来定义该涂层的结合力。《气相沉积薄膜与基体附着力的划痕试验方法》(JB/T 8554—1997)是我国用来测量膜基结合力的划痕试验方法,该方法通过检测涂层在被划穿的那一瞬间的声信号,来确定涂层失效点,即涂层的结合力。由于这个声音很小,人的听觉很难准确感觉到,一般在被测件和针头之间安装能接受微弱声音的传感器,然后将信号放大,一般用声信号曲线上出现的第一个声谱峰值所对应的载荷作为膜基结合力的值。由于声信号受环境影响较大,所以很多单位还是采用光学显微镜观察划痕轨迹的方法,通过确定 LC2 值的方法,确定膜基的结合力。

10.3.2 压痕法

压痕法是一种"定性"测量膜基结合力的方法,用洛氏硬度计的金刚石压头在样品的指定位置上打压出一个凹坑,凹坑处的样品基材由于变形时基材与涂层之间产生相应的应力,该应力有可能使凹坑周围的涂层脱落。对于不同材料的基体,采用不同的测试方法。对于钢基体,采用 HRC 方法,其测试加压载荷为 150kgf ❶;对于硬度高的基体,如硬质合金等,采用 HRA 方法,其测试加压载荷为 60kgf。在显微镜下观察凹坑的形貌,与标准对比,判断涂层的结合力是否合格。HF1~HF4 均为合格,HF5~HF6 均为不合格。大多数的涂层生产或检测公司均采用该方法进行膜基结合力的测试。

10.3.3 球痕法

球痕法同样是一种"定性"测量膜基结合力的方法,是用一定直径的钢球在涂层表面上研磨,将涂层磨穿,在涂层和基体上留下一个圆形(涂层表面为平面时)或椭圆形(涂层表面为圆柱面时)凹坑。研磨的时间要掌握好,凹坑的深度一定要超过涂层的厚度。另外,由于涂层很硬,钢球很难直接将涂层磨穿,所以研磨时,要先在钢球上研磨区域涂上一些金刚石粉末(粒度在 7μm 以下),并喷上酒精,以稀释金刚石粉末和研磨时润滑。在显微放大镜下将凹坑放大 50~100 倍,会看见涂层与基体之间有一条分界线,观察这条分界线的形状来判断涂层与基体之间的结合力是否符合要求。如果这条界线非常清晰整齐,则涂层结合力符合要求;如果这条分界线犬齿交错或出现断层,则涂层结合力不符合要求。

10.4 耐蚀性测试方法

10.4.1 使用环境试验

在喷涂工件实际使用环境工作过程中,观察和评定涂层的耐蚀性。

10.4.2 大气暴露(即户内外暴露)腐蚀试验

将喷涂工件或试样放在大气暴露(室内或室外)的试样架上,进行各种自然大气条件下的腐蚀试验,定期观察腐蚀过程的特征,测定腐蚀速度,从而评定涂层的耐腐蚀性。

---

❶ 1kgf=9.80665N。

10.4.3 人工加速和模拟腐蚀试验

其采用人为方法,模拟某些腐蚀环境,对喷涂工件进行快速腐蚀试验,以快速有效地鉴定涂层的耐腐蚀性能,是目前最常用的方法。该方法具有试验周期短、效率高的特点,但只能得到相对的、有局限性的结论,它只是对相同类型的涂料产品具有可比性,而不能用于不同体系涂料的评价。由于实际环境中的腐蚀是多种因素综合作用的结果,因此模拟试验结果有时与实际情况有一定差距。用这种方法控制产品的质量是可行的,但同时还需要用几种试验进行比较,以其综合性能评定涂层耐腐蚀性能的好坏。

1) 盐雾试验

盐雾试验是目前检验涂层耐腐蚀性能的常用方法。根据所用溶液组分不同,盐雾试验可分为中性盐雾试验(NSS)、醋酸盐雾试验(ASS)和铜盐加速醋酸盐雾试验(CASS)。NSS试验应用较早、较广,但与户外暴晒试验相比,重现性差,试验周期长。ASS试验是一种重视性较好的加速试验。CASS试验是对铜-镍-铬或镍-铬装饰性镀层进行加速腐蚀试验的通用方法。其中,中性盐雾试验在涂料耐盐雾试验中应用最为普遍,国内依据的标准主要有《色漆和清漆耐中性盐雾性能的测定》(GB/T 1771—1991)。

2) 腐蚀膏试验

将含有腐蚀性盐类的泥膏涂敷在待测试样上,等腐蚀膏干燥后,将试样按规定时间周期在相对湿度高的条件下进行暴露。本方法适用于钢铁基体和锌合金基体上的铜-镍-铬镀层和镍-铬镀层耐蚀性能的快速鉴定。

3) 周期浸润腐蚀试验

周期浸润(简称周浸)试验是一种模拟半工业海洋性大气腐蚀的快速试验方法。本试验适用于锌、镉镀层、装饰铬镀层以及铝合金阳极氧化膜层等的耐蚀性试验。其加速性、模拟性和再现性等方面均优于中性盐雾试验。

4) 通常凝露条件下二氧化硫试验

含有二氧化硫的潮湿空气能使许多金属很快产生腐蚀,其腐蚀形式类似于它们在工业大气环境下所出现的形式。因此,二氧化硫试验作为模拟和加速试样在工业区使用条件下的腐蚀过程,主要用于快速评定防护装饰性镀层耐蚀性和镀层质量。

5) 电解腐蚀试验

本试验对户外使用的钢铁件和锌合金压铸件上铜-镍-铬或镍-铬镀层的耐蚀性进行鉴定,是一种快速、准确的方法。电镀试样在规定的电解液中使用一定的电位和预定时间进行阳极处理(一般通电1min),然后断电,让试样在电解液中停留约2min,再取出清洗,并将它浸入含有指示剂的溶液中,使指示剂与基体金属离子(锌或铁离子)产生显色反应,以检查试样的腐蚀点。检查后再把试样浸入电解液,按产品试验要求重复上述试验多次。电解时间由模拟的使用年限确定。

6) 湿热试验

为了模拟电镀层在湿热条件下受腐蚀的状况,在人工创造洁净的高温高湿环境进行试验。但由于这种试验对电镀层的加速腐蚀作用不很显著,故湿热试验一般不单独作为电镀工艺质量的鉴定试验,而是作为对产品组合件,包括电镀层在内的各种金属防护层的综合性鉴定试验。

10.5 耐磨性测试方法

磨损是致使材料破坏、失效的形式之一,也是造成材料和能源损失的一个重要原因。耐磨性是材料抵抗机械磨损的能力,具体是指在一定荷重的磨速条件下,单位面积在单位时间的磨耗。耐磨性的优劣对于评价和控制产品质量至关重要,因而在经济上占有举足轻重的地位。目前国内外涂料镀层耐磨性试验方法多样,各具特色。尽管对于上述各种试验方法及其应用性能的评价人们在认识上不尽相同,但就多项检测手段的开发和推广应用来说,仍以采用旋转摩擦橡胶轮法、落砂冲刷试验法和喷砂冲击试验法较为普遍。

10.5.1 旋转摩擦橡胶轮法

在旋转盘保持一定转速、加压臂承载一定负荷的规定试验条件下,采用嵌有金刚砂磨料的硬质橡胶摩擦轮磨耗涂层表面,其耐磨性可分别以经规定研磨转数研磨后涂层质量损耗(失重法)的平均值或以磨损某一厚度涂层所需的平均研磨转数(转数法)两种方法表示与评价。二者相比较,失重法对试样的称重精度要求严格,但它不受涂层厚薄的影响;而转数法测定时直观方便,不需称重,但对涂层研磨厚度的测量要求甚严。旋转摩擦橡胶轮法可广泛用于涂层、镀层和金属、非金属材料的耐磨性试验,但是用作研磨的橡胶砂轮需要经常修整和适时更新。

10.5.2 落砂冲刷试验法

用落砂耐磨试验器测定有机涂层的耐磨性,即采用规定产地的天然石英砂作磨料,通过试验器导管从一定高度自由落下,冲刷试样表面,以磨损规定面积的单位厚度涂层所消耗磨料的体积(L),并通过计算耐磨系数来评价涂层的耐磨性。采用这种试验方法,天然砂磨料的选择将对试验结果产生直接影响,因此对砂粒的硬度、粒度和几何形状要求严格。

10.5.3 喷砂冲击试验法

喷砂冲击试验法通过调节气泵输出压力,使试验器喷管处的空气流速保持恒定,以保证每分钟平均喷出一定质量的金刚砂束冲击涂层,并以磨损规定面积的单位厚度涂层所消耗磨料的质量,通过计算其耐磨系数来评价涂层的耐磨性。因此必须按标准规定选用标准粒度范围的碳化硅作磨料,而气源输出压力和磨料的均一喷速成为影响试验结果的决定因素。

10.5.4 往复运动磨耗试验法

该方法在规定的试验条件下,使涂镀层与胶接在摩擦轮外缘上的研磨砂纸作平面往复运动,每双行程后摩擦轮转动一小角度,经规定的若干次研磨后,以涂层厚度或涂层质量的减少,并通过计算其磨损阻力评价涂层的耐磨性。由于该方法的试验条件易于控制,而无其他方法所存在的诸如磨轮修整、老化、砂流速率、砂束形状等较难控制的问题,因而试验结果的重复性较好,而且除涂镀层外,这种方法已广泛用于塑料、橡胶和金属材料的耐磨性试验。

参 考 文 献

[1] 钱苗根.现代表面技术[M].2版.北京:机械工业出版社,2016.
[2] 陆伟.材料表面与薄膜技术[M].北京:化学工业出版社,2023.
[3] 胡正水.材料表界面化学[M].北京:化学工业出版社,2022.
[4] 崔国栋,张程崧,陈大志,等.材料表面技术原理与应用[M].北京:化学工业出版社,2022.
[5] 柏云杉.材料表面处理技术与工程实训[M].北京:北京大学出版社,2013.
[6] 田民波,李正操.薄膜技术与薄膜材料[M].北京:清华大学出版社,2011.
[7] 刘光明.表面处理技术概论[M].北京:化学工业出版社,2011.
[8] 李慕勤,李俊刚,吕迎.材料表面工程技术[M].北京:化学工业出版社,2010.
[9] 徐滨士,朱绍华,刘世参.材料表面工程[M].哈尔滨:哈尔滨工业大学出版社,2014.
[10] 赵文轸.材料表面工程导论[M].西安:西安交通大学出版社,2002.
[11] 田保红,张毅,刘勇.材料表面与界面工程技术[M].北京:化学工业出版社,2021.
[12] 付明,田保红,齐建涛.材料先进表面处理与测试技术[M].北京:化学工业出版社,2023.